电工速成系列

DIANGONG WEIXIU
KUAISU RUMEN

电工维修
快速入门

杨清德　鲁世金　主编

中国电力出版社
CHINA ELECTRIC POWER PRESS

内 容 提 要

针对电工技术初学者的学习需求，特组织电工专家和技术能手编写了《电工快速入门》系列，包括《电工基础知识快速入门》《电工操作快速入门》和《电工维修快速入门》。

本书为其中一本，共 8 章，主要介绍电工维修入门基础、电气线路故障检修、常用高低压电器维护与检修、常用电动工具维护与检修、交流电动机故障诊断与处理、交流电动机绕组重绕、变频器维护与故障检修、电力变压器故障诊断与检修等内容，对电工在电气维修工作中可能遇到的常见故障、突发性故障与疑难故障的诊断方法、检修步骤及方法等都进行了比较详细的讲述。同时，还编了近 100 个检修实例。

本书可作为电工培训教材，也可作为电工自学用书，也可作为大中专院校的参考读物。

图书在版编目（CIP）数据

电工维修快速入门 / 杨清德，鲁世金主编 . —北京：中国电力出版社，2019.5
ISBN 978-7-5198-2528-7

Ⅰ . ①电⋯ Ⅱ . ①杨⋯②鲁⋯ Ⅲ . ①电工—维修 Ⅳ . ① TM07

中国版本图书馆 CIP 数据核字（2018）第 235692 号

出版发行：中国电力出版社
地 址：北京市东城区北京站西街 19 号（邮政编码 100005）
网 址：http://www.cepp.sgcc.com.cn
责任编辑：马淑范（010-63412397）
责任校对：黄 蓓 朱丽芳
装帧设计：王红柳
责任印制：杨晓东

印 刷：北京天宇星印刷厂
版 次：2019 年 5 月第一版
印 次：2019 年 5 月北京第一次印刷
开 本：710 毫米 ×1000 毫米 16 开本
印 张：18.5
字 数：602 千字
印 数：0001—3000 册
定 价：58.00 元

现在社会上最缺的是人才，尤其是技术、技能型人才。2018年3月，中共中央办公厅、国务院办公厅印发了《关于提高技术工人待遇的意见》，旨在让技术工人的劳动付出与回报相符合，实现技高者多得、多劳者多得，增强技术工人获得感、自豪感、荣誉感，激发技术工人积极性、主动性、创造性，为实施人才强国战略和创新驱动发展战略，实现"两个一百年"奋斗目标、实现中华民族伟大复兴的中国梦，提供坚实的人才保障。

古语说"积财千万，不如薄技在身"，提高自身技能、增加就业砝码是每个年轻人的共同目标。真正学好了电工技术，凭借自己的一技之长将日子过得有滋有味，那是水到渠成的事儿。

电工入门学习的有效途径主要有看书学习、拜师学习、培训班学习等，最适合于自学的途径是买一些专业的电工书籍，进行阅读学习。针对电工技术初学者的学习需求，我们组织一批电工专家和技术能手集体编写了《电工快速入门》丛书，包括《电工基础知识快速入门》《电工操作快速入门》《电工维修快速入门》，如果您愿意静下心来认真阅读这3本丛书，专攻一业，电工技术会有所成。

《电工基础知识快速入门》，主要介绍了常用电工工具及仪表使用、常用电工材料及应用、常用电器元器件及应用、电工识图入门知识、电工基本操作技能、室内照明用电及安装、电力拖动与控制基础等内容，学用结合，帮助读者今后从事电工技术工作打下坚实的基础。

《电工操作快速入门》，主要介绍了电工操作安全常识、电气工程工料计算、低压架空线路的安装、配电装置及其应用、电力电缆的加工与敷设、电气照明工程安装、电力设备故障检测与处理等内容，帮助读者为从事相关工程技术工作奠定良好的电工技术方面的基础，初步掌握在电力工程施工中的实用技能，并逐步形成技巧。

《电工维修快速入门》，主要介绍了电工维修入门基础、电气线路故障检修、常用高低压电器检修、常用电动工具维护与检修、交流电动机故障诊断与处理、交流电动机绕组重绕、变频器维护与故障检修、电力变压器故障诊断与检修等内容，让读者在工作中遇到电气系统发生故障时，能够及时地发现发生故障的位置及原因，及时有效地处理相应的故障，从而使电气设备能够进行正常的运行生产。

本丛书具有以下特点：

（1）贯彻精练理论，锻炼工程实践能力的原则，立足于技能型技术工人的工作实际需要，突出实用性，强调实践性。给出了一些典型的"维修实例"，并适当增加了新器件、新技术的内容。

（2）内容编排上简洁明快，版式设计图文并茂，以大量照片、示意图（表）形象直观地呈现内容。诊断方法介绍全面，讲解透彻通俗易懂，口诀归纳便于记忆，"特别提醒"防易误点，尽力做到好懂易学。

（3）知识及技能介绍择其重点，应用实例选择广泛并具有实际意义，对于入门学习和掌握电工技能的读者有较大帮助。讲解方式简单直接，内容全面，深度广度兼顾，提升读者独立思考和动手实践的能力。

《电工维修快速入门》由杨清德、鲁世金担任主编，张川、吴荣祥担任副主编，第1章由鲁世金、孙红霞编写，第2章由郑汉声、张川编写，第3章由李川、杨清德编写，第4章由冉洪俊、陆朝琼编写，第5章由康娅、李小琼编写，第6章由吴荣祥、李翠玲编写，第7章由吕盛成、程时鹏编写，第8章由龚万梅、王康朴编写，全书由杨清德教授负责大纲编写和统稿。

由于编者水平有限，加之时间仓促，书中难免存在缺点和错误，敬请各位读者批评指正，多提意见，以期再版时修改。

编者

目录

第1章 电工维修入门基础

1.1 维修电工操作安全须知

1.1.1 维修电工作业安全要求

维修电工操作应严格遵守《低压电力技术规程》《低压电工安全操作规程》《电力安全工作规程》等法规，落实安全责任，筑牢安全生产第一防线。下面就上述规程的核心内容予以介绍。

1. 一般要求

（1）持证上岗，电工必须同时取得国家人力资源社会保障部门颁发的电工技能等级证书，以及国家安全生产综合管理部门颁发的特种作业人员操作证，才能上岗独立操作。

（2）遵守国家电业安全规程的有关规定，遵守所在单位的安全操作制度，贯彻执行岗位责任制。

（3）熟悉和掌握所管辖维修区域内的一切电气设备的运行情况，能正确使用电工工具和电工仪器仪表进行检测。

2. 工作前要求

（1）穿戴好防护用品。

（2）检查所有工具，绝缘应完好无损；测量仪器、试电笔等做到定检合格，绝缘可靠。

3. 工作中要求

（1）电工作业必须两人同时作业，一人作业，另一人监护，如图1-1所示。

（2）在全部停电或部分停电的电气线路（设备）上工作时，必须将设备（线路）断开电源，并对可能送电的部分及设备（线路）采取防止突然串电的措施，必要时应做短路线保护。

（3）检修电气设备（线路）时，应先将电源切断（拉断刀闸，取下熔断器），把配电箱锁好，并挂上"禁止合闸，有人工作！"警示牌，或派专人看护，如图1-2所示。

图1-1 一人作业，另一人监护

图1-2 停电并挂上警示牌

（4）所有绝缘检验工具，应妥善保管（存放在干燥、清洁的工具柜内），严禁他用，并按规定进行定期检查、校验；使用前，必须先检查工具是否良好，并且确认绝缘良好后才可使用。

（5）在带电设备附近作业，严禁使用钢（卷）尺进行测量有关尺寸。

（6）用锤子打接地电极时，握锤的手不准戴手套，扶接地极的人应在侧面，应用工具将接地极卡紧、稳住。使用冲击钻、电钻或钎子打混凝土眼或仰面打眼时，应戴防护镜。

（7）用感应法干燥电箱或变压器时，其外壳应接地。

（8）使用手持电动工具时，电源线长度一般不超过2m。机壳应有良好的接地，严禁将外壳接地线和工作中性线拧在一起插入插座，必须使用二线带地或三线带地插座。

（9）配线时，必须选用合适的剥线钳口，不得损伤线芯。电工刀削线头时，刀口要向外，用力要均匀。

（10）电气设备所用熔丝的额定电流应与其负荷容量相适应，禁止以大代小或用其金属丝代替熔丝。

（11）工作前必须做好充分准备，由工作负责人根据要求把安全措施及注意事项向全体人员进行布置，并明确分工。对于患有不适宜工作的疾病者、请长假复工者、缺乏经验的工人及有思想情绪的人员，不能分配其重要技术工作和登高作业。

（12）流动照明灯的电压不大于36V，在湿处或金属容器内工作，电压不大于12V。

（13）在易燃易爆场所修理电气设备，须遵守有关防火防爆的安全规定。不能产生电火花。如果必须动火，则应到消防部门办理动火证。

（14）高处作业须佩戴安全带，梯子应牢靠稳固、符合绝缘要求，有防滑装置，并使用方便（比如高矮适合，轻重适当）；电工常用梯子有直梯和人字梯，如图1-3（a）、（b）所示，在梯子上进时操作时应注意站姿，如图1-3（c）所示。

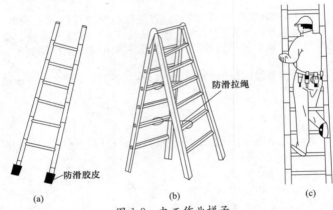

图 1-3　电工作业梯子
(a) 直梯；(b) 人字梯；(c) 正确站姿方式

（15）检修时，不论线路或设备是否带电，均应先验电，严禁用手触试探有无电。

（16）各种电气装置拆除检修时，如果有电源线裸露在外，接头均应用绝缘胶布包扎好，有单独供电开关的设备，须将进线熔丝拿掉。

（17）设备、线路检修，须确认无问题后，才能通电试车。烘烤电动机时，须有人值班。

（18）电气维修应做记录。电气设备试验应遵循相应的技术标准和方法。

（19）掌握应急事故的处理办法。发生事故或重大设备、人身事故和发现严重事故因素时，应立即向上级报告，迅速排除。发生火警时，应立即切断电源，使用四氯化碳灭火器、二氧化碳灭火器、1211灭火剂、干粉灭火剂或黄沙等不导电灭火器材扑救。

（20）每个电工必须熟练掌握触电急救方法。发生触电时，不要慌乱，应先立即拉开电源，当急切找不到电源时，可用木杆或干净棉布使触电者脱离电源。触电者脱离电源后，应立即施行急救，并通知医院。

4. 工作后要求

（1）收拾工具，清扫现场。检查所用工具应齐全，防止其遗留在电气设备内。

（2）拆除临时施工电源。

（3）下班工作未完，应在设备的电源开关上挂"设备检修，严禁合闸"警告牌。有交班的岗位，应做好交接班工作，协助下一班人员做好诸如设备故障、事故处理等事宜。

（4）维修工作验收后，应按照规定办理完工手续。

1.1.2　电工维修作业安全规定

（1）检修工具、仪器等要经常检查，保持绝缘良好状态，不准使用不合格的检修工具和仪器。

（2）电动机和电器拆除检修后，其线头应及时用绝缘包布包扎好；高压电动机和高压电器拆除后其线头必须短路接地。

（3）在高、低压电气设备线路上工作，必须停电进行，一般不准带电作业。

（4）停电后的设备及线路在接地线前应用合格的验电器，按规定进行验电确无电后方可准操作。携带式接电线应为柔软的裸铜线，其截面不小于 25mm^2，不应有断股和断裂现象。

（5）接拆地线应由两人进行，一人监护，另一人操作，应戴好绝缘手套。接地线时，先接地线端后接导线端；拆地线时，先拆导线端，后拆地线端。

（6）脚扣、踏板、安全带使用前应检查是否结实可靠，应根据电杆大小选用脚扣、踏板，上杆时跨步应合适，脚扣不应相撞。使用的安全带松紧要合适、系牢，结扣应放在前侧的左右。

（7）登杆作业前，水泥杆应检查外观是否平整、光滑，有无外露钢筋、明显裂纹，杆体有无显著倾斜及下沉现象，原有拉线是否良好。

（8）杆上及地面工作人员均应戴安全帽，并在工作区域内做好监护工作，防止行人、车辆穿越，传递材料应用带绳或系工具袋传递，禁止上下抛掷。

（9）雷雨及 6 级以上大风天气，不可进行杆上作业。

（10）配线时，必须选用合适的剥线钳口，不得损伤线芯。削线头时，刀口要向外，用力要均匀。

（11）现场变（配）电室，应有两人值班。对于小容量的变（配）电室，单人值班时，不论高压设备是否带电，均不准越过检查和从事修理工作。

（12）在高压带电区域内部分停电工作时，操作者与带电设备的距离应符合安全规定，运送工具和材料时与带电设备保持一定的安全距离。

【特别提醒】

电气作业人员应思想集中，电气线路在未经测电笔确定无电前，应一律视为"有电"，不可用手触摸，不可绝对相信绝缘体，应认为有电操作。各项电气工作要认真严格执行"装得安全、拆得彻底、检查经常、修理及时"的规定。否则，出现如图 1-4 所示漫画的那种情形，关键时刻就麻烦了。

图 1-4　漫画：关键时刻

记忆口诀
规章制度严执行，班前班后讲安全。
只懂理论不算懂，实际操作更重要。
每个电工守规程，工作起来有分寸。
规程本是血写成，学习规程保安全。
任何事情有规范，没有规矩无方圆。
进入现场要安全，戴好帽子系好带。

1.1.3　电工安装作业安全规定

（1）施工现场供电应采用三相五线制系统，所有电气设备的金属外壳及电线管必须与专用保护中性线可靠连接，对产生振动的设备其保护中性线的连接点不少于两处，保护中性线不得装设开关或熔断器。

（2）保护中性线应单独敷设，不做他用，除在配电室或配电箱处做接地外，应在线路中间处和终端处做重复接地，并应与保护中性线相连接，其接地电阻不大于10Ω，如图1-5所示。

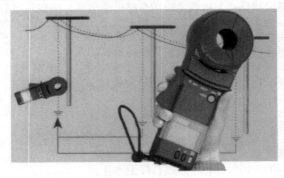

图1-5　施工现场接地电阻值应不大于10Ω

（3）保护中性线的截面，应不小于工作中性线的截面，同时，必须满足机械强度的要求。保护中性线架空敷设的间距大于12m时，保护中性线必须选择小于10mm² 的绝缘铜线或小于16mm² 的绝缘铝线。

（4）与电气设备相连接的保护中性线截面应不小于2.5mm² 的绝缘多股铜芯线，保护中性线的统一标志为绿/黄双色线。在任何情况下，不准用绿/黄线作负荷线。

（5）单相线路的中性线截面与相线相同，三相线路工作中性线和保护中性线截面不小于相线截面的50%。

（6）架空线路的挡距不得大于35m，其线间距离不得小于0.3m。架空线相序排列：面向负荷从左侧起为L1、N、L2、L3、PE。（注：L1、L2、L3为相线，N为工作中性线，PE为保护中性线）

（7）在一个架空线路挡距内，每一层架空线的接头数不得超过该层导线条数的50%，且一条导线只允许有一个接头。线路在跨越铁路、公路、河流、电力线路挡距内不得有接头。

（8）架空线路宜采用混凝土杆（用钢筋水泥制作而成的杆塔），混凝土杆不得有露筋、环向裂纹和扭曲。电杆埋设深度宜为杆长的1/10加0.6m，但在松软土质处应适当加大埋设深度或采用卡盘等加固。

（9）橡皮电缆架空敷设时，应沿墙壁或电杆高置，并用绝缘子固定，严禁使用金属裸线作绑线，固定点间距应保证橡皮电缆能承受自重所带来的负荷，橡皮电缆的最大弧垂距地不得小于2.5m。

（10）配电箱、开关箱应装设在干燥、通风及常温场所，箱要防雨、防尘、加锁，门上要有"有电危险"标志，箱内分路开关要标明用途，固定式箱底离地高度应大于1.3m，小于1.5m；移动式箱底离地高度应大于0.6m，小于1.5m。箱内工作中性线和保护中性线应分别用接线端子分开敷设，箱内电器和线路安装必须整齐，并且每月检修一次，金属后座及外壳必须做保护接零，箱内不得放置任何杂物。

（11）总配电箱和开关箱中的两级漏电保护器，选择的额定漏电动作电流和额定漏电动作时间应合理匹配，使之具有分级保护的功能，每台用电设备应有各自专用的开关箱，必须实行"一机一闸"制，安装漏电保护器。

（12）配电箱、开关箱中的导线进、出线口应在箱底面，严禁设在箱体的上面、侧面、后面或箱门外。进出线应加护套分路成束并做防水弯，导线束不得与箱体进、出口直接接触。移动式配电箱和开关箱的进、出线必须采用橡皮绝缘电缆。

（13）每一台电动建筑机械或手持式电动工具的开关箱内，必须装设隔离开关和过负荷、短路、漏电保护装置，其负荷线必须按其容量选用无接头的多股铜芯橡皮保护套软电缆或塑料护套软线，导线接头应牢固可靠，绝缘良好。

（14）照明变压器必须使用双绕组型，严禁使用自耦变压器。照明开关必须控制相线，使用行灯时，电源电压不超过36V。

（15）安装用电设备的电源线时，应先安装用电设备一端，再安装电源一端，拆除时反向进行。

1.2 电气设备检修须知

1.2.1 电气设备检修原则

1. "先动口，后动手" 原则

对于有故障的电气设备，不要急于动手，应先询问产生故障的前后经过及故障现象。对于生疏的设备，还应先熟悉电路原理和结构特点，遵守相应规则。拆卸前要充分熟悉每个电气部件的功能、位置、连接方式以及与四周其他器件的关系，在没有组装图的情况下，应一边拆卸，一边画草图，并记上标记。

2. "先外部，后内部" 原则

应先检查设备有无明显裂痕、缺损，了解其维修史、使用年限等，然后再对机内进行检查。拆前应排除机外的故障因素，确定为机内故障后才能拆卸，否则，盲目拆卸，可能将设备越修越坏。

3. "先机械，后电气" 原则

只有在确定机械零件无故障后，再进行电气方面的检查。检查电路故障时，应利用检测仪器寻找故障部位，确认无接触不良故障后，再有针对性地查看线路与机械的运作关系，以免误判。

4. "先静态，后动态" 原则

在设备未通电时，判定电气设备按钮、接触器、热继电器以及保险丝的好坏，从而判定故障的所在。通电试验，听其声、测参数、判定故障，最后进行维修。如在电动机缺相时，若测量三相电压值无法判别，就应该听其声，单独测每相对地电压，方可判定哪一相缺损。

5. "先清洁，后维修" 原则

对污染较重的电气设备，先对其按钮、接线点、接触点进行清洁，检查外部控制键是否失灵。许多故障都是由脏污及导电尘埃引起的，一经清洁故障往往会排除。

6. "先电源，后设备" 原则

电源部分的故障率在整个故障设备中占的比例很高，所以先检修电源往往可以事半功倍。

7. "先典型，后特殊" 原则

因装配配件质量或其他设备故障而引起的故障，一般占常见故障的 50％ 左右。电气设备的特殊故障多为软故障，要通过经验判断，并借助仪表来测量和维修。

8. "先外围，后内部" 原则

先不要急于更换损坏的电气部件，在确认外围设备电路正常后，再考虑更换损坏的电气部件。

9. "先直流，后交流" 原则

检修时，必须先检查直流回路的静态工作点，再检查交流回路的动态工作点。

10. "先故障，后调试" 原则

对于调试和故障并存的电气设备，应先排除故障，再进行调试。调试必须在电气线路正常的前提下进行。

1.2.2 电气故障诊断法

电气控制电路故障的查找是一项技术性较强的工作，也是实际工作中一项十分重要的工作。具体故障的查找方法，不仅因人而异、因时而异，而且不同故障、不同的控制系统查找方法也不同。当控制系统出了故障后，如果一时难以弄清是什么地方出了问题，就需要进行故障点的查找，而故障点的查找又有一定的规律可循。

1. 一般电气故障 "六诊" 法

电路出现故障切忌盲目乱动，在检修前要对故障发生的情况进行尽可能详细的调查。简单地讲，就是通过问、看、听、闻、摸、测"六诊"来发现电气设备的异常情况，从而找出故障原因和故障所在的部位。具体方法见表1-1。

表 1-1 电气故障调查"六诊"法

诊断法	方法说明
问	电气设备不会说话，但人可以代为说话，通过问操作者、使用者等有关人员，如从操作工那里得知设备的声音、气味、转速、液压、气压，是机械传动装置，还是继电保护设备、开关、线路等问题。这样交代清楚问题，就会有的放矢，缩短排除故障的时间。 如果故障发生在有关操作期间或之后，还应询问当时的操作内容以及方法、步骤。 通过询问，往往能得到一些很有用的信息。 总之，了解情况要尽可能详细和真实，这些往往是快速找出故障原因和部位的关键
看	"看"包括两个方面：一是看现场，二是看图纸资料。 看现场时，主要观察触头是否烧蚀、熔毁，线圈是否发热、烧焦，熔体是否熔断，脱扣器是否脱扣等，其他电气元件是否烧坏、发热、断线，导线连接螺钉是否松动，电动机的转速是否正常。还要观察信号显示和仪表指示等。 对于一些比较复杂的故障，首先弄清电路的型号、组成及功能，看懂原理图，再看接线图，以"理论"指导"实践"
听	在电路和设备还能勉强运转而又不致扩大故障的前提下，可通电启动运行，倾听有无异响；如果有异响，应尽快判断出异响的部位后迅速停车，如图1-6所示。 利用听觉判断故障，是一件比较复杂的工作。在日常生产中要积累丰富的经验，才能在实际运用中发挥作用
闻	用嗅觉器官检查有无电器元件发高热和烧焦的异味。如过热、短路、击穿故障，则有可能闻到烧焦味，火烟味和塑料、橡胶、油漆、润滑油等受热挥发的气味。对于注油设备，内部短路、过热、进水受潮后油样的气味也会发生变化，如出现酸味、臭味等
摸	刚切断电源后，尽快触摸线圈、触头等容易发热的部分，看温升是否正常。 如设备过载，则其整体温度会上升；如局部短路或机械摩擦，则可能出现局部过热；如机械卡阻或平衡性不好，其振幅就会加大。 在实际操作时，要遵守有关安全规程和掌握设备特点，该摸的摸，不能摸的切不能乱摸，以免危及人身安全和损坏设备
测	用专用检测工具或仪表仪器对电气设备进行检查。利用仪表测量某些电参数的大小，经与正常数据对比后，来确定故障原因和部位。利用试电笔测量电路有无电

图 1-6　听电动机的运行声音

(1)"问"法的应用。例如，操作人员报告某台离心泵不能启动，需要及时处理。这时维修人员就要询问，水罐是否有水，上班和本班是否曾经运行，具体使用情况，是否运行一段时间后停止，还是未运行就不能开启。还要询问故障历史等。了解具体情况后，到现场进行处理就会有条理，轻松解决问题。

（2）"看"法的应用。实际操作时，首先面临的是如何打开机壳的问题，其次是对拆开的电器内的各式各样的电子元器件的形状、名称、代表字母、电路符号和功能都能一一对上号。例如，某车间有一台螺杆泵，操作工说按下按钮时听到电动机有振动声而泵不动。根据所述情况判断，通电做短暂试验不致发生事故，可以通电试验来核实所反映的情况。螺杆泵是空载启动，因机械故障不能运行的可能性较小，最可能的原因是电动机或电源断相。首先查看电柜熔断器是否熔断；如完好，查看控制电动机的接触器进线是否三相有电；如有，然后通电核实所述情况。

（3）"闻"法的应用。接触器的触头过热，可闻到配电控制柜有味道，经过检查是动触头没有完全插入静触头，触点压力不够，导致开关容量下降，引起触头过热。此时，调整操作机构，使动触头完全插入静触头即可排除故障。

（4）"听"法的应用。由于接触器的某相触点接触不好，或者接线端子上螺钉松动，使电动机缺相运行，此时电动机虽能转动，但会发出"嗡嗡"声。

（5）"摸"法的应用。在实际操作中，应注意遵守有关安全规程，掌握设备的特点，掌握摸（触）的方法和技巧，该摸的摸，不能摸的切不能乱摸。手摸用力要适当，以免危及人身安全和损坏设备。手感温法估计温度（电动机外壳为例）见表1-2。

表 1-2 　　　　　　　　　　**手 感 温 法 估 计 温 度**

温度（℃）	感觉	具体程度
30	稍冷	比人体温度低，感觉稍冷
40	稍暖和	比人体温度高，感到稍暖和
45	暖和	手背触及感到很暖和
50	稍热	手背可以长久触及，但长时间手背变红
55	热	手背可停留 5～7s
60	较热	手背可停留 3～4s
65	很热	手背可停留 2～3s
70	十分热	用手指可停留约 3s
75	极热	用手指可停留 1.5～2s
80	担心电动机坏	手背不能碰，手指勉强停 1～1.5s
85～90	过热	不能碰，因条件反射瞬间缩回

（6）"测"法的应用。在电气修理中，对于电路的通断、电动机绕组、电磁线圈的直流电阻，触头（点）的接触电阻等是否正常，可用万用表相应的电阻挡检查。对电动机三相空载电流、负载电流是否平衡，大小是否正常，可用钳型电流表或其他电流表检查。对于三相电压是否正常，是否一致，对于工作电压、线路部分电压等可用万用表检查；对线路、绕组的有关绝缘电阻，可用兆欧表检查。

利用仪表检查电路或电器的气故障有速度快、判断准确、故障参数可量化等优点，因此，在电器维修中应充分发挥仪表检查故障的作用。

1）测量电压法。电压法检测是所有检测手段中最基本、最常用的方法。经常测试的电压是各级电源电压、晶体管的各极电压以及集成块各脚电压等。一般而言，测得电压的结果是反映电器工作状态是否正常的重要依据。电压偏离正常值较大的地方，往往是故障所在的部位。

如图 1-7 所示为某电动机启停控制电路，电路各点间正常电压见表1-3。如果实际测得的电压与表中的数值不符，则说明电路工作不正常。

表 1-3 　　　　　　　　　　**电路各点间正常电压** 　　　　　　　　单位：V

测试状态	AE	AB	BE	BC	CE	CD	DE
KM 吸合	220	0	220	0	220	0	220
KM 释放	220	0	220	0	220	220	0

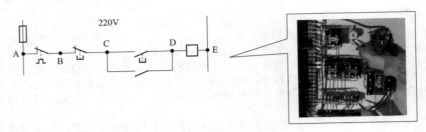

图 1-7 电动机启停控制电路

应用电压法来检修电气线路，首先了解线路，了解线路正常工作电压。通过比较判断故障所在。

2）测量电阻法。电阻法是检修故障的最基本的方法之一。一般而言，电阻法有"在线"电阻测量和"脱焊"电阻测量两种方法。"在线"电阻测量，由于被测元器件接在整个电路中，所以万用表所测得的阻值受到其他并联支路的影响，在分析测试结果时应给予考虑，以免误判。正常所测的阻值会比元器件的实标标注阻值相等或小，不可能存在大于实标标注阻值，若是，则所测的元器件存在故障。"脱焊"电阻测量，由于被测元器件一端或将整个元器件从印刷电路板上脱焊下来，再用万用表电阻的一种方法，这种方法虽然操作起来较烦琐，但测量的结果却准确、可靠。

电阻法对检修开路或短路性故障十分有效。检测中，往往先采用在线测方式，在发现问题后，可将元器件拆下后再检测。

断开电源后，用万用表欧姆挡测量有关部位电阻值。若所测量电阻值与要求电阻值相差较大，则该部位即有可能就是故障点。

如图 1-8 所示为接触器联锁正反转控制电路。在电路正常时，电阻法检查电动机正反转控制电路所测阻值见表 1-4。

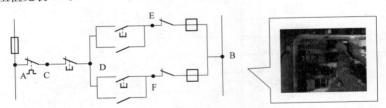

图 1-8 接触器联锁正反转控制电路

表 1-4	电阻法检查电动机正反转控制电路所测阻值					
检查目的	操作步骤	AD	DE	DF	EB	FB
检查正转回路接线	万用表测 AD、DE、EB 点阻值	0	∞		1300	—
检查反转回路接线	万用表测 AD、DF、FB 点阻值	0		∞	—	1300
检查互锁	断开 KM2 的动断触头				∞	—
	断开 KM1 的动断触头				—	∞

【特别提醒】

第一，不能在线路带电的情况下测量电阻，否则不仅有可能损坏万用表，还有可能引起被测量线路故障。因此，用电阻测量法检查故障时，一定要断开电源开关。

第二，如果被测的电路与其他电路并联，必须将该电路与其他电路断开，否则所测得的电阻值是不准确的。

第三，测量高电阻值的电器元件时，要选择适合的电阻挡。

3）测量电流法。电流测试法是通常测量线路中的电流是否符合正常值，以判断故障原因的一种方法。对弱电回路，常采用将电流表或万用表电流挡串接在电路中进行测量；对强电回路，常采用钳形电流表检测。

2. 特殊电气故障诊断法

电气控制线路的常见故障有断路、短路、接地、接线错误和电源故障五种。有的故障比较明显，检修比较简单；有的故障比较特殊、隐蔽，检修比较复杂。诊断检修电气设备特殊故障常用的方法见表 1-5，读者可针对不同的故障特点，灵活运用多种方法予以检修。

表 1-5 特殊电气故障诊断法

诊断法	方法说明
分析法	根据电气设备的工作原理、控制原理和控制线路，结合初步感官诊断故障现象和特征，弄清故障所属系统，分析故障原因，确定故障范围。分析时，先从主电路入手，再依次分析各个控制回路，然后分析信号电路及其余辅助回路，分析时要善用逻辑推理法
短路法	就是把电气通道的某处短路或某一中间环节用导线跨接。短路法是一种很简捷的检修方法
断路法	就是甩开与故障疑点连接的后级负载（机械或电气负载），使其空载或临时接上假负载。对于多级连接的电路，可逐级甩开或有选择地甩开后级
经验法	经验法是通过对日常检测工作中遇到的一些具体情况，进行归纳与分析，使之系统化、理论化，上升为经验的一种方法。 技术水平的提高、维修经验的积累，需要一个漫长的过程。要彻底排除故障，解决实际工作当中所面临的问题，就必须要搞清楚故障发生的原因。要想迅速查明原因，除在工作中不断积累经验，更重要的是从理论上分析，解释事故发生的原因，用理论结合实际来指导自己的操作
菜单法	依据故障现象和特征，将可能引起这种故障的各种原因顺序罗列出来，然后一个个地查找和验证，直到找出真正的故障原因和故障部位
试电笔检测法	试电笔是电工诊断检修电气故障最常用的工具之一。灵活应用试电笔，可以安全、快捷、方便地找到故障部位
推理法	就是根据电气设备出现的故障现象，由表及里，寻根溯源，层层分析和推理的方法。推理法可以分为顺推理法和逆推理法
图形变换法	查找电气设备和装置的电气故障，常常需要将实物和图进行对照。然而，电气图形种类繁多，因此需要从查找故障方便出发，将一种形式的图变换成另一种形式的图。其中，最常用的是将设备布置接线图变换成电路图，将集中式布置图变换成分开式布置电气图
代换试验法	用规格相同、性能良好的元器件或电路，代替故障电器上某个被怀疑而又不便测量的元器件或电路，从而来判断故障的一种检测方法
调整参数法	有些情况，出现故障时，线路中元器件不一定坏，线路接触也良好，只是由于某些物理量调整得不合适或运行时间长了，有可能因外界因素致使系统参数发生改变或不能自动修正系统值，从而造成系统不能正常工作，这时应根据设备的具体情况进行调整

（1）分析法的应用。任何电气设备都处在一定的状态下工作，对状态可以简单地划分为：工作状态和不工作状态，或运行状态和停止状态。查找电气故障应根据设备的不同状态进行分析，这就要求对设备的工作状态做更详细、更具体的划分。状态划分得越细，对查找电气故障越有利。

对于一种设备或一种装置，其中的部件和零件可能处于不同的运行状态，查找其中的电气故障必须将各种运行状态区别清楚。

下面举例说明分析法的应用。

例如，新买的一台交流弧焊机和 50m 电焊线，由于焊接工作地点就在电焊机附近，因此没有把整盘电焊线打开，只抽出一个线头接在电焊机二次侧上。试车试验，电流很小不能起弧。经检查电焊机接线，接头处都正常完好，电焊机的二次侧电压表指示空载电压为 70V。检查了很长时间，仍不知道问题出在哪里。最后整盘电焊线打开拉直，一试车，一切正常。其实道理很简单，按照电工原理：整盘的电焊线不打开，就相当于一个空心电感线圈，必然引起很大的感抗，使电焊机的输出电压减小，不能起弧。

又如，某电工按照如图 1-9 所示组装了一个桥式整流可逆能耗制动电路，试机时，合上电源开关 QS，电动机就发出"嗡嗡"声，过一段时间"嗡嗡"声音消失。

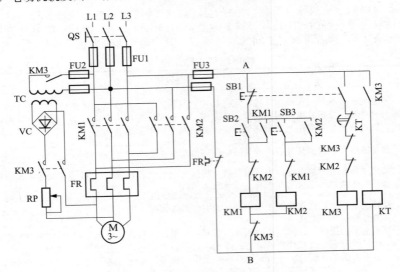

图 1-9　桥式整流可逆能耗制动电路

该"嗡嗡"声一般是接通电源后电动机通入直流电而发出的声音。检查时发现接触器 KM3 已吸合，说明 KM3 控制回路接线错误。从原理图中可以看出，按钮 SB1 的动合触点接在 KM3 控制回路中，如果 SB1 动合触点不能接通，接触器 KM3 不会吸合，所以首先检查 SB1 动合触点是否接通以及其两端的控制接线是否接反。检查后发现 SB1 动合触点两端的控制接线接反。原来时间继电器得电延时后，KT 的动断触点延时断开，将 KM3 控制回路切断，所以过一段时间"嗡嗡"声音就消失了。

（2）短路法的应用。采用短路法时需要注意不要影响电路的工况，如短路交流信号通常利用电容器，而不随便使用导线短接。另外，在电气及仪表等设备调试中，经常需要使用短路连接线。

在以行程开关、限位开关、光电开关等为控制的自动线路中，遇到多个开关安装，不容易检查分辨的情况下，可采用此类方法进行实际操作。例如，小车控制系统，利用短路法检查就可快速排除故障。

【特别提醒】

第一，在必须使用"试验按钮"才能启动时，不能使用导线短路法查找故障。

第二，由于短路法是用手拿绝缘导线带电操作的，因此一定要注意安全，避免触电事故发生。

第三，短路法只适用于检查压降极小的导线和触点之间的断路故障。对于压降较大的电器，如电阻、线圈、绕组等断路故障，绝不允许采用短接法，否则会出现短路故障或触电事故。

第四，对于机床的某些要害部位，必须在保障电气设备或机械部位不会出现事故的情况下才能使用短接法。

（3）断路法的应用。采用断路法，甩开负载后，可先检查本级，如果电路工作正常，则故障可能处在后级；如果电路仍不正常，则故障在开路点之前。此法主要用于检查过载、低压故障；对于电子电路中的工作点漂移、频率特性改变也同样适用。

例如，判断大型设备故障时，为了分清是电器原因或是机械原因时常采用此法。比如锅炉引风机就可以脱开联轴器，分别盘车，同时检查故障原因。

（4）经验法的应用。电工检修常用的经验法较多，见表 1-6。

表 1-6   电工检修常用的经验法

经验法	操作要点	说明
弹压活动部件法	主要用于活动部件，如接触器的衔铁、行程开关的滑轮臂、按钮、开关等。通过反复弹压活动部件，使活动部件灵活，同时也使一些接触不良的触头通过摩擦，达到接触导通的目的	例如，对于长期没有启用的控制系统，在启用前，应采用弹压活动部件法全部动作一次，以消除动作卡滞与触头氧化现象，对于因环境条件污物较多或潮气较大而造成的故障，也应使用这一方法。 必须注意，弹压活动部件法可用于故障范围的确定，而不常用于故障的排除，因为仅采用这一种方法，故障的排除常常是不彻底的，要彻底排除故障还需要采用另外的措施
电路敲击法	可用一只小的橡皮锤，轻轻地敲击工作中的元件。如果电路故障突然排除，或者故障突然出现，都说明被敲击元件附近或该元件本身存在接触不良现象。对于正常电气设备，一般能经住一定幅度的冲击，即使工作没有异常现象，如果在一定程度的敲击下，发生了异常现象，也说明该电路存在故障隐患，应及时查找并排除	电路敲击法基本同弹压活动部件法，二者的区别主要是前者是在断电的过程中进行的，而后者主要是带电检查。 注意敲击的力度要把握好，用力太大或太小都不行
黑暗观察法	在比较黑暗和安静的情况下观察故障线路，如果有火花产生，则可以肯定，产生火花的地方存在接触不良或放电击穿的故障；但如果没有火花产生，则不一定就接触良好	当电路存在接触不良故障时，在电源电压作用下，常产生火花并伴随着一定的声响。因为火花和声音一般比较弱，在光线较为明亮、环境噪声稍大的场所，常不易察觉，因此应在比较黑暗和安静的情况下，观察电路有无火花产生，聆听是否有放电时的"嘶嘶"声或"劈啪"声。 黑暗观察法只是一个辅助手段，对故障点的确定有一定帮助，要彻底排除故障还需要采用另外的措施
对比法	如果电路中有两个或两个以上的相同部分时，可以对两个部分的工作情况做对比。因为两个部分同时发生相同故障的可能性较小，因此通过比较，可以方便地测出各种情况下的参数差异，通过合理分析，可以方便地确定故障范围和故障情况	根据相同元件的发热情况、振动情况、电流、电压、电阻及其他数据，可以确定该元件是否过荷、电磁部分是否损坏、线圈绕组是否有匝间短路、电源部分是否正常等。使用这一方法时应特别注意，两电路部分工作状况必须完全相同时才能互相参照，否则不能比较，至少是不能完全比较
加热法	当电气故障与开机时间呈一定的对应关系时，可采用加热法促使故障更加明显。因此，随着开机时间的增加，电气线路内部的温度上升。在温度的作用下，电气线路中的故障元件或侵入污物的电气性能不断改变，从而引发故障。因此可用加热法，加速电路温度的上升，起到诱发故障的作用	使用电吹风或其他加热方式，对怀疑的元件进行局部加热，如果诱发故障，说明被怀疑元器件存在故障，如果没有诱发故障，则说明被怀疑元器件可能没有故障，从而起到确定故障点的作用。 使用这一方法时应注意安全，加热面不要太大，温度不能过高，以电路正常工作时所能达到的最高温度为限，否则可能会造成绝缘材料及其他元器件的损坏

(5) 菜单法的应用。例如，某电工对一台 17kW，4 极交流电动机进行检修保养，检修后通电试运转时，发现电动机的空载电流不平衡，三相相差 1/5 以上，振动比正常时剧烈，但无"嗡嗡"声，也无过热冒烟。

根据"空载电流不平衡，三相相差 1/5 以上"的故障现象，初步分析影响电动机空载电流不平衡有以下 5 个原因，于是用菜单的形式列出来。

1) 电源电压不平衡。

2) 定子转子磁路不平均。

3) 定子绕组短路。

4) 定子绕组接线错误。

5) 定子绕组断路（开路）。

经现场观察，电源三相电压之间相差尚不足 1%，因此不会因电压不平衡而引起三相空载电流相差 1/5 以上。另外，仅定子与转子磁路不平均，也不会使三相空载电流相差 1/5 以上。其次，定子绕组短路还会同时发生电动机过热或冒烟等现象，可是本电动机既不过热，又未发生冒烟，可以断定定子绕组无短路故障。关于绕组接线错误，对于以前使用正常，只进行一般维护保养而未进行定子绕组重绕，不存在定子绕组连线错误的问题。经过以上分析和筛选，完全排除了前 4 种原因。

经过分析定子绕组断路情况，当定子绕组为△形连接时，若某处断路，定子绕组将成为丫形连接，由基本电工理论可知，A 相电流大，B、C 两相电流小，且基本相当。此时，若定子绕组接线正确，定子绕组每相所有磁极位置是对称的，某一相整个断电，转子所受其他两相的转矩仍然是平衡的，电动机不会产生剧烈振动。但本电动机振动比平常剧烈，而电动机振动剧烈是由转子所受转矩不平衡所致，因此可断定三相空载电流相差 1/5 以上，不是由于定子绕组整相断路所致。如图 1-10 所示，如果 B、C 相绕组在 y 处断路，三相负载电流仍然是 A 相大，B、C 两相小，并且此时转子所受转矩不平衡，电动机较正常时振动剧烈。这是因为，在 y 处不发生断路时，双路绕组在定子内的位置是对称的；若 y 处发生断路，原来定子绕组分布状态遭到破坏，此时转子只受到一边的转矩，所以发生振动。从以上分析可以确定，这台电动机的故障是定子双路并联绕组中有一路断路，引起三相空载电流不平衡，并使电动机发生剧烈振动。

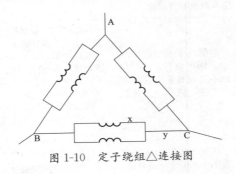

图 1-10　定子绕组△连接图

（6）试电笔检测法的应用。

1）电动机长动控制电路如图 1-11 所示。试电笔检测交流电路时，根据电路原理图中给出的工作流程分析，用试电笔依次测量图中控制线路中的 1、2、3、4 各测试点，测到哪点试电笔不亮，即表示该点为断路处。

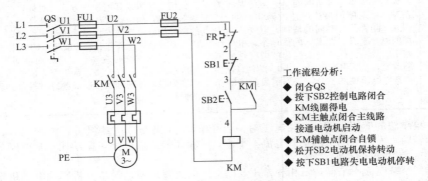

工作流程分析：
◆ 闭合 QS
◆ 按下 SB2 控制电路闭合
　 KM 线圈得电
◆ KM 主触点闭合主线路
　 接通电动机启动
◆ KM 辅触点闭合自锁
◆ 松开 SB2 电动机保持转动
◆ 按下 SB1 电路失电电动机停转

图 1-11　电动机长动控制电路

2）试电笔检测直流电路断路故障时，可以先用试电笔检测直流电源的正、负极。氖管前端明亮时为负极，氖管后端（手持端）明亮时为正极。也可从亮度判断，正极比负极亮一些。试电笔测量交流电、直流电时的发光情况如图 1-12 所示，交流氖管通身亮，直流氖管亮一端。

图 1-12　试电笔判断交流电、直流电

确定了正、负极后，根据直流电路中正、负电压的分界点在耗能元件两端的道理，逐一对故障段上的元件两端进行测试，若在非耗能元件两端分别测得正、负电压，则说明断路点就在该元件内。在用试电笔测到直流接触器的正、负两端时，如果测出两端分别是正、负电压，而KM 不吸合，则一般为 KM 线圈断路。

【特别提醒】

用试电笔检测电路故障的优点是安全、灵活、方便；缺点是受电压限制，并与具体电路结构有关（如变压器输出端是否接地等）。因此，测试结果不是很准确。

用电子式感应电笔查找控制线路的断路故障非常方便。手触感应断点检测按钮，用笔头沿着线路在绝缘层上移动，若在某一点处显示窗显示的符号消失，则该点就是断点位置。

（7）推理法的应用。电气设备在使用过程中，由于种种原因，常常会出现故障，这就需要我们准确地查找故障所在位置，并排除故障。

电气设备的某些故障，虽然对设备本身影响不大，但不能满足使用要求，这种故障称为使用故障。例如，发电动机发出的电压偏低、频率偏低等故障，对发电动机本身影响不大，但不能满足外部对电压和频率的要求，然而又是发电动机本身原因造成的故障。有些故障虽然不影响使用，但对设备本身有一定的影响，或者称对设备性能有一定的影响，这类故障称为性能故障。例如，变压器空载损耗增加，说明变压器内部铁芯存在某些故障，从而降低了变压器本身的性能，同时，使变压器发热增加。但从外部使用来看，只要变压器输出电压正常，就不影响正常使用。

电气设备的有些故障是由于设备内部因素造成的，如电磁力、电弧、发热等，使电气设备结构损坏、绝缘材料的绝缘击穿等。这类故障称为设备内部故障。电气设备的另一些故障则是由外部因素引起的，如电源电压、频率、三相不平衡，外力及环境条件等，使电气设备形成故障。这类故障称为设备外部故障。

推理法可以分为顺推理法和逆推理法。

1）顺推理法一般是根据故障设备，从电源、控制设备及电路，一一分析和查找的方法。

2）逆推理法则采用相反的程序推理，即由故障设备倒推至控制设备及电路、电源等，从而确定故障的方法。

这两种方法都是常用的方法。在某些情况下，逆推理法要快捷一些。因为逆推理时，只要找到了故障部位，就不必再往下查找了。

（8）图形变换法的应用。查找电气设备和装置的电气故障，常常需要将实物和电气图进行对照。然而，电气图种类繁多，因此需要从查找故障方便出发，将一种形式的图变换成另一种形式的图。其中，最常用的是将设备布置接线图变换成电路图，将集中式布置图变换成分开式布置电气图。

设备布置接线图是一种按设备大致形状和相对位置画成的图，这种图主要用于设备的安装和接线，对查找电气故障也十分有用。但从这种图上，不易看出设备和装置的工作原理及工作过程。而了解其工作原理和工作过程是查找电气故障的理论基础，对查找电气故障是至关重要的。电路图是主要描述设备和装置电气工作原理的图，因而需要将设备布置接线图变换为电路图。

（9）代换试验法的应用。对于值得怀疑的元件（部件），可采用代换试验的方法进行验证。如果故障依旧，说明故障点怀疑不准，可能该元件没有问题；如果故障排除，则与该元件相关的电路部分存在故障，应加以确认。

代换试验法在确定故障原因时准确性为 100%，但操作时比较麻烦，有时甚至很困难。所以使用代换试验法要根据电器故障的具体情况，以及检修者现有的备件和代换的难易程度而定。应该注意的是，在代换元器件或电路的过程中，连接要正确可靠，不要损坏周围其他元件，这样才能正确地判断故障，提高检修速度，而又避免人为造成故障。

当有两台或两台以上的电气控制系统时，可把系统分为几个部分，将各系统的部件进行交换。当交换到某一部分时，电路恢复正常工作，而将故障换到其他设备上时，其他设备出现了相同的故障，说明故障就在这部分。

当只有一台设备，而控制电路内部又存在相同元件时，可以将相同元件调换位置，检查对应元件的功能是否得到恢复，故障是否又转到另外的部分。如果故障转到另外的部分，则说明调换元件存在故障；如果故障没有变化，则说明故障与调换元件无关。

通过调换元件，可以不借用其他仪器来检查其他元件的好坏，因此可在条件不具备时使用。

（10）调整参数法的应用。在电动机控制线路中，热继电器"误"动作，常常与整定值不合适有关。电流整定值偏小，以致未过载热继电器就动作；电动机启动时间过长，使热继电器在启动过程中动作热继电器"不"动作，这种故障通常是电流整定值偏大，以致过载很久仍不动作，应根据负载工作电流调整整定电流。

调整参数法实质上是一种试凑法，它是在生产实践中总结出来的行之有效的方法，并在现场中得到了广泛的应用。例如，在 PLC 系统中，PID 控制器参数的工程整定方法就是先根据运行经验，确定一组调节器参数，并将系统投入闭环运行，然后人为地加入阶跃扰动（如改变调节器的给定值），观察被调量或调节器输出的阶跃响应曲线。若认为控制质量不满意，则根据各整定参数对控制过程的影响改变调节器参数。这样反复试验，直到满意为止。

【特别提醒】

以上 10 种特殊电气故障诊断方法，可以单独使用，也可以混合使用，应结合电气故障的具体情况灵活应用。

电气故障现象是多种多样的，同一类故障可能有不同的故障现象，不同类故障可能是同种故障现象的同一性和多样性，会给查找故障带来复杂性。但是，故障现象是查找电气故障的基本依据，是查找电气故障的起点，因此要对故障现象仔细观察分析，找出故障现象中最主要的、最典型的方面，查清故障发生的时间、地点、环境等。很多电气故障的排除，必须依靠专业理论知识才能真正弄懂弄通。电气维修人员与其他工种维修人员比较而言，理论性更强，有时候没有理论的指导很多工作根本无法进行，因此要具有一定的专业理论知识。维修人员为了更好地提高自己在实际工作中有效解决实际问题的能力和维修水平，应不断加强自身专业理论知识的学习和提高操作技能水平，当发生电气故障时，能够准确地查找其故障所在，从而排除故障使电气设备能够正常稳定地运行。

综合上述电气故障诊断方法，下面介绍电气故障检修的几则实例。

【例1】　一台 CJ10-20 交流接触器通电后没有反应，不能动作。

原因分析：电磁机构中，线圈通电会产生磁场。在磁场的作用下，固定铁芯与衔铁之间产生吸力，带动触头动作。接触器通电后不动作的原因有线圈断线、电源没有加上、机械部分卡死等。

检修方法：首先查外电源，结果正常；再查接触器线圈引线两端电压，结果正常；再拆下电源引线，查线圈电阻，为无限大，确定线圈断线。打开接触器底盖，取出铁芯，检查线圈，发现引线从线端根部簧片处折断，其余部分完好。将簧片重新焊上，装好接触器，通电试验，恢复正常。

【例2】　一台 CJ10-20 交流接触器通电后，线圈内时有火花冒出，伴随冒火现象，接触器跳动。

原因分析：有火花冒出，说明接触器线圈回路在接触器通电时有断路或短路现象，而接触器跳动，说明线圈通电过程中有间断现象。据此，问题应出在电气回路。

检修方法：拆开接触器，取下铁芯，检查线圈回路，发现线圈引线与端头簧片之间已断裂。只是由于引线本身的弹力，使断头仍与引线端头相连。在接触器动作时，受到振动才造成线圈回路时断时开，并在断头处产生火花。取出线圈与卡簧，焊牢组装后通电试验，恢复正常。

【例3】 一台内燃机启动器通电后能工作，但输出电压只有25V，达不到正常时的36V。

原因分析：电压较低有多方面的原因。这是一台可控硅控制的直流电源，因此造成输出电压较低的原因可能有：①外电源电压低；②变压器故障；③整流部分故障。

检修方法：依据先易后难的原则，先查电源进线，三相之间电压均为380V，结果正常；再查螺旋式熔断器后电源电压，三相之间也为380V，结果也正常；最后检查变压器输入电压，除U、V相之间为380V外，其余相间均不正常，偏低较多。再查接触器主触头，主触头均有不同程度的烧蚀现象，其中有一对触头已烧坏，不能接通。更换接触器，故障排除。

【例4】 某一电动机采取能耗制动，在操作停止电动机运行中，能耗制动一直启动，不能自动复位。

原因分析：对照图1-13所示内容并结合故障现象进行分析，造成该故障可能存在两个方面的原因：一是接触器KM₂主触点熔焊或被动作机械卡死，二是时间继电器线圈故障，使KT动作触点无法工作。

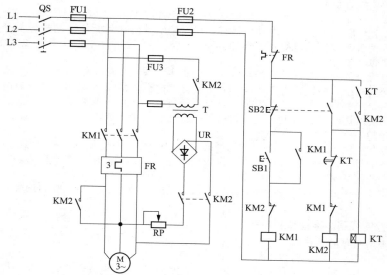

图 1-13 某一电动机能耗制动控制电路

检修方法：本着"先易后难"的维修原则，首先断开电源，用万用表 R×10 挡单独对时间继电器KT线圈进行测试，电阻值正常，说明该故障不是KT线圈开路或短路引起的。

然后打开接触器KM2灭弧盖，检查其主触点，发现已经熔焊。为稳妥起见，进一步检查了KM2的动作机构，没有发现有卡死或动作不灵活现象。设法人工分开触点，并更换合格的新动、静触点后，故障排除。

【例5】 一台CJ10-20交流接触器通电后没有反应，不能动作。

原因分析：电磁机构中，线圈通电后会产生磁场。在磁场的作用下，固定铁芯与衔铁之间产生吸力，带动触头动作。接触器通电后不动作的原因有线圈断线、电源没有加上、机械部分卡死等。

检修方法：检修时，首先查外电源，结果正常；再查接触器线圈引线两端电压，结果正常；再拆下电源引线，查线圈电阻，为无限大，确定线圈断线。打开接触器底盖，取出铁芯，检查线圈，发现引线从线端根部簧片处折断，其余部分完好。将簧片重新焊上，装好接触器，通电试验，恢复正常。

3. 确定故障部位 "三先三后" 法

(1) 先易后难法。先易后难，也可理解为"先简单后复杂"。根据客观条件，容易实施的手段优先采用，不易实施或较难实施的手段必要时采用。即检修故障要先用最简单易行、自己最拿手的方法处理，再用复杂、精确的方法；排除故障时，先排除直观、显而易见、简单常见的故障，后排除难度较高，没有处理过的疑难故障。

电气设备经常容易产生相同类型的故障就是"通病"。由于通病比较常见，积累的经验较丰富，因此可以快速地排除，这样就可以集中精力和时间排除比较少见、难度高、古怪的疑难杂症。简化步骤，缩小范围，有的放矢，提高检修速度。

（2）先动后静法。先动后静，即着手检查时首先考虑电气设备的活动部分，其次才是静止部分。电气设备的活动部分比静止部分在使用中故障概率要高得多，所以诊断时首先要怀疑的对象往往是经常动作的零部件或可动部分，如开关、熔丝、闸刀、插接件、机械运动部分。在具体检测操作时，却要"先静态测试，后动态测量"。静态，是指发生故障后，在不通电的情况下，对电气设备进行检测；动态，是指通电后对电气设备的检测。

（3）先电源后负载。先电源后负载，即检查的先后次序从电路的角度来说，是先检查电源部分，后检查负载部分。因为电源侧故障势必会影响到负载，而负载侧故障则未必会影响到电源。例如，电源电压过高、过低、波形畸变、三相不对称等都会影响电气设备的正常工作。对于用电设备，通常先检查电源的电压、电流、电路中的开关、触点、熔丝、接头等，故障排除后，才根据需要检查负载。

通过直观观察无法找到故障点，断电检查仍未找到故障时，可对电气设备进行通电检查。通电检查前要先切断主电路，让电动机停转，尽量使电动机和其所传动的机械部分脱开，将控制器和转换开关置于零位，行程开关还原到正常位置；然后用万用表检查电源电压是否正常，有否缺相或严重不平衡。

进行通电检查的顺序为先检查控制电路，后查主电路；先检查辅助系统，后检查主传动系统；先检查交流系统，后检查直流系统；先检查开关电路，后检查调整系统。通电检查控制电路的动作顺序，观察各元件的动作情况，或断开所有开关，取下所有熔断器，然后按顺序逐一插入要检查部位的熔断器，合上开关，观察各电气元件是否按要求动作。

【特别提醒】

在电气控制线路中，可能发生故障的线段和电器较多。有的明显，有的隐蔽；有的简单，易于排除；有的复杂，难于检查。在诊断检修故障时，应灵活使用上述修理方法，及时排除故障，确保生产的正常进行。

检修中应注意做好书面记录，积累有关资料，不断总结经验，才能成为诊断电气设备故障的行家里手。

4. 电气控制线路断电检查的内容

（1）检查熔断器的熔体是否熔断、是否合适以及接触是否良好。

（2）检查开关、刀闸、触点、接头是否接触良好。

（3）用万用表欧姆挡测量有关部位的电阻，用绝缘电阻表测量电气元件和线路对地的电阻以及相间绝缘电阻（低压电器绝缘电阻不得小于 $0.5M\Omega$），以判断电路是否有开路、短路或接地现象。

（4）检查改过的线路或修理过的元器件是否正确。

（5）检查热继电器是否动作，中间继电器、交流接触器是否卡阻或烧坏。

（6）检查转动部分是否灵活。

1.2.3 电气故障检修须知

1. 电气故障的类型

电气故障是由于各种原因使电气线路或电气设备损坏不能正常工作，电气丧失正常功能，一般分损坏性故障和预告性故障、使用故障和性能故障、显性故障和隐性故障。

（1）损坏性故障和预告性故障。损坏性故障是指电气线路或电气设备已经损坏的严重故障，如灯泡的灯丝烧断，灯泡完全不发光；电动机绕组断线，电动机完全不能转动等。这类故障，只有通过修复或更换，并且排除电气线路或电气设备损坏的各种原因后，故障才能排除。

有些故障，如灯泡亮度下降、电动机温升偏高等，设备尚未损坏，可短时继续使用，称为预告性故障。但长此下去，将影响设备正常使用，甚至演变成损坏性故障。

（2）使用故障和性能故障。某些电气故障，虽然对电气线路或电气设备本身影响不大，但不能满足使用要求，称为使用故障，如发电动机发出的电压、频率偏低，对发电动机本身影响不大，但不能满足外部对电压和频率的要求。

有些故障虽然不影响使用要求，但对电气线路或电气设备性能有一定影响，称为性能故障，如变压器空载损耗增加，使变压器发热增加，说明变压器内部存在某些故障，从而降低了变压器的性能。

（3）显性故障和隐性故障。"显性"故障是指故障部位有明显的外表特征，容易被发现，如继电器或接触器线圈过热、冒烟、发出焦味；电动机因缺相而出现响声异常等。

"隐性"故障是指故障没有外表特征，不易被人发现，如绝缘导线内部断裂、电子元件断路等，这类故障常常给查找带来很大困难。

2. 排除电气故障的一般步骤

排除电气故障没有固定的模式，也无统一的标准，因实际情况而异。但在一般情况下，还是有一定规律的。通常在排除电气故障时，所采用的步骤大致可分为：症状分析→设备检查→确定故障点→故障排除→性能观察。

（1）症状分析。症状分析是对所有可能存在的有关故障原始状态的信息进行收集和判断的过程。在故障迹象受到干扰以前，对所有信息都应仔细分析。这些原始信息可从以下几个方面获得。

1）访问操作人员。通过访问操作人员，以获得设备使用及变化过程、损坏或失灵前后情况的信息，还可以了解一些过去类似的故障现象、原因以及曾经采取的措施等方面的情况。

2）观察和初步检查。对设备进行全面的观察往往会得到有价值的线索。初步检查的内容包括检测装置（如操作台指示灯、显示器报警信息等）、检查操作开关的位置以及控制机构、调整装置及连锁信号装置等。

3）开动设备试运行。如果故障不是整机性的致使电气控制系统瘫痪，可以采用试运转的方法开动设备，可帮助维修人员对故障的原始状态有个综合的印象。

症状分析阶段的目的在于收集故障的原始信息，以便对现有实际情况进行分析，并从中推导出最有可能存在故障区域的线索，作为下一步设备检查的参考。

（2）设备检查。根据症状分析中得到的初步结果，对设备进行详细检查，特别是那些被认为最有可能存在故障的区域。要注意此时应尽量避免对设备进行不必要的拆卸，防止因不慎操作引起故障范围扩大化。

不要轻易对控制装置进行调整。一般情况下，故障未排除而盲目调整参数会掩盖症状，而且会随着故障的发展而使症状重新出现，甚至可能造成严重的后果。所以须避免盲目性，防止因不慎操作使故障复杂化，避免造成症状混乱而延长排除故障的时间。

（3）确定故障点。根据故障现象，结合设备的原理及控制特点进行分析和判断，确定故障发生范围，是电气故障还是机械故障？是直流回路还是交流回路？是主电路还是控制电路或辅助电路？是人为造成还是随机性的？等等。根据症状分析及设备检查，灵活运用"排除故障的方法"，逐步缩小范围，直至找到故障点。

（4）故障排除。在确定故障点以后，无论修复还是更换，对电气维修人员来讲，排除故障比查找故障要简单得多。但在排除故障过程中一般不会只用单一方法，往往多种方法综合运用。

1）在排除故障的过程中，应先动脑，后动手，正确分析可起到事半功倍的效果。具体遵循"先外部后内部→先机械后电气→先静后动→先公用后专用→先简单后复杂→先一般后特殊"的原则。需要注意的是，在找出有故障的组件后，应该进一步确定故障的根本原因。例如，当电路板内的一只晶体管被烧坏，单纯地更换一个晶体管是不够的，重要的是要查出被烧坏的原因，并采取补救和预防的措施。

2）一般情况下，以设备的动作顺序为排除分析、检测的次序。依此前提，先检查电源，再检查线路和负载；先检查公共回路再检查各分支回路；先检查主电路再检查控制电路；先检查容易检测的部分，再检查不易检测的部分。

（5）性能观察。故障排除以后，维修人员在运行前还应做进一步检查，通过检查证实故障确实已经排除，然后由操作人员来试运行操作，以确认设备是否已正常运转，同时还应向相关人员说明应注意的问题。重要的是，在修复后再检查时，要尽量使电气控制系统或电气设备恢复原样，并清理现场，保持设备的干净、卫生。

3. 备品备件

备品备件是指设备在检修维护过程中需要更换的零部件，通俗地说，就是为一台或者多台运行设备检修维护时所准备的物品和零件，如熔断管、接触器、继电器、按钮、轴承等。

对于电气设备的维修，备品备件是一个必不可少的技术准备手段，在遇到故障时若无备件可调换或使用，无形中会拖延排除故障的时间。如果备有一些备品备件，将给维修人员排除故障带来许多方便，采用替换法常可迅速判断出一些疑难故障。电气系统备件配置要根据实际情况，通常一些易损的电气元件均应适当配备。

（1）修复。维修中，对换下来的有问题的元器件，在有条件的情况下应尽可能地进行修复。没有条件的时候，也应委托相关专业维修部门修理。以做备件使用，不至于浪费。

（2）代用。在多数情况下，许多电气元器件是可以用其他类似规格、型号的元器件替代的（如接触器、晶闸管模块、电阻器、电容器、熔断器等）。

（3）制作与改进。当某个电气元器件损坏，但买不到备件，为了不影响生产，可以考虑对电路进行一些小的改动，改用其他的元器件实现同样的功能。

1.3 电气设备的故障检修

1.3.1 电气设备故障检修类型

电气设备在运行中出现的故障，有些可能是由于操作使用不当、安装不合理或维修不正确等人为因素造成的，称为人为故障。而有些故障则可能是由于电气设备在运行时过载、机械振动、电弧的烧损、长期动作的自然磨损、周围环境温度和湿度的影响、金属屑和油污等有害介质的侵蚀以及电器元件自身的质量问题或使用寿命等而产生的，称为自然故障。

为了保证电气设备正常运行和安全生产，对设备实行有计划的预防性修理，是工业企业电气设备管理与维修工作的重要组成部分。电气设备检修的意义在于：使设备处于良好的技术状态，满足生产的需要；保证设备安全、经济运行，提高设备可用系数，充分发挥设备的潜力；保证电力系统安全运行。

1. 按照检修时间长短分类

电气设备的检修包括日常维护保养和故障检修两方面。电气设备的故障检修分为大修、小修和抢修，见表1-7。

表1-7　　　　　　　　　　　电气设备的大修、小修和抢修

序号	种类	说明
1	大修	指对设备全部解体，对部分零部件进行修复、改造、更换，处理缺陷，恢复原有精度，机组效率和出力达到和超过原设计标准而进行的检修。 大修是设备的定期检修，间隔时间较长，工作量大，所以应有充分的准备和周密安排
2	小修	指对设备局部解体，为消除一些缺陷或漏泄和磨损部件而进行的检修。 小修重点检查的是易磨、易损部件，对其进行必要的处理或清扫和试验。相对大修而言，小修的工作量虽然较小、时间较短，但也应认真对待
3	抢修	是指在设备发生事故后，在短时间内进行抢修，对其损坏部分进行检查、修理或更换。 突发事故抢修具有不确定性、时间紧、任务重，因此平时必须做好应急准备

2. 按照电气装置的构成特点分类

按照电气装置的构成特点，从查找电气故障的观点出发，常见的电气故障可分为电源故障、电路故障和设备与元件故障三类，见表1-8。

表1-8　　　　　　　　电源故障、电路故障和设备与元件故障

序号	种类	故障举例
1	电源故障	缺电源，电压、频率偏差，电源极性接反，相线和中性线接反，缺一相电源、相序改变
2	电路故障	断线、短路、短接、接地、接线错误
3	设备与元件故障	过热烧毁、不能运行、电气击穿、性能变劣

1.3.2 电气设备检修前的准备工作

1. 电气设备大修前的准备工作

电气设备大修过程一般包括：解体前整机检查、拆卸部件、部件检查、必要的部件分解、零件清洗及检查、部件修理装配、总装配、空运转试车、负荷试车、整机精度检验、竣工验收。在实际工作中应按大修作业计划进行并同时做好作业调度、作业质量控制以及竣工验收等主要管理工作。

电气设备大修的修理技术和工作量，在大修前难以预测得十分准确。因此，在大修过程中，应从实际情况出发，及时地采取各种措施来弥补大修前预测的不足，并保证修理工期按计划或提前完成。一般来说，电气设备大修前要做的准备工作有以下方面。

（1）针对系统和设备的运行情况、存在的缺陷和小修核查结果，结合上次大修总结，进行现场核对。根据查对结果及年度检修计划要求，确定检修重点项目，制定符合实际情况的对策和措施，并做好有关设计、试验和技术鉴定工作。

（2）落实物质（包括材料、备品备件、安全用具、施工机具等）准备和检修施工场地布置。

（3）制定施工技术组织措施及安全措施。

（4）准备好技术记录表格。

（5）制定实施大修计划的网络图或施工进度表。

（6）确定所需测绘和校核的备品备件加工图。

（7）做好大修项目费用预算，报单位领导批准，并报主管局（公司）备案。

（8）组织各班组学习并讨论检修计划、项目、进度、措施及质量要求等，落实经济责任制。

（9）大修前一个月，检修工作的负责人应组织有关人员检查上述各项工作的准备情况，开工前还应复查，确保大修顺利进行。

【特别提醒】

为了使修理工作顺利地进行并做到准确无误，修理人员应认真听取操作者对设备修理的要求，详细了解待修设备的主要问题，了解待修设备为满足工艺要求应做哪些部件的改进和改装，阅读有关技术资料、设备使用说明书和历次修理记录，熟悉设备的结构特点、传动系统和原设计精度要求，以便提出预检项目。经预检确定大件、关键件的具体修理方法，准备专用工具和检测量具，确定修后的精度检验项目和试车验收要求，这样就为整台设备的大修做好了各项技术准备工作。

2. 设备修理方案的确定

对设备大修，不但要达到预定的技术要求，而且要力求提高经济效益。因此，在修理前应切实掌握设备的技术状况，制订切实可行的修理方案，充分做好技术和生产准备工作；在修理中要积极采用新技术、新材料、新工艺和现代管理方法，做好技术、经济和组织管理工作，以保证修理质量，缩短停修时间，降低修理费用。

必须通过预检，在详细调查了解设备修理前技术状况、存在的主要缺陷和产品工艺对设备的技术要求后，立即分析制订修理方案，主要内容包括以下几个方面。

（1）按产品工艺要求，设备的出厂精度标准能否满足生产需要；如果个别主要精度项目标准不能满足生产需要，能否采取工艺措施提高精度；哪些精度项目可以免检。

（2）对多发性重复故障部位，分析改进设计的必要性与可能性。

（3）对关键零部件，如精密主轴部件、精密丝杠副、分度蜗杆副的修理，本企业维修人员的技术水平和条件能否胜任。

（4）对基础件，如床身、立柱、横梁等的修理，采用磨削、精刨或精铣工艺，在本企业或本地区其他企业实现的可能性和经济性。

（5）为了缩短修理时间，哪些部件采用新部件比修复原部件更经济。

（6）如果本企业承修，哪些修理作业需委托外企业协作，与外企业联系并达成初步协议。如果本企业不能胜任和不能实现对关键零部件、基础件的修理工作，应确定委托其他企业来承修，这些企业是指专业修理公司、设备制造公司等。

3. 电气设备小修前的准备工作

电气设备小修是工作量最小的计划修理。对于实行状态监测修理的设备，小修的内容是针对日常点检、定期检查和状态监测诊断发现的问题，拆卸有关部件，进行检查、调整、更换或修复失效的零件，以恢复设备的正常功能。

对于实行定期修理的设备，小修的主要内容是根据掌握的磨损规律，更换或修复在修理间隔期内即将失效的零件，以保证设备的正常功能。

1.3.3　常用电气设备的检修周期及内容

1. 变压器的检修周期及项目

（1）变压器的检修周期。根据变压器的运行情况和检查试验结果来确定变压器是否进行大修，新投运变压器在投运 5 年内应大修一次，以后每 5～10 年大修一次。

运行中的变压器发现异常状况或经试验周期判明有内部故障时，应提前进行大修。

（2）变压器的大修项目。主变压器的大修项目见表 1-9。

表 1-9　　　　　　　　　　　　　　主变压器的大修项目

部件名称	一般项目	特殊项目
外壳及油	（1）检查和清扫外壳，包括本体、大盖、衬垫、油枕、散热器、阀门、喷油管、滚轮等，消除渗油、漏油。 （2）检查和清扫油再生装置，更换或补充硅胶。 （3）根据油质状况，过滤变压器油。 （4）检查接地装置。 （5）室外变压器外壳刷漆	（1）更换变压器油。 （2）拆下散热器进行补焊及油压试验。 （3）更换散热器
芯子	（1）第一次大修若不能利用打开大盖或入孔进入内部检查时，应吊出芯子；以后大修是否吊芯，应根据运行、检查、试验等结果确定。 （2）检查铁芯、铁芯接地情况及穿芯螺丝的绝缘，检查及清理绕组及绕组压紧装置、垫块、引线、各部分螺丝、油路及接线板等	（1）焊接外壳或密封式的变压器吊芯。 （2）更换部分绕组或修理绕组。 （3）修理铁芯。 （4）干燥绕组
冷却系统	（1）检查散热器及阀门是否有锈蚀、堵塞及密封是否良好。 （2）消除漏油现象	改变冷却方式
分接头切换装置	检查并修理无载分接头切换装置，包括附加电抗器、定触点、动触点及其传动机构	更换切换装置
套管	检查并清扫全部套管	（1）更换套管。 （2）套管解体检修。 （3）改进套管结构。 （4）套管大修后应做交流耐压试验规定 10kV 侧 42kV
其他	（1）校验及调整温度表。 （2）检查空气干燥器及吸潮剂。 （3）检查及清扫油标。 （4）检查及校验仪表及继电保护装置、控制信号装置等及其二次回路。 （5）进行预防性试验。 （6）检查及清扫变压器电气连接系统的配电装置及电缆。 （7）检查基础轨道坡度应符合 1‰～1.5‰坡度	

（3）变压器大修后的试验项目。

1）测定绕组的绝缘电阻和吸收比。（用 2500V 绝缘电阻表测定）

2）测定绕组连同套管的泄漏电流，直流试验电压值 10kV，泄漏电流在环境温度 40℃时小于等于 77 μA。（30℃时为 50 μA、20℃时为 33 μA）

3）测定绕组连同套管的介质损耗因数。（规定要求 3150kVA 以上的变压器应进行）

4）绕组连同套管一起的交流耐压试验。（规定 10kV 侧的试验值为 42kV）

5) 测量非纯瓷套管的介质损耗和电容值。

6) 油箱中的绝缘油试验。（规定：新投入和大修后的变压器发现异常应每月进行一次色谱分析）

7) 测量轭铁梁和穿芯螺栓（可接触到）的绝缘电阻。（用 1000V 绝缘电阻表测量，或用 1kV 交流耐压试验 1min，绝缘电阻值在电压等级 10kV 以下大于等于 2MΩ）

8) 测量（带有外接地）对地的绝缘电阻。

9) 测量绕组连同套管一起的直流电阻。（1600kVA 及以下的变压器相间差别一般不大于三相平均值的 4%，线间差别一般不大于三相平均值的 2%。1600kVA 及以上相间不大于 2%，无中性点引出时的线圈差别应不大于三相平均值的 1%）

10) 检查绕组所有分接头的电压比。

11) 校定三相变压器的连接组别和单向变压器引出线的极性。

12) 测量额定容量为 3150kVA 及以上变压器的额定电压下的空载电流和空载损耗。

13) 测定短路电压和负载损耗。

14) 检查分接开关的动作情况。

15) 检查相位。

16) 额定电压下的冲击合闸试验。

17) 总装后对散热器和油箱做密封试验。

18) 冷却装置的检查和试验。

19) 检查接缝衬垫和法兰连接情况。

20) 油的色谱分析。

21) 油的微水测量。

(4) 变压器的小修项目。变压器的小修周期一般每年 1～2 次。其小修项目如下。

1) 清扫外壳及出线套管。

2) 检查外部，拧紧引出线接头，并消除已发现而就地能消除的缺陷。

3) 清除油枕中的污泥，必要时加油，检查油位计。

4) 检查放油门及密封衬垫。

5) 检查和清扫冷却装置及运行中的油再生装置。

6) 检查气体继电器和压力释放装置的完整性。

7) 进行规定的测量和试验。

(5) 变压器定期试验项目见表 1-10。

表 1-10 变压器定期试验项目

序号	项目	周期	要求	说明
1	绕组直流电阻	(1) 1～3 年或自行规定。 (2) 无励磁调压变压器变换分接头后。 (3) 大修后。 (4) 必要时	(1) 1.6MVA 以上，各相绕组电阻相互差别应小于平均值的 2%。 (2) 1.6MVA 以下，差别应小于平均值的 4%，线间差别应小于 2%	无励磁调压变压器应在使用的分接头锁定后测量
2	绕组绝缘电阻、吸收比或极化指数	(1) 1～3 年或自行规定。 (2) 大修后。 (3) 必要时	(1) 吸收比（10～30℃）不低于 1.3 或极化指数不低于 1.5。 (2) 绝缘电阻应折算到同一温度下，与前一次结果相比应无明显变化	吸收比和极化指数不进行温度换算
3	绕组的 tanδ		(1) 20℃ 时应小于 35kV 以下 1.5%。 (2) 与以前相比小于 30%。 (3) 试验电压为额定值	非被试绕组应接地或屏蔽
4	绝缘油试验		击穿电压大于等于 25kV	

序号	项目	周期	要求	说明
5	交流耐压试验	(1) 1～5 年（10kV 以下）。 (2) 大修后。 (3) 更换绕组后。 (4) 必要时	10kV 侧的耐压值 30kV	
6	铁芯绝缘电阻		(1) 与以前测试结果相比无明显差别。 (2) 运行中铁芯接地电流一般不大于 0.1A	采用 2500V 绝缘电阻表
7	绕组泄漏电流	(1) 1～3 年或自行规定。 (2) 大修后。 (3) 必要时	试验电压 10kV	1min 读数
8	测温装置及其二次回路		(1) 密封良好，指示正确，测温电阻值应和出厂值相符； (2) 绝缘电阻大于 1MΩ；	2500V 绝缘电阻
9	气体继电器及其二次回路		整定值符合运行要求，动作正确，绝缘电阻大于 1MΩ	2500V 绝缘电阻

2. 交流异步电动机的检修周期及项目

（1）检修周期。交流异步电动机检修周期，原则上每两年大修一次，每一年小修两次。

（2）三相交流电动机小修项目。

1）用吹风清扫和测试，并做一般性的机械检查和处理。

2）交流电动机的轴承清洗检查。

3）滑环清扫。

4）局部解体检查，并处理一般的缺陷，如绝缘局部修补等。

5）紧固各部松动螺钉或垫片等，加强绑扎和局部涂漆等处理。

6）有注油嘴的电动机，三个月注油一次。

（3）三相交流电动机中修项目

1）包含小修全部检修项目。

2）对滑环表面进行加工和处理。

3）更换减速电动机转子绕组的局部线圈和修补，对个别线圈进行绝缘修理。

4）解体清扫和检查，并做绝缘状态的鉴定。

5）检查和处理磁极线圈，更换局部绝缘，对磁轭、磁极、支架、斜键等进行检查加固和小的改进措施。

6）轴承清洗、更换、刮研轴瓦等。

7）检查机械零部件的质量，并做好加强和改进的措施。

8）绕组干燥和喷漆处理。

（4）三相交流电动机大修项目。

1）包含中修全部检修项目。

2）滑环全部更换、检修和调整。

3）更换转子磁极铁芯和全部磁极线圈，更换全部斜键等。

4）绕组全部更换、重绕。

5）减速电动机的转子调动平衡。

6）零部件重新制造与更换，如制造集电环进行更换，转轴更换或大量焊接工作等。

7）减速电动机轴承更换和修理，如重新注瓦、刮研。

8）修理或更换机座、铁芯，并进行喷漆处理。

9）解体检查和鉴定，并做机械零部件的重大改进措施，如改进冷却系统、油系统、机械结构等。

3. 直流电动机的检修周期及项目

（1）检修周期。一般规定一年半大修一次，1～6 个月小修一次。属主机附属的设备随主机检修进行。

（2）小修项目。

1）检测电动机的绝缘电阻，应不低于 1MΩ。

2）电动机不拆大盖吹灰、清擦。

3）打开轴承盖，检查轴承、油质、油量，必要时补油、清洗、换油、换轴承。

4）检查电动机引线绝缘有无破损、老化、线鼻子所包绝缘剥开检查有无过热氧化。接线螺丝有无松动。

5）检查刷握装置应符合设计角度，刷握下沿换向器表面应留有 2～3mm 间隙，各排电刷应与换向片平行，其平行度应不超过 0.5mm。

6）检查电刷的长度，最短不得低于刷握的 1/3 高度，无破损、掉角、接触面应光滑如镜，无粗糙、脏污、烧焦和附着硬粒、划痕等现象。更换电刷时，新换的电刷的型号和规格应尽量和原来一样，调整压力应一致，其数值在 0.25～0.35kg/cm。更换数量超过 1/2 以上，应先以 1/4～1/2 额定负荷运行 12h 后，再满负荷运行。

7）电刷引线应长度适宜，无过热、变色、断股等现象。接线鼻子应完整，接触紧密无开焊现象。

8）电刷除接触面外，各对应平面应平行，与刷握间留有 0.1～0.2mm 的间隙。

9）检查换向器表面应光滑，换向片无松动现象。

（3）大修项目。

1）电动机的分解。①要求绘出各磁极、刷架、引出线板接线图，并应做好记号。②做好刷架位置记号，测量刷架间的距离（可用长方形纸条压在电刷下绘出）。拆刷架时，应先将整流子用纸板或橡皮包好，以免碰伤整流子。③测量电枢与主磁极及辅极间的间隙。测间隙时可用带有锥度的专用塞尺，也可用感应降压法测量。

2）定子的检修。①用 0.098～0.196MPa 干燥洁净的压缩空气吹扫磁极铁芯和线圈，并用汽油或四氯化碳擦去油污。②检查各磁极及其线圈应不松动，各绝缘垫片应完好牢固。线圈绝缘应良好无过热变色、老化脆裂现象。用 500V 绝缘电阻表测量线圈绝缘电阻应不低于 0.5MΩ。测量各磁极线圈直流电阻，折算到同一温度下，各磁极与过去比较，均不得大于 2%。③各磁极接线连接良好，接线板清洁完好，各线头标志清楚。④磁极铁芯与外壳连接牢固，机壳完好，无裂纹。如果因检修需拆除磁极，则一定要做好位置记号。

3）电枢与整流子的检查和修理。①测量电枢对地、绑线对电枢及绑线对地的绝缘电阻应不低于 0.5MΩ（用 500V 绝缘电阻表）。②检查电枢铁芯应无锈蚀、摩擦过热痕迹，铁芯应压紧良好，不松动，绑线应无开焊松动。风扇固定应可靠无变形裂纹，如有上述缺陷应予消除。③整流子表面应无烧伤变色、变形，当整流子运行中冒火严重时，应检查整流子晃度，如超过 0.05mm，磨损深度超过 0.5mm，应进行车削，车削前应找正中心。当整流子直径小于厂家规定的最小直径时，应更换整流子。④修刮片间云母，要求低于整流片 1～1.5mm，整流片两侧应倒 45°角，倒角深度 0.5mm，不得有毛刺。⑤整流子下云母绑线不应松动，不枯朽，平衡盘牢固。⑥测量片间直流电阻，相互差不得超过最小值的 10%。

4. 电力电缆的检修周期及项目

（1）电力电缆定期试验项目的一般规定。

1）新敷设的电缆线路投运 1～12 个月，一般应做一次直流耐压试验，以后按正常周期试验。

2）额定电压为 0.6/1kV 的电缆线路，可用 1000V 或 2500V 绝缘电阻表测量对地绝缘电阻代替直流耐压试验。

3）耐压试验后，使导体放电时，必须通过每千伏约 80kΩ 的限流电阻反复几次放电至无火花后，才允许直接接地放电。

4）除自容式充油电缆外，其他电缆线路在停电投运前，必须确认绝缘良好。凡停电超过一星期但不满一个月的电缆线路，应用绝缘电阻表测量该电缆导体对地绝缘电阻，如有疑问，必须用低于常规直流耐压试验的直流电压进行试验，加压时间 1min；停电超过一个月但不满一年的电缆线路，必须用 50％规定试验电压值的耐压试验，加压时间 1min；停电超过一年的电缆线路必须做常规的直流耐压试验（有的企业标准规定做交流耐压试验）。

（2）橡塑绝缘电力电缆试验项目、周期和要求见表 1-11。

表 1-11　　　　　　　　橡塑绝缘电力电缆试验项目、周期和要求

序号	项目	周期	要求	说明
1	电缆主绝缘的绝缘电阻	（1）重要电缆：1 年；（2）一般电缆：3.6/6kV 及以上 3 年，以下 5 年	自行规定	0.6/1kV 电缆用 1000V 绝缘电阻表，0.6/1kV 以上电缆用 2500V 绝缘电阻表，3.6/6kV 及以上也可用 2500V 绝缘电阻表
2	电缆外护套的绝缘电阻		每千米绝缘电阻值不低于 0.5MΩ	采用 500V 绝缘电阻表，当每千米绝缘电阻低于 0.5MΩ 应判断外护套是否进水
3	电缆内衬层绝缘电阻			采用 500V 绝缘电阻表，当每千米绝缘电阻低于 0.5MΩ 应判断内衬层是否进水
4	电缆主绝缘直流耐压试验	新做终端或接头后	（1）试验电压（单位为 kV）按下表规定，加压时间 5min，不击穿。 U_0/U / 直流试验电压 / 电缆额定电压 1.8/3 / 11 / 21/35 3.6/6 / 18 / 26/35 6/6 / 25 / 48/66 6/10 / 25 / 64/110 8.7/10 / 37 / 127/220 （2）耐压 5min 的泄漏电流不应大于耐压 1min 的泄漏电流	

5. 母线的检修周期及项目

（1）大修周期。

1）新安装的 6～35kV 室内母线投运一年应进行一次检修（包括清扫、耐压试验），以后按周期进行。

2）室内母线按每 3 年进行一次。

3）室外母线按每 5 年大修一次。

（2）小修周期，视具体情况而定，一般一年应进行 1～2 次。

（3）硬母线的大修项目

1）硬母线的一般检修。①清扫母线，消除积灰和脏污；检查相序颜色，要求颜色鲜明，必要时应重新刷漆或补刷漆脱漆部分，摇测绝缘电阻应合格。②检修母线接头，要求接头应接触良好，无过热现象。其中，螺栓连接的接头螺栓应拧紧，平垫和弹垫应齐全。用 0.05mm×10mm 塞尺检查，局部塞入深度不得大于 5mm；采用焊接连接的接头应无裂纹、变形和烧毛现象，焊缝凸出成圆弧形。③检修绝缘子和套管，要求绝缘子和套管应清洁完好，铜铝接头应无接触腐蚀。③检修绝缘子和套管，要求绝缘子和套管应清洁完好，用 1000V 绝缘电阻表摇测母线绝缘电阻应符合规定。若母线绝缘电阻较低，应找出故障原因并及时消除，必要时予以更换。④检查母线的固定情况，要求母线固定平整牢固；并检修其他部件，要求螺栓、螺母、垫圈齐全，无锈蚀，片间撑条均匀。必要时应对支撑绝缘子和多层母线上的撑条进行调整。

2）硬母线接头的解体检修。①接触面的处理，应消除接触面的氧化膜、气孔或隆起部分，使接触面平整而略显粗糙。②拧紧接触面的连接螺栓。螺母拧紧后应使用 0.05mm 的塞尺检查

接头的紧密程度。③为防止母线接头表面及接缝处氧化，在每次检修后要用油膏填塞，然后再涂以凡士林油。④更换已失去弹性的弹簧垫圈和损坏的螺栓、螺母。

6. 架空母线的检修

（1）清扫母线各部分，使母线各部分本身清洁并且无断股和松股现象，摇测绝缘电阻应合格。

（2）清扫绝缘子串上的积灰和脏污，更换表面发现裂纹的绝缘子。

（3）绝缘子串各部件的销子和开口销应齐全，损坏者应予更换。

（4）接头发热的处理方法如下。

1）清除导线表面的氧化膜使导线表面清洁，并在线夹内表面涂以工业凡士林油或防冻油。

2）更换线夹上失去弹性或损坏的各个垫圈，拧紧已松动的各式螺栓。

3）对接头的接触面用 0.05mm 的塞尺检查时不应塞入 5mm 以上。

4）更换已损坏的各种线夹和线夹上钢制镀锌件。

5）处理完毕，在接头接缝处用油膏填塞后再涂以凡士林油。

7. 10kV 真空断路器的检修周期及项目

（1）大修周期。

1）新装断路器投运一年后应进行一次大修，检修项目根据情况而定。

2）对真空断路器应视真空度及气体运行情况确定是否大修，一般要求 10 年；预试周期 3 年。

（2）小修周期，一般规定为 3 年。

（3）大修项目。10kV 真空断路器的大修项目见表 1-12。

表 1-12　　10kV 真空断路器的大修项目

序号	部件	项目
1	断路器本体	（1）支持套管及提升杆的分解检修； （2）主轴及传动装置的分解检修； （3）整体清扫、除锈、刷漆； （4）断路器调整试验
2	电磁机构	（1）机构部分分解检修； （2）电气有关部分分解检修； （3）分、合闸线圈端子电压测量； （4）分、合闸试验
3	弹簧机构	（1）储能及合闸传动系统的检修； （2）分闸脱扣系统的检修； （3）机构箱本体清扫，除锈、刷漆及密封的检查； （4）分合闸试验

（4）小修项目。10kV 真空断路器的小修项目见表 1-13。

表 1-13　　10kV 真空断路器的小修项目

序号	部件	项目
1	断路器本体	（1）引线导电板的固定螺栓检查； （2）清扫检查瓷套管； （3）检查传动机构； （4）检查合闸保持弹簧
2	电磁机构和弹簧机构	（1）清扫操动机构转轴、联板、杠杆，添加润滑油，检查储能电动机和加热器； （2）检查机构箱内端子排及操作回路接线的紧固情况和绝缘辅助开关固定及动作位置情况； （3）检查航空插头是否处于完好状态，插头应无锈蚀，解除应良好； （4）分、合闸操作试验

(5) 真空断路器定期试验项目。10kV 真空断路器定期的试验项目见表 1-14。

表 1-14　　　　　　　　　　　10kV 真空断路器定期的试验项目

序号	项目	周期	要求	说明
1	绝缘电阻	(1) 1～3 年; (2) 大修后	(1) 整体绝缘电阻参照制造厂家规定; (2) 断口和用有机物制成的提升杆的绝缘电阻应不低于 300MΩ	
2	交流耐压试验 (断路器主回路对地、相间及断口)	(1) 1～3 年; (2) 大修后 (3) 必要时	断路器在分、合闸状态下分别进行,试验电压值参照 DL/T593 规定值	(1) 更换干燥后的绝缘提升杆进行耐压试验,耐压设备不能满足时可分段进行; (2) 相间、相对地及断口的耐压值相同
3	辅助回路和控制回路交流耐压试验		试验电压为 2kV	
4	导电回路电阻	(1) 1～3 年; (2) 大修后	(1) 大修后应符合制造厂家规定; (2) 运行中自行规定,建议不大于 1.2 倍出厂值	用直流降压法测量电流不小于 100A
5	合闸接触器和分、合闸电磁铁的最低动作电压		(1) 绝缘电阻值应不小于 2MΩ; (2) 直流电阻应符合制造厂规定	采用 1000V 绝缘电阻表
6	真空灭弧室的真空度	大、小修时	自行规定	有条件时进行

1.4　电气设备检修管理与验收

1.4.1　电气设备检修管理

1. 电气设备检修管理制度

(1) 坚持计划检修。必须按时编制年度检修和更新改造计划,并且根据年度计划安排月度检修计划,减少直至杜绝无计划检修。

(2) 重要设备检修要拟订专门的检修实施技术方案,并经电网主管部门批准后,方可实施。主要内容包括如下。

1) 检修项目、进度安排、质量要求。

2) 检修的安全、组织、技术措施。

3) 主要材料、设备及必要的工具、器械。

(3) 坚持检修设备验收制度。检修完工后要组织领导、检修、运行三方参加的验收,验收要有报告,有结论。

(4) 检修工作必须严格执行《电业安全工作规程》的各项要求。无论何种情况,工作票必须提前一天送达变电运行管理中心,否则,运行人员有权拒绝操作。严禁无票进行倒闸操作。

(5) 10kV 线路分支线检修、安装工作必须履行必要的许可手续,办理工作票后,方能开始工作。

2. 设备检修过程中可能存在的主要问题

(1) 计划性检修的修针对性不强,不利于发展。目前,一些企业厂采用的电气设备检修主要是计划性检修，其主要内容分为两大方面。一方面，它是一种定期定点式的全面检修；另一方面，它还包括对电力设备进行突发事故的检修。在计划性检修制度下，由于计划性检修针对性不强，往往会导致以下问题。一是检修项目抓不住重点，分不清主次，不是检修过剩就是检修不足。二是由于计划检修时间安排一般情况都较充裕，存在缺陷也修理，没有缺陷也修理的现象。三是由于过多的检修拆装，加速了拆装的磨损，人为地缩短了设备的使用寿命，不利设备的安全运行。四是计划性检修需要企业进行大量电力设备零件的储备，这在很大程度上造成了电力设备维修材料的积压，降低了电力企业的资金运转能力。因此，计划性检修不仅降低了设备利用率，还浪费了大量的人力，增加了大量检修费用的无效支出。

（2）设备检修现场管理混乱。在有些设备检修现场，整个检修区域混杂一片，零部件、设备标识乱丢，铝皮、棉纱布、废油到处都是，极容易引起火灾。另外，零部件常常是由班组人员自己到仓库中找寻，电动工具没有定期测试绝缘，安全带、钢丝绳、吊钩等都没有做过拉力试验。零配件材料计划、采购随意性很大。

检修工器具的管理失控情况也很严重，基本没有台账。

（3）检修过程责任制不明确。多数电气电力设备，对于其维修往往是依据老电气工人的经验，缺乏科学的维护检修制度。电力企业通常采用检修三级验收制度，即班组、部门、公司验收。由于检修工艺标准不统一、不规范，许多工作在第一级的班组验收时就往往马虎了事，干活的人也乐意无人监督。这样，若设备检修后试运行还存在一些问题，责任难以界定。

（4）检修人员水平参差不齐。电气设备检修是一项专业要求比较高的工作，需要工作人员对电力设备的工作原理和构造原理具有比较深刻的认识。由于教育培训的滞后性，现在年轻的检修工由于现场经验缺乏，不能够独立担当检修任务。年纪大的检修工思想保守，不轻易和年轻人讨论、收徒弟，造成当前电气设备检修人才严重匮乏。

3. 提高电气设备检修水平的对策

（1）实施电气设备的状态检修。状态检修主要是采用较先进的设备监测技术，通过在线或巡检的方式监测各系统、设备各项主要运行参数，通过分析电气设备功能指标对电气设备存在的故障进行位置上、时间上的判断与预测，然后根据存在的问题，寻找引发故障的根本原因的一种检修制度。状态检修在设备发生故障之前就能够检测到并进行有效的检修，对设备易出故障的部位进行改造，提高设备的可靠性。对机组等主要设备安装一些在线监测装置主要有：机组的振摆度测量；定转子的测量，温度、压力等。例如，发电动机出现电磁的、机械的故障之前，总会呈现出机械的、电磁的、绝缘的及冷却系统劣化的征兆。通过一些在线的监测手段，来检测发电动机常见的定子线棒绝缘故障、发热异常故障、转子绕组故障等的特征量，就可以判断故障的原因，这就为电气的日常状态监测提供了可行性。

（2）加强检修现场管理工作和设备维护保养。电气设备管理是电力企业安全生产的重要组成部分，合理、高效的电气设备检修现场管理将能大大提高设备的健康水平。首先，建立电气设备资产台账，进行相关信息登记，跟踪设备的变更异动。检修时将拆卸下来的部件进行编号，并标上注明状态的标示牌，保证部件不混放，重要的部件用胶袋封好放在层架上。在现场一些安全、醒目的地方张贴或悬挂文明警示牌。其次，记录好设备维护中产生各种费用，对设备检修中的机组检修费用进行规划统计，争取以最少的投入产生最大的效益。对各工器具都进行编号，已入库的工器具及证件等资料交由专人保管，每日要进行工作的整理记录和归档，以备日后查询。对钢丝绳、安全带等都没有做过拉力试验的工具选择有资质的检验机构来进行检验工作，并颁发合格证。此外，设备维护保养工作的好坏，对设备运行状态有着重要的影响，例如润滑油的加注、灰尘的清扫等清洁工作都不能忽视。

（3）严格质量验收，完善电气设备检修管理制度。

1）电力企业应该制定有效措施来强化设备制度管理，完善各项制度和各项记录，分解与细化工作业绩指标，围绕指标进行年度工作安排。根据各专业系统分工在每个点上均明确验收标准和验收人签字，否则检修过程暂停，一旦发现有跨越，则返工重来并处罚责任人。

2）规范、严格质量验收：当工程出现质量事故时，要组织有关人员在调查分析的基础上，提出处理方案。现场的质量控制重在管理。每一个工序在施工过程中，都要派人在现场对重要部位认真检查，配合监理单位人员实行旁站制度。在某一工序完成后，要求施工单位自检自查，并向专业领导和监理提交自检报告，由各专业技术人员和监理质检人员到现场进行确认，发现问题后要发出通知，并填写相关的工作联系单。如果还不能满足质检要求，则责令施工单位进行返修或调整，直至成品合格为止。

（4）提高电气设备检修人员的专业水平。随着科技进步，新设备新技术不断得到应用，对电气检修人员反而提出了更高的要求，高水平的电气设备检修人员是保障电气设备检修方案高水平实施的重要前提。首先，建立培训机制，要加强对电气设备检修工作人员的培训力度，要对不同岗位职责的人员定期进行专业知识和专业技能的培训。其次，培养检修职工的学习和创新能力，开展全方位的、交叉的、更深层次的业务技术培训，培养一批既懂运行管理又懂设备维护的高素质的复合型人才。此外，建立技术信息管理系统，总结各种设备的技术信息，技术要点，实行资源采集、加工、储存，方便检修人员查找资料，更快更好地促进人员素质提高，缩短电气设备的检修时间。

1.4.2 电气设备检修的三级验收

1. 三级验收

三级验收是班组、部门、公司三个管理层次根据检修的性质和要求对不同检修项目进行分级验收的制度。

三级验收必须按规定的项目进行，验收人员应坚持原则，坚持标准，严格把关，热情指导，对自己验收的项目做出评价，并签字负责。

2. 三级验收的方法

（1）零星验收方法。在某一设备检修工作结束或设备检修的某一工序完成后，检修工作负责人应认真进行自检，认为检修质量符合要求，各种技术记录齐全试验报告完备，即可向检修班长申请进行零星验收。

验收时，验收人必须仔细听取检修工作负责人对检修工作的汇报，认真审阅检修工作卡片或现场记录簿上施工记录、各种技术数据和试验报告，必要时对某些有疑问的重要数据进行现场实测。对某些特殊工艺必须检核特殊记录（如高压管道的焊接应核对焊接人的钢印代号等）。

验收负责人如发现某些检修质量不符合标准或技术记录不全，应及时指出，由检修人员返工或补全，经验收负责人再次检查认可后，根据检修质量标准进行评价，并在检修工作卡片上签字负责。

（2）分段验收方法。应进行分段验收的检修项目完成后，由检修工作负责人填写"设备检修分段验收证书"向部门申请进行分段验收。

验收人员应仔细听取检修工作负责人对检修情况及零星验收情况的汇报，认真检查各项施工技术记录和有关试验报告，必要时对某些有疑问的重要数据进行现场实测，凡能够转动的机械都应进行试转。

对验收中发现的检修质量或技术数据不符合要求处，应坚持返工处理补齐数据，直至达到质量标准的要求，再重新履行验收手续。

经过检查和试验认为满意后，可根据质量标准进行评价。验收人员应在"设备检修分段验收证书"上签署验收意见。

（3）总体验收方法。主设备A级检修投运一个月后，检修各专业应向公司上报"A级检修总结"。由生产副总经理或总工程师主持召开公司验收委员会会议，根据主设备冷、热态总体验收的评价及主设备运行的情况和技术状况，做出最终验收评价。

各级验收的评价分为优、良、合格、不合格四种。

3. 三级验收的项目

某发电厂电气设备检修三级验收的项目见表1-15，变压器检修验收单见表1-16。

表 1-15　　　　　　　某发电厂电气设备检修三级验收的项目

序号	项目	参加验收单位和人员
1	发电动机定子检修	技术管理部门、检修部门
2	发电动机转子、励磁系统和励磁回路设备检修	总工、技术管理部门、检修部门
3	主变压器，高压备用变压器检修	总工、技术管理部门、检修部门
4	低压厂用变压器检修	检修部门
5	高压开关检修（110kV）	技术管理部门、检修部门

序号	项目	参加验收单位和人员
6	110kV 以下开关检修	检修部门
7	电流、电压互感器检修（110kV）	技术管理部门、检修部门
8	110kV 以下电压互感器检修	检修部门
9	发电动机小室检修	检修部门
10	给水泵电动机检修	技术管理部门、检修部门
11	电动机检修	检修部门
12	母线及发变组继电保护整定	技术管理部门、检修部门
13	继保定校，自动装置检修	检修部门
14	电气仪表，变送器检修	检修部门、运行部门
15	母线及金具检修、清扫	技术管理部门、检修部门
16	配电盘及二次线检修	检修部门
17	厂用高、低压电器检修，电除尘装置电气部分	检修部门
18	电缆检修	检修部门
19	蓄电池及直流系统检修	检修部门
20	照明检修	检修班组
21	一般特殊项目	检修部门
22	重大特殊项目	总工、技术管理部门、检修部门、运行部门
23	机炉辅助保护自动装置联锁	检修部门

表 1-16   **变 压 器 检 修 验 收 单**

序号	项目	验收标准	检验情况	处理意见
1	外观	（1）铭牌清晰		
		（2）无损坏及锈蚀现象		
2	变压器检查	（1）接线端子与导线连接紧密，无应力		
		（2）紧固件装置完整齐全（各种螺丝、卡簧等齐全）		
		（3）变压器接线线阻绝缘完好、无伤痕，无断裂现象；引线焊接牢固、电动机内部清洁，通风孔道无阻塞		
		（4）变压器油位、油色正常，无渗油、漏油现象		
		（5）高低压套管无破损、放电迹象，干净无污渍		
		（6）气体继电器内无气体存在，分接头位置正确		
		（7）变压器卫生清洁无灰尘		
		（8）外观良好、无损伤，运行声音正常		
		（9）高压电缆封头无损坏及其他异常情况		
		（10）变压器冷却风道通畅无阻塞		
3	接地（接零）	连接紧密、牢固，导线截面符合要求		
4	变压器绝缘	相间绝缘：高压侧 AB＿MΩ，BC＿MΩ，AC＿MΩ；低压侧 AB＿MΩ；BC＿MΩ；AC＿MΩ		
		直流电阻：高压侧 AB＿Ω，BC＿Ω，AC＿Ω；低压侧 AB＿Ω，BC＿Ω，AC＿Ω		
		绕组对地≥500MΩ，实测值＿＿＿MΩ		

续表

序号	项目	验收标准	检验情况	处理意见
5	试运行情况	（1）变压器无异常振动，发热及异常声响		
		（2）变压器油温正常（上层油温＜85℃）运行声音正常	实测值：__℃	
		（3）变压器运行电流正常	A：__A B：__A C：__A	
6	更换元器件明细			
7	检修注意事项	（1）穿工作服，戴好手套和安全帽		
		（2）严格遵守电气操作规程		
		（3）检修前必须停电、验明确无电压且挂牌后方可检修		
		（4）设置专职监护人，防止误送电		
		（5）严格执行工作票制度		
		（6）高处作业系好安全带、上下传递物品用传递绳传递，严禁抛掷		
		（7）如出现异常情况立即停止工作，确定无碍后方可继续检修		
		（8）试车时如出现剧烈振动、冒烟、超温、过流等异常现象应立即停机检查处理		

第2章

电气线路故障检修

在电力系统中，电气线路的作用和影响是十分巨大的，做好配电线路的检修工作，不仅仅包括线路故障的排除，还包括对线路运行状态、影响线路安全运行因素的检查。根据检查结果，制定出相应的检修内容及方案。电气线路检修工作必须坚持"应修必修，修必修好"的原则，把周期性检修和诊断检修结合起来，以不断提高检修工作质量。

2.1 架空线路检修

2.1.1 混凝土杆基础和拉线的检修

1. 混凝土杆基础损坏的类型及修复措施

混凝土杆的钢筋锈蚀只有在钢筋生锈、体积膨胀，将外部的混凝土胀裂之后才能发现，当发现出现裂纹后，应每年检查一次，以进行对比。可用带刻度的放大镜进行检查，能够直接读出裂纹的宽度。

混凝土杆基础损坏，按严重程度可以分为轻微损坏、一般损坏和严重损坏，见表2-1。

表 2-1　　　　　　　　　　混凝土杆基础损坏类型及修复措施

损坏类型	修复措施
轻微损坏	将损坏部位加以修补
一般损坏	将损坏部位除去，并更换新材料
严重损坏	将基础全部拆除，原杆位可用时，在原杆位重新做基础；原杆位不可用时，在异地重新建基础

2. 主要设备及工具选用

（1）基础破碎用主要设备及工具。

1）基础破碎用设备及工器具的额定功率不小于1700W，额定锤击率为1000次，手持重量不大于40kg，动力源可以是电动机、汽油机、柴油机、空气压缩机等。

2）基础切割用设备及工器具的额定功率不小于3000W，切割深度不小于100mm，手持部分重量不大于20kg，动力源可以是电动机、汽油机、柴油机、空气压缩机、液压泵站等。

（2）基础修复用主要设备及工器具。基础修复用主要设备是混凝土搅拌机，其进料容量不小于240L，出料容量不小于150L，转速不低于15r/min，出料次数不小于20次/h。

（3）动力源。动力源可选用输出功率大、质量轻、便于搬运的电动机、汽油机柴油机、空气压缩机。

3. 检查杆塔基础

（1）检查基础的回填土。检查杆塔的护基是否沉塌或被冲刷，回填土有无下沉，发现缺土应及时进行处理。

（2）检查基础是否水淹、冻胀、堆积杂物。

1）农民耕作时将多余的土或杂物堆积到基础保护区内，对被埋保护基础要及时进行清理，防止锈蚀。

2）护基经过雨水冲刷或水淹可能会造成护基松动，对严重损坏的护基要及时进行处理。

（3）检查基础混凝土是否裂纹、露筋。由于基础受冻胀或施工质量等原因，造成灌注式基础露筋及水泥脱落。对常年积水的基础及处于冻胀区的基础应及时进行开挖检查，并对灌注桩基础进行换土。

（4）检查地脚螺栓是否松动、锈蚀。地脚螺栓起到固定的作用。发现地脚螺栓有松动或锈蚀，应及时更换。

【特别提醒】

在检查过程中，应随时注意周围环境，只有在确定安全的情况下才能进行检查，并随身携带应急药品。在夏季炎热季节作业时，应做好防暑措施，随身携带防暑用品，并应带上足够的饮用水；严寒天气应做好防冻措施。

4. 基础轻微损坏的修复

（1）开裂的修复。基础轻微开裂，可在裂缝处灌注高于原基础强度等级的环氧树脂砂浆，以消除裂缝。灌注前，将裂缝处清洗干净并先涂一层环氧树脂，再灌注环氧树脂砂浆。

（2）表面缺损的修复。对于水泥脱落、钢筋外露等故障，可用大一号的模板在损伤部位用细石混凝土重新浇筑。若钢筋发生锈蚀，则应先除锈并做防腐处理。

5. 地脚螺栓折断的修复

打碎折断的地脚螺栓周围的混凝土，将折断的地脚螺栓对接焊好或将折断的地脚螺栓取出并将完好的地脚螺栓放入，然后灌注与原基础强度等级相同的混凝土。

6. 拉线的常见故障

电线杆拉线的常见故障现象有拉线固定铁线丢失、拉线尾线被折断、拉线棒被撞弯曲、拉线螺栓紧固不到位、拉线地锚环生锈和拉线基础下沉，如图 2-1 所示。

图 2-1　拉线的常见故障
（a）拉线固定铁线丢失；（b）拉线尾线被折断；（c）拉线棒被撞弯曲；（d）拉线螺栓紧固不到位；
（e）拉线地锚环生锈；（f）拉线基础下沉

7. 拉线及拉棒更换

（1）安装临时拉线。

1）作业人员上杆，挂好滑车和传递绳，地面人员布置好临时拉线锚桩。

2）作业人员将临时拉线的上端固定在横担主材上并至少缠绕 2 圈，地面工作人员将临时拉线的下端用双钩与临时拉线锚桩相连接。

3）地面人员用双钩收紧临时拉线使其受力后，做好防止双钩打转和打滑措施。

4）地面人员先拆除拉线下端，接着杆上人员拆除拉线上端，然后用绳索吊落到地面。

5）地面人员将旧拉棒挖出并更换好。

用钢丝绳打好临时拉线，用手拉葫芦调紧临时拉线，如果不影响线路安全也可不打临时拉线。

（2）制作并安装新拉线。

1）更换新拉线的流程如图 2-2 所示，先将剪切的新钢绞线安装入两端线夹中，上把钢绞线回头长度为 0.3m，下把钢绞线回头长度为 0.3m。

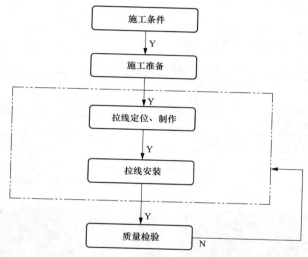

图 2-2　更换新拉线的流程

2）安装拉线抱箍、上把。

3）登杆将拉线上把安装在拉线抱箍上。

4）收紧新拉线。调节 UT 型线夹将拉线调紧，螺母露出丝扣长度一般以 30～50mm 为宜，如图 2-3 所示。调节拉线时注意不得使电杆发生弯曲，应同时调节杆上的所有拉线，使其受力均匀。

5）绑扎新拉线。即将钢绞线尾线与主线绑在一起。

（3）拆除旧拉线。

一切完毕后，拆除临时拉线及锚桩。杆上作业人员下杆，其他人员清理工作现场。

2.1.2　混凝土杆本体的检修

1. 混凝土杆的类型及用途

图 2-3　收紧新拉线

混凝土杆就是平常所说的钢筋水泥电线杆，配合紧固在混凝土杆上的横担等金具附件支撑电力线路的作用。混凝土杆的类型及用途见表 2-2。

表 2-2　　　　　　　　　　　　　　混凝土杆的类型及用途

类型	用途
直线杆	又称中间杆，用于线路直线中间部分。约占电杆总数的80%
耐张杆	又称承力杆，一般指直线耐张杆，或小于5°的转角杆，是一种坚固、稳定的杆型
转角杆	用在线路的转角处，分为直线型和耐张型两类。通常根据转角的大小及导线截面的大小来确定
终端杆	终端杆为承受线路方向全部导线单侧拉力的耐张杆，它位于线路的首末两端，即发电厂或变电站出线或进线的第一基杆
分支杆	位于分支线路与主配电线路的连接处
跨越杆	位于通信线、电力线、河流、山谷、铁路等交叉跨越的地方

2. 混凝土杆本体检修的对象

（1）混凝土杆钢圈连接处和杆面裂纹。

（2）混凝土杆所用铁构件和杆塔上外露铁构件连接及锈蚀

3. 混凝土杆本体主要缺陷及处理

混凝土杆本体主要缺陷及处理措施见表 2-3。

表 2-3　　　　　　　　　　　　混凝土杆本体主要缺陷及处理

序号	混凝土杆缺陷	处理措施
1	杆塔铁构件及所有外露铁件锈蚀、脱落、损坏，如图 2-4（a）所示	定期刷防锈漆
2	交叉构件、连接构件有空隙	装设垫圈或垫板
3	连接构件松动	紧固、涂铅油防松
4	杆面裂纹，如图 2-4（b）所示	用水泥浆或混凝土补强

(a)　　　　　　　　　　　　　　　(b)

图 2-4　混凝土杆本体缺陷
(a) 外露铁件锈蚀；(b) 杆面裂纹

4. 杆塔检查

（1）杆塔整体状态检查。

1）焊接部分牢固、美观，符合 GB 50173—1992《35kV 及以下架空电力线路施工及验收规范》的要求。

2）转角（终端）杆向受力反方向倾斜（挂线后小于等于 3‰）。

3）电杆弯曲符合设计要求（2‰）；根开（指相邻或对角两基础中心间的距离）符合设计要求（500kV 线路小于 3‰，110kV 线路小于 30‰）。

4）杆塔整体结构倾斜符合设计要求（小于 3‰）。

（2）杆塔表面裂纹检查。

1）电杆的杆面裂纹未达到 0.2mm 时，可以应用水泥浆填缝。

2）在靠近地面处出现裂纹时还要在地面上下 1.5m 段内涂以沥青。

3）水泥有松动或剥落者，应将酥松部分凿去，用清水冲洗干净，然后用高一级的混凝土补强。如钢筋有外露，应先彻底除锈，并用水泥砂浆涂 1～2mm 后，再行补强。

2.1.3 导线损伤的检查与修补

1. 架空导线损伤的原因

导线和避雷线在运行中接受着各种力的机械作用以及负荷电流、短路电流、雷电流的热作用，还有电化腐蚀和化学腐蚀外力破坏等，这些对导线都有可能造成损伤。

常见的导线、避雷线损伤缺陷有断股、松股、接头发热、电弧烧伤、锈蚀、腐蚀、毛刺、断线等。有了缺陷，要进行处理。

2. 导线巡视检查的主要内容

（1）散股、断骨、损伤、断线、放电烧伤、导线接头是否过热，悬挂飘浮物、弧垂过大或过小、严重锈蚀、阻尼线变形、烧伤。

（2）间隔棒松动、变形或离位。

（3）各种连板、连接环、调整板损伤、裂纹等。

（4）根据导线磨损、断股、破股、严重锈蚀、放电损伤、防震锤松动等情况，每次检修时，导线线夹必须及时打开检查。

（5）大跨越导线的振动测量 2～5 年一次，对一般线路应选择有代表性挡距进行现场振动测量，测量点应包括悬锤线夹、间隔棒线夹处，根据振动情况选点测量。

（6）导线舞动观测应在舞动发生时及时观测。

（7）导线弧垂、对地距离、交叉跨越距离测量在必要时进行，线路投运 1 年后测量 1 次，以后根据巡视结果决定。

（8）间隔棒（器）检查每次检修时进行，投运 1 年后紧固 1 次，以后进行抽查。

（9）根据巡视、测试结果进行更换导线及金具。

（10）根据巡视结果进行导线损伤修补。

（11）根据巡视、测量结果进行导线弧垂调整。

（12）根据检查、巡视结果进行间隔棒更换、检修。

3. 导线损伤的处理方法

（1）修光棱角、毛刺。在施工放线或运输过程中，导线与硬物相碰或拖拽造成的棱角、毛刺等，钢芯铝绞线、钢芯铝合金绞线或避雷线损伤截面积为导电部分截面积的 5% 及以下、且强度损失小于 4% 的，可不做补修，用 0 号砂纸顺着线股的绞制方向擦拭磨平，并用砂布清抹干净。

（2）缠绕补强法。当导线在同一截面处损伤超过修光处理标准，损伤截面积为导电部分截面积的 7% 及以下时，应该用同金属的单股线（导线直径不应小于 2mm，钢芯铝绞线用镀锌铁线）在损伤部分缠绕，缠绕中心应位于损伤最严重处，缠绕应紧密，受损伤部分应全部覆盖，长度不小于 100mm，损伤部分两端应超出 30mm。

（3）补修法。导线损伤截面积为导电部分截面积的 7%～25% 时，采用补修法。采用敷设补修时，敷设长度应超出损伤部分，两端缠绕长度不得小于 100mm；若采用补修管，补修管应超出导线损伤部分 30mm。

（4）锯断重接。超过补修的标准，根据导线种类、规格，确定采取导线连接的方法。

4. 导线断股损伤的处理

导线损坏形式分为轻微损伤（不断股）、单点断股、多点断股三种，如图 2-5 所示。导线轻微损伤和断股数量达不到割断重接的要求时，根据导线的损伤程度，按规程选用预绞丝接续条、补修管进行补修，见表 2-4。

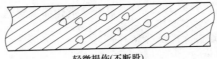

轻微损伤(不断股)

多点断股

单点断股

图 2-5 导线损伤示意图

表 2-4　　　　　　　　　　导线断股损伤造成减少截面的处理

导线类别	损伤情况	处理方法
铝绞线	导线在同一处损伤程度已经超过上述所讲的，但因损伤导致强度损失不超过总拉断力的 5% 时	从缠绕或修补预绞丝修理
铝合金绞线	导线在同一处损伤程度损失超过总拉断力的 5%，但不超过 17% 时	以补修管补修
钢芯铝绞线	导线在同一处损伤程度已经超过上述所讲的，但因损伤导致强度损失不超过总拉断力的 5%，且截面积损伤又不超过导电部分总截面积的 7% 时	以缠绕或修补预绞丝修理
钢芯铝合金绞线	导线在同一处损伤的强度损失已超过总拉断力的 5% 但不足 17%，且截面积损伤也不超过导电部分总截面积的 25% 时	以补修管补修

(1) 采用缠绕处理时应符合下列规定。

1) 将受伤处线股处理平整。

2) 缠绕材料应为铝单丝，缠绕应紧密，其中心应位于损伤最严重处，并应将受伤部分全部覆盖。其长度不得小于 100mm。

(2) 采用预绞丝接续条修补处理时应符合下列规定。

1) 将受伤处线股处理平整。

2) 预绞丝接续条长度不得小于 3 个节距，或符合现行国家标准预绞丝中的规定。

3) 预绞丝接续条应与导线接触紧密，其中心应位于损伤最严重处，并应将损伤部位全部覆盖，如图 2-6 所示。

(3) 采用补修管补修时应符合以下规定。

1) 将损伤处的线股先恢复原绞制状态。

图 2-6 预绞丝接续条修补受损导线

2) 补修管的中心应位于损伤最严重处，补修管应超出导线损伤部分 30mm，如图 2-7 所示。

3) 补修管可采用液压或爆压，其操作必须符合有关规定。

5. 导线重接

导线连续损伤虽然在允许补修范围内，但其损伤长度已超过一个补修金具能补修的长度时，应锯断重接。

小线径架空导线重接主要是采用压接法。压接时需用压接钳，所使用的铝压接管的截面有圆形和椭圆形两种。压接前先将连接的两根导线线芯表面及铝套管内壁氧化膜去掉，然后涂上一层中性凡士林油膏。压接时，将导线从管两端插入铝压接管内。当采用圆形压接管时，两根各插到压接管的一半处；当采用椭圆形压接管时，应使两线线端各露出压接管两端4mm，然后用压接钳压接，要使所有压坑的中心线处在同一条直线上，如图2-8所示。

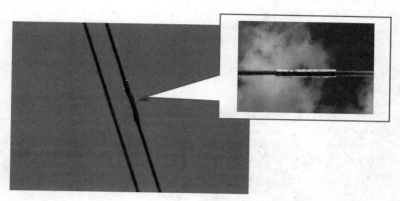

图2-7 补修管补修导线

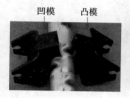

图2-8 导线钳压连接

液压连接主要有于大挡距、大导线的接续。一般在240mm² 及以上的钢心铝绞线、35～70mm² 钢绞线、185mm² 及以下的铝包钢绞线的直线接续、耐张线夹以及跳线线夹的连接等，都应采用液压的方式进行连接，如图2-9所示。

爆压连接如图2-10所示，依靠敷设于压接管外壁的炸药，在爆炸瞬间释放的化学能，给压接管表面数万大气压强的压力，将压接管及穿在压接管内的导地线线头强力压缩，产生塑性变形。爆压连接的操作工艺有：割线、清洗、爆压管涂保护层、包药和裁药、画印、剥线和穿线、引爆、整理及检验等。

图2-9 液压连接

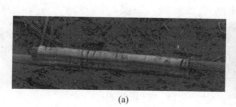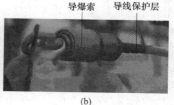

(a)　　　　　　　　　　　　　(b)

图2-10 爆压连接

（a）采用爆炸压接的直导线连接；（b）耐张线夹的爆炸压接

6. 预绞丝修补导线

（1）准备工作。

1）验电。进行验电前，要对验电器进行自检，听是否有验电器发出的报警声音，看是否有验电器发出闪光报警，确定验电器工作状况良好后，再进行验电。

戴好绝缘手套，手持绝缘操作杆后端，不得超过绝缘环，保证绝缘有效距离，35kV 为 0.9m，110kV 为 1.3m，220kV 为 2.1m。将验电器前端逐渐与导线接触进行验电，如图 2-11 所示。

同杆塔架设的多层多电压等级线路验电时，先验低压，后验高压；先验下层，后验上层，先验进侧再验远侧。

2）挂接接地线。杆塔上电工戴好绝缘手套，用绝缘操作杆将接地线导线端挂接在导线上，并保证接触良好，如图 2-12 所示。

图 2-11　验电操作　　　　　　　　图 2-12　挂接接地线

杆塔为混凝土杆，若没有接地引线，接地线的接地端应采用地线钎接地，地面电工用大锤将接地钎砸入地下，深度不得低于 600mm，地线与接地钎须连接牢固。混凝土杆有接地线引线的杆塔，可用地线接地端与接地线连接的方式进行牢固接地。

多层多电压线路挂接接地线时，先挂低压后挂高压；下挂下层，再挂上层；先挂近侧，再挂远侧。依次采用以上方法挂接好所有接地线。

【特别提醒】

挂接接地线时，人体禁止触碰接地线。

（2）预绞丝修补导线的操作。

1）解开安全带，在后备保险绳的保护下，作业人员根据作业点位置从塔身移动至横担上适当位置。

2）拴好安全带，再移到后备保险绳，系在绝缘子串挂点处主材上，解开安全带沿绝缘子串下至导线，在绝缘子串上拴好安全带。

3）用吊绳将作业架吊上后安装在导线上，做好防止作业架滑跑的安全措施，收好吊绳后解开安全带，进入作业架，将安全带拴在导线上，塔上监护人解开后备保险绳，作业人员收好后备保险绳。

4）作业人员滑动作业架至导线损伤点，将受伤处线股处理平整；用钢卷尺量出预绞丝安装位置，用记号笔在损伤处两侧画印。

5）用吊绳吊上预绞丝，对准画印处逐根安装预绞丝，如图 2-13 所示。需要注意的是，预绞丝端头应对齐，不得有缝隙，预绞丝不得变形；补修预绞丝中心，应位于损伤最严重处，预绞丝位置应将损伤处全部覆盖。

6）滑动作业架，回到绝缘子串侧，从作业架上至导线上，将安全带拴在绝缘子串上，拴好后备保险绳，取作业架并用吊绳将其放下，解开安全带，沿绝缘子串上至横担上。

（3）拆除接地线。预绞丝修补完毕后，方可拆除接地线。多层多电压线路拆除接地线时，先拆高压，后拆低压；先拆上层，后拆下层；先拆远侧，后拆近侧。

拆除地线后的设备应视为带电体，须保持足够的安全距离。

图 2-13　预绞丝修补导线

2.1.4　金具和绝缘子串的检修

1. 金具检修规范

金具在架空电力线路及配电装置中，主要用于支持、固定和接续裸导体、导体及绝缘子连接成串，亦用于保护导线和绝缘体。由于杆塔金具在气候复杂、污秽程度不一的环境条件下运行，其耐磨性和腐蚀性及污垢必然影响其正常运行，因此，需要定期对金具进行检查和清扫，对出现问题的金具要做到及时发现和处理，如图 2-14 所示。

对于停电登杆检修的输配电线路金具，一般应与清扫绝缘子同时进行，对一般线路每两年至少进行一次，对重要线路每年至少进行一次，对污秽线路段按其污秽程序及性质可适当增加停电登杆检查清扫的次数。

2. 检修内容

（1）检查导线、避雷线悬挂点各部螺栓是否松扣或脱落。
（2）绝缘子串开口销子和弹簧销子是否齐全完好。
（3）绝缘子有无闪络、裂纹或硬伤等痕迹。
（4）防震锤有无歪斜、移位或磨损导线。
（5）防线条的卡箍有无松动或磨损导线。
（6）检查绝缘子串的连接金具有无锈蚀，是否完好。

3. 杆塔金具的检修

（1）检查铁横担有无锈蚀、变形。有锈蚀、变形的铁横担应及时更换，如图 2-15 所示。

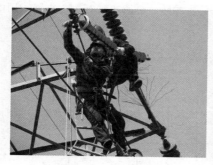

图 2-14　金具检修

图 2-15　更换铁横担

（2）检查金具有无锈蚀、变形、烧伤、裂纹，连接处转动应灵活；螺栓是否紧固，是否缺帽；开口销有无锈蚀、断裂、脱离。
（3）检查防震锤、阻尼线、间隔棒等金具不应发生位移、变形、疲劳。
（4）检查屏蔽环、均压环不应出现松动、变形，均压环不得反装。
（5）检查 OPGW 余缆固定金具不应脱落，接线金具不应松动、漏水。
（6）检查 OPGW 预绞丝线夹不应出现疲劳或断脱。

（7）检查接线金具不应出现外观鼓包、裂纹、烧伤、滑移或出口处断股。

4. 绝缘子的检查与更换

（1）绝缘子表面的检查方法

1）检查绝缘子与瓷横担脏污、瓷质裂纹、破碎，钢化玻璃绝缘子爆裂、绝缘子铁帽及钢角锈蚀，钢角弯曲等。

2）检查合成绝缘子伞裙破裂、烧伤，金具、均压环变形、扭曲、锈蚀等异常情况。

3）检查绝缘子与瓷横担有无闪络痕迹和局部火花放电留下的痕迹。

4）检查绝缘子串、瓷横担有无严重偏斜。

5）对于绝缘子横担绑线松动、断股、烧伤等情况，也应注意观察。

6）对绝缘子槽口、钢脚、锁紧销不配合，锁紧销子退出等情况进行检查。

（2）绝缘子更换与安装。

1）杆塔上电工用滑车组、双钩紧线器或其他起吊工具吊起导线，转移绝缘子串上的机械荷载。

2）杆塔上电工摘下待更换绝缘子，并用传递绳拴好与地面电工配合传送到杆塔下。地面电工用传递绳将良好绝缘子拴牢送到杆塔上。

3）杆塔上电工迅速将良好绝缘子复位，装好弹簧销子，旋转绝缘子的钢帽大口方向与原绝缘子串一致，松紧线器至绝缘子串受力状态。

4）对耐张绝缘子串，用滑车组、双钩紧线器或其他紧线工具将导线收紧固定在横担上，将不受力的耐张串摘下，放至地面，然后将要更换的绝缘子串吊起，用绑架托瓶或由工作人员直接换上。

【指点迷津】

更换后的绝缘子，其碗口、插销、弹簧销、开口销等穿插方向应与原方向一致，开口销必须掰开。

2.2 室内照明电路故障检修

2.2.1 照明电路故障类型及检修程序

1. 照明电路的故障类型及原因

照明电路是电力系统中的重要负荷之一，它的供电常采用 380/220V 三相四线制（TN-C 接地系统）交流电源，也可采用有专用接零保护线（PE）的三相五线制（TN-C-S 接地系统）交流电源。

照明电路是由引入电源线连通电能表、总开关、导线、分路出线开关、支路、用电设备等组成的回路，如图 2-16 所示。

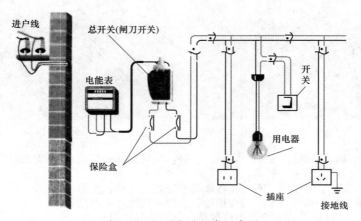

图 2-16　照明电路组成示意图

照明电路在使用中甚至在安装后交付使用之前，每个组成元件因种种原因都可能发生各种故障。照明电路常见的故障主要有短路、漏电和断路三种，见表2-5。

表2-5　　　　　　　　　　　　　　照明电路的故障类型及原因

故障类型	故障现象	故障原因	说明
短路故障	短路时，线路电流很大，熔丝迅速熔断，电路被切断。若熔丝选择太粗，则会烧毁导线，甚至引起火灾	（1）接线错误，相线与中性线相碰接；（2）导线绝缘层损坏，在损坏处碰线或接地；（3）用电器具内部损坏；（4）灯头内部松动致使金属片相碰短路；（5）灯头进水	漏电与短路的本质相同，只是事故发展程度不同而已，严重的漏电可能造成短路
漏电故障	漏电时，用电量会增多，人触及漏电处会感到发麻。测绝缘电阻时阻值变小	（1）绝缘导线受潮、污染；（2）电线及电气设备长期使用绝缘已老化；（3）相线与中性线之间的绝缘受到外力损伤，而形成相线与地之间的漏电	
断路故障	断路时，电路无电压，照明不亮，用电器具不能工作。零线断线造成的电压不平衡现象，会造成在高电压的一相中正在使用的电器损坏，在中性线断线负荷一侧的断线处将出现对地电压	（1）熔丝熔断；（2）导线断线；（3）线头松脱；（4）开关损坏；（5）人为原因或其他意外原因引起线路断路	照明电路的断路故障可分为全部断路、局部断路和个别断路3种

2. 照明电路故障检修的一般程序

检修照明电路时，最花时间和精力的是故障部位的判断和找出失效电气元器件。故障部位和失效电气元器件找到后，修理和更换元器件实际上并没有太大的困难。因此，掌握维修技术就要首先学会故障分析、判断方法，并掌握一些技巧。

照明电路的故障现象多种多样，可能出现故障的部位不确定，为了比较迅速地排除故障，通常应按照以下检修程序进行。

（1）确定维修方案。某一地区照明全部熄灭，肯定是外线供电出现故障或停电；而相邻居室照明正常，自家居室照明熄灭，则故障出现在内线或引入线。

（2）先易后难，缩小故障范围。根据故障现象，一般配电箱（配电板）电路和用电器具的测量与检查比较方便，应首先进行，然后进行线路的检查。

（3）分清故障性质。分析故障现象，分清是断路故障还是短路故障，以选择相应的方法做进一步检查。

（4）确定故障部位。通过测量、检查，确定故障是存在于干线、支线，还是用电器具的某一部位。

（5）故障点查找。常用的电压测量点主要有配电箱上的输入、输出电压，用电器插座电压，照明灯座电压。检查故障发生的重点部位是配线的各接线点、开关、吊线盒、插座和灯座的各接线端。

（6）故障排除。找到故障点后，应根据失效元器件或其他异常情况的特点采取合理的维修措施。例如，对于脱焊或虚焊，可重新焊好；对于元器件失效，则应更换合格的同型号规格元器件；对于短路性故障，则应在找出短路原因后对症排除。

3. 停电检修的安全措施

照明线路检修一般应停电进行。停电检修不仅可以消除检修人员的触电危险，而且能解除他们工作时的顾虑，有利于提高检修质量和工作效率。

（1）停电时应切断可能输入被检修线路或设备的所有电源，而且应有明确的分断点。在分断点上挂上"禁止合闸，有人工作！"的警示牌。如果分断点是熔断器的熔体，最好取下带走。

（2）检修前必须用验电笔复查被检修电路，证明确实无电后，才能开始动手检修。

（3）如果被检修线路比较复杂，应在检修点附近安装临时接地线，将所有相线互相短路后再接地，人为造成相间短路或对地短路，如图 2-17 所示。这样，在检修中万一有电送来，会使总开关跳闸或熔断器熔断，以避免操作人员触电。

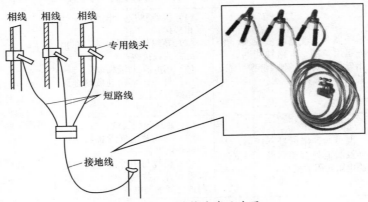

图 2-17　临时接地线及应用

（4）线路或设备检修完毕，应全面检查是否有遗漏和检修不合要求的地方，包括该拆换的导线、元器件、应排除的故障点、应恢复的绝缘层等是否全部无误地进行了处理。有无工具、器材等留在线路和设备上，工作人员是否全部撤离现场。

（5）拆除检修前安装的临时接地装置和各相临时对地短路线或相间短路线，取下电源分断点的警告牌。

（6）向已修复的电路或设备供电。

4. 带电作业安全措施

（1）带电作业所使用的工具，特别是通用电工工具，应选用有绝缘柄或包有绝缘层的。

（2）操作前应厘清线路的布局，正确区分出相线、中性线和保护接地线，厘清主回路、二次回路、照明回路及动力回路等。

（3）对作业现场可能接触的带电体和接地导体，应采取相应的绝缘措施或遮挡隔离。操作人员必须穿长袖衣和长裤、绝缘鞋，戴工作帽和绝缘手套，并扎紧袖口和裤管。

（4）应安排有实际经验的电工负责现场监护，不得在无人监护的情况下，个人独立带电操作。

2.2.2　照明电路常见故障检修

1. 短路故障的检修

照明电路的所有用电器都采用并联，所以线路中任何部位出现短路故障，都会熔断熔丝。短路故障的特征是整个配电板（配电箱）熔丝熔断或者是断路器跳闸，整个线路照明灯熄灭，如图 2-18 所示。

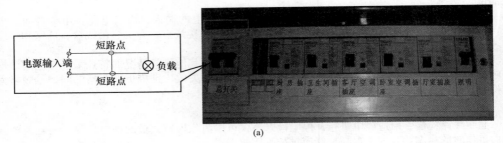

(a)

图 2-18　短路导致照明灯熄灭（一）

(a) 断路器跳闸

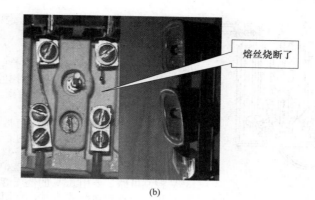

(b)

图2-18 短路导致照明灯熄灭 (二)

(b) 熔丝熔断

短路故障现象的特点比较明显，但确定故障发生的部位却比较复杂，通常可采用校验灯法和电阻法检查故障所在。

(1) 校验灯法。校验灯又称校火灯、试灯，它是在灯泡两端接两根电源线做成的一种简单的测试工具，如图2-19所示。校验灯可以检查电压是否正常、线路是否断线或接触不良等。

校验灯检查短路故障的原理是：将校验灯接入主电路，与该电路后面的用电设备串联，当电路正常通电运行时，校验灯与后面各用电设备处于分压状态，由于其他用电设备分去了部分电压，使校验灯得不到额定电压，所以灯泡不能正常发光，只能发红甚至不亮，亮的程度也与分压大小有关。若线路和设备有短路故障，则使校验灯以后的电路电阻趋近于零，全部电源电压加在校验灯上，校验灯便能正常发光。

校验灯使用方法如下。

1) 检查电路是否有电。根据被测电路的电压选择合适的灯泡，如测量220V线路时可用一只220V灯泡，然后将校验灯的两端直接并联在被测电路上，如果灯泡亮，则表明电路有电，否则说明电路可能停电或有一根导线断线。

2) 判断接触不良。在如图2-20所示的电路中，灯泡不亮，可能是熔丝熔断、导线断线，也可能是开关或灯口接触不良。检查时将校验灯的两端依次并接在熔断器、开关、导线段、灯口两端，灯泡亮时，表明所并联的元件或导线断路。

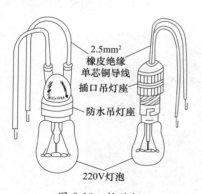

2.5mm²
橡皮绝缘
单芯铜导线
插口吊灯座
防水吊灯座

220V灯泡

图2-19 校验灯

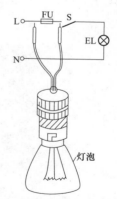

灯泡

图2-20 用校验灯检查照明电路

3) 检查短路故障。发生短路后，拉下配电板上的刀开关，取下线路中所有的用电器。检查配电板上的总熔丝，使一路熔丝保持正常接通状态，取下另一路熔丝。用一只40W或60W的白炽灯作为校验灯，串联在取下熔丝的两接线柱上。合上刀开关，如果校验灯发光正常，则说明总干线或某分支线路有短路或漏电现象存在，如图2-21所示。然后逐段寻找短路或漏电部位。必要时切断所怀疑部分的一段导线，若这时校验灯熄灭，则表明短路现象存在于该部位。

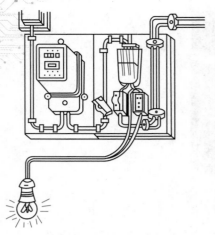

图 2-21　用校验灯检查短路故障

接通电源，校验灯不发光，说明线路无短路现象存在，短路故障是由用电器引起。这时可逐个接入用电器，正常现象是校验灯发红，但远达不到正常亮度。若接入某一用电器时，校验灯突然接近正常亮度，则表明短路故障存在于该电器内部或它的电源线内。这时可切断电源，仔细检查。

【特别提醒】

第一，校验灯的额定电压与被测电压相匹配，防止电压过高将灯泡烧坏。电压过低时，灯泡不亮。一般检查 220V 控制电路时，用一只 220V 灯泡；检查 380V 控制电路时，要用两只 220V 灯泡串联；检查 36V 控制电路，要用 36V 的低压灯泡。

第二，查找断路故障时，宜用 15～60W 的灯泡；而查接触不良故障时，宜采用 150～200W。

第三，校验灯的导线裸露部分不要太长，以防引起触电或短路等事故。

（2）电阻法。电阻法是使用万用表的电阻挡，测量导线间或用电器的电阻值，来判断短路部位的一种方法。发生短路后，拉下配电板上的刀开关，并取下所有的用电器。用万用表"R×100"电阻挡，测量相线和中性线的电阻值。如果指针趋于零（或产生偏转），说明线路有短路（或漏电）现象，逐段检查干线和各分支线路，必要时切断某一线路，测量两线的电阻，确定故障所在。

2. 整个线路灯不亮的检修

这类故障主要发生在干线上，配电和计量装置中以及进户装置的范围内。通常，首先应依次检查上述部分每个接头的连接处（包括熔体接线桩），一般以线头脱离连接处最为常见；其次，检查各线路开关动、静触头的分合闸情况。

判断断路最简便的方法是使用试电笔检查。一般先测量相线熔丝处是否有电，以区分断路发生在配电板上，还是其后干线上。然后用试电笔沿相线逐段检测，断路点在有电和无电的线路之间，检测的重点是干线导线的连接处。

3. 部分照明灯不亮的检修

这类故障是由分支线路存在断路引起的，可参照总干线断路的检查方法确定故障所在，检查的重点是总干线与分支线路的连接处。

如果某一照明灯不亮或某一用电器不工作，一般是用电器本身或用电器到分支线路的导线存在断路造成的，如图 2-22 所示。

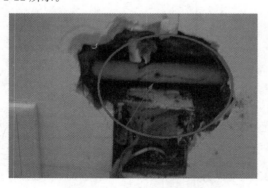

图 2-22　分支线路断路故障

用试电笔判断故障点很方便。用试电笔分别接触装有灯泡的灯座两接线柱，如果试电笔氖管都不亮，表明连接灯座的相线断路；如果只在一个接线柱上氖管发亮，表明灯丝断或灯头与灯座接触不良。

4. 照明灯发光不正常的检修

线路电压不足或电压不稳定的故障现象多为灯光暗淡、闪烁或有时特别亮，其故障原因见表2-6。灯光暗淡或灯光特别亮，可能是受外线电压的影响，由于外线电压过低或过高造成。线路中有漏电或局部短路的存在是引起灯光变暗的主要原因，如图2-23所示的导线接头绝缘未处理好，使连接处漏电。

表 2-6   造成线路电压不足的原因

序号	故障原因	说明
1	灯座、开关或导线对地漏电	电路和电器有漏电，加重电路负荷，会使灯泡两端电压下降，造成发光暗淡。应逐点检查灯座、开关、插座和线路接头，特别要细心检查导线绝缘破损处，线路的裸露部分是否碰触墙壁或其他对地电阻较小的物体，线头连接处绝缘层是否完全恢复、线路和绝缘支持物是否受潮或受其他腐蚀性气体、盐雾等的侵蚀、进出电线管道处的绝缘层是否有破损
2	灯座、开关、熔断器等接触电阻大	如果灯座、开关、熔断器等器件接触不良使接触电阻变大，电流通过时发热，将损耗功率，使灯泡供电电压不足，发光暗红。检查这类故障时，在线路工作状态，只要用手触摸上述电器的绝缘外壳，会有明显温升的感觉，严重时特别烫手。对这种电器应拆开外壳或盖子，检查接触部位是否松动，是否有较厚的氧化层，并针对故障进行检修。若是由于高热使触头退火变软而失去弹性的电器，必须更新
3	导线截面太小，电压损失太大	发光暗红时，如果不是因为线路负载过重，应怀疑是否是线路电压损失过大造成。检查方法是先查线路实际电流，确定是否负荷过重。如果不是，再分别检查送电线路的首尾两端电压，这两者的差值即为电压损失，看其是否超出允许值。若系电压损失过大，通常通过加大线路横截面来解决。对移动式电器，如果条件允许，还可用减小导线长度来解决
4	金属线管涡流损耗造成线路损失大	单根导线穿过钢管时，钢管成为环形磁性物质，与导线中的交变电流因电磁感应产生涡流并转换成热能，增大线路损失，使灯泡暗红。排除这种故障的方法是将一个完整的供电回路穿过同一根钢管，使其各根导线与钢管间的电磁感应产生的效果互相抵消，从而克服管道的涡流损耗

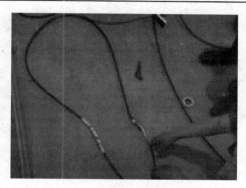

图 2-23   导线接头处漏电

检修时，观察电能表，若转盘旋转明显变快，或者关闭室内所有开关和用电器后，电能表的转盘仍然旋转，说明室内存在短路故障，可参照短路检修方法排除。

如果是个别灯泡灯光暗淡，排除该灯泡质量不佳的原因，则可能是灯座、开关或导线对地漏电。

线路中接线处因接触不良或有跳火现象，常引起灯光闪烁。其原因可能是开关、灯头接触不良。维修时断开开关（以下同），取下灯泡，打开灯头观察接线，如接触不良应重新接好。如果是挂口灯头，应取下灯泡，修理弹簧触点使其有弹性，或更换新灯头；若是螺口灯头，在取下灯泡后，将中间的铜皮舌头用电笔头向外勾出一些，使其与灯泡接触更加牢靠。

5. 线路漏电故障的检修

线路漏电是用电器外壳，或者相线间由于某种原因连通后与地（墙壁、接地线）之间有一定的电位差产生的。如使用年限较长，引起绝缘老化、绝缘损坏、绝缘层受潮或磨损等情况，在线路上产生漏电现象。首先弄清楚有什么故障现象，有什么明显特征，其次从表面观察有无直观的故障点，然后再进行下一步检查。

（1）试电笔检测漏电。检测漏电的最便捷方法是用试电笔接触带电体，如果氖泡亮一下立刻就熄灭，证明带电体带的是静电；如果氖泡长亮，那就是漏电，如图 2-24 所示。

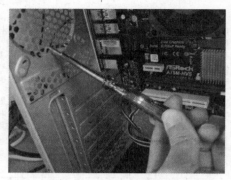

图 2-24　试电笔检测设备是否漏电

（2）利用漏电保护器检查漏电。漏电保护器上有一个漏电试验按钮和复位按钮，如图 2-25 所示。在发生漏电后，断路器动作，复位按钮会弹起。漏电断路器动作后，经初步检查未发现事故原因时，允许试送电一下，如果再次动作，应查明漏电原因，找出故障。

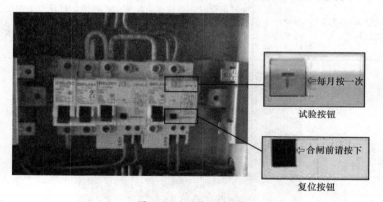

←每月按一次

试验按钮

←合闸前请按下

复位按钮

图 2-25　漏电保护器

如果合上漏电保护器立即就跳闸，一般是"相线"出现漏电情况；如果合上闸后过一段时间才跳闸，且跳闸时间长短无规律，一般是"中性线"出现漏电情况。

（3）串联电流表检查漏电。

1）确定是否漏电。在总开关上接一只电流表，接通全部开关，取下所有用电器（负载），若电流表指针摆动，则说明存在漏电现象。指针摆动的幅度，取决于电流表的灵敏度和漏电电流的大小。

2）判断是相线与中性线间漏电，还是相线与大地间漏电，或者二者兼而有之。方法是切断中性线，若电流表指示不变，则是相线与大地漏电；若电流表指示为零，是相线与中性线间漏电；电流表指示变小但不为零，则是相线与中性线、相线与大地间均漏电。

3）确定漏电范围。关闭分路熔断器，若电流表指示不变，则说明总线漏电；电流表指示为零，则为分路漏电；电流表指示变小但不为零，则表明是总线、分路均有漏电。

4) 找出漏电点。经上述检查，再依次拉开该线路灯具的开关，当拉到某一开关时，电流表指示返零，则该分支线漏电，若变小则说明这一分支线漏电外，还有其他处漏电；若所有灯具拉开后，电流表指示不变，则说明该段干线漏电。依次把事故范围缩小，便可进一步检查该段线路的接头，以及导线穿墙处等地点是否漏电。

找到漏电点后，应及时消除漏电故障。

（4）绝缘电阻表检测中性线漏电。如果室内把所有插座上的电器的插头全拔下后断路器还会跳闸，问题则是在线路上。因此，可把室内的灯全部关闭，逐一开灯，开到哪个灯引起断路器跳闸，就是该灯（或线路）有问题；如果合闸，并不马上跳闸，时间一长，就跳闸，而且跳闸时间不一致，这类属中性线漏电。

如果确认是中性线漏电，可用绝缘电阻表进行检查。方法是：先把主中性线拆开，把所有分开关断开，用绝缘电阻表逐一测查每路线路中性线对地绝缘（见图 2-26），找出问题线路后，再看看该专线有哪些电器是直接接线的（比如电灯或某些空调机等），分别查。线路出问题了，只能换线。

（5）万用表检测漏电。

1) 断开用户电源进线的总隔离开关，关闭用户的所有用电负荷，如拔下冰箱插头、断开水泵开关等。

2) 把数字型万用表置于 200M 挡上，一只表笔放在断路器负荷侧两根出线其中的一根上，另一只表笔碰触墙壁，最好是碰触接地线或者临时接地线。等待万用表上显示的数字稳定后，读出的是主线路的绝缘电阻数值，如果绝缘电阻数值小于 $0.5M\Omega$，说明主线路绝缘不良；如果绝缘电阻在 $0.5M\Omega$ 以上，那就可以排除是主线路出了问题。用同样的办法测量另外一根导线，也查看数值，看是否是主线路出了问题。

图 2-26　利用绝缘电阻表
检测线路漏电

相线与中性线（或相线与相线）之间漏测量：关闭断开所有用电器，测量相线与中性线之间电阻，应该无穷大，否则是漏电。

3) 查看分路及各用电器的绝缘电阻值，也是用同样的方法逐个检测，直到找到故障点为止。

【特别提醒】

使用万用表欧姆挡的 200M 挡时，注意在测量的时候不能用手触及表笔的金属部位，否则误数不准确。在测量各个用电设备时注意要先放电，以防用电设备中的容性电流伤人。这个方法是在无电的状态下查找故障点的比较安全的方法。

6. 漏电开关跳闸的检修

漏电开关跳闸的原因及解决方法见表 2-7。

表 2-7　　　　　　　　　　　漏电开关跳闸的原因及解决方法

序号	故障现象	故障原因	解决办法
1	用电负荷较大时，漏电开关跳闸	经分析线路接线正确无误，则： （1）负荷计算错误导致漏电开关选错，开关的额定电流小于线路实际工作电流，导致漏电开关过载故障跳闸； （2）负荷计算正确，漏电开关使用正确，人为使用大功率电器设备，导致漏电开关过载保护跳闸	（1）更换最大允许工作电流较大的漏电开关； （2）告知电器用户禁止使用大功率电器设备
2	插座回路用电时，插座回路漏电开关跳闸	经分析线路接线正确无误，负荷计算与漏电开关匹配，故判断为用电设备本身绝缘损坏而漏电（设备中的 N 线与 PE 线短接）	更换或维修用电设备，保证用电设备具有良好的绝缘

续表

序号	故障现象	故障原因	解决办法
3	不用电时，插座回路漏电开关跳闸	（1）线路潮湿绝缘强度降低，导致泄漏电流超过了漏电开关允许泄漏电流值； （2）因线路短路所致	（1）烘干线路，提高绝缘强度； （2）检查线路若是短路所致，排除短路故障
4	插座回路漏电开关突然跳闸	有人触电	进行安全用电教育，避免触电事故发生，若发现有人触电，应及时抢救伤者
5	插座回路能正常用电，照明回路用电时，总漏电开关跳闸	经分析，线路接线不正确，将照明回路中的 N 线误接到 PE 线上了	进行改线，将照明回路中的 PE 线改接到 N 线上
6	照明回路能正常用电，插座回路用电时，插座漏电开关跳闸，有时总漏电开关也跳闸	经分析，线路接线不正确，将插座盒中的 N 线与 PE 线接错了	进行改线，将插座盒中的 N 线与 PE 线对调
7	插座回路或照明回路用电时，总漏电开关都跳闸	经分析，线路接线不正确，将配电箱中 N 线与 PE 线用混了	在配电箱的总漏电开关负荷端，将 N 线与 PE 线对调

【特别提醒】

线路漏电一般是电路短路的预警，处理方式就等同于短路维修。漏电很容易造成电器实际功率下降、人体触电非常危险，最好使用漏电保护预防漏电的发生。为了及时发现漏电故障，应对线路做定期检查，测量其绝缘阻值，如发现电阻值变小，应及时找到故障点，予以排除。

2.2.3 照明开关插座故障检修

照明开关插座是人们在日常生活中使用最频繁的，而开关插座出现的故障也是比较多的，比如插座没电、接触不良等。

1. 照明开关常见故障的检修

照明开关常见故障有不能接通电路、接触不良、发热、漏电等故障，其检修方法见表 2-8。

表 2-8   照明开关常见故障及检修方法

序号	故障现象	故障原因	检修方法
1	不能接通电路	（1）开关接线螺钉松脱，导线与开关导体不能接触 （2）开关内有杂物，使触片不能接触 （3）开关机械卡死，操作不灵活，拨拉不动	（1）打开开关盖，检查固定导线螺钉是否生锈、松脱。如有生锈、松脱，要清除锈物，用螺丝刀重新压紧导线 （2）打开开关，清除杂物，用砂纸在断电的情况下擦磨开关接触面，在装配时稍加一点点高级润滑油 （3）打开开关，检查开关机械运转部分是否灵活。若不灵活，要加些润滑油，开关机械部分严重损坏时要更换同型号的开关或拉线开关
2	接触不良	（1）开关压线螺钉松脱 （2）开关接头外铜铝接合处形成成氧化层 （3）开关的触点烧毛或有污物 （4）拉线开关触点磨损、打滑或烧毛	（1）打开开关盖，用绝缘柄良好的螺丝刀旋紧接线螺钉 （2）对较大容量的开关接线要更换成铜导线与开关连接，或把铝导线做搪锡处理后与导线连接 （3）将开关断电后，清除开关污物，并处理开关触点烧毛处，如开关损坏严重，应更换同型号的开关 （4）对损坏轻微的拉线开关，在断电后可使用尖嘴钳整形修复。若开关磨损严重，要更换拉线开关

续表

序号	故障现象	故障原因	检修方法
3	发热	(1) 开关负载短路 (2) 开关长期过载	(1) 检查开关负载情况,处理短路点,并恢复供电 (2) 对长期过载的开关,要检查是否负载过重,适当减轻负载。如工作需要不能减轻负载,要更换额定电流大一级的开关
4	漏电	(1) 开关防护盖损坏或开关内部接线头外露 (2) 开关受潮	(1) 若开关的防护盖损坏要重新配全开关盖,并接好开关的电源连接线 (2) 开关受潮或受雨淋,要停电用无水乙醇清洗后做烘干处理,装配好后再使用。若拉线开关在户外,要改装成防雨型拉线开关或加装雨棚

2. 插头、插座常见故障的检修

插头、插座的常见故障有不能通电或接触不良、短路、烧坏、漏电等,其检修方法见表 2-9。

表 2-9 　　　　　　　　　插头、插座常见故障及检修方法

故障现象	故障原因	检修方法
插上插头后不能通电或接触不良	(1) 插头压接螺钉松动,连接导线与插头片接触不好 (2) 插头根部电源线在绝缘皮内部折断,造成时通时断 (3) 插座口过松或插座触片位置偏移,使插头接触不上 (4) 插座引线与插座压接导线螺钉松开,引起接触不良	(1) 松开插头外壳螺钉,打开插头重新压接导线与插头的连接螺钉,如是两线无螺钉组成的橡皮插头,应取出插头接触片把导线与插头连接好或压好,处理完后,重新把插头两触片插入插座中再使用,如图 2-27 所示 (2) 插头根部电源线在绝缘皮内折断后,引起通电后时通时断现象,要重新把插头端头部电线剪断一截,将电线与插头触片连接后再使用 (3) 断电后打开插座螺钉把插座盖去掉,用尖嘴钳将每组的两铜片钳拢一些,使插头触片插入插座后能可靠接触 (4) 打开插座,重新连接插座电源线,并旋紧螺钉
插座短路	(1) 导线接头有毛刺,在插座内松脱引起短路 (2) 插座的两插口相距过近,插头插入后碰连引起短路 (3) 插头内接线螺钉脱落引起短路 (4) 插头负载端短路,插头插入后引起弧光短路	(1) 打开插座,检查导线在插座内是否松脱,接线时导线是否留有毛刺。断开插座电源,重新连接导线与插座,使螺钉压紧导线,在接线时要注意将接线毛刺清除,如图 2-28 所示 (2) 更换插座,使新插头两相间保持一定的安全距离 (3) 重新把紧固螺钉旋进螺母位置,固定紧 (4) 检查插座负载端短路点,在消除负载短路故障后,断电更换同型号的插座
插座烧坏	(1) 插座长期过载 (2) 插座连接处接触不良 (3) 插座局部漏电引起轻微短路	(1) 插座长期过载会引起插座烧坏,要减轻负载或在线路允许情况下更换额定电流较大的插头插座 (2) 检查插座插头紧固螺钉,使导线与触片连接好并清除生锈物,然后用尖嘴钳把插座中每组的两铜片向内靠拢些 (3) 检查插座被油污、潮湿和导电粉尘污染处,如有放电痕迹,要更换同型号的插座,并采取防护措施
插头或插座漏电	(1) 插头或插座受潮或被雨淋 (2) 插头端部有导线裸露	(1) 断开电源,清除污尘,烘干插头插座,并采取防潮防雨措施 (2) 重新连接插头触片与电线的接头,使导线不裸露

续表

故障现象	故障原因	检修方法
插座没有电	（1）电源停电 （2）插座的支路无电源 （3）插座的导线从接线桩头脱出	（1）打开电灯看看有无电源。如果电灯亮，说明电源有电，应检查插座支路断路器有否合上。 （2）若插座支路断路器已合上，仍无电，则应检查线路是否有断路。 （3）停电，打开插座，将导线连接可靠
插座时而有电，时而没有电	（1）电源时有时断 （2）插座导线连接不良 （3）导线压紧螺丝打滑	（1）打开电灯即可知 （2）停电，打开插座，重新连接 （3）由于拧力过大，造成螺丝的螺纹磨损或将接线桩头塑料件拧坏，使导线接触不良，需更换压紧螺丝或更换插座
胶木烧焦或炸裂	（1）过负荷 （2）负荷或线路短路 （3）开关插座严重受潮、污损或被水淋湿等	（1）负荷过重，长期超过插座的顺定电流，引起胶木（塑料）过热烧焦。应更换插座，避免过载。 （2）强大的短路电流会使插座炸裂。应查明故障，消除短路点，更换插座。 （3）插座应安装在干燥、无尘处；若安装在浴室，应采用防水防潮插座；若安装在室外，应装配在电箱内

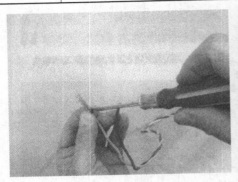

图 2-27　修理插头

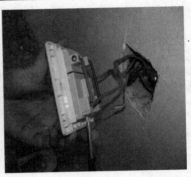

图 2-28　修理插座

3. 插座维修步骤

（1）将电源总开关关闭。

（2）用螺丝刀将插座面框卸下来，卸的时候要小心墙面，如图 2-29 所示。

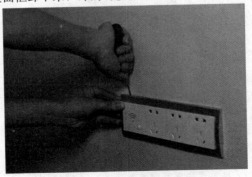

图 2-29　拆卸插座面框

（3）取下插座面框后，用螺丝刀将插座两边的螺钉拧下来，如图 2-30 所示。

（4）如果是电源线虚接，将接线柱内的螺钉拧紧即可，如图 2-31 所示。

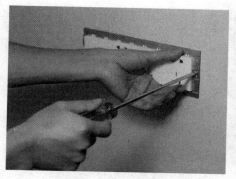

图 2-30 拧下螺钉   图 2-31   拧紧接线柱内螺钉

（5）将插座移回原来的位置，拧上左右螺丝，扣上插座面框。

（6）扣上插座面框之前，可以先打开电源总开关，测试一下使用是否正常。

（7）固定好插座面框，如图 2-32 所示。

图 2-32 固定插座面框

【特别提醒】

墙壁照明开关的维修步骤与插座维修步骤相同。如果是要更换新插座，应断开相线、中性线、地线，然后换上新的插座。

2.3 电气线路故障检修实例

【例1】 导线死弯造成断线事故

某村晚 8 点钟时突然部分灯灭，有的红、有的亮，村电工立即到配电室检查配电设备，发现一相刀闸熔丝熔断，判断有线路接地短路故障。随即进行线路巡视，发现低压线路 4～5 号杆之间三相四线制的一相裸铝线断线，电源侧一头掉在路边地上，立即进行处理，如图 2-33 所示。

原因分析：经过对断线故障点进行检查，发现是因为导线架设时留有死弯损伤，在验收送电时也未发现，由于死弯处损伤，使导线强度降低，导线截面积减小，正逢严冬天气导线拉力大，这样导线的允许载流量和机械强度均受到较大影响而导致断线。施工质量差，要求不严，违反《农村低压电力线路技术规程》（DL/T 499—2001）之规定，是造成断线的主要原因。平时对低压线路巡视检查力度不够，未及时发现缺陷也是原因之一。

检修方法：

（1）在农村低压架空线路的新建和整改中，必须严格执行《农村低压电力线路技术规程》（DL/T 499—2001），加强施工质量管理。

（2）施工中发现导线有死弯时，为不留隐患，应剪断重接或修补。具体做法是：导线在同一截面上损伤面积在 5%～10% 时，可将损伤处用绑线缠绕 20 匝后扎死，予以补强；损伤面积占导线截面的 10%～20% 时，为防止导线过热和断线，应加一根同规格的导线作副线绑扎补强；损伤面积占导线截面的 20% 以上时，导线的机械强度受到破坏，应剪断重接。

（3）电工应加强对线路的巡视检查，凡是在风雨天气过后，要认真仔细巡视，发现缺陷，及时消除。重大节假日前也要对线路进行特巡。

【例 2】 绑线松动，导线磨损造成断线事故

某村通往水泵房的低压线路是 16mm² 铝线，突然发生一相断线，如图 2-34 所示，使正在排灌的水泵停止运行。

图 2-33 一相裸铝线断线掉在路边地上　　　图 2-34 线路一相断线

原因分析：事故后，经电工检查，发现是通往泵房的 4 号杆（直线）瓷横担上的导线绑扎不牢，由于绑线松，使导线和瓷担发生摩擦，久而久之，发生破股断线。

低压导线固定在绝缘子上，要求用绑线进行绑扎，并且绑扎方法要按规定执行。固定处的绝缘强度和机械强度不受损伤，固定程度必须符合要求，长期运行后不松脱，如图 2-35 所示。这次断线的主要原因是绑线不符合要求，不是按标准规定绑扎的。横担绑线处松所以导线与瓷担间发生摩擦，使导线磨断四股后而发生断线。

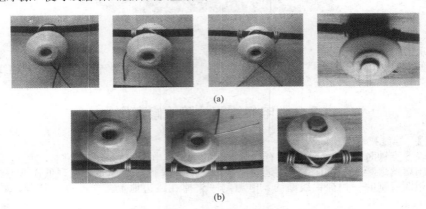

图 2-35 直线导线的绑扎
（a）直线导线的单绑法；（b）直线导线的双绑法

检修方法：

（1）严格施工要求，在线路架设时，必须对导线按标准规定进行绑扎，其要求是在导线弧垂调整好后，要用直线杆针式绝缘子的固定绑扎法，把导线牢固地绑在绝缘子上（瓷横担两端的槽内），绑扎时，应先在导线绑扎处缠 150mm 的长包铝带，以防因摩擦或在绑扎时而损坏导线。

（2）认真做好验收工作，新架设线路在运行前要进行登杆检查。

（3）农村电工应加强对低压线路的巡视检查，尤其是在风雨天要进行特殊巡视，发现缺

陷,要及时消除。

【例3】 架空线的支线接触不良引起事故

一天深夜,某村三相四线架空线 10 号杆与 11 号杆之间的一根铝芯橡皮相线突然烧断落地,断线截面 70mm²,部分住宅照明停电。

原因分析:第二天一早,对停电后线路进行检查,发现落地的铝芯线断口处表面及端面均有明显的烧伤痕迹。电工随即检查,发现杆上距瓷横担绝缘子约 0.6m 该线断开处,有一根 10mm²铝芯橡皮支线直接缠绕在上面,其表面也已大部分烧熔。据分析,70mm²主干线被烧断落地的直接原因是搭接在干线上的 10mm²铝芯线未按规定牢固连接,仅简单地在干线表面缠绕了几圈。因主干线与支线接触不良,接触处在较大电流作用下长期发热致使烧断。

检修方法:

(1)更换已烧坏的 70mm² 铝芯线,并将支线与干线可靠地连接。

(2)与驻地施工单位联系,要求今后搭接导线必须按有关施工规程技术要求施工。

(3)落实人员定期检查巡视户外架空线路,以便发现事故隐患,及时采取措施,保障线路安全运行。

【例4】 进户线中性线断线引起的事故

村民赵某家中安装有两盏白炽灯,1 盏 100W 接于 L1 相和中性线。另一盏 40W 接于 L2 相和中性线。一天傍晚刮风下雨。安装在里屋的 40W 灯泡突然烧毁。赵某将家中的备用 40W 灯泡安上,拉开关盒,灯泡又被烧毁,即去找村电工进行处理,如图 2-36 所示。

图 2-36 处理用户故障

【故障原因】

经村电工检查,发现是通往赵某家的进户线中性线被大风刮断,其接线方式如图 2-37 所示。当中性线在 E 处断线后,使 100W 和 40W 的两盏灯串接于 L1、L2 两相的相线上(电压升高到 380V),造成 40W 的灯泡过电压而烧毁,100W 的灯泡则发光电压不足。

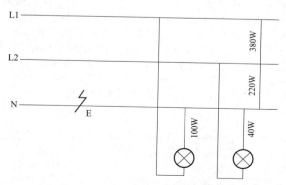

图 2-37 进户线中性线断线故障

通过计算，灯泡烧毁的原因是加于 40W 灯泡电压为 271.04V＞220V，超过其额定电压的 123%。灯泡发红的原因则是其电压为 108.4V＜220V，只有额定电压的 79.3%。

【故障处理】

(1) 要通过村电工安装照明设备，严禁私拉乱接，以防事故发生。

(2) 安装低压进户线的第一支持物的墙体应坚固，位置适宜，走向合理，与周围各个方向的距离合格。进户点的绝缘子及导线应尽量避开房檐雨水的冲刷和房顶杂物的掉落区。严禁跨院通过。

(3) 要求所有用户在连接电能表的进户线处安装带有过电压的触电保安器。

【例 5】 乱接线造成事故

某村的动力、照明线路与路灯线路同杆分上下两层架设，如图 2-38 所示。一天晚上，因大风雨致使路灯中性线断线。风雨停后电工到现场查看时，发现路灯仍亮着，但距配电室较远的几个路灯发光暗。另外，又在距电源不远处发现断线电气侧的断头搭在地上，另一端头悬吊在空中。于是电工马上到配电室把路灯的隔离开关拉开，但仍发现距配电室不远的一个灯的灯丝发红，其余的路灯全熄灭。因天黑道路泥泞，未细查其原因。第二天去修复，在断线处用试电笔测试吊在空中的导线端有电。又到配电室查其路灯线路的隔离开关确实在拉开的位置，其接线如图 2-39 所示。

图 2-38　线路分两层架设

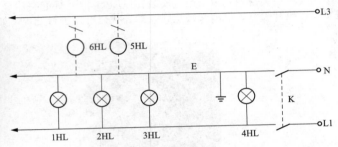

图 2-39　照明接线图

电从何而来？经沿线路查看，结果发现有两户的照明灯 5HL、6HL 跨接在路灯线路的中性线与上层相线之间，立即卡掉两处的引线，路灯线路才全无电。

【故障原因】

由图 2-38 可知，当路灯线的中性线在 E 处断开后，一端接地，另一端在空中悬吊，路灯线路的开关 QS 在合的位置，这时有两条通路并联。其一，电流由 L1 相出发，经 L1 相线、路灯 2HL～4HL，用户照明灯 5HL、6HL 及 L3 相线回变压器，此回路承受线间电压即 380V，假设 1HL～6HL 都是一样大小的灯泡，那么灯泡 5HL、6HL 承受 3/5 的线电压，而路灯灯泡 1HL～3HL 承受 2/5 的线电压，故光线暗得多。

那么开关 QS 拉开后为什么线路仍有电，这是因为把隔离开关拉开后，虽然灯全灭了，但断线处导线的一端仍接地，而用户照明灯的开关又在合的位置，此时电流从杆上层动力线路的 L3 相出发，经 L3 相线、照明灯 5HL、6HL、路灯 11HL、2HL、3HL、L1 相线、路灯 1HL、中性线，接地点经大地回变压器的中性点，此串联回路承受的是相电压 220V（略去接地电阻及变压器中性点接地电阻的部分压降）。按串联电路分压原则，路灯 4HL 的电压大于路灯 1HL～3HL 的电压，设所有灯泡的大小都一样，那么路灯 4EL 得到的电压为 120V，故灯丝发红而不亮。路灯 1HL～3HL 得到的电压为 40V，故灯丝不红不亮。照明灯的电压为 60V。

关于断线的原因除因大风雨外，主要是相线导线的截面用的 $10mm^2$，而中性线导线的截面用的是 $6mm^2$，不符合规程要求。

【故障处理】

(1) 加强安全用电宣传，定期检查，严格安装手续，严防不通过管电部门在其供电的线路上随意接通设备，更不允许把用电设备跨接在两条不同用途的线路上。

(2) 照明线路的相线、中性线必须用相同截面的导线，并有足够的机械强度。

(3) 电工工作前一定要验电，异常现象要细查究根，工作要完全彻底，如发现落地应采取安全措施，不应拨到一边不管，否则有人触及会造成触电事故。

【例6】 风刮断低压线路引起麦地着火事故

某村一块地里小麦突然起火，虽然经村民们的尽力抢救，但因风大，很快 2km² 多小麦被烧成一片黑灰。

【故障原因】

经事故调查发现，这场麦地着火是由低压线断线引起的。在该地的南边 10m 处有一条低压电力线路由东向西通过。这天天气特别热，地里的小麦被晒得焦干，突然刮起东南风，因低压线的一挡距中间一根线在施工中留有缺陷（7 股导线中有 3 股被磨损未处理）被风刮断甩到这块麦地里，导线挨地时起电弧引起地里长着的小麦着火。因此，低压电力线路施工未严格执行《农村低压电力线路技术规程》中的有关要求，对被磨损的导线未进行处理是造成这次火灾的主要原因，导线断线着地起火是造成火灾的直接原因，如图 2-40 所示。

【故障处理】

（1）加强对农村电工的遵章守制教育，农村电工在进行低压架空线路施工时，一定要严格遵守《农村低压电力线路技术规程》（DL/T 499—2001）有关规定，放线过程中要采取措施，防止导线被磨损，放线后紧线前要仔细检查导线是否有磨损现象，当发现导线有磨损情况存在时，一定要根据导线磨损程度，根据规程规定处理方法进行处理，绝不允许导线存在缺陷不处理而紧线，给导线断线留下安全隐患。

（2）农村电工应结合春季安全大检查和冬季迎峰检查，对农村低压电力线路进行认真巡视检查和检修，及时弥补缺陷，消除安全隐患，防止断线事故的发生，如图 2-41 所示。

图 2-40　导线断线着地　　　　图 2-41　清理线路旁的树枝

【例7】 低压线路断线引起的接地事故

傍晚，某村突然一片漆黑，电工迅速出动沿线查找故障，很快找到了故障点和故障原因。在配电室通往南街的低压线路的 6 号至 7 号杆之间有一根导线断落地面，造成漏电开关动作跳闸停电。

【故障原因】

经检查发现，断落的一根导线恰在接头处，线路长期地运行，导致接头处引起松动，发热过度最后烧断了。所幸该线路装有分支漏电保护器，当该支线断落地面后，使保护器动作跳闸，确保了人身和设备安全。

【故障处理】

此次断线事故充分说明了漏电开关的安全保护作用，应广泛宣传安装漏电开关的重要性。它不仅能防止人身触电事故的发生，还能起到家用电器不被烧坏和降损节能的效果。在农村和乡村办企业的配电室都应普遍安装漏电保护总开关和分路开关、家用开关，实行农村用电的三级保护，如图 2-42 所示。

农村的低压线路大都是沿街或串院穿行，每遇刮风天气便会使树枝摇晃碰触导线，甚至使树木倒跌压在导线上，造成倒杆断线的事故时有发生。为此，村电工应教育和动员协助用电户做好树木的修剪工作。平时要加强线路检查，确保安全，制止用户在导线附近搭棚、立杆。立杆架线必须通过村电工，按用电规则办事，保持安全距离。

农村电工要加强对低压线路接头处的检查维护工作，发现缺陷及时处理。

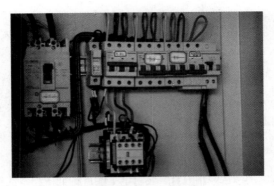

图 2-42　配电室总开关

【例8】　违章拆线酿成的事故

某村电工在拆除户外低压配电屏总照明线时，在未停电情况下，用绝缘受损的钳子剪切中性线，在剪切的一瞬间，被通过户外一盏未断电的照明灯而窜入中性线的相线电压击中，跌倒在配电屏旁的防雨台下。

【故障原因】

在中性线连通情况下，不论停电与否，中性线与大地基本处于同电位，这是因为低压电网中性点接地，即使直接接触对人体也不致构成危害。但是当中性线断开时，相线电压就会通过未断开的用电器传到断开的中性线端，造成中性线带电伤人。本起事故就是这名电工在日常工作中概念不清，认为导通的中性线无电压，而忽视了中性线断开时会通过未关闭的照明灯将相线电压引入而被电击。

【故障处理】

（1）这起事故告诫人们，无论在何种地点、何种场合、因何种原因拆电线时，一定要严格遵守"先停电、后作业"的制度，即使因某种原因必须带电作业，也得采取可靠的安全措施（如穿、戴合格的绝缘靴及手套、工作中有人监护等），确认万无一失方可工作。

（2）对用电单位的电工应进行专业培训，特别要消除一些通常的模糊概念，并经考试合格方可持证上岗。

（3）专业电工应爱惜自己的工具，正确使用，妥善保管，防止工具绝缘受损或老化。若发现问题，应及时处理或更换。

【例9】　线夹与导线规格不符，运行中发生断线

某6kV线路：55杆A相过引线夹处，LJ-70导线断线，断落的导线与同杆架设的下层农钢线混线，造成两条线路停电。

【故障原因】

该线运行多年，历经数次"春检""秋检"，每次检查时，都要求打开线夹处理，但是，对于某线路55号杆的过引线夹与导线规格不匹配，一直都没有发现，导线是LJ-70，而线夹（并沟线夹）为LJ-95，按照架空配电安装检修规程"导线连接管的型号与导线相配"的规定。LJ-70导线与LJ-95并沟线夹是不相配，故线夹内导线一直压得不紧，导线在接触不好的情况下运行多年，导线在线夹内过热、断股，当气温下降时，导线应力增加时，拉断导线，是发生事故的主要原因。

运行人员巡视时未按照架空配电安装检修规程中关于"导线有无断股、损伤、烧伤痕迹；接头是否良好，有无过热现象"的规定去执行，巡视时未能发现上述线夹过热现象，是发生事故的重要原因。

【故障处理】

（1）检修人员在线路上作业时，如发现其他缺陷，在条件允许的情况下，应及时进行消除。

（2）检修人员在"春检""秋检"工作中，必须要仔细，把平时运行人员难以发现的，或无法发现的缺陷、隐患检查出来并予以消除。

（3）检修、运行人员都必须熟悉、掌握配电检修规程和配电运行规程的各项规定，做到工

作时心中有数。

【例 10】 弛度过大，大风中发生混线烧断线

某 10kV 线路 9 号杆过引线夹端部导线烧断线。

【故障原因】

该 10kV 线路，导线为三角排列，其 10 号至 11 号杆间中线弛度过大，检修人员两天前在此段线路上进行作业，把 10kV 绝缘子换为 15kV 绝缘子，由于 15kV 绝缘杆高，边线弛度与中线过大的弛度又较靠近，检修人员发现有混线的可能，但未向领导汇报，也未对中线弛度进行调整，就投入运行。两天后，大风刮混线，将 9 号杆的过引线夹处烧断线，是发生事故的主要原因。

运行人员及局有关人员知道此处导线弛度过大，但未引起重视，也未安排调整弛度任务，是发生事故的重要原因。

事故暴露出该局对一些危及线路安全的隐患，重视不够，处理不及时。

【故障处理】

（1）运行人员发出缺陷后，应按轻重缓急填写缺陷处理小票，上报局有关人员，便于及时或有计划地进行消除。

（2）检修人员在作业中发现设备上的缺陷，对危及人身或设备安全的、在作业中有条件能够处理的，应及时进行消除。

（3）安排作业任务时，尽量把工作地段的缺陷、隐患一次消除，不能遗留下已经掌握的隐患和缺陷。

【例 11】 照明开关错接线，造成短路事故

某农户计划在院内安装一盏临时照明灯，该农户先将隔离开关拉开，在出线侧接了一条花线，并在附近墙上安装了一个拉线开关，当安装完毕，试拉开关时，突然电线短路着火，电表飞转，立即拉开隔离开关进行检查。

【故障原因】

该农户不懂灯具安装知识，他看到拉线开关都是接的两根线，因此误将相线中性线同时拉入开关，把相线、中性线也同时从开关引出至灯头，当他试拉开关时，因相线、中性线造成短路，而刀闸保险丝额定电流大而熔断不了，使电线发热而起火。

【故障处理】

（1）农村农户临时用电，应事先向村电工申请，经电工同意后，由电工进行安装，严禁私拉乱接。

（2）加强对农村用电户的安全教育，制定严格的管理制度。

（3）安装照明开关，严格按照工艺标准施工，并做好验收工作。

（4）隔离开关熔丝是为了保护室内照明用电线路和用电设备的安全。如果发生短路，熔丝能及时熔断，可避免烧毁设备或引起火灾，并便于停电检修，因此，隔离开关熔丝必须搭配恰当，符合熔丝额定电流的技术数据要求。否则，当过负荷或发生短路故障时，熔丝还未熔断，导线绝缘可能已燃烧或引起电线起火。

【例 12】 胶质线毛丝引起短路故障

某农户新建五间新房，请村电工小赵给安装照明线路。小赵把所有照明线路和灯具全部安装好后，在试送电时，电源开关熔丝熔断，明显有短路的地方，随即拉开开关，经检查各个接点都没有问题，熔丝也合适。故重新搭上熔丝决定再试送电一次，在再试送电时，灯泡全亮，故障消除。

【故障原因】

为了慎重起见，小赵又二次将隔离开关拉开，对这次事故原因做了仔细分析，结果发现中间屋的一盏灯吊盒与吊线（0.2mm² 多股花线）接头处的两螺丝之间有放电痕迹。原来是在接线时，未把多股花线的细丝预先拧紧，在拧紧吊盒的螺丝时，有几根细铜丝弹出与另一接头碰触造成短路。在合闸时熔丝熔断。与此同时，毛丝也烧断，故重上熔丝再合闸时灯泡亮。

由此可见，电工技术水平低，安装施工不认真是引起这次故障的原因。

【故障处理】

（1）严格按安装工艺标准进行安装，保证安装质量。花线的削头不宜过长，扒掉胶皮后，必须把细丝拧在一起预先做线圈，开口顺螺丝旋转的方向，把螺丝拧紧后，不准将毛丝弹出，如图 2-43 所示。

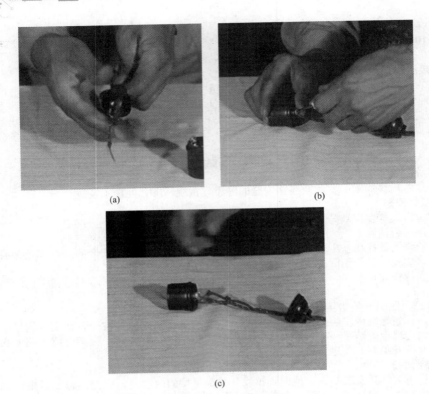

图 2-43　灯头安装要点
(a) 打蝴蝶结；(b) 拧紧螺丝；(c) 处理好线头毛丝

　　(2) 坚持验收制度，每安装完成一项，就要自检一项，然后再经他人验收，以防止安全隐患。
　　(3) 树立安全第一的思想，照明装置的绝缘水平必须符合现场实际作用电压和环境条件的要求，所有装置及器具必须完好无损，安装牢固，安全可靠，维修方便。
　　【例 13】　向线路上扔铁丝造成短路事故
　　某村小学四年级学生柏某，下学回家途中，见路边有一堆废旧铁丝，他顺手从中抽出一根约 3m 长的铁丝，边走边玩，当他走到配电室附近时，由于贪玩，便产生了好奇心，用力把手里的铁丝抛向低压架空线路上，造成低压线路短路，致使全村停电。
　　【故障原因】
　　农村低压线路系三相四线的裸铝线，对地垂直距离为 6m 左右。该学生把铁丝扔上去正好搭在三根导线上部，形成相间短路，配变低压熔丝熔断，开关掉闸，造成全村停电。这次事故主要原因是学生不懂农村安全用电须知中规定的要求，不要往电线上扔东西的常识所致，这说明宣传教育做得不够广泛。
　　【故障处理】
　　(1) 认真进行安全用电宣传，要通过黑板报等方式，向人们广泛地进行安全思想教育，使一些安全用电常识能够家喻户晓，人人皆知，如图 2-44 所示。
　　(2) 在线路两侧不要堆放铁丝、钢筋等金属物体，堆放的地方要严加管理。
　　(3) 沿街电杆应刷写安全用电标语。在人员积聚较多的地方或在配电室墙壁上，应张贴安全用电宣传漫画和用电管理制度。
　　【例 14】　导线弧垂不相同，造成短路断线事故
　　晚上 9 时许，村民们正在观看电视节目，突然全村断电，当时有 5 级左右的大风。经检查是因为低压照明线路 3 号至 4 号杆之间一相导线烧断。

【故障原因】

该村的照明线路（裸铝线）在架设时，因忽视了在同一挡距的导线弧垂必须相同的规定，而留下了潜在事故隐患，当导线被风摆动时，因摆动的频率与弧垂有关，由于两根相邻导线摆向相反而发生了混线，造成相间短路，导线烧断，造成配电室熔断器烧断。

这次事故是施工时没有按照低压配电装置和线路设计规程要求施工而造成的，也有验收不认真、运行维护工作没做好等原因。

【故障处理】

（1）架设在同一挡距的导线弧垂必须相同，因为如果相邻线弧垂不相同，除可能发生混线事故外，还可能因弧垂不同的导线在气温变化时，出现因对电杆张力不同，太紧的导线在靠近绝缘子的地方会因疲劳破损而断脱。

（2）加强对线路的巡视检查，发现弧垂不同时，应尽快进行处理。架空导线弧垂示意图如图 2-45 所示。

图 2-44　安全用电宣传

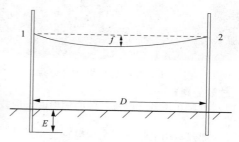

图 2-45　架空导线弧垂示意图
1、2—导线悬挂点；f—弧垂；D—挡距；E—埋深

（3）应加强对农村电工的技术培训，不断提高村电工的技术水平和管理水平。在新建和整改线路时，必须严格施工质量。

【例 15】 电杆拉线上拴牲口造成弧光短路故障

农民赶着毛驴上地干活，途中欲去解手，随手把毛驴拴在路边的电杆拉线上，这时对面有一老者牵着一头小毛驴走来，拴在电杆上的毛驴突然大叫起来，并用力挣扎，电杆被拉歪，电线摆动，导致导线相互碰触，相间短路发生弧光，并伴一声巨响，线路停电。

【故障原因】

"农村安全用电须知"中明确规定，不要把牲口拴在电杆或拉线上，这次事故说明，牵牲口人不懂安全用电常识，农村安全用电宣传工作不深入、不广泛，留有死角，是这次事故发生的原因。

【故障处理】

（1）加强安全用电教育，村电工应在路旁电杆上涂写安全用电标语或在适当的位置张贴宣传画，如"不准在拉线上、电杆上拴牲口""不准摇晃拉线"等，如图 2-46 所示。

（2）为防止有人摇晃拉线或其他原因使导线与拉线接触，造成拉线带电，发生触电事故，穿越或接近导线的拉线必须装设与线路电压同等级的拉线绝缘子，并应装在最低导线以下，高于地面 3m 以上。

（3）拉线坑和杆坑的回填土，应逐层夯实，并培起 0.3m 的防沉土台，以确保电杆和拉线基础的牢固，如图 2-47 所示。

【例 16】 水泥楼板带电故障

某村民发现厨房的水管和水泥地板及厕所有时带电，请电工来检查，也未发现水管与电线有任何接触的地方，用电笔试中性线也未发现带电。

【故障原因】

经过分析认为，楼房的上下水管在穿过楼板的地方有预留孔，因水泥板的钢筋外露与水管接触，如果一旦水管或楼板钢筋与带电体接触，那么两者就会都带电。现在楼板和水管都带电，那就一定与电气设备相线有接触之处。按照这一判断，电工分头到两户查找原因。在查找中，发现张某家新装了一盏吸顶灯。拆开查看，发现安装吸顶灯灯座时，用了一个小木塞打入楼板缝中，安装灯座时，未将木螺丝拧在木塞正中，使木螺丝正顶在楼板的钢筋上，而接灯的相线线头裸露部分较长，用螺丝压紧后，其多余部分正碰在木螺丝上，于是整个楼板，连同与上下接触的水管也都带了电。因厨房、厕所楼板潮湿，而且又是水泥地板，故带电现象严重。由于该灯的开关是控制相线，故在灯不开时，就不存在带电现象。

图 2-46　农村安全用电宣传画　　　　图 2-47　电杆防沉土台

【故障处理】

（1）用户安装电气设备及照明用电时，应找电工。不懂电气安装知识的人禁止随意改动电气线路。

（2）加强对用电户的安全用电宣传，提高安全意识。

（3）对新建房屋的家用照明布线线路走向应纳入施工计划中，在土建施工中做好预留孔，建筑物的钢筋应连接成一体，并有良好的接地，以确保安全用电。

【例 17】　导线接头松动造成钢窗带电故障

某村民感到太闷，于是开窗透气，当手触及钢窗的推杆时，发觉有电。于是用验电笔测试，发觉电笔很亮，与测试相线亮度差不多。这引起该村民重视，于是改用万用表交流电压挡测量钢窗与中性点之间的压降，结果为 116V。用毫安挡测量，电流为 105mA。这个电流数值是非常危险的。最后详查整幢楼房的各个房间的前后钢窗，发现全部带电。

【故障原因】

断电后检查，用绝缘电阻表摇测，发现 B 相的绝缘电阻几乎为零；改用万用表欧姆挡测量，发现设备科房间内 B 相与钢窗之间的电阻仅约 40 绕，显然，B 相绝缘已坏。进一步检查发现二楼的一个房间内 B 相与钢窗之间的阻值最小，仅几欧姆。最后发现该房间供电导线穿墙管内接头绝缘已坏，搭头为挂钩接线，没按规定绞接，而且松动。外面仅黑色绝缘胶布包扎几层，就穿铁管过墙。加上几个房间电炉负荷太重，松动的导线连接处发热温度过高，烤焦黑色绝缘胶布，造成导线裸露与铁管搭上，于是就出现了以上所述整幢楼钢窗都带电的问题。（房屋建造都是钢筋连网混浇，钢窗也安放在圈梁下紧固，所以整体应形成一个网）

【故障处理】

（1）在线路安装时，电线连接应按规定绞接，不能采取挂钩接线的方法。

（2）线路绝缘，尤其是对接头处的绝缘处理应符合安全规定。

（3）经常对线路的绝缘电阻进行检查，发现缺陷，及时排除。

【例 18】　厨房气管带电故障

三楼某户村民，一日在厨房洗涤，偶然触及立于墙角的出气铸铁管子，当即受到电击，幸未酿成事故。

【故障原因】

电工在排除故障时，发现管子离地面 1m 以上部分带电。用万用表测量（表笔一端接自来水管），电压高达 200V，而 1m 以下部分管子无电压。断开住户电源，故障依然存在，觉得很奇怪，不知原因。现场检查，室内外管子均未与带电线路接触，也未与其他金属管道相连。对此楼采用逐户停电方法寻找故障点，查出是相邻另一单元三楼的某户电冰箱线路绝缘损伤所致。

冰箱线路是住户自己所装，采用塑料护套线明敷，沿楼板与墙交界处用铁钉固定。拆下导线检查，发现钉子固定处的导线绝缘有损伤。通过试验，有的钉子带电。那又怎么使相距 10m 以外的出气管带电呢？经与土建人员研究，认为每块楼板钢筋连成一体，楼板端头钢筋伸出部分可能互相接触，由于出气管孔较大（管径 120mm），管与露出的钢筋接触，而固定冰箱导线的铁钉又较长，钉子接触楼板钢筋。这样形成导线→铁钉→钢筋→管子的电流通路，结果管子带电，和故障现象非常吻合。为何管子下部没有对地电压？这是因为两管接头正好离地面 1m 左右，接口是用水泥沙子固定，管子用于排气，长期处于干燥状态，上下管子处于绝缘状态，电阻达 1MΩ，故管子下部不带电。

【故障处理】

（1）线路敷设要符合施工规范，采用塑料护套线，要用与护套线规格相等的塑料卡钉固定。上述例子用钉子固定，违反了安全规程。

（2）新布线要考虑周到，避免损伤原有的室内线路。

（3）加强用电管理和安全用电教育。用电负荷增加较大时，应按规定报有关部门批准。原有室内布线需要改动时，要由电工施工，不应自行乱拉乱接，以免留下安全隐患。

【例 19】 自来水管带电故障

某居民新村住户顾某在家中洗刷浴缸时，因碰触了自来水管而倒下，当场不幸死亡。经诊断为触电死亡。

现场勘查，该栋楼房的民用供电系统系采用中性点直接接地的 380/220V 三相四线低压供电的接地保护系统（TT 系统）。触电者家中的电气线路采用暗管敷设，有专用接地线和接地体作为接地保护装置。整个电气线路与明敷的自来水管无任何连接。

该家中浴室内的水管被引出，接至天井。当时为帮助解决附近建筑施工用水，又接了一段水管到施工现场，长约 30m。整条管路敷设在地面的浅沟中，最后沿新建房的墙面接到水斗上。这段新接的水管与用电设备无直接连接。

施工现场是个还未完工的工厂的厂房和办公用平房。该厂室内照明线路采用金属管明敷，基本完工，但无保护接地线。当通电检查时，合上电源后，便发现电线管带有 220V 电压，显然是相线与电线管有短路故障。经查故障发生在朝东小间的一个日光灯的接线盒内，因电工对相线接线端处的绝缘包扎不良造成，致使相线与接线盒盖相碰，造成短路。但这又与水管带电有什么联系呢？

【故障原因】

经分析，由于连日阴雨，砖墙结构的建筑施工未完，防雨水性能很差，房顶的积水沿墙而下，造成整个墙面湿淋淋。经用 500V 绝缘电阻表在电线管和离电线管下约 1.5m 处的自来水管之间进行摇测，发现绝缘电阻值近于 0。至此，水管带电的原因已经查明。

（1）电气线路未进行保护接地。

（2）电线头与金属电线管有短路故障。

（3）墙面潮湿造成导电，使自来水管带电。

有的人认为，水管是自然接地体，在接地保护中允许将被保护电器的外壳与自来水管相连接，连接后一旦电路有漏电现象，被保护电器的外壳和水管上的电压均会在安全电压范围内，现在尽管有相线短路现象，而水管与电线管绝缘很差，不是正好造成电线管的良好接地，水管不应会有电死人的电压。

相关标准规定："接地体不应少于 2 根，其中一根可利用自然接地体，如电气上连成一体的金属自来水管……"原来金属自来水管还应该是在电气上连成一体的。怎样才称得上电气上连成一体，以上规程中也做了明确解释："束节和水表的两端应有足够截面积的导线跨接，使管路电气上连接一体，在任何两点之间的电阻不应大于 1Ω。"这正说明了水管本身并不是一个良好的接地装置。机械连接并不能代替电气连接。近几年来，由于采用了绝缘材料如塑料带、尼龙垫片等作为水管接头的密封材料，故这个问题更为突出。

另外，TT 系统的接地保护即使十分可靠，也并不是在短路故障发生时能使被保护电器或接地线上的电压都降到安全电压以下。如果要降到安全电压以下，则设备接地体的接地电阻值应为变压器工作接地处的接地电阻值的 0.2 倍以下。这在工程施工上有一定难度，因此，目前民用供电主要还是通过短路保护装置的动作达到保护的目的，如熔断器熔丝熔断、空气断路器跳闸。但随着民用电器越来越多，功率越来越大，设备的额定容量将与保安动作电流发生矛盾。为确保安全运行，更有效的措施是用户装设漏电保护器。

【故障处理】

电气装置在通电前，必须检验合格，施工要符合质量要求，保护措施要完备，绝缘电阻要符合标准。施工现场的临时电气装置必须装漏电保护器作为防止触电的保护措施。

【例20】 路灯线与照明相线错接造成的事故

电工为使全村人亮堂堂过好春节，对村内低压线路进行了整修，并对户内照明灯及村内路灯分别做了试验，两者都正常发亮。当天晚上，村民们拉开关都觉得灯光很暗。约7时左右，当电工把路灯闸一合，所有开了的灯和家用电器都毁坏了。

【故障原因】

发生这种事故一般都是由于电压过高引起的，但就其原因是什么呢？村电工请来乡电管站的同志一起进行了以下分析。

被烧坏的设备受到的不是相电压220V，而是线电压380V，可是白天分别试验时都没有发现异常。经仔细检查配电盘接线，发现是因为路灯线接错，把路灯隔离开关相线和中性线调换了位置。因为路灯相线与户内照明灯相线又不是一相，所以开路灯时，户内的单相用电设备承受380V的线电压，故出现了烧坏设备事故，线路如图2-48所示。

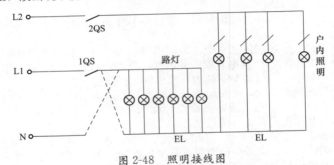

图2-48 照明接线图

图中虚线是线路错接后，晚上1QS、2QS合闸，路灯承受220V电压，户内照明则承受380V电压。

在白天分别做试验时，1QS断开，合2QS路灯亮，1QS断开，合2QS电流通过L2相线、照明灯、原中性线，路灯和原L1相线到中性线构成回路。由于试灯是一个一个试验的，所以在上述串联回路内是一个照明灯和6个路灯串联，其220V电压约190V，分配在照明灯上，故照明灯亮。而分配在路灯的电压只有30V，当然不会发亮，且灯丝也不会发红，故未发现异常。在晚上，1QS、2QS全合上，户内照明用电的单相设备承受380V的电压，所以烧坏，而路灯仍然承受220V的相电压，故正常发光。此事故是因电工粗心大意造成的。

【故障处理】

(1) 加强对农村电工的安全教育，提高责任心。

(2) 对低压线路的线序在转角引下线，进户线处应有明显标志。工作人员在施工中，应该细心，决不允许随意调换线序。

(3) 不论新架线或是大修，整改后的设备，都要在施工完后，进行认真检查、验收，以防止事故发生。

【例21】 无接零保护造成触电死亡事故

某村办工厂有一个长40m，宽10m，深5m的循环水池，池旁安装了一台水泵，配一台电动机日夜抽水。有5个小学生来这里游泳（水池里是工业循环水，不能用作游泳池），当他们游到进水管附近时，全都触电了。

【故障原因】

事故发生后，经现场检查和分析，发现该厂的专用变压器系中性点直接接地系统，低压用电设备采用外壳接中性线的保护方式，而唯独这台循环电动机却无保护中性线引来，即该台设备外壳没有接中性线保护措施。

设备漏电又是怎样引起的呢？原来敷设导线时违反安装规程，在保护钢管内设有接头，接头虽然经绝缘胶布包缠，但因雨水长期浸湿而松动脱落，其裸线接头触及钢管，钢管又与水泵、电动机的钢板底座接触，从而引起电动机外壳、水泵外壳、进水管及其附近的水面都带电，结果造成了这起严重的触电死亡事故。

【故障处理】

从以上事故分析来看，要认真吸取教训，采取措施。

（1）在中性点直接接地的低压电力网中，电力设备的外壳没有接零保护，是绝对不允许的。像江、河两岸的电力排灌站、水库的电力抽水机房，往往是夏季人们游泳的地方，安全技术措施尤为重要。

（2）电工对"接地与接中性线"知识和电气安装规程不熟悉（电线保护管内是不允许有接头的），是造成这次事故的主要原因，故应加强技术培训和考核。

（3）电气装置安装竣工后，应进行详细的检查、测试和验收，才能送电运行。

【例 22】 用劣质材料引起的线路事故

某村民新建一栋楼房，便忙于铺地砖、打墙裙、吊天花板，等装修完后就搬进去居住。可是过了几天麻烦就来了：装在家中的触电保安器投不上去，一投就立即跳开，无法供电。

【故障原因】

该村民请电工来检测，室内线路对地绝缘为零。可线路在搬家前明明是好的。原因在哪里呢？由于布的是暗线，现在又刚刚装修过，这一下查起来可麻烦了，查了两天才发现是通往卫生间的两根线出了问题，进一步检测表明，卫生间里敷设在一钢管内的两根导线有问题。

线路负荷又不大，钢管内的导线怎么会发生短路接地呢？原来，建筑施工单位将室内电气设备的安装施工转包给个体户安装。个体户没有按施工工艺施工，当导线不够长时，就将两根导线一接，用绝缘胶布一包继续穿进钢管内使用，而钢管用的又是劣质有缝焊接钢管，且又没有按设计图纸要求沿墙安装，而是直接按最短距离安装，将钢管埋在卫生间的地下面。刚住进来时，卫生间未使用，所以安然无事。事前检测就更难以发现这个隐患。而当用户住进来时，卫生间连续使用，导致水汽不断，地面也时有积水。这时，卫生间内的水汽便透过地面并通过钢管焊缝的薄弱点渗进钢管内部，这样钢管内便慢慢地积满了水。钢管内的电线接头被污水浸泡，电线漏电短路也就成为必然。自然，触电保安器报不上去也就是正常的事了。

针对这种情况，住户只好砸开墙面、地面，重新安装导线。

【故障处理】

类似的故障，甚至更严重的事故在日常生活中时常见到。特别是到处乱窜的无证施工单位，不按规章办事，在他们的心目中也没有规章，并且大量使用伪劣产品，盲目施工，违章安装，留下的安全隐患比比皆是。因此，有关部门要加强对安装施工队伍的资质审查，加强施工质量管理和监督。同时，应加强施工材料质量检查，尤其是在卫生间等比较潮湿地方的工程材料更应该注意质量检查，做到不留安全隐患。

【例 23】 中性线、接地线混接引起故障

某住宅楼电源采用三相五线（TN-S）制，导线为 BLX-500，$4\times35+1\times25$；楼内各单元电能表箱在二层链式接至各单元。单元分支线第 1～2 单元为 BLX-500，5×16，楼层间干线的相线、中性线与地线均为 BLV-500，截面积为 $6mm^2$。当时，发现在六楼的电视共用天线的馈线带 220V 交流电。经检查，电视共用天线系统中包括前端设备、用户终端等均带有 220V 交流电。再检查发现，3～6 楼电能表箱外壳以及此供电范围内处于使用状态下的电气设备外壳均带电，且所有熔丝均完好。

【故障原因】

（1）事故原因就是中性线与保护线同时故障，且单相负荷过载造成中性线烧毁所致。因在正常情况下，保护线不流经电流，只有当用电设备漏电时才带电。进一步检查发现 2～3 楼间干线的中性线与保护线短路后断开。更换此段线路后，一切正常。但进一步观察烧损线路，发现 2～3 楼楼层间保护线外皮全部烧毁，而中性线只有在短路点烧毁，其他部分外皮均完好，由此判断为保护线过负荷造成同槽敷设的中性线故障。于是，又检查分支线及用户室内导线，发现个别用户的中性线与保护线接反，原设计为 $5\times6mm^2$ 的楼层干线实际安装为：三根相线 $6mm^2$，中性线 $4mm^2$，保护线 $2.5mm^2$。这样 $2.5mm^2$ 的 PE 线长期带电过载造成故障。且单元间链式接线的 1～2 单元导线本应为 $5\times16mm^2$，而实际安装为 $4\times16mm^2+1\times2.5mm^2$。

（2）造成共用天线系统带电的原因。《建筑电气设计技术规程》（JCJ 16—1983）规定：共用天线电视系统采用单相 220V、50Hz 交流电源，电源一般宜采用由配电盘照明回路供给，并

为专用回路。电气照明设计图中给定共用天线电源由本单元 2 楼照明箱直接引至 6 楼。而安装中未留有共用天线电源回路，只好取自 6 楼电表箱。当 2～3 楼楼层间干线的中性线与 PE 线短路后，共用天线电源插座的接地端便带电。由于共用天线系统所有设备外壳、屏蔽均由此插座接地端接地，故造成共用天线前端系统、信号传输系统、信号分配系统便带有 220V 交流电。

【故障处理】

(1) 电气照明线径和所走回路必须严格按设计要求进行。在竣工验收时，不能单凭用电负荷能否正常使用判断安装质量是否合格。

(2) 中性线与保护线不能接错。

(3) 使用过程中，如中性线发生故障，用户不得随意将中性线与保护线互换。

(4) 楼内用户单相负荷不允许过载。尤其目前楼内装修均较普遍，应做好电源管理，不得随意从住户内乱接电源。

(5) 共用天线电源必须按设计要求有足够的接地做保证。电气安装时，必须给出共用天线的单独供电电源。

【例 24】 某家庭断路器经常跳闸

据用户称，家中厨房插座上没电，插上插头后用电器不工作。配电箱中厨房回路的断路器经常跳闸。

【故障原因】

现代住宅中，每户都有一个配电箱，担负着住宅内部的供电、配电任务，并具有过流保护和漏电保护功能。住宅内的电路或某一电器如果出现问题，家庭配电箱将会自动切断供电电路，以防止出现严重后果。

家庭配电箱一般嵌装在墙体内，外面仅可见其面板。配电箱一般由电源总闸单元、漏电保护器单元和保险丝单元 3 个功能单元组成，如图 2-49 所示。

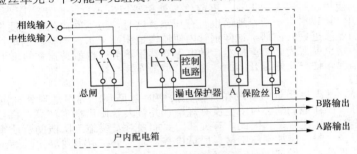

图 2-49 家庭配电箱的组成框图

断路器具有两个作用：一是当电路中发生短路时，断路器瞬间动作，断开电源，保护线路；二是如果人触电，断路器瞬间动作，断开电源，就能起到保安作用。由此可见，导致断路器经常跳闸的原因，是厨房回路有漏电或有短路故障。

【故障处理】

考虑到厨房内油烟、水汽等较多，易引起插座处出现短路，故先对厨房内的插座进行检查。

分别打开各个插座进行检查，结果发现其中的一只插座内有一个油污物夹在相线与地线的铜插件之间，估计这就是造成故障的原因。

将上述污物清除干净，按一下漏电保护器上的"试验按钮"，使保护开关动作切断电源（当然，也可拉下总闸切断电源，但保护开关动作时间极短），同时检验漏电保护器的可靠性。

值得注意的是，在供电正常的情况下，如果按下"试验按钮"无反应，说明漏电保护器已失灵，在这种情况下虽然可以继续供电，但已不具备漏电保护功能，应进行修理或重换新的漏电保护器。

【例 25】 开楼梯灯就跳闸

一两层别墅式楼房，出现晚间剩余电流动作保护器时而动作的现象。只要一开楼梯间照明灯（以下简称"楼梯灯"），剩余电流保护器即跳闸，故只好不用此灯，晚上摸黑上、下楼。

【故障原因】

该楼供电采用 220V 电源，分一楼、二楼两条回路，每条回路上各装一只 DZL33-10 型剩余电流动作保护器。经实际操作发现，当一、二楼分别单独送电带负荷均正常，但两路全送电时开楼梯灯，上述故障就会出现，使整个楼房均停电。

从实际操作结果来分析，估计故障是线路中存在漏电或线路本身连接有错误引起的。

【故障处理】

用万用表对楼梯灯灯头、双联开关、引线进行检测，均未发现有接地现象，由此初步排除了漏电的可能性。怀疑该用户电气线路的安装可能有错误。

单独合上一楼剩余电流动作保护器，开楼梯灯不亮，查灯泡未坏，测灯头一桩头有电，另一桩头有感应电。将灯泡装上，用测电笔测二楼剩余电流动作保护器（未合时）下桩头发光。由此可判断，楼梯灯的中性线误接在二楼电源回路剩余电流动作保护器出线侧的中性线上，这正是故障原因所在。

经检查，发现故障确是由于电气安装人员图省事，将一楼的中性线接在二楼电源回路剩余电流动作保护器出线侧的中性线上。查找到连接点后将其分开，然后利用预敷的备用线将一楼中性线单独连接后，经试验，一切正常，故障排除。

此例提醒电气线路安装人员，在安装剩余电流动作保护器时，遇有几个回路则分别安装剩余电流保护器，在布线时要严格分开，接线时也要进行单独自成回路，切不可图省事，就近搭接中性线，以免引起不必要的麻烦。

有些用户自从安装保护器后，就从没"试验"过，这样是不对的，安装"试验按钮"的目的是模拟人为漏电，强制使保护器跳闸，验证保护器是否能正常工作。因此，用户必须按说明书要求，至少每月试验一次，观察其是否能迅速动作切断电源，如果有失灵不动作故障，应立即拆下来修理或更换合格的保护器。值得提醒注意的是，按"试验按钮"的时间，每次不得超过 1s，也不能连续频繁操作。因为其内部的试验电阻和脱扣器线圈都经受不起连续频繁的电流冲击，以免烧坏试验电阻和脱扣器线圈。

【例 26】 只要接通室内任一用电器，总保护器即刻跳闸

某住宅楼在施工结束进行验收时，总进线保护器在不带任何负荷时才能合闸，只要接通室内任一用电器，总保护器即刻跳闸。

【故障原因】

低压配电系统中装设漏电保护器是防止人身触电的有效措施，也可以防止因漏电而引发的电气火灾及设备损坏事故。漏电保护器一般分为一极、二极、三极、四极。其中一极、二极漏电保护器的主要区别在于当漏电事故发生时是否断开中性线。其工作原理均为通过检测相线、中性线电流的相量和是否为中性来判定是否有漏电事故发生。

三极漏电保护器应用于三相三线的配电系统，负载对 N 线无要求。电动机便是此类负载之一，不论该电动机的绕组是 Y 形接法还是 △ 形接法。四极漏电保护器应用于三相四线配电系统，负载有中性线。

【故障处理】

经检查，本例的施工人员误用（设计未注明制式）了三相三线制保护器，因为 N 线不经过保护器线圈，所以保护器检测到的不是线路和设备的剩余电流动作电流，而是三相不平衡电流。因此，在三相线路中只要有一相接通任意负载，所产生的电流就远远超过保护器的额定动作电流值，因此即刻动作跳闸。改正方法是将总开关换成三相四线制剩余电流动作断路器即可。

【例 27】 照明开关发热被烧坏

某居室的照明灯开关，前段时间是开灯不久就发热，现在已经不能接通电路了。

【故障原因】

该开关为客厅吸顶灯控制开关，开关发热，估计是开关长期过载或是开关负载短路导致。

【故障处理】

检查开关负载情况，灯泡总功率为 300W，应该说负载不重。接下来检查各个灯头的接线情况，均正常。用试电笔检查吊灯固定座处的天花板，发现天花板有电。进一步检查发现电线绝缘层有破损，处理好短路点，再更换开关，恢复供电，故障排除。

电线漏电才是本例故障的根本原因。因为线路漏电，致使开关的负荷过重，久而久之便烧坏了开关。

【例28】 插座短路引起烧保险丝

某用户在一次使用电风扇的时候，刚插上插头室内就没有电了，配电箱的保险丝熔断，用保险丝更换后又烧断了。

【故障原因】

熔丝连续熔断，说明室内有短路故障。究竟是什么地方有短路，结合插上电风扇插头室内就没有电的故障进行分析，初步判定该插座内部有短路之处，或者是电风扇或插头有短路。

插座存在短路故障的可能原因如下。

(1) 导线接头有毛刺，在插座内松脱引起短路。

(2) 插座的两插口相距过近，插头插入后引起短路。

(3) 插头内接线螺钉脱落引起短路。

(4) 插头负载端短路，插头插入后引起弧光短路。

【故障处理】

(1) 将电风扇插头拔下，用万用表电阻挡测量电风扇插头的电阻，阻值正常，没有短路现象，重新安装熔丝，室内能够正常供电，说明故障在插座内部。

(2) 断开插座电源，拆开插座，发现接线中导线留有毛刺。重新连接导线与插座，在接线时要注意将接线毛刺清除，如图 2-50 所示。

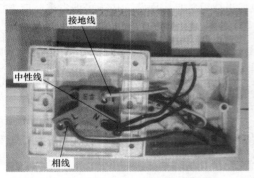

图 2-50　安装时要修整插座内的松散电线

【例29】 厨房插座偶尔漏电

某家庭厨房的普通电源插头或插座偶尔有漏电现象。

【故障原因】

所谓电源插头，是指连接低压电气设备、低压电气机具和家用电器的绝缘导线端部的电源拔插装置；所谓电源插座，是指连接对地电压在 380V 及以下的电源固定装置。

电源插头和插座的绝缘材料为胶木、塑料或陶瓷，其导电材料为铜材或铁镀件，在正常情况下其绝缘电阻很大，不会漏电。但在以下两种情况插头或插座会漏电，一是插头或插座受潮或被雨淋，二是插头或插座端部有导线裸露。

【故障处理】

对受潮或被雨淋的插头和插座，可断开电源，清除污尘，烘干插头插座，并注意采取防潮防雨措施。尤其是插头插座的表面灰尘过多，一定要及时清扫，否则因受潮而易引发漏电。

仔细观察，若插头或插座端部有导线裸露、插座有铜片或弹簧裸露，这是极为不安全的，必须重新连接插头触片与电线的接头，让电线不裸露。插座有铜片或弹簧裸露，可根据情况予以修复，若无法修复，则用同型号的新插座更换。

本例故障属于插座表面油污及灰尘太多因受潮引起的漏电，清扫干净灰尘及油污，并将它烘干，故障顺利排除。

一般来说，家庭厨房的油烟比较大，水蒸气比较多，因此，厨房插座必须接"保护接地线"或"保护接中性线"，最好是加装额定漏电动作电流不大于 50mA 快速动作的漏电保护器。一旦漏电保护器动作后，应拔出电源插头，查明故障原因，不得强行送电。同时，要定期清除表面油污、灰尘等，以保证人身安全。

第3章 常用高低压电器维护与检修

3.1 常用高压电器维护与检修

3.1.1 高压断路器维护与检修

1. 高压断路器的作用

高压断路器是电力系统中最重要的电器之一，具有控制和保护的双重作用。即：根据电力系统的需要，将部分或全部电力设备或电路投入或退出运行（控制作用）；电力系统有故障时，能迅速切除故障部分，有时还要求做重合闸动作，将故障损失限制在最小范围（保护作用）。

高压断路器和隔离刀闸等设备的配合，电网能改变运行方式；高压断路器与继电保护装置配合，在电网发生故障时，能快速将故障从电网上切除，以减轻电力设备的损坏和提高电网的稳定性，保证电网非故障部分的正常运行；高压断路器与自动重合闸装置配合能多次关合和断开故障设备，以保证电网设备瞬时故障时及时切除故障和恢复供电，提高电网供电的可靠性。

2. 常用高压断路器

高压断路器按灭弧介质，可分为油断路器、真空断路器、SF_6（六氟化硫）断路器、自产气断路器和磁吹断路器等。

（1）油断路器。油断路器是采用绝缘油液为散热灭弧介质的高压断路器，又分为多油断路器、少油断路器和柱上油断路器。户内一般使用少油断路器和柱（杆）上油断路器，如图 3-1所示。

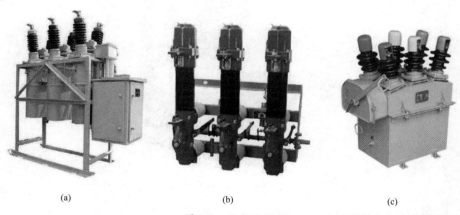

图 3-1　油断路器

（a）多油断路器；（b）少油断路器；（c）柱上油断路器

（2）真空断路器。真空断路器是将接通、分断的过程采用大型真空开关管来控制完成的高压断路器，适合于对频繁通断的大容量高压的电路控制。常用真空断路器额定电压等级有12kV、40.5kV；额定电流规格有 630A、1000A、1250A、1600A、2000A、2500A、3150A、4000A 等。

真空断路器以安装场合不同，分为户内真空断路器和户外真空断路器两类，如图 3-2所示。户内真空断路器又分固定式与手车式；真空断路器以操作的方式不同，分为电动弹簧储能操作式、直流电磁操作式、永磁操作式等。

真空断路器是目前应用最多的高压断路器，广泛用于电网、大型冶炼电弧炉、大功率高压电动机等的控制操作。

(a)   (b)

图 3-2　真空断路器
(a) 户内真空断路器；(b) 户外真空断路器

（3）六氟化硫断路器。六氟化硫断路器在用途上与油断路器、真空断路器相同。它的特点是分断、接通的过程在无色无味的六氟化硫（SF_6，惰性气体）中完成。相同电容量的情况下，由六氟化硫为灭弧介质构成的断路器占地最少，结构最紧凑。

六氟化硫断路器的基本组件如图 3-3 所示，开关的旋转触头被封闭在其中，由侧面的操作机构进行通、断控制。

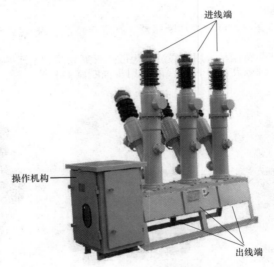

进线端

操作机构

出线端

图 3-3　六氟化硫断路器的基本组件

3. 高压断路器定期维护的基本项目

（1）每月检查一次端子箱密封是否良好，有无小动物的痕迹，清扫蜘蛛网等杂物，检查加热器是否正常。

（2）每季度检查一次防误闭锁装置应完好。

（3）每台断路器的年动作次数应做出统计，正常操作次数和短路故障开断次数应分别统计。

（4）利用停电动机会对设备进行清扫，并按制造厂规定对操动机构加润滑油。

（5）在梅雨凝露季节、相对湿度大于 75％以上时或雨后 24h 内、室温低于 10℃ 以下时等情况下应投入加热驱潮装置和关闭配电室通风机。

（6）经常检查通断位置的指示灯泡是否良好；若发现红绿灯指示不良，应立即更换或维修。

（7）每年按部颁规程制定绝缘预防性试验和大、小修计划，巡维人员应监督其执行。

4. SF_6 断路器的运行维护项目

（1）新装 SF_6 断路器投运前必须复测断路器本体内部气体的含水量和漏气率。

（2）运行中的 SF_6 断路器，每三年应测量一次 SF_6 气体含水量。新装或大修后，每两年测量一次，待含水量稳定后可每三年测量一次。

（3）新装或投运的断路器内的 SF_6 气体严禁向大气排放，必须使用 SF_6 气体回收装置回收。

（4）SF_6 断路器需补气时，应使用检验合格的 SF_6 气体。

（5）每 $2\sim4$ 年进行一次的较小的检查维护项目：

1）瓷套管是否清洁、有无破损；

2）外部金属部件腐蚀情况；

3）操作机构箱外壳泄漏情况；

4）螺栓连接处腐蚀、损坏情况；

5）检查气体密度，必要时进行补气；

6）读取分、合闸操作次数；

7）加热器检查。

（6）符合下列之一项条件，应进行大修检查：

1）运行 $14\sim16$ 年；

2）带负荷操作达到 5000 次；

3）频繁性地切断故障电流之后。

除了上述的检查项目外，还应检查以下项目：

1）连接处的机械部件和操作机构有无腐蚀、磨损、松动等情况；

2）气流调节器有无泄漏；

3）气体监视器的报警性能；

4）测试 SF_6 气体含水量；

5）测试主电路电阻；

6）接点有无烧毁；

7）性能指标的测试。

5. 真空断路器的运行维护项目

（1）高压开关柜应保持防潮、防尘，防止小动物进入。

（2）应经常保持小车柜的清洁，特别应注意及时清理绝缘子、绝缘杆和其他绝缘件的尘埃。

（3）凡是活动摩擦的部位，均应定期检查，保持有干净的润滑油，使操动机构动作灵活。

6. 高压断路器相关事故的处理

SF_6 断路器因压力异常而导致断路器分、合闸闭锁时，不准擅自解除闭锁，进行操作；一般情况下，凡能够电动操作的断路器，不应就地手动操作。高压断路器相关事故的原因与处理见表 3-1。

表 3-1   高压断路器相关事故的原因与处理

序号	事故描述	原因分析	处理方案
1	断路器合闸失灵	合闸保险，控制保险熔断或接触不良；直流接触器接点接触不良或控制开关接点及开关辅助接点接触不良；直流电压过低；合闸闭锁动作	对控制回路、合闸回路及直流电源进行检查处理；若直流母线电压过低，调节蓄电池组端电压，使电压达到规定值；检查 SF_6 气体压力是否正常；弹簧机构是否储能；若值班人员现场无法消除时，按危急缺陷报值班调度员
2	断路器分闸失灵	掉闸回路断线，控制开关接点和开关辅助接点接触不良；操动保险接触不良或熔断；分闸线圈短路或断线；操动机构故障；直流电压过低	对控制回路、分闸回路进行检查处理。当发现断路器的跳闸回路有断线的信号或操作回路的操作电源消失时，应立即查明原因；对直流电源进行检查处理，若直流母线电压过低，调节蓄电池组端电压，使电压达到规定值；手动远方操作跳闸一次，若不成，请示调度，隔离故障开关

序号	事故描述	原因分析	处理方案
3	SF$_6$断路器本体严重漏气，发闭锁信号时	—	应立即断开该开关的操作电源，在手动操作把手上挂，禁止操作的标示牌；汇报调度，根据命令，采取措施将故障开关隔离；在接近设备时要谨慎，尽量选择从"上风"接近设备，必要时要戴防毒面具、穿防护服
4	故障跳闸	—	断路器跳闸后，值班员应立即记录事故发生的时间，停止音响信号，并立即进行特巡，检查断路器本身有无故障汇报调度，等候调度命令再进行合闸，合闸后又跳闸亦应报告调度员，并检查断路器；系统故障造成越级跳闸时，在恢复系统送电时，应将发生拒动的断路器与系统隔离，并保持原状，待查清拒动原因并消除缺陷后方可投入运行
5	误拉断路器	—	若误拉需检同期合闸的断路器，禁止将该断路器直接合上。应该检同期合上该断路器，或者在调度的指挥下进行操作；若误拉直馈线路的断路器，为了减小损失，允许立即合上该断路器；但若用户要求该线路断路器跳闸后间隔一定时间才允许合上，则应遵守其规定

7. SN10-10 型少油断路器的检修

SN10-10 型少油断路器的结构如图 3-4 所示。

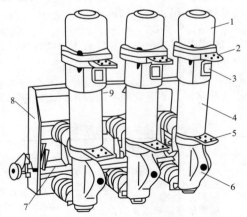

图 3-4 SN10-10 型少油断路器的结构

1—上帽；2—上出线座；3—油标；4—绝缘筒；5—下出线座；
6—基座；7—主轴；8—框架；9—断路弹簧

（1）本体拆卸。拆下引线，拧开放油阀，排放油，拆除传动轴拐臂与绝缘连杆的连接，然后按照下列顺序逐步解体。

1）拧开顶部四个螺钉，卸下断路器的顶罩，此时可以观察上帽内的惯性膨胀式油气分离器的结构。

2）取下静触头和绝缘套。松开静触头的六角螺帽，取出小钢球，可以观察瓣形静触头是否正常（共 12 片紫铜镀银触指，其中 4 片较长的为弧触指，其余 8 片为工作触指）。

3）用专用工具拧开螺纹套，逐次取出绝缘隔弧片。注意观察隔弧片的方向性（取出后在外重新装好），注意观察变压器油的进油方向及纵吹、横吹通道。

4）用套筒扳手拧开绝缘筒内的 4 个螺钉，取下铝压环、绝缘筒和下出线座（如果断路器下部无异常现象，可不拆卸绝缘筒，用变压器油冲洗即可），注意密封圈的设置。

5）取出滚动触头，拉起导电杆，拔去导电杆尾部与连板连接的销子，即可取下导电杆。观察动触头、导电杆、紫铜滚动触头的相对位置，手动操作，观察导电杆运动的情况。

6）拧下底部 3 个螺钉，拆卸油缓冲器。

（2）本体的检修。

1）将取出的隔弧片和大小绝缘筒，用合格的变压器油清洗干净后，检查有无烧伤、断裂、变形、变潮等情况。对受潮的部件应进行干燥（放在 80～90℃ 的烘箱或变压器油内干燥），在干燥过程中应立放，并经常调换在烘箱内的位置。

2）将静触头上的触指和弹簧钢片拔出，放在汽油中清洗干净，检查触指烧伤情况，轻者用砂纸打光，重者应更换。检查弹簧钢片，如有变形或断裂者应更换之。在触指组装时，应保证每片触指接触良好，导电杆插入后有一定的接触压力。

3）检查逆止阀钢球动作是否灵活，行程应为 0.5～1mm（用游标卡尺的测深尺测量）。

4）检查滚动触头表面镀银情况是否良好，用布擦拭，切忌用砂纸打磨。

5）检查导电杆表面是否光滑，有无烧伤、变形等情况，要求从动触头顶端起 60～100mm 处保持光洁，不能有任何痕迹。导电杆的铜钨头如有轻度烧伤，可用锉刀或砂纸打光，对烧伤严重（烧伤深度达 2mm）的应更换，更换后的触头结合处打三个防松的冲眼（不能用铁钳直接夹持导电杆）。

6）检查本体的支持瓷套管和支架的套管瓷瓶有无裂纹、破损，如有轻微掉块可用环氧树脂修补，严重时应更换。

（3）传动机构的检修。

1）拆开传动机构与操作机构的连接部分，即拆开传动拉杆与拐臂的连接销子，然后用手拉动拐臂，详细检查传动机构的所有连接处，并注意对以下几个部分的检修。①检查各主轴有无磨损现象和变形，轴承孔眼有无堵塞物。如发现主轴有轻微磨损现象，可用锉刀或砂布打磨光滑，严重者需要换。②检查各传动部件有无卡涩现象，主轴在轴承内能否自由转动。如发现主轴有卡涩现象，可移动支持瓷瓶位置或增减支持瓷瓶与油箱之间的垫片，以改变油箱在支架上的安装位置和垂直高度，以消除卡涩现象。注意在移动油箱位置时，必须保持各相油箱间的中心距离为 250±2mm。也可在上帽螺钉和放油塞处测量相同距离。③传动机构的运动部分（包括轴、销子、垫片等）应涂以润滑油，各部分轴销应连接牢固，开口销、垫片应齐全完整。

2）仔细检查分闸弹簧有无缺陷，各匝间距离是否均匀。一般检查不取下弹簧，也不随便松动，只有当分闸速度不合格时才进行调整，如调整无效，说明弹簧已损坏，则应更换。

3）检查分闸油缓冲器的完整性。用手操动触杆，如有卡涩现象，可拆下油箱尾部 3 个螺钉，将油缓冲器取下，检查缓冲器杆是否弯曲。检查合闸弹簧缓冲器下面的螺母，取下弹簧及螺杆，检查弹性是否良好，有无生锈现象，并将其清洗后涂上黄油，保持润滑。

4）检查传动拐臂转动油封处是否渗油，各种密封垫圈是否齐全完好。

（4）断路器本体的组装。组装前将油箱用合格的变压器油冲洗干净，检查油位指示器、传动拐臂的转动油封、放油阀等处的密封情况，更换各处的密封圈，然后按拆卸相反的顺序组装。组装时应注意以下几点。

1）隔弧片的组合顺序和方向正确，灭弧室内横吹口要畅通，横吹口的方向为引出线的反方向。

2）装静触头之前检查静触头架上是否有密封，触头座内是否有逆止阀。

3）装顶罩时，B 相顶罩排气孔的方向与引出线的方向相反，A、C 两相的顶罩排气孔与 B 相相差 45°。

本体组装完毕后，将传动拉杆与拐臂连接，手动操作几次，检查连接是否正确。

（5）组装后的调整。

1）调整灭弧片上端面至上引线座上端面的距离。要求 SN10-10Ⅱ 型为 135±0.5mm，SN10-10Ⅲ 型为 153±0.5mm，如不合要求，可由调整灭弧片之间的垫片来达到。

2）调整动触头合闸位置的高度。动触头上端面至上引线座上端面的距离要求 SN10-10Ⅰ

型为 130±1.5mm，SN10-10Ⅱ型为 110±1.5mm、SN10-10Ⅲ型为 122±（1～2）mm，这样才能满足超行程的要求。可通过调节主轴至机构室绝缘联杆的长短来达到，也可调主轴到操动机构的传动杆的长短。即连杆调短就使上述尺寸减少，超行程增大，而连杆调长则使上述尺寸增加，超行程减小。

3）调整导电杆的行程。要求总行程 SN10-10Ⅰ型为 145±3mm、SN10-10Ⅱ型为 155±3mm、SN10-10Ⅲ型为 157±3mm。不合格时可调节传动拉杆或连杆的长短来达到，也可增减分闸限位器的铁片和橡皮垫圈数来达到，调后不影响超行程。

4）调同期性。三相分闸不同期性要求不大于 2mm，不合格时可改变各相绝缘连杆的长短来达到。调连杆时，应注意不能影响动触头端面至上引线座上端面的距离。调同期可和调行程同时进行。

5）调整合闸弹簧缓冲器。在断路器处于合闸位置时，拐臂的终端滚子打在缓冲器上距极限位置还应留有 2～4mm 的间隙。

6）调整动静触头的同心度。将静触头座安装在油箱上部的凸台上，暂不拧紧螺栓，手动合闸几次，用动触头向上插入静触头的力，使静触头稍作移动，达到自动调节同心的目的。

（6）操作检验。在直流 80%（或交流 85%）额定合闸电压下合闸 5 次，在 120%额定分闸电压下分闸 5 次，在 110%额定合闸电压下合闸 5 次，在 65%额定分闸电压下分闸 5 次，能手动合闸断路器，应用手力分、合 3 次。

8. 真空断路器的检修

（1）真空断路器运行中的检查（限于不打开柜门即可进行的检查）。

1）套管瓷瓶有无破损、裂纹及放电现象。
2）各部位应接触良好，不变色。
3）操作机构及隔板应完好。
4）各接头无松动及异常声音。
5）位置指示器指示位置应正确。

（2）真空断路器常见故障及处理方法见表 3-2。

表 3-2　　　　　　　　　真空断路器常见故障及处理方法

故障现象	可能原因	处理方法
真空开关不能合闸	合闸电磁铁线圈回路断线或铁芯损坏	检查合闸电磁铁线圈回路，消除断路部分或更换电磁铁铁芯
	真空开关合闸机械部位卡涩	检查真空开关合闸机械部分，找出故障点，调整或更换相关机械部件，保证真空开关传动系统动作正常
	开关后侧挡板的插头接触不好	打开后挡板，检查插头的接触情况，针对处理
真空开关不能分闸	分闸电磁铁线圈回路断线或铁芯损坏	检查分闸电磁铁线圈回路，消除断路部分或更换电磁铁铁芯
	真空开关分闸机械部位卡涩	检查真空开关分闸机械部分，找出故障点，调整或更换相关机械部件，保证真空开关传动系统动作正常
真空开关误分闸	真空开关分闸掣子闭锁不牢靠	检查、调整真空开关分闸掣子
	操作直流电源回路多点接地或控制系统中存在寄生回路	查找直流系统接地点，消除控制系统中的寄生回路
	继电保护装置误动	校验继电保护装置
真空开关不能储能	储能电动机故障	检查更换储能电动机
	减速箱蜗轮、传动凸轮、棘爪故障，不能完成动力传递	检查、更换减速箱蜗轮、传动凸轮、棘爪
	储能弹簧损坏	更换储能弹簧

续表

故障现象	可能原因	处理方法
真空开关在进行交流耐压试验时出现放电击穿现象	真空开关真空泡内真空度降低	对真空开关真空泡进行真空度测试，如果发现真空泡内真空度低于标准值，应进行更换
真空开关主触头导电回路接触电阻超标	动、静触头在长时间运行后或在多次开断短路故障电流时损坏	更换真空泡
真空开关隔离触头过热	真空开关动、静隔离触头表面氧化	对真空开关动、静隔离触头表面氧化膜进行处理，并涂新电力复合脂
	真空开关在运行中存在过负荷现象	检查电动机负荷情况，校验保护装置定值，杜绝真空开关在过负荷情况下长时间运行
	隔离触头弹簧过松	更换弹簧
部分二次插头有裂纹	产品质量问题（普遍存在）	更换二次插头
"试验""工作"位置指示灯同时亮	位置板（S9）卡涩	调整位置板使之灵活并涂润滑脂

3.1.2 高压熔断器的维护与检修

1. 高压熔断器的用途和分类

高压熔断器串联在电路中，用来保护电气设备免受过载和短路电流的损害。在保护性能要求不高，35kV及以下的小容量配电网络中广泛使用。

高压熔断器按装设地点不同，分为户内式和户外式，如图3-5所示；按熔管的动作情况不同，分为固定式和跌落式；按断流特性不同，分为限流式和非限流式。

(a)   (b)

图 3-5　高压熔断器
(a) 户内式；(b) 户外式

2. 跌落式熔断器的巡视

(1) 有无放电或接触不良现象。
(2) 各部件的组装是否良好，有无松动、脱落。
(3) 安装是否牢固，相间距离、倾角是否符合规定。

3. 跌落式熔断器缺陷的处理

跌落式熔断器检查发现以下缺陷，应及时检查处理。
(1) 熔断器的消弧管内径扩大或受潮膨胀而失效。
(2) 熔断器熔丝管易跌落，上下触头不在一条直线上。

(3) 熔丝容量不合适。

(4) 相间距离不足 0.5m，跌落熔断器安装倾斜角超出 15°～30° 范围。

4. 熔断器运行维护

为使熔断器能更可靠、安全地运行，除按规程要求严格地选择正规厂家生产的合格产品及配件（包括熔件等）外，在运行维护管理中应特别注意以下事项。

(1) 熔断器具额定电流与熔体及负荷电流值是否匹配合适，若配合不当必须进行调整。

(2) 熔断器的每次操作须仔细认真，不可粗心大意，特别是合闸操作，必须使动、静触头接触良好。

(3) 熔管内必须使用标准熔体，禁止用铜丝铝丝代替熔体，更不准用铜丝、铝丝及铁丝将触头绑扎住使用。

(4) 对新安装或更换的熔断器，要严格验收工序，必须满足规程质量要求，熔管安装角度达到 25° 左右的倾下角。

(5) 熔体熔断后应更换新的同规格熔体，不可将熔断后的熔体联结起来再装入熔管继续使用。

(6) 应定期对熔断器进行巡视，每月不少于一次夜间巡视，查看有无放电火花和接触不良现象，有放电，会伴有"嘶嘶"的响声，要尽早安排处理。

(7) 建立跌落式熔断器运行检修台账和制度，对运行时间已在 5 年以上的跌落式熔断器，应分批更换。

5. 10kV 高压熔断器的停电检查

(1) 静、动触头按触是否吻合，紧密完好，有无烧伤痕迹。

(2) 熔断器转动部位是否灵活，有无锈蚀、转动不灵等异常情况。零部件是否损坏、弹簧是否锈蚀。

(3) 熔体本身是否受到损伤，经长期通电后有无发热伸长过多变得松弛无力。

(4) 熔管经多次动作后，管内产气用的消弧管是否烧伤，是否损坏变形。

(5) 洁扫绝缘子并检查有无损伤、裂纹或放电痕迹，拆开上、下引线后，用 2500V 绝缘电阻表测试绝缘电阻应大于 300MΩ。

(6) 检查熔断器上下连接引线有无松动、放电、过热现象。

6. 跌落式熔断器常见故障

跌落式熔断器常见故障及原因见表 3-3。

表 3-3 　　　　　　　　　　　跌落式熔断器常见故障及原因

故障现象	故障原因
烧保险管	跌落式熔断器烧管故障都是在熔丝熔断后发生的，由于熔丝熔断后不能自动跌落，这时电弧在管子内未被及时切断而形成了连续电弧将管子烧坏。 (1) 上下转动轴安装不正，被杂物阻塞； (2) 转轴部分较粗糙，导致阻力过大，不灵活
保险管误跌落	(1) 保险管尺寸与保险器固定接触部分尺寸匹配不合适，极易松动，一旦遇到大风就会被吹落； (2) 合闸操作后未进行检查，稍一振动便自行跌落； (3) 熔断器上部触头的弹簧压力过小，且在鸭嘴（保险器上盖）内的直角凸起处被烧伤或磨损，不能挡住管子； (4) 熔断器安装的角度（保险器轴线与垂直线之间的夹角）不合适； (5) 熔丝附件太粗，保险管孔太细，即使熔丝熔断，熔丝元件也不易从管中脱出使管子不能迅速跌落
熔丝误断	(1) 熔丝额定容量过小，或与下一级熔丝容量配合不当，发生越级误断熔丝； (2) 熔丝质量不良，其焊接处受到温度及机械力的作用后脱开； (3) 熔丝氧化生锈，最易发生误熔断

7. 跌落式熔断器更换熔丝

跌落式熔断器使用专门的铜熔丝，在发生短路熔断后可更换。更换时，选用的熔丝应与原来的规格一致，如图 3-6 所示。

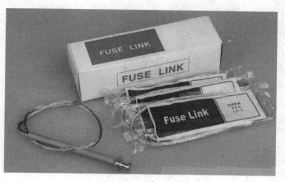

图 3-6   熔丝

【特别提醒】

更换配电变压器跌落式熔断器熔丝时，应先将低压刀闸和高压隔离开关（刀闸）或跌落式熔断器（保险）拉开。摘挂跌落式熔断器（保险）的熔管时，应使用绝缘棒。

3.1.3   高压隔离开关的维护与检修

1. 高压隔离开关的功能

（1）隔离电压。在检修电气设备时，用隔离开关将被检修的设备与电源电压隔离，并形成明显可见的断开间隙，以确保检修的安全。

（2）倒闸。投入备用母线或旁路母线及改变运行方式时，常用隔离开关配合断路器，协同操作来完成。例如，在双母线电路中，可用高压隔离开关将运行中的电路从一条母线切换到另一条母线上。

（3）分、合小电流。因隔离开关具有一定的分、合小电感电流和电容电流的能力，故一般可用来进行以下操作：

1）分、合避雷器、电压互感器和空载母线；

2）分、合励磁电流不超过 2A 的空载变压器；

3）关合电流不超过 5A 的空载线路。

（4）在高压成套配电装置中，高压隔离开关常用作电压互感器、避雷器、配电所用变压器及计量柜的高压控制电器。

2. 高压隔离开关的分类

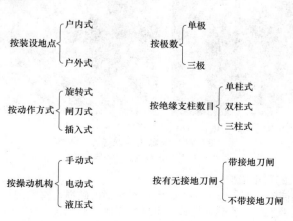

3. 高压隔离开关的日常巡视

（1）运行时，随时巡视检查把手位置、辅助开关位置是否正确，如图3-7所示。

图 3-7 隔离开关的把手位置和辅助开关位置

（2）检查闭锁及连锁装置是否良好，接触部分是否可靠，如图3-8所示。

(a)   (b)

图 3-8 检查闭锁、连锁装置和接触部分

(a) 闭锁及连锁装置；(b) 接触部分

（3）检查刀片和触头是否清洁。检查瓷瓶是否完好、清洁，操作时是否可靠及灵活，如图3-9所示。

(a)   (b)

图 3-9 刀片、触头和绝缘子的检查

(a) 刀片和触头；(b) 瓷瓶

4. 高压隔离开关的日常维护

（1）清扫瓷件表面的尘土，检查瓷件表面是否掉釉、破损，有无裂纹和闪络痕迹，绝缘子的铁、瓷结合部位是否牢固。若破损严重，应进行更换。

（2）用汽油擦净刀片、触点或触指上的油污，检查接触表面是否清洁，有无机械损伤、氧化和过热痕迹及扭曲、变形等现象，如图 3-10 所示。

图 3-10　10kV 线路隔离开关维护

（3）检查并清扫操作机构和传动部分，并加入适量的润滑油脂。

5. 隔离开关检修的分类

隔离开关的检修可分为 A、B、C、D 四种类型，见表 3-4。

表 3-4　　　　　　　　　　　　　　隔离开关检修的分类

序号	种类	说明
1	A 类检修	指隔离开关和接地开关的整体解体性检查、维修、更换和试验
2	B 类检修	指隔离开关和接地开关局部性的检修，如机构解体检查、维修、更换和试验
3	C 类检修	指对隔离开关和接地开关常规性检查、维护和试验
4	D 类检修	指对隔离开关和接地开关在不停电状态下的带电测试、外观检查和维修

6. 隔离开关的检修方式

（1）定期检修。隔离开关传统的检修方式是定期检修。定期检修是根据以往设备的运行维护经验，预先确定一个设备的检修周期，如隔离开关的大修周期为 6 年，在规定的检修周期时间到达后按计划对设备进行检修。

定期检修的缺点显而易见：首先，隔离开关的潜伏性故障有可能在某次检修之后形成，在下一次检修时间到来之前发展成严重故障；其次，对一个运行状态良好的隔离开关定期停运检修，不仅浪费人力、物力、财力，而且可能会产生新的安全隐患，造成设备"越修越坏"，这种现象在生产实践中也时有发生。

（2）状态检修。状态检修是从定期（预防性）检修发展而来的更高层次的检修体制，是一种以设备状态为基础，以预测设备状态发展趋势为依据的检修方式。它是根据对设备的日常检查、定期重点检查、在线状态监测和故障诊断所提供的信息，经过分析处理，判断设备的健康和性能劣化状况及其发展趋势，并在设备故障发生前及性能降低到不允许极限前有计划地安排检修。

状态检修的主要优点是：在保证设备安全和可靠性的前提下，提高设备的可用率，降低检修费用。与定期检修相比，状态检修具有很强的主动性。

7. 隔离开关动作机构的检修

（1）接触面的检修。

1）清除接触面的氧化层。

2）检查固定触头夹片与活动刀片的接触压力。用 0.06mm×10mm 的塞尺检查，其塞入深度不应大于 6mm。当接触不紧时，对于户内型隔离开关可以调节两侧弹簧的压力；对于户外型隔离开关则可以将弹簧片与触头结合的钉铆死。

3）在合闸位置，刀片应距静触头刀口的后底部 3～5mm，以免刀片冲击绝缘子。若间隙不够，可以调节拉杆长度或调节拉杆绝缘子的调节螺钉的长度。

4) 检查两接触面的中心线是否在同一直线上，若有偏差，可通过略微改变静触头或瓷柱的位置来进行调整。

5) 三相联动的隔离开关，不同期差不能超过规定值。否则，应调节传动拉杆的长度或调节拉杆绝缘子的调节螺钉的长度。

(2) 手动操动机构的检修。

1) 清除操动机构上的积灰和脏污，检查各部分的螺钉、垫圈、销子是否齐全和紧固。各传动部分应涂适量的润滑油。

2) 蜗轮式操动机构组装后，应检查蜗轮与蜗杆的配合情况，不能有磨损、卡涩现象。

(3) 电动操作机构的检修。

1) 检查电动机完好无缺陷，转向正确，必要时给电动机加润滑脂。

2) 检查控制回路的接线，二次元件有无损坏，接触是否良好，分合闸指示是否正确。

3) 检查辅助开关，清除辅助开关上的灰尘和油泥；检查并调整其小臂、传动、小弹簧及接触片的压力，活动关节处加润滑油，以使其动作正确，接触良好。

以上检查完毕，当确认机构部件一切正常，并在转动摩擦部分涂抹润滑油，先手动操作3～5次，然后接通电源，试用电动操作。

8. 隔离开关导电回路发热的检修

(1) 原因分析。隔离开关的导电回路主要由出线座、导电杆、触头、触指等组成。运行中常常发生导电回路异常发热现象，多数是由于静触指压紧弹簧疲劳、特性变坏，静触指单边接触以及长期运行接触电阻增加而造成的。

1) 接触面氧化或触头处存有油污，使接触电阻增加，当电流通过触头时温度就会超过允许值，有烧红以致熔接的可能。

2) 运行中由于静触指压紧弹簧长期受压缩，如果工作电流较大，温升超过允许值，就会使其弹性变差，恶性循环，最终造成烧损；

3) 隔离开关过载运行，或隔离开关的接触面不严密、触头插入不够，使电流通路的截面减小，接触电阻增加。

4) 接线座过热。由于昼夜温差大，致使空气中的水蒸气凝结或由于雨雪天水分的渗入，铝质导电杆、接线夹与铜导电带连接处产生电化学腐蚀，导致接触电阻增大发热。

5) 由于导电带装反，使其旋转方向与隔离开关操作转动反向；或其他部位发热造成铜导电带因过热失去弹性；或因受腐蚀性气体长期侵蚀导电带失去弹性，从而在长期操作中使铜导电带断股，导致实际通流能力下降，引发过热。

6) 导电带螺栓没有紧固，使接触面因压力不够而发热。

(2) 处理方法。

1) 表面氧化或者存有污垢使接触电阻增大，可用棉丝布、毛刷蘸稀料擦拭；铜表面氧化可用砂纸打磨；镀银层氧化用含量 25% 的氨水浸泡，然后用清水冲洗干净，最后在接触面上涂抹凡士林。

2) 触头压紧弹簧螺栓松动、弹簧变形、特性变坏的，应紧固螺栓，调整弹簧压力。损坏严重的要更换弹簧。

3) 隔离开关过载，可能是系统过电压造成或隔离开关选型不当，额定电流偏小造成，如果选型不合适，应更换额定电流较大的隔离开关；接触面不严密、触头插入不够，可以对触头进行调整，使其接触紧密，插入深度合格。

4) 接线座发热，应拆除接线座，检查接线座内部零件，腐蚀严重的要更换。检查并紧固导电带螺栓。

(3) 预防措施。

1) 过热缺陷的早期诊断。隔离开关过热缺陷在运行的早期都不明显，但在高气温大负荷的恶劣条件下会很快发展成为危及电网安全运行的危急缺陷，因此做好早期诊断工作十分重要。

运行人员在平时加强巡视，观察各导电部位变色漆的颜色变化或试温蜡片的状态，最可靠的方法是用远红外测温仪器进行定量测试。

维修经验表明，有些部位发热是由于其自身缺陷引发的，而有些部位过热则是相邻部位发热传导所致。例如，接线座内部的软连接过热就可以通过热传导和对流使接线座发热，如果不将两者的温度进行比较分析，就不能准确地判断发热的具体部位。使用红外点温仪测温，将仪器功能设置在"即时温度"位置，对准被测物缓慢移动，找出最高温度点，然后进行分析比较诊断，找出真正的发热部位。

2）把好初始状态关。隔离开关投运前应解体检修，严禁使用有缺陷的劣质线夹、螺栓等零部件，用压接式设备线夹替换螺栓式设备线夹，铜铜、铜铝连接采用搪锡工艺，接头接触面要清洗干净并及时涂抹导电脂，螺栓使用正确、紧固力度适中。

3）科学合理地安排检修施工。过热频率较高的母线侧隔离开关，要保证检修到位、保证检修质量。对接线座部位，要重点检查导电带两端的连接情况，保证两端面清洁、平整、压接紧密；对触头部位，要保证触头的光洁度，并涂抹中性凡士林；检查触头的烧伤情况，必要时要更换触头、触指，有过热、锈蚀现象的弹簧应更换；要保证三相分合闸同期、右触头的插入深度符合要求和两侧触指压力均匀。为了检验检修质量，还应测量回路接触电阻，保证各接触面接触良好。

9. 隔离开关检修注意事项

（1）隔离开关连接板的连接点过热变色，说明接触不良，接触电阻大，检修时应打开连接点，将接触面锉平再用砂纸打光（但开关连接板上镀的锌不要去除），然后将螺钉拧紧，并要用弹簧垫片防松。

（2）动触头存在旁击现象，可旋转固定触头的螺钉，或稍微移动支持绝缘子的位置，以消除旁击；三相不同期时，则可通过调整拉杆绝缘子两端的螺钉，借以改变其有效长度来克服。

（3）触头间的接触压力可通过调整夹紧弹簧来实现，而夹紧的程度可用塞尺来检查。

（4）触头间一般可涂凡士林以减少摩擦阻力，延长使用寿命，还可防止触头氧化。隔离开关处于断开位置时，触头间拉开的角度或拉开距离不符合规定时，应通过拉杆绝缘子来调整。

3.1.4　高压负荷开关的维护与检修

1. 高压负荷开关的作用、结构及种类

高压负荷开关是一种功能介于高压断路器和高压隔离开关之间的高压电器。高压负荷开关常与高压熔断器串联配合使用，用于控制电力变压器。

高压负荷开关的结构可认为是在隔离开关结构的基础上，加了一个灭弧室。

在 10kV 供电线路中，目前较为流行的是产气式、压气式和真空式三种高压负荷开关，其特点见表 3-5。在国家标准中，高压负荷开关被分为一般型和频繁型两种。产气式和压气式属于一般型，而真空式属于频繁型。

表 3-5　　　　　　　　　　　　　　高压负荷开关的特点

类型	结构	机械寿命（次）
产气式	简单，有可见断口	2000
压气式	较复杂，有可见断口	2000
真气式	复杂，无可见断口	10000

常用高压负荷开关如图 3-11 所示。

图 3-11　常用高压负荷开关
（a）产气式；（b）压气式；（c）真空式

2. 高压负荷开关的运行维护

（1）负荷开关巡视检查。

1）观察有关的仪表指示应正常，以确定负荷开关的工作条件正常。如果负荷开关的回路上装有电流表，则可知道该开关是在轻负荷还是在重负荷运行，甚至是过负荷运行；如果负荷开关的回路上有一指示母线电压的电压表，则可知道该开关是在额定电压下运行还是在过电压下运行。负荷开关的实际运行条件直接影响到负荷开关的工作状态。

2）运行中的负荷开关应无异常声响，如滋火声、放电声、过大的振动声等。

3）运行中的负荷开关应无异常气味。如有绝缘漆或塑料护套挥发出的气味，说明与母线的连接负荷开关在连接点附近过热。

4）连接点应无腐蚀、无过热变色现象。

5）动、静触点的工作状态到位。在合闸位置时，应接触良好，切、合深度适当，无侧击；在分闸位置时，分开的垂直距离应符合要求。

6）灭弧装置、喷嘴无异常。

7）绝缘子完好，无闪络放电痕迹。

8）传动机构、操动机构的零部件完整、连接件紧固，操动机构的分合指示应与负荷开关的实际工作位置一致。

（2）负荷开关的巡视检查和维护注意事项。

1）投入运行前，应将绝缘子擦拭干净，并检查有无裂纹和损坏，绝缘是否良好。

2）检查并拧紧紧固件，以防在多次操作后松动。负荷开关的操作一般比较频繁，在运行中要保持各传动部件的润滑良好，防止生锈，并经常检查连接螺栓有无松动现象。

3）检查操动机构有无卡住、呆滞现象。合闸时三相触点是否同期接触，其中心有无偏移现象。分闸时，刀开关张开角度应大于58°，断开时应有明显可见的断开点。

4）定期检查灭弧室的完好情况。因为负荷开关操作到一定次数后，灭弧室将逐渐损坏，使灭弧能力降低，甚至不能灭弧，如不及时发现和更换，将会造成接地甚至相间短路等严重事故。

5）对油浸式负荷开关要检查油面，缺油时要及时加油，以防操作时引起爆炸。

6）当负荷开关操作次数达到规定的限度时，应进行检修。

3. 高压负荷开关的检修项目

（1）清扫负荷开关所有部件上的灰尘、污物。

（2）检修瓷质部分。

（3）检查接触部分。

（4）检查机构及传动部分。

（5）检查灭弧装置。

（6）金属构架除锈防腐。

（7）检修后的调整试验。

4. 高压负荷开关检修质量标准

（1）负荷开关的所有部件，均应清洁无灰尘、油污。

（2）仔细检查各种绝缘件，应无损伤、裂纹、断裂、老化及放电痕迹。

（3）检查触头烧伤情况，对烧伤表面可用细锉修整，然后涂导电膏或中性凡士林，注油负荷开关要测接触电阻。

（4）检修后三相触头接触时，其同期误差应符合产品的技术要求，动刀片插入静触座的深度不应小于刀宽度的90%。

（5）调整灭弧装置位置，使其与喷嘴之间不应有过分摩擦。

（6）检修调整触头断开顺序，使灭弧触头的接触要先于主触头，分开时其顺序相反。

（7）清洗导电部分旧油脂，涂以导电膏或中性凡士林，触头接触紧密，两侧压力均匀。

（8）机构和传动部分检查后应达到下列要求。

1）所有传动机构应转动灵活，无卡涩现象，并涂以适合当地气候条件的润滑脂。

2）传动部分的定位螺钉应调整适当，并加以固定，防止传动装置的拐臂越过死点。

3）负荷开关的传动拉杆及保护环完好。

4）操动机构检修后，应进行不少于3～5次的合闸试验，刀片与触座的接触应良好。

（9）灭弧筒内产生气体的有机绝缘物，应完整无裂纹；灭弧触头与灭弧筒的间隙应符合产品的技术规定。

（10）合闸时，固定主触头应可靠接地与刀片接触；分闸时，三相灭弧刀刃应同时跳离灭弧触头。

（11）检修调整负荷开关合闸后触头间的相对位置，备用行程及拉杆角度，应符合产品的技术规定。

（12）开关的辅助切换接点应牢固，动作准确，接触良好。

（13）检修完毕后，应进行速度试验，其刚分和刚合速度应符合产品的技术要求。

（14）负荷开关的金属构架应防腐良好，接地可靠。

5. 高压负荷开关常见故障检修

（1）熔断器熔断。熔断器熔断是负荷开关常见故障，一般来说是由于系统短路或过负荷所致，或者熔体选得过小。一般应查明原因，排除故障后更换符合要求的熔体。

（2）触头发热或烧坏。触头发热或烧坏一般是由于三相触点合闸时不同步、压力调整不当、触点接触不良、过负荷运行及操动机构有问题造成的。

1）当开关在断开、闭合位置时，拐臂不能高支在缓冲器上。操纵机构手柄的角度要与主轴的旋转角度互相配合（主轴旋转角度约 $105°$），并使开关在断开、闭合位置时，拐臂都能高支在缓冲器上。如果达不到要求，应调整扇形板上的不同连接孔或改变拐臂长度来达到。

2）长期运行，在银触头表面产生一层黑色硫化银，使接触电阻增大。对于镀银触头，不宜用打磨法，而应用以下方法处理：①拆下触头，用汽油清洗干净；②用刮刀修平伤痕，然后将触头浸入 $25\%\sim28\%$ 的氨水中浸泡，15min 取出；③用尼龙刷刷除已变得非常疏松的硫化银层；④用清水清洗触头，并擦干，再涂上导电膏或中性凡士林，即可使用。

3）负荷开关的刀开关与主静触头之间要有合适的开断空间距离。若超出此范围，可调节操纵机构中拉杆长度或负荷开关的橡胶缓冲器上的垫片来达到。

4）在合闸位置时，调整刀开关的下边缘，使其与主静触头的红线标志上边缘相齐。如不能达到要求，可将刀开关与绝缘拉杆间的轴销取出，调节装在内部的六角偏心零件来达到。

5）负荷开关在分闸过程中，灭弧动触头与灭弧喷嘴不应有较大的摩擦，否则应对灭弧动触头与刀开关间隙进行调节，并检查灭弧静触头的装置是否符合要求。

6）在开关合闸时，开关三相灭弧触头的不同时接触偏差不应大于 2mm，否则可调节刀开关与绝缘拉杆处的六角偏心接头来达到。

（3）闸刀不能拉合。

1）操纵机构本身有故障或锈蚀。可轻轻摇动操纵机构，找出阻碍操作的部位进行检修，切不可硬拉硬合。

2）闸刀结冰。闸刀若被冰冻住，可轻轻摇动操纵机构进行破冰，如果仍不行，应停电除冰。

3）连接轴磨损严重或脱落，应更换轴销。

（4）支持绝缘子损伤。

1）绝缘子自然老化或胶合不好，引起瓷件松动、掉簧或瓷釉脱落。应加强巡视，避免闪络和短路事故。

2）传动机构配合不良，使绝缘子受过大的应力。需要重新调整传动机构。

3）操作时用力过猛。负荷开关的拉、合闸操作要迅速，但不能用力过猛。

4）外力造成机械损伤。负荷开关在安装和使用过程中，要防止外力损伤绝缘子。

3.2 常用低压电器维护与检修

3.2.1 低压断路器维护与检修

1. 低压断路器的作用

低压断路器俗称自动空气开关或空气开关，是一种不仅可以接通和分断正常负荷电流和过负荷电流，还可以接通和分断短路电流的开关电器。

低压断路器在电路中除起控制作用外，还具有一定的保护功能，如过负荷、短路、欠压和漏电保护等。

低压断路器还可用于不频繁地启动电动机或接通、分断电路。当它们发生严重的过载或者短路及欠压等故障时能自动切断电路，其功能相当于熔断器式开关与过（欠）热继电器等的组合。而且在分断故障电流后一般不需要变更零部件。

低压断路器广泛应用于低压配电系统的各级馈出线，各种机械设备的电源控制和用电终端的控制和保护。

2. 低压断路器的分类

低压断路器的分类方式很多，见表3-6。

表 3-6　　　　　　　　　　　低 压 断 路 器 的 分 类

分类方法	种类	说明
按使用类别分	选择型	保护装置参数可调
	非选择型	保护装置参数不可调
按灭弧介质分	有空气式和真空式	目前国产多为空气式断路器
按结构分	框架式	大容量断路器多采用框架式结构
	塑料外壳式	小容量断路器多采用塑料外壳式结构
按用途分	导线保护用断路器	主要用于照明线路和保护家用电器，额定电流在6～125A范围内
	配电用断路器	在低压配电系统中作过载、短路、欠电压保护之用，也可用作电路的不频繁操作，额定电流一般为200～4000A
	电动机保护用断路器	在不频繁操作场合，用于操作和保护电动机，额定电流一般为6～63A
	漏电保护断路器	主要用于防止漏电，保护人身安全，额定电流多在63A以下
按性能分	普通式	—
	限流式	一般具有特殊结构的触头系统

断路器经历了从电磁脱扣器到电子脱扣器，近年来又有智能型断路器问世。微处理器的计算机技术引入低压断路器，一方面使低压断路器通过中央控制系统，进入计算机网络系统。微处理器引入低压断路器，使断路器的保护功能大大增强，可以保护过载、断相、反相、三相不平衡、接地等故障，并具有很高的动作准确性；可设置预警特性，当断路器内部温升超过允许值，或触头磨损量超过限定值时能发出警报；可反映负载电流的有效值，消除输入信号中的高次谐波，避免高次谐波造成的误动作；提高断路器的自身诊断的监视功能，可监视检测电压、电流和保护特性，并可用液晶显示。智能化断路器通过与控制计算机组成网络可自动记录断路器运行情况和实现遥测、遥控和遥信，提高了低压配电系统自动化程度，使控制系统的调度和维护达到新的水平。

在第三代产品智能型断路器逐步推向市场的同时，现在国内外低压电器公司正努力开发第四代产品，除了高性能、小型化、电子化、智能化、模块化、可通信外，最主要的发展方向是网络通信、高可靠、维护性能好、符合环保要求等。网络通信的发展，日益要求用户的设备之间具有开放性的兼容性，因而制定一个统一的通信协议是一个关键问题。

3. 常用低压断路器的结构和功能特点

（1）普通塑壳断路器。普通塑壳断路器也称为装置式断路器，它具有过载、短路、失压3种自动保护功能。

普通塑壳断路器适用于交流电压500V、直流电压440V以下的电气设备。在正常情况下，可用作供电线路的保护开关，也可用于电动机不频繁启动、停止控制和保护，还可用于照明系统的控制开关。

普通塑壳断路器的结构及原理如图3-12所示。这种小型断路器依靠双金属片获得短延时作用，它由两个回路组成，主触头放置于主回路上，它可由操作机构操作，在短路故障下，由冲击电磁铁推动，辅助回路由短延时双金属片、限流电阻和辅助触头组成。断路器还有长延时双金属片作过载保护用。当短路电流通过时，冲击电磁铁打击主触头，使之断开。这时电流就转移到辅助回路，但辅助回路有限流电阻，使短路电流限至几百安培，短延时双金属片提供短延时作用，当后一级小型断路器限流开断，则复位弹簧使主触头重新闭合，使之不影响下一级其他分支回路供电，若后一级小断路器不能动作，则经过短延时双金属片延时后，使断路器操作机构动作，同时打开主触头和辅助触头。正常情况下，操作机构同时操作主辅回路触头的合分，由于正常运行时，辅助回路电阻大，电流主要通守主回路来导通。这种选择型小断路器发生短路故障时只有短路短延时特性，因而相当于把瞬时脱扣器关断，所以它与后一级小断路器的配合是全选择性的。

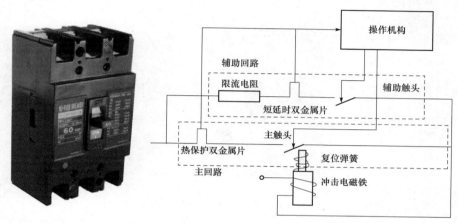

图 3-12 普通塑壳断路器的结构及原理

（2）框架式断路器。框架式断路器又称为万能式断路器，主要用于低压电路中不频繁接通和分断容量较大的电路，也可用于 40～100kW 电动机不频繁全压启动，对电路起过载、短路和失压保护作用。

框架式断路器的操作方式有手柄操作、杠杆操作、电磁铁操作和电动机操作四种。额定电压为 380V，额定电流有 200A、400A、600A、1000A、1500A、2500A 和 4000A 等几种。

智能型低压框架式断路器如图 3-13 所示，主要由操作机构、绝缘体、触头系统、灭弧系统、储能电动机、智能保护单元、附件（分励、欠压、辅助、合闸线圈等）7 大部分组成。

图 3-13 智能型低压框架式断路器的实物外形

智能型低压框架式断路器有固定式和抽屉式之分，把固定式断路器本体装入专用的抽屉就成为抽屉式断路器。

（3）漏电保护断路器。漏电保护断路器又称为漏电保护开关，具有漏电、触电、过载、短路等保护功能，主要用来对低压电网直接触电和间接触电进行有效保护，也可以作为三相电动机的缺相保护。它有单相的，也有三相的。

漏电保护断路器主要由试验按钮、操作手柄、漏电指示和接线端等部分组成，如图 3-14 所示。

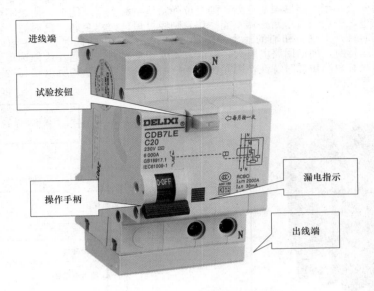

图 3-14　单相漏电保护断路器

漏电保护断路器与其他断路器一样可将主电路接通或断开，而且具有对漏电流检测和判断的功能。当主回路中发生漏电或绝缘破坏时，漏电保护开关可根据判断结果将主电路接通或断开的开关元件。它与熔断器、热继电器配合可构成功能完善的低压开关元件。

4. 低压断路器好坏的检测

检测低压断路器时，可以用万用表 R×10 挡测量其各组开关的电阻值来判断其是否正常，如图 3-15 所示。

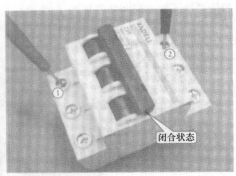

图 3-15　万用表检测低压断路器

若测得低压断路器的各组开关在断开状态下，其阻值均为无穷大，在闭合状态下，均为零，则表明该低压断路器正常；若测得低压断路器的开关在断开状态下，其阻值为零，则表明低压断路器内部触点粘连损坏。若测得低压断路器的开关在闭合状态下，其阻值为无穷大，则表明低压断路器内部触点断路损坏。若测得低压断路器内部的各组开关，有任一组损坏，均说明该低压断路器损坏。

5. 断路器拒绝合闸故障的检修

拒绝合闸的原因主要有两方面：一是电气方面的故障，二是机械方面的故障。

（1）电气方面的故障。

1）若合闸操作前红、绿指示灯均不亮，说明控制回路有断线现象或无控制电源，可检查控制电源和整个控制回路上的元件是否正常。

2）当合闸操作后红灯不亮、绿灯闪光且事故扬声器响时，说明操作手柄位置和断路器的位置不对应，断路器未合上。其原因：合闸回路熔断器的熔体熔断或接触不良，应更换熔体；合闸线圈发生故障，应更换线圈。

3）当合闸操作后绿灯熄灭，红灯亮，但瞬间红灯又灭、绿灯闪光，事故扬声器响，说明断路器合上后又自动跳闸。断路器合在了故障线上，造成保护动作跳闸或断路器机械故障，不能使断路器保持在合闸状态。

4）若合闸操作后绿灯熄灭，红灯不亮，但电流表已有指示，说明断路器已经合上。可能的原因是断路器辅助触点或控制开关接触点接触不良，或跳闸线圈断开使回路不通，或控制回路熔断器熔断，或指示灯泡损坏。

（2）机械方面的故障。

1）传动机构连杆松动脱落。

2）合闸铁芯卡阻。

3）断路器分闸后机构未复位。

4）跳闸机构脱扣。

5）弹簧操纵机构合闸弹簧未储能。

6）分闸连杆未复归。

7）分闸锁钩未钩住或分闸四连杆机构调整未越过死点，因为不能保持合闸。

8）有时断路器合闸时多次连续做分合动作，此时开关的辅助动断触点打开得过早。

相应处理方法如下。

1）用控制开关再重新合一次，目的是检查前一次拒合闸是否因操作不当引起（如控制开关放手太快等）。

2）检查电器回路各部位情况，以确定电气回路是否有故障。具体方法是：检查合闸控制电源是否正常；检查合闸控制回路和合闸熔断器是否良好；检查合闸接触器的触点是否正常（如电磁操作机构）；将控制开关扳至"合闸时"位置；看合闸铁芯是否动作（液压机构、启动机构、弹簧机构的检查相似）。若合闸铁芯动作正常，则说明电气回路正常。

3）如果电气回路正常，断路器仍不能合闸，则说明为机械方面的故障，应停用断路器，报告有关领导安排检修处理。

经以上初步检查，可判定是电气方面还是机械方面的故障。

6. 断路器拒绝跳闸故障的检修

断路器的"拒跳"对系统安全运行威胁很大，一旦某一单元发生故障时断路器拒跳，将会造成上一级断路器跳闸，称为"越级跳闸"。

（1）在尚未判明故障断路器之前，而主变压器电源总断路器电流表指示值为满刻度，异常声响强烈，应断开断路器电源，以防烧坏主变压器。

（2）当上级后备保护动作造成停电时，若查明有分路保护动作，但断路器未跳闸，应断开拒跳的断路器，回复上级电源断路器；若查明各分路保护均未动作（也可能为保护拒掉牌），此时应检查停电范围内设备有无故障，若无故障应断开所有分路断路器，合上电源断路器后，逐一试送各分路断路器。若送到某一分路时电源电路器又跳闸，则可判明该断路器未故障"拒跳"断路器。应将其隔离，同时恢复其他回路供电。

（3）在检查"拒跳"断路器时，除属于可迅速排除的一般电气故障（如控制电源电压过低、控制回路熔断器接触不良、熔体熔断等）外，对一时难以处理的电气或机械故障，均应联系调度，做出停用或转检修处理。

7. 断路器误跳闸故障的检修

断路器误跳闸故障的原因主要有两方面：一是电气方面的故障，二是机械方面的故障。

（1）电气方面的故障。

1）保护误动或整定位不当，或电流、电压互感器回路故障。

2）二次回路绝缘不良，直流系统发生两点接地（跳闸回路发生两点接地）。

（2）机械方面的故障。

1）合闸维持支架和分闸锁扣维持不住，造成跳闸。

2）液压机械分闸一级阀和逆止阀密封不良、渗漏时，本应由合闸保持孔供油到二级阀上端，以维持断路器在合闸位置，而当漏油量超过补充油量时，早成二级阀上下两端压强不同。当二级阀上部的压力小于下部的压力时，二级阀自动返回，而二级阀返回会使工作缸合闸腔内高压油泄掉，从而使断路器"误跳"。

相应处理方法如下。

1）若是由于人员误碰、误操作，保护盘受外力振动引起自动脱扣的"误跳"，应排除开关故障原因，立即送电。

2）对其他电气或机械部分故障，无法立即恢复送电的，则应联系调度及有关领导将"误跳"断路器停用，转为检修处理。

8. 断路器误合闸故障的检修

（1）引起误合闸的原因。

1）直流两点接地，使合闸控制回路接通。

2）自动重合闸继电器动合触点误闭合，或其他元件而接通控制回路，使断路器误合闸。

3）若合闸接触器线圈电阻过小，且动作电压偏低，当直流系统发生瞬间脉冲时，会引起断路器的"误合"。

4）弹簧操纵机构的储能弹簧扣不可靠，在有振动的情况下（如断路器跳闸时），锁扣可能自动解除，造成断路器自行合闸。

（2）处理方法。

1）手柄处于"分合位置"，而红灯连续闪光，表明断路器已合闸，但属"误合"。

2）应拉开"误合"的断路器。

3）对"误合"的断路器，如果拉开后断路器又再次"误合"，应分别检查合闸断路器电气方面和机械方面的原因，联系调度和有关领导将断路器停用并做检修处理。

9. 万能式断路器莫名其妙跳闸故障的检修

断路器在运行中没有发生短路或接地等现象，也没有发生过载，却莫名其妙地跳闸了，一般就是失压脱扣器或智能控制器有故障。

（1）失压脱扣器的故障一般就是电源模块烧坏了。电源模块长期处于带电工作状态，因此如果模块质量不可靠，很容易发生故障。检查的方法可用人工强行使失压脱扣器衔铁吸合，如这时断路器合上后不再断开，即可证明是失压脱扣器的故障。解决的方法只能是拆掉失压脱扣器的电源模块。如果失压脱扣器为助吸式，要注意失压脱扣器铁芯撞针的长度，可以通过调节撞针的长度，使失压脱扣器处于正确位置，即只有当电源电压下降到额定电压的40%以下时，失压机构动作开关才跳闸。

（2）智能控制器发生烧毁故障后，一般会出现手动可合闸，电动不能合闸，三段保护功能及其他保护功能失灵。控制器烧毁故障一般是由于电压过高造成。厂家按照国家有关标准，设计工作电压为400V，但在实际运行中，到了后半夜时，如果变压器不做调压措施，电压往往会达到420V及以上，很容易使控制器承受不了如此高的电压而烧毁。控制器另外一个常见问题是故障记忆如果得不到及时清除，即使电网故障已排除解决，断路器仍认为电网有故障而手动和电动均会合不上闸。此时只能按照使用说明书上的操作，清除故障记忆后复位，就能正常工作了。

10. 低压断路器常见故障检修

低压断路器常见故障原因及检修方法见表3-7。

表3-7 低压断路器常见故障原因及检修方法

故障现象	故障原因	检修方法
手动操作断路器不能闭合	（1）欠电压脱扣器无电压或线圈损坏 （2）储能弹簧变形，导致闭合力减小 （3）反作用弹簧力过大 （4）机构不能复位再扣	（1）检查线路，施加电压或更换线圈 （2）更换储能弹簧 （3）重新调整弹簧反力 （4）调整机构的再扣接触面至规定值

故障现象	故障原因	检修方法
电动操作断路器不能闭合	(1) 电源电压不符合规定 (2) 电源容量不够 (3) 电磁拉杆行程不够 (4) 电动机操作定位开关移位 (5) 控制器中整流管或电容器损坏	(1) 更换电源 (2) 增大操作电源容量 (3) 重新调整电磁拉杆的行程 (4) 重新调整操作定位开关 (5) 更换损坏元件
一相触头不能闭合	(1) 普通型断路器的一相连杆断裂 (2) 限流断路器拆开机构的可拆连杆的角度变大	(1) 更换连杆 (2) 调整至技术条件规定值
分励脱扣器不能使断路器分断	(1) 线圈短路 (2) 电源电压太低 (3) 再扣接触面太大 (4) 螺钉松动	(1) 更换线圈 (2) 设法提高电源电压 (3) 重新调整 (4) 拧紧螺钉
欠电压脱扣器不能使断路器分断	(1) 反力弹簧变小 (2) 储能弹簧变形或断裂 (3) 机构卡死	(1) 调整弹簧 (2) 调整或更换储能弹簧 (3) 消除结构卡死原因,如生锈等
启动电动机时断路器立即分断	(1) 过电流脱扣电流整定值太小 (2) 脱扣器某些元件损坏,如半导体橡皮膜等 (3) 脱扣器反力弹簧断裂或落下	(1) 重新调整脱扣电流整定值 (2) 更换已损坏元件 (3) 重新安装或更换反力弹簧
断路器闭合后经一定时间自行分断	(1) 过电流脱扣器长延时整定值不对 (2) 热元件或半导体延时电路元件参数变动	(1) 调整触头压力或更换弹簧 (2) 更换触头或清理接触面,若故障不能排除则更换整台断路器
断路器温升过高	(1) 触头压力降低 (2) 触头表面磨损严重或接触不良 (3) 电源进入的主导线连接螺丝松动	(1) 拨正或重新装好接触桥 (2) 更换转动杆或更换辅助开关 (3) 检修主导线的接线鼻,让导线在接线鼻上压紧
欠电压脱扣器噪声大	(1) 反力弹簧压力太大 (2) 铁芯工作面有油污 (3) 短路环断裂	(1) 重新调整弹簧压力 (2) 清除油污 (3) 更换衔铁或铁芯
辅助开关不通	(1) 辅助开关的动触桥卡死或脱离 (2) 辅助开关传动杆断裂或滚轮脱落 (3) 触头未接触或氧化	(1) 拨正或重新装好动触桥 (2) 更换传动杆或更换辅助开关 (3) 调整触头,清理氧化膜
带半导体脱扣器的断路器误动作	(1) 半导体脱扣器元件损坏 (2) 外界电磁干扰	(1) 更换损坏元件 (2) 清除外界干扰,例如临近的大型电磁铁的操作,接触器的分断、电焊等,予以隔离或使两者的距离远一些

3.2.2 转换开关的维护与检修

1. 转换开关的作用

转换开关在电气控制线路中可作为隔离开关使用,可以不频繁接通和分断电气控制线路。转换开关体积小、接线方式多,使用非常方便,在机床电气和其他电气设备中使用广泛。

（1）转换开关适用于交流 380V 以下及直流 220V 以下的电器线路中，供手动不频繁地接通和断开电路、转换电源和负载（每小时的转换次数不宜超过 20 次）。

（2）用于控制 5kW 以下的小容量交、直流电动机的正反转、丫-△启动和变速换向等。

（3）转换开关可使控制回路或测量回路线路简化，可在一定程度上避免操作上的失误和差错。

【特别提醒】

转换开关本身不带过载和短路保护装置，在它所控制的电路中，必须另外加装保护设备，才能保证电路和设备安全。如果转换开关控制的用电设备功率因数较低时，应按容量等级降低使用，以利于延长其使用寿命。

2. 手动式转换开关的结构

转换开关又称组合开关，也属于一种刀开关（它的刀片即动触片是可以转动的）。它由装在同一转轴上的多个单极旋转开关叠装在一起组成，其结构如图 3-16 所示。当转动手柄时，动片即插入相应的静片中，使电路接通。

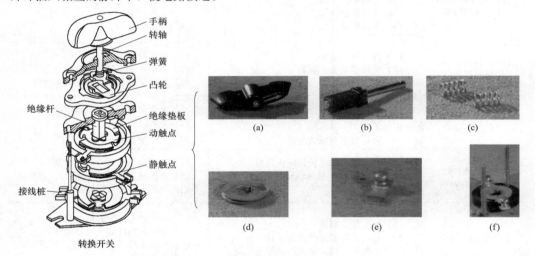

图 3-16　手动式转换开关的结构

(a) 手柄；(b) 转轴；(c) 弹簧；(d) 动触点；(e) 静触点；(f) 接线桩

图中的转换开关内部有 3 对静触点，分别用 3 层绝缘垫板相隔，各自附有连接线路的接线桩，3 个动触点互相绝缘，与各自的静触点对应，套在共同的绝缘杆上，绝缘杆的一端装有操作手柄，手柄每次转动 90°角，即可完成 3 组触点之间的开合或切换。开关内装有速断弹簧，用来加速开关的分断速度，如图 3-17 所示。

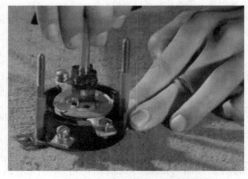

图 3-17　手柄转动带动动触片转动

转换开关手柄的操作位置是以角度来表示的，不同型号的转换开关，其手柄有不同的操作位置，如图 3-18 所示。

图 3-18　转换开关手柄的操作位置

3. 自动转换开关

自动转换开关，即 ATSE，主要适用于额定电压交流不超过 1000V 或直流不超过 1500V 的紧急供电系统，在转换电源期间中断向负载供电，如图 3-19 所示。

图 3-19　自动转换开关

自动转换开关由一个（或几个）转换开关电器和其他必需的电器组成，用于监测电源电路、并将一个或几个负载电路从一个电源自动转换至另一个电源的电器。

ATSE 可分为两个级别：PC 级和 CB 级。

（1）PC 级 ATSE，只完成双电源自动转换的功能，不具备短路电流分断（仅能接通、承载）的功能。

（2）CB 级 ATSE，既完成双电源自动转换的功能，又具有短路电流保护（能接通并分断）的功能。

4. 手动转换开关好坏的检测

手动转换开关内部触点的好坏可以用万用表来检测。一般选择万用表的 R×10 挡，用两表笔分别测量转换开关的每一对触点，电阻值为 0 或很小，说明内部触点接触良好，如图 3-20(a) 所示；如果电阻值很大甚至为无穷大，则说明该对触点有问题，如图 3-20(b) 所示。测量完一对触点后，转动手柄，再测量另一对触点，直至全部测量完毕。

5. 手动转换开关常见故障的检修

手动转换开关的常见故障原因及检修方法见表 3-8。

6. 自动转换开关常见故障的检修

自动转换开关常见故障原因及检修方法见表 3-9。

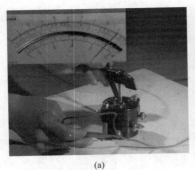

(a)   (b)

图 3-20　手动转换开关的检测
(a) 触点接触良好；(b) 触点接触不良

表 3-8   **手动转换开关的常见故障原因及检修方法**

序号	故障现象	故障原因	检修方法
1	手柄转动后，内部触头不动作	(1) 手柄的转动连接部件磨损； (2) 操作机构损坏； (3) 绝缘杆变形； (4) 轴与绝缘杆装配不紧	(1) 调换手柄； (2) 修理操作机构； (3) 更换绝缘杆； (4) 紧固轴与绝缘杆
2	手柄转动后，触头不能同时接通或断开	(1) 开关型号不对； (2) 修理开关时触头装配不正确； (3) 触头失去弹性或有尘污	(1) 更换开关； (2) 重新装配； (3) 更换触头或清除污垢
3	开关接线柱相间短路	因铁屑或油污附在接线柱间形成导电将胶木烧焦或绝缘破坏形成短路	清扫开关或调换开关

表 3-9   **自动转换开关常见故障原因及检修方法**

序号	故障现象	故障原因	检修方法
1	控制器指示灯或液晶屏全不亮或不正常闪烁	(1) 中性线开路； (2) 熔断器烧断或接触不良； (3) 接插件未扣牢，接触不良； (4) 电源相序接错	(1) 正确连接中性线，并检查塑壳断路器 N 极是否通路； (2) 更换熔断器并保证充分接触； (3) 检查并扣牢接插件； (4) 检查并正确接线
2	控制器有电但不能自动转换	(1) ATSE 处于强制位置； (2) 延时时间未结束； (3) 机构电动机上电容松脱； (4) 两路电源电压都不在控制器正常工作电压范围内	(1) 将开关置于自动位置； (2) 减小延时时间设定值或等延时结束； (3) 检查电容并排除； (4) 检查电源，至少有一路电源电压应在 (85%～110%) U_e 范围内
3	消防端子失效	该端子间已经存在 5V 电压，不能另接电源，用户接了电源将其烧毁	端子间只输入闭合信号即可
4	控制器烧坏	(1) N 线开路； (2) 耐压试验或测绝缘电阻时未将控制器脱离； (3) 相线与中性线混接	(1) 正确连接 N 线； (2) 进行耐压试验和测量绝缘电阻时断开 ATSE 上的熔断器或关闭控制器电源； (3) 检查并正确接线

续表

序号	故障现象	故障原因	检修方法
5	开关频繁转换	（1）中性线未接妥或电缆连接器、熔断器接触不良； （2）电网电压有较大波动而分闸延时、合闸延时时间设置值较小	（1）检查并排除； （2）加大分闸延时、合闸延时时间设定值
6	接入电源后，常用电源正常，开关在备用电源	（1）常用电源进线松脱； （2）ATSE处于手动或强制位置	（1）检查并排除； （2）把ATSE置于自动位置
7	自动状态下，常用电源故障不转换	（1）备用电源存在故障（控制器液晶屏上和报警端子均可提示）； （2）接插线没有可靠接牢	（1）排除备用电源故障； （2）将线插牢
8	手动时按钮操作不转换	操作按钮受力过大，位置偏移	解开PC不干胶，调整按钮
9	控制器显示错乱	插头错误或接反，导致弱电部分接入强电，控制器会被烧毁。线没有可靠接牢	检查线路，更换控制器。检查线路，正确接线

3.2.3 低压熔断器的维护与检修

1. 熔断器的作用

低压熔断器俗称保险丝，它串联在电路中，在系统正常工作时，低压熔断器相当于一根导线，起接通电路的作用；当通过低压熔断器的电流大于其标称电流一定比例时，熔断器内的熔断材料（或熔丝）发热，经过一定时间后自动熔断，以保护线路，避免发生较大范围的损害。

熔断器可以用作仪器仪表及线路装置的过载保护和短路保护。多数熔断器为不可恢复性产品（可恢复熔断器除外），一旦损坏后应用同规格的熔断器更换。

2. 常用低压熔断器

（1）瓷插式熔断器。瓷插式熔断器应用于低压线路中，作为线路及电气设备的短路保护及过载保护器件。RC1A系列瓷插式熔断器的结构如图3-21所示。

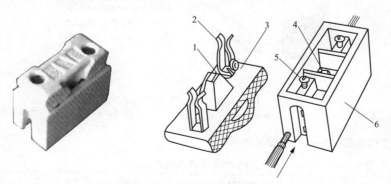

图3-21 RC1A系列瓷插式熔断器的结构
1—熔丝；2—动触头；3—瓷盖；4—空腔；5—静触头；6—瓷座

瓷插式熔断器的特点及应用见表3-10。

表 3-10   瓷插式熔断器的特点及应用

特点	结构简单，价格低廉，更换方便，使用时将瓷盖插入瓷座，拔下瓷盖便可更换熔丝
应用	额定电压 380V 及以下、额定电流为 5～200A 的低压线路末端或分支电路中，做线路和用电设备的短路保护，在照明线路中还可起过载保护作用

（2）螺旋式熔断器。螺旋式熔断器又称为塞式熔断器，主要应用于对配电设备、线路的过载和短路保护。RL1 系列螺旋式熔断器的结构如图 3-22 所示。

图 3-22   RL1 系列螺旋式熔断器的结构
1—瓷套；2—熔断管；3—下接线座；4—瓷座；5—上接线座；6—瓷帽

螺旋式熔断器的特点及应用见表 3-11。

表 3-11   螺旋式熔断器的特点及应用

特点	熔断管内装有石英砂、熔丝和带小红点的熔断指示器，石英砂用来增强灭弧性能。熔丝熔断后有明显指示
应用	在交流额定电压 500V、额定电流 200A 及以下的电路中，作为短路保护器件

（3）封闭管式熔断器。RM10 系列封闭管式熔断器的结构如图 3-23 所示。

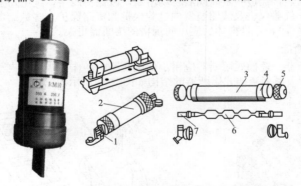

图 3-23   RM10 系列封闭管式熔断器的结构
1—夹座；2—熔断管；3—钢纸管；4—黄铜套管；5—黄铜帽；6—熔体；7—刀型夹头

封闭管式熔断器的特点及应用见表 3-12。

表 3-12   封闭管式熔断器的特点及应用

特点	熔断管为钢纸制成，两端为黄铜制成的可拆式管帽，管内熔体为变截面的熔片，更换熔体较方便
应用	用于交流额定电压 380V 及以下、直流 440V 及以下、电流在 600A 以下的电力线路中

（4）有填料封闭管式熔断器。RT0 系列有填料封闭管式熔断器的结构如图 3-24 所示。

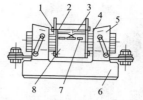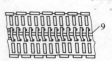

图 3-24　RT0 系列有填料封闭管式熔断器的结构
1—熔断指示器；2—石英砂填料；3—指示器熔丝；4—夹头；
5—夹座；6—底座；7—熔体；8—熔管；9—锡桥

有填料封闭管式熔断器的特点及应用见表 3-13。

表 3-13　　　　　　　　有填料封闭管式熔断器的特点及应用

特点	熔体是两片网状紫铜片，中间用锡桥连接。熔体周围填满石英砂起灭弧作用
应用	用于交流 380V 及以下、短路电流较大的电力输配电系统中，作为线路及电气设备的短路保护及过载保护

（5）有填料封闭管式圆筒帽形熔断器。NG30 系列有填料封闭管式圆筒帽形熔断器如图 3-25所示。

图 3-25　NG30 系列有填料封闭管式圆筒帽形熔断器

有填料封闭管式圆筒帽形熔断器的特点及应用见表 3-14。

表 3-14　　　　　　　有填料封闭管式圆筒帽形熔断器的特点及应用

特点	熔断体由熔管、熔体、填料组成，由纯铜片制成的变截面熔体封装于高强度熔管内，熔管内充满高纯度石英砂作为灭弧介质，熔体两端采用点焊与端帽牢固连接
应用	用于交流 50Hz、额定电压 380V、额定电流 63A 及以下工业电气装置的配电线路中

（6）有填料快速熔断器。RS0、RS3 系列有填料快速熔断器如图 3-26 所示。顾名思义，这种熔断器是一种快速动作型的熔断器，熔体为银质窄截面或网状形式，熔体为一次性使用，不能自行更换。

有填料快速熔断器的特点及应用见表 3-15。

（7）自复式熔断器。自复式熔断器是一种限流电器，其本身不具备分断能力，但是和断路器串联使用时，可以提高断路器的分断能力，可以多次使用。

自复式熔断器的熔体是应用非线性电阻元件（如金属钠等）制成，在常温下是固体，电阻值较小，构成电流通路。在短路电流产生的高温下，熔体气化，阻值剧增，即瞬间呈现高阻状态，从而能将故障电流限制在较小的数值范围内。

图 3-26　RS0、RS3 系列有填料快速熔断器

表 3-15　　　　　　　　　　**有填料快速熔断器的特点及应用**

特点	在 6 倍额定电流时，熔断时间不大于 20ms，熔断时间短，动作迅速
应用	主要用于半导体硅整流元件的过电流保护

自复式熔断器如图 3-27 所示。

图 3-27　自复式熔断器

自复式熔断器的特点及应用见表 3-16。

表 3-16　　　　　　　　　　**自复式熔断器的特点及应用**

特点	在故障短路电流产生的高温下，其中的局部液态金属钠迅速气化而蒸发，阻值剧增，即瞬间呈现高阻状态，从而限制了短路电流。当故障消失后，温度下降，金属钠蒸气冷却并凝结，自动恢复至原来的导电状态
应用	用于交流 380V 的电路中与断路器配合使用。熔断器的电流有 100、200、400、600A 四个等级

（8）热熔断器。热熔断器俗称温度保险丝，是一种不可复位的一次性热敏保护器件，有低熔点合金型的 RH、RF、RS 系列及有机化学型的 RY 系列，产品外观结构精巧、密封性好、动作温度灵敏可靠、电流冲击影响小、耐振动，主要应用于家用电器及工业设备的过热保护（如电风扇、电动机、变压器、电饭锅、电炒锅、消毒柜、电热开水瓶等），如图 3-28 所示。

在电路中，热熔断器主要起过载保护作用。电路中正确安置热熔断器，就会在电流异常升高到一定的高度和热度时，自身熔断切断电流，保护电路的安全运行。

3. 熔断器应用与维护

（1）安装熔断器应保证触头、接线端等处接触良好，并应经常检查。若接触不良会使接触部位发热，熔体温度过高就会造成误动作。有时因为接触不良产生火花会干扰弱电装置。

（2）安装熔体时，注意有机械损伤，否则相当于熔体截面变小，电阻增加，保护性能变坏。

（3）螺旋式熔断器的进线应接在底座中心端的下接线端上，出线接在上接线端上，如图 3-29 所示。

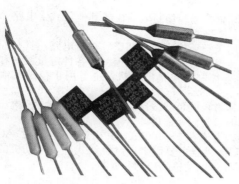

图 3-28 热熔断器

瓷帽
瓷套
负载出线端
电源进线端

图 3-29 螺旋式熔断器的接线规定

（4）更换熔体时，要检查新熔体的规格和形状是否与更换的熔体一致。熔丝损坏后，千万不能用铜丝或铁丝代替熔丝。

（5）熔体周围温度应与被保护对象的周围温度一致，若相差太大，会使保护动作产生误差。

4. 熔断器好坏的检测

检测低压熔断器，可用万用表检测其电阻值来判断熔体（丝）的好坏。

万用表选择 $R \times 10$ 挡，黑、红表笔分别与熔断器的两端接触，与若测得低压熔断器的阻值很小或趋于零，则表明该低压熔断器正常；若测得低压熔断器的阻值为无穷大，则表明该低压熔断器已熔断。

对于表面有明显烧焦痕迹或人眼能直接看到熔丝已经断了的熔断器，可通过观察法直接判断其好坏。

5. 熔断器常见故障检修

熔断器常见故障原因及检修方法见表 3-17。

表 3-17 熔断器常见故障原因及检修方法

故障现象	产生原因	检修方法
熔体熔断	（1）熔体规格选择太小 （2）负载侧短路或接地 （3）熔体安装时损伤 （4）熔体使用时间过久，因受氧化或运行中温度高，使熔体特性变化而误断	（1）更换适当的熔体 （2）排除短路或接地故障后再更换熔体 （3）更换新熔断体时，要检查熔断体是否有机械损伤，熔管是否有裂纹 （4）换新熔体时，要检查熔体的额定值是否与被保护设备相匹配
熔丝未熔断但电路不通	（1）熔体两端或接线端接触不良 （2）熔断器的螺母未拧紧	（1）清扫并旋紧接线端 （2）拧紧螺母
螺旋式熔断器接触件温升过高	（1）熔断器运行年久接触表面氧化或灰尘厚接触不良，温升过高 （2）熔件未旋到位接触不良，温升过高	（1）用砂布擦除氧化物，清扫灰尘，检查接触件接触情况是否良好，或者更换全套熔断器 （2）熔件必须旋到位，旋紧、牢固
螺旋式熔断器与配电装置同时烧坏或连接导线烧断与接线端子烧坏	（1）谐波产生，当谐波电流进入配电装置时回路中电流急增烧坏 （2）导线截面积偏小，温升高烧坏 （3）接线端与导线连接螺栓未旋紧产生弧光短路	（1）消除谐波电流产生 （2）增大导线截面积 （3）联接螺栓必须旋紧

3.2.4 交流接触器的维护与检修

1. 接触器的功能

所谓接触器，是指电气线路中利用线圈流过电流产生磁场，使触头闭合，以达到控制负载的电器。接触器作为执行元件，是一种用来频繁接通和切断电动机或其他负载主电路的自动电磁开关。

接触器是一种自动化的控制电器，主要用于频繁接通或分断交、直流电路，具有控制容量大等特点，可远距离操作，配合继电器可以实现定时操作，联锁控制，各种定量控制和失压及欠压保护，广泛应用于自动控制电路，其主要控制对象是电动机，也可用于控制其他电力负载，如电热器、照明、电焊机、电容器组等。

接触器的一端接控制信号，另一端则连接被控的负载线路，是实现小电流、低电压电信号对大电流、高电压负载进行接通、分断控制的最常用元器件。

在工业电气中，交流接触器的型号很多，电流在 5～1000A，其用处相当广泛。AC-1 类接触器主要用来控制无感或微感电路；AC-2 类接触器主要用来控制绕线式异步电动机的启动和分断；AC-3 和 AC-4 接触器可用于频繁控制异步电动机的启动和分断。

2. 接触器的类型

按照不同的分类方法，接触器有多种类型，见表 3-18。

表 3-18　　　　　　　接 触 器 的 类 型

分类方法	种类
按主触头通过电流种类分	交流接触器、直流接触器
按操作机构分	电磁式接触器、永磁式接触器
按驱动方式分	液压式接触器、气动式接触器、电磁式接触器
按动作方式分	直动式接触器、转动式接触器

3. 交流接触器的结构

传统型接触器主要由电磁系统、触头系统、灭弧装置等构成，见表 3-19。其外形及结构如图 3-30 所示。

表 3-19　　　　　　　接 触 器 的 结 构

装置或系统	组成及说明
电磁系统	可动铁芯（衔铁）、静铁芯、电磁线圈、反作用弹簧
触头系统	主触头（用于接通、切断主电路的大电流）、辅助触头（用于控制电路的小电流）；一般有三对动合主触头，若干对辅助触头
灭弧装置	用于迅速切断主触头断开时产生的电弧，以免使主触头烧毛、熔焊。大容量的接触器（20A 以上）采用缝隙灭弧罩及灭弧栅片灭弧，小容量接触器采用双断口触头灭弧、电动力灭弧、相间弧板隔弧及陶土灭弧罩灭弧

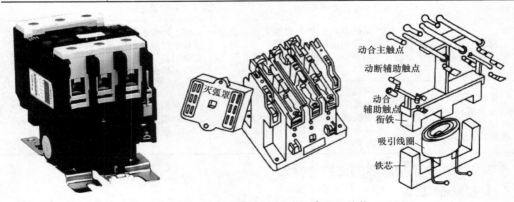

动合主触点
动断辅助触点
动合辅助触点
衔铁
吸引线圈
铁芯
灭弧罩

图 3-30　传统型交流接触器的外形及结构

交流接触器的动作动力来源于交流电磁铁，电磁铁由两个"山"字形的硅钢片叠成，其中一个固定，其上面套上线圈，工作电压有多种以供选择。为了使磁力稳定，铁芯的吸合面加上短路环。交流接触器在失电后，依靠弹簧复位。另一半是活动铁芯，构造和固定铁芯一样，用以带动主接点和辅助接点的开短。

为了减小铁芯损耗，交流接触器的铁芯由硅钢片叠成，并为了消除铁芯的颤动和噪声，在铁芯端面的一部分套有减振环，如图 3-31 所示。减振环又称短路环，它的作用是减少交流接触器在吸合时产生的振动和噪声。因此，在维修时，如果没有安装此减振环，交流接触器吸合时会产生非常大的噪声。

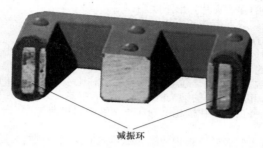

减振环

图 3-31　减振环

按功能不同，接触器的触头分为主触头和辅助触头。主触头用于接通和分断电流较大的主电路，体积较大，一般由 3 对动合触头组成；辅助触头用于接通和分断小电流的控制电路，体积较小，有动断和动合两种触头。根据触头形状的不同，分为桥式触头和指形触头，其形状如图 3-32 所示。

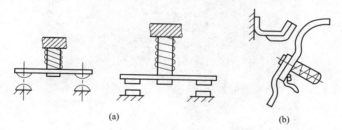

(a)　　　　　　　　　　　　　　　　(b)

图 3-32　桥式触头和指形触头
(a) 桥式触头；(b) 指形触头

通过对传统型交流接触器的结构进行改造，增加如节电器、节电线圈、机械锁扣等装置，电磁系统改为剩磁（永磁）吸持式等方式，就是目前比较流行的节电型交流接触器（又称为节能型交流接触器），其节能效果很明显，如图 3-33 所示。

图 3-33　节电型交流接触器

4. 交流接触器拆装与检修

（1）拆卸步骤。

1）卸下灭弧罩紧固螺钉，取下灭弧罩。

2）拉紧主触头定位弹簧夹，取下主触头及主触头压力弹簧片。拆卸主触头时必须将主触头侧转 45°后取下。

3）松开辅助动合静触头的线桩螺钉，取下动合静触头。

4）松开接触器底部的盖板螺钉，取下盖板。松盖板螺钉时要用手按住螺钉并慢慢放松。

5）取下静铁芯缓冲绝缘纸片及静铁芯，取下静铁芯支架及缓冲弹簧。

6）拔出线圈接线端的弹簧夹片，取下线圈。

7）取下反作用弹簧，取下衔铁和支架。

8）从支架上拔出动铁芯定位销，取下动铁芯及缓冲绝缘纸片。

特别提示：在拆卸时，要注意观察缓冲弹簧与反作用力弹簧的大小、长度、安装位置的区别；静铁芯和衔铁形状的不同；短路铜环的位置、大小；线圈的位置、方向等。拆掉所有动、静触头，拆卸时注意动触头的方向、位置。拆下后，对比主、辅触头的不同点（这对 CJ10-10 的交流接触器特别重要，因其主、辅触头的形状、大小相差无几，要通过仔细观察、对比才能分清），做好这些观察准备工作，在按相反顺序依次安装时可避免产生一些不必要的麻烦。

（2）维修。

1）检查灭弧灯罩有无破裂或烧损，清除灭弧罩内的金属飞溅物和颗粒。

2）检查触头的氧化情况和磨损程度。触头表面氧化不严重时，可在触头处涂上少许牙膏用牙刷反复刷即可修复，如图 3-34 所示；如果氧化严重，可用小刀轻轻刮去颗粒氧化层，也可用砂纸慢慢打磨氧化层，如图 3-35 所示。如果触头磨损严重，应更换触头。如果无须更换，则用小刀或锉刀设法清除触头表面上电弧烧毛的颗粒，如图 3-36 所示。

图 3-34　用牙刷修复触头氧化层

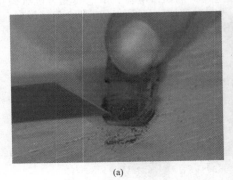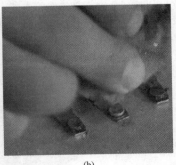

(a)　　　　　　　　　　　　　　　(b)

图 3-35　用小刀和砂纸修复触头氧化层
(a) 用小刀刮去氧化层；(b) 用清洗剂清洗触点

3）清除铁芯端面的油垢，检查铁芯有无变形及是否平整。如果触头沾有油垢，可用汽油或四氯化碳清洗干净，如图 3-37 所示。

图 3-36　用锉刀修复触头表面的毛刺

图 3-37　用汽油或四氯化碳清洗触头

4）检查触头压力弹簧及反作用弹簧是否变形或弹力不足，如有需要则更换弹簧。

5）检查电磁线圈是否有短路、断路及发热变色现象。

（3）装配。按拆卸的逆顺序进行装配。

装配完后应进行如下检查：用万用表欧姆挡检查线圈及各触头接触是否良好；用绝缘电阻表测量各触头间及主触头对地绝缘电阻是否符合要求；用手按主触头检查运动部分是否灵活，如图 3-38 所示，以防产生接触不良、振动和噪声。

图 3-38　检查运动部分是否灵活

（4）校验。

1）将装配好的接触器按如图 3-39 所示接入校验电路。

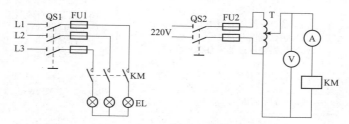

图 3-39　接触器动作值校验电路

2）选好电流表、电压表量程并调零；将调压变压器输出置于零位。

3）合上 QS1 和 QS2，均匀调节调压变压器，使电压上升到接触器铁芯吸合为止，此时电压表的指示值即为接触器动作的电压值。该电压应小于或等于线圈额定电压的85%。

4）保持吸合电压值，分合开关QS2，做两次冲击合闸试验，以校验动作的可靠性。

5）均匀地降低调压变压器的输出电压，直至衔铁分离，此时电压表的指示值即为接触器的释放电压，释放电压值应大于线圈额定电压的50%。

6）将调压变压器的输出电压调至接触器线圈的额定电压，观察铁芯有无振动及噪声，从指示灯的明暗可判断主触头的接触情况。

（5）触头压力的检测与调整。用纸条判断触头压力是否合适。如图3-40所示，将一张厚约0.1mm，比触头稍宽的纸条夹在接触器的触头间，使触头处于闭合位置，用手拉动纸条，若触头压力合适，稍用力纸条才可拉出。若纸条很容易被拉出，即说明触头压力不够。若纸条被拉断，说明触头压力太大。可调整触头弹簧或更换弹簧，直至符合要求。

图3-40 检查触头压力

5. 交流接触器常见故障检修

交流接触器常见故障原因及检修方法见表3-20。

表3-20 交流接触器常见故障原因及检修方法

故障现象	可能原因	处理方法
触点闭合而铁芯不能完全闭合	（1）电源电压过低或波动大 （2）操作回路电源容量不足或断线；配线错误；触点接触不良 （3）选用线圈不当 （4）产品本身受损，如线圈受损，部件卡住；转轴生锈或歪斜 （5）触点弹簧压力不匹配	（1）增高电源电压 （2）增大电源容量，更换线路，修理触点 （3）更换线圈 （4）更换线圈，排除卡住部件；修理损坏零件 （5）调整触点参数
触点熔焊	（1）操作频率过高或超负荷使用 （2）负载侧短路 （3）触点弹簧压力过小 （4）触点表面有异物 （5）回路电压过低或有机械卡住	（1）调换合适的接触器 （2）排除短路故障，更换触点 （3）调整触点弹簧压力 （4）清理触点表面 （5）提高操作电源电压，排除机械卡住，使接触器吸合可靠
触点过度磨损	接触器选用不当，在一些场合造成其容量不足（如在反接振动，操作频率过高，三相触点动作不同步等）	更换适合繁重任务的接触器；如果三相触点动作不同步，应调整到同步
不释放或释放缓慢	（1）触点弹簧压力过小 （2）触点熔焊 （3）机械可动部分卡住，转轴生锈或歪斜 （4）反力弹簧损坏 （5）铁芯吸面有污物或尘埃粘着	（1）调整触点参数 （2）排除熔焊故障，修理或更换触点 （3）排除卡住故障，修理受损零件 （4）更换反力弹簧 （5）清理铁芯吸面

续表

故障现象	可能原因	处理方法
铁芯噪声过大	(1) 电源电压过低 (2) 触点弹簧压力过大 (3) 磁系统歪斜或卡住，使铁芯不能吸平 (4) 吸面生锈或有异物 (5) 短路环断裂或脱落 (6) 铁芯吸面磨损过度而不平	(1) 提高操作回路电压 (2) 调整触点弹簧压力 (3) 排除机械卡住 (4) 清理铁芯吸面 (5) 调换铁芯或短路环 (6) 更换铁芯
线圈过热或烧损	(1) 电源电压过高或过低 (2) 线圈技术参数与实际使用条件不符合 (3) 操作频率过高 (4) 线圈制作不良或有机械损伤、绝缘损坏 (5) 使用环境条件特殊，如空气潮湿、有腐蚀性气体或环境温度过高等 (6) 运动部件卡住 (7) 铁芯吸面不平	(1) 调整电源电压 (2) 更换线圈或者接触器 (3) 选择合适的接触器 (4) 更换线圈，排除线圈机械受损的故障 (5) 采用特殊设计的线圈 (6) 排除卡住现象 (7) 清理吸面或调换铁芯

3.2.5 继电器的维护与检修

1. 继电器的特点及作用

继电器是根据某一输入量（电、磁、声、光、热）达到一定值时，输出量将发生跳跃式变化的自动控制器件。与接触器相比，继电器具有触点额定电流很小，不需要灭弧装置，触点种类和数量较多，体积小等特点，但对其动作的准确性要求较高。

一般来说，继电器主要用来反映各种控制信号的变化情况，它实际上是用小电流去控制大电流运作的一种"自动开关"，其触点通常接在控制电路中，不直接控制电流较大的主电路，而是通过接触器或其他电器对主电路进行控制。通常应用于自动化的控制电路中，它实际上是用小电流去控制大电流运作的一种"自动开关"。作为控制元件，概括起来，继电器的作用见表 3-21。

表 3-21 继 电 器 的 作 用

作用	说明
扩大控制范围	多触点继电器控制信号达某一定值时，可以按触点组的不同形式，同时换接、开断、接通多路电路
放大	灵敏型继电器、中间继电器等，用一个很微小的控制量，可以控制很大功率的电路
自动、遥控、监测	自动装置上的继电器与其他电器一起，可以组成程序控制线路，从而实现自动化运行
综合信号	当多个控制信号按规定的形式输入多绕组继电器时，经过比较综合，达到预定的控制效果

2. 继电器的种类

继电器的种类很多，常见继电器见表 3-22。

表 3-22 继 电 器 的 种 类

分类方法	种类
按输入信号性质分	电流继电器、电压继电器、速度继电器、压力继电器
按工作原理分	电磁式继电器、电动式继电器、感应式继电器、晶体管式继电器和热继电器
按输出方式分	有触点式和无触点式
按外形尺寸分	微型继电器、超小型继电器、小型继电器
按防护特征分	密封继电器、塑封继电器、防尘罩继电器、敞开继电器

3. 继电器的日常维护

（1）检查继电器外壳不能有划痕、裂纹、破损等机械损伤。

（2）用放大镜观察每个触点是否光滑饱满，触点是否光亮。

（3）检查继电器内部是否有焊渣等异物。

（4）检查继电器线圈是否断线，检查所有焊点是否饱满、润湿。

（5）检查继电器定位销是否损坏、脱落，检查定位销与底座是否一致，两者配合是否松动，是否紧密接触。

（6）检查继电器引出脚是否弯曲、变色或者其他机械损伤。

（7）检查紧固螺钉及铆钉是否有松动。

（8）检查继电器标签是否脱落。

（9）无电状态下测量继电器的动断触点的接触电阻小于 1Ω。

4. 继电器的测试

在安装、维护、维修继电器时，可通过对继电器的一些参数进行测试，以鉴定其质量好坏，其参数项目见表 3-23。

表 3-23   测 试 继 电 器

项　　目	测试方法
触点电阻	使用万能表的电阻挡，测量动断触点与动点的电阻，其阻值应为 0，（用更加精确的方式可测得触点阻值在 $100m\Omega$ 以内）；而动合触点与动点的阻值应为无穷大。由此可以区别出哪个是动断触点，哪个是动合触点
线圈电阻	可用万能表 $R\times10$ 挡测量继电器线圈的阻值，从而判断该线圈是否存在着开路现象
吸合电压 吸合电流	采用可调稳压电源和电流表，给继电器输入一组电压，且在供电回路中串入电流表进行监测。慢慢调高电源电压，听到继电器吸合声时，记下该吸合电压和吸合电流。为求准确，可以多试几次而求平均值
释放电压 释放电流	与测试吸合电压和吸合电流的电路连接方法一样，当继电器发生吸合后，再逐渐降低供电电压，当听到继电器再次发生释放声音时，记下此时的电压和电流，可多尝试几次而取得平均的释放电压和释放电流。一般情况下，继电器的释放电压在吸合电压的 $10\%\sim50\%$，如果释放电压太小（小于 1/10 的吸合电压），则不能正常使用，这样会对电路的稳定性造成威胁，工作不可靠

5. 继电器的检修周期

（1）变电所值班员在每天交接班时，要对继电器的外观检查一次。在新安装和定期检验时，继电器外壳、玻璃应完整，清洁，嵌接良好，防尘密封良好，安装端正，继电器端子接线牢固。内部清洁无灰尘和油污。

（2）电流继电器、电压继电器、时间继电器及 DH-1 型重合闸继电器每年进行一次全面检调；中间继电器、信号继电器、DH-1 型重合闸继电器每年进行一次检调。

6. 继电器常见故障的检修

继电器主要由感测机构、执行机构和中间机构三个基本部分组成，其产生故障的检修方法分别如下。

（1）感测机构的检修。对于电磁式（电压、电流、中间）继电器，其感测机构即为电磁系统。电磁系统的故障主要集中在线圈及动、静铁芯部分。

1）线圈故障检修。线圈故障通常有线圈绝缘损坏；受机械伤形成匝间短路或接地；由于电源电压过低，动、静铁芯接触不严密，使通过线圈电流过大，线圈发热以致烧毁。其在修理时，应重绕线圈。如果线圈通电后衔铁不吸合，可能是线圈引出线连接处脱落，使线圈断路。检查出脱落处后焊接上即可。

2）铁芯故障检修。铁芯故障主要有通电后衔铁吸不上。这可能是由于线圈断线，动、静铁芯之间有异物，电源电压过低等造成的。应区别情况修理。

通电后，衔铁噪声大。这可能是由于动、静铁芯接触面不平整，或有油污染造成的。修理时，应取下线圈，锉平或磨平其接触面；如有油污应进行清洗。

噪声大可能是由于短路、环断裂引起的，修理或更换新的短路环即可。

断电后，衔铁不能立即释放，这可能是由于动铁芯被卡住、铁芯气隙太小、弹簧劳损和铁芯接触面有油污等造成的。检修时应针对故障原因区别对待，或调整气隙使其保护在 0.02～0.05mm，或更换弹簧，或用汽油清洗油污。

对于热继电器，其感测机构是热元件。其常见故障是热元件烧坏、热元件误动作和热元件不动作。

热元件烧坏。这可能是由于负载侧发生短路，或热元件动作频率太高造成的。检修时应更换热元件，重新调整整定值。

热元件误动作。这可能是由于整定值太小、未过载就动作，或使用场合有强烈的冲击及振动，使其动作机构松动脱扣而引起误动作造成的。

热元件不动作。这可能是由于整定值太小，使热元件失去过载保护功能所致。检修时应根据负载工作电流来调整整定电流。

（2）执行机构的检修。大多数继电器的执行机构都是触点系统。通过它的"通"与"断"，来完成一定的控制功能。触点系统的故障一般有触点过热、磨损、熔焊等。引起触点过热的主要原因是容量不够，触点压力不够，表面氧化或不清洁等；引起磨损加剧的主要原因是触点容量太小，电弧温度过高使触点金属氧化等；引起触点熔焊的主要原因是电弧温度过高，或触点严重跳动等。触点的检修顺序如下。

1）打开外盖，检查触点表面情况。

2）如果触点表面氧化，对银触点可不做修理，对铜触点可用油光锉锉平或用小刀轻轻刮去其表面的氧化层。

3）如果触点表面不清洁，可用汽油或四氯化碳清洗。

4）如果触点表面有灼伤烧毛痕迹，对银触点可不必整修，对铜触点可用油光锉或小刀整修。不允许用砂布或砂纸来整修，以免残留砂粒，造成接触不良。

5）触点如果熔焊，应更换触点。如果是因触点容量太小造成的，则应更换容量大一级的继电器。

6）如果触点压力不够，应调整弹簧或更换弹簧来增大压力。若压力仍不够，则应更换触点。

（3）中间机构的检修。

1）对空气式时间继电器，其中间机构主要是气囊。其常见故障是延时不准。这可能是由于气囊密封不严或漏气，使动作延时缩短，甚至不延时；也可能是气囊空气通道堵塞，使动作延时变长。修理时，对于前者应重新装配或更换新气囊，对于后者应拆开气室，清除堵塞物。

2）对速度继电器，其胶木摆杆属于中间机构。如反接制动时电动机不能制动停转，就可能是胶木摆杆断裂。检修时应予以更换。

【特别提醒】

继电器的触点的额定电流一般都较小，一般不超过 5A。但为达到灵敏度高和结构小巧的目的，继电器触点压力不得不取得尽可能的小，加之动作又很频繁，而负载又多为电感性的，工作电流比较大。因此，有时需要设置灭火花电路以减轻触点的负担。

当继电器的触点磨损过快或火花太大（甚至产生无线电干扰）时，应采用灭火花电路。灭火花电路就是与继电器的触点并联的放电回路，在继电器的触点分断时，能把电流转移到放电回路，以此保护触点。灭火花电路用于继电器，以保护其触点系统，降低其磨损，提高其分断能力，从而保证整个继电器的工作安全可靠。

7. 时间继电器动作时间的检验

时间继电器是指当加入（或去掉）输入的动作信号后，其输出电路需经过规定的准确时间才产生跳跃式变化（或触头动作）的一种继电器；是一种使用在较低的电压或较小电流的电路上，用来接通或切断较高电压、较大电流的电路的电气元件，如图 3-41 所示。

在做定期检验时，继电器在整定位置加以额定电压测量动作时间三次，取其平均值，要求每次测量值与整定值的误差应不超过 0.07s。对新安装的继电器还需在额定电压下测定最大与最小刻度位置时的动作时间。

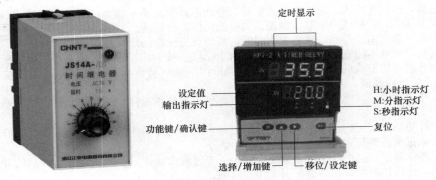

图 3-41 时间继电器

直流时间继电器的动作电压不大于70%额定电压值,返回电压应不小于5%额定电压值。
当测得的时间与刻度值不符时,可移动刻度盘使其满足要求。当继电器全刻度误差超过其
值的±3%时,应对钟表机构进行调整,其调整方法如下。
(1) 调整钟摆偏心轴承,使钟摆与摆齿啮合适当,以防卡死或打滑。
(2) 调整钟摆摆锤的远近。若时间短,可调远些;否则,反之。
(3) 调整钟表弹簧的拉力。
当使用与频率有关的仪器进行时间测量时,应对频率的影响加以校正。

8. 时间继电器常见故障检修

时间继电器常见故障原因及检修方法见表3-24。

表 3-24　　　　　　　　时间继电器常见故障原因及检修方法

故障现象	产生原因	检修方法
触头不动作	(1) 电磁线圈断线 (2) 电源电压低于线圈额定电压很多 (3) 电动式时间继电器的同步电动机线圈断线 (4) 电动式时间继电器的棘爪无弹性,不能刹住棘齿 (5) 电动式时间继电器游丝断裂	(1) 更换线圈 (2) 更换线圈或调高电源电压 (3) 重绕电动机线圈,或调换同步电动机 (4) 更换新的合格的棘爪 (5) 更换游丝
延时时间变长	(1) 空气阻尼式时间继电器的气室内有灰尘,使气道阻塞 (2) 电动式时间继电器的传动机构缺润滑油	(1) 清除气室内灰尘,使气道畅通 (2) 加入适量的润滑油
延时时间缩短	(1) 空气阻尼式时间继电器的气室装配不严,漏气 (2) 空气阻尼式时间继电器的气室内橡皮薄膜损坏	(1) 修理或调换气室 (2) 更换橡皮薄膜

9. 热继电器常见故障检修

热继电器是利用电流的热效应来切断电路的保护电器,是用于电动机或其他电气设备、电
气线路的过载保护元件,如图3-42所示。热继电器常见故障原因及检修方法见表3-25。

【特别提醒】
热继电器动作后的检查如下。
(1) 断开回路开关,并解开所有连锁控制。
(2) 检查该热继电器为何动作,并消除动作隐患。
(3) 按复位按钮,让热继电器手动复位至原始状态。

图 3-42　热继电器

表 3-25　　　　　　　　　　　　　　**热继电器常见故障原因及检修方法**

故障现象	产生原因	检修方法
误动作	(1) 选用热继电器的规格不当（例如与负载电流值不匹配） (2) 热继电器整定电流值偏低 (3) 电动机启动电流过大，电动机启动时间过长 (4) 在短时间内频繁启动电动机 (5) 连接热继电器主回路的导线过细、接触不良或主导线在热继电器接线端子上未压紧 (6) 热继电器受到强烈的冲击震动 (7) 热继电器安装不合规定，或热继电器周围温度与被保护设备的周围温度相差太大	(1) 更换热继电器，使它的额定值与电动机额定值相符 (2) 调整热继电器整定值使其正好与电动机的额定电流值相符合并对应 (3) 减轻启动负载；电动机启动时间过长时，应将时间继电器调整的时间稍短些 (4) 减少电动机启动次数 (5) 更换连接热继电器主回路的导线，使其横截面积符合电流要求；重新压紧热继电器主回路的导线端子 (6) 改善热继电器使用环境 (7) 按照规定安装热继电器，按两处的温度差配置适当的热继电器
电动机烧坏，热继电器不动作	(1) 热继电器整定电流值整定得过大 (2) 热继电器的热元件脱焊或烧断 (3) 热继电器动作机构卡死 (4) 上导板脱出 (5) 连接热继电器的主回路导线过粗 (6) 年久失修，导致机械动作机构和胶木零件的磨损。积尘锈蚀或变形甚至卡住	(1) 重新调整热继电器电流值 (2) 用酒精清洗热继电器的动作触头，更换损坏部件 (3) 调整热继电器动作机构，并加以修理 (4) 导板脱出，要重新放入并调整好 (5) 更换成符合标准的导线 (6) 定期修理调整，防止热继电器动作特性发生变化
热元件烧坏	(1) 选用的热继电器规格与实际负载电流不匹配 (2) 负载侧短路或电流过大 (3) 操作电动机过于频繁启动 (4) 热继电器动作机构不灵，使热元件长期超载运行 (5) 热继电器的主接线端子与电源线连接时有松动现象或接头处氧化，线头接触不良引起发热烧坏	(1) 热继电器的规格要选择适当 (2) 检查并排除电路的短路故障后，更换合适的热继电器 (3) 改变操作电动机方式，减少启动电动机次数 (4) 更换动作灵敏的合格热继电器 (5) 设法去掉接线头与热继电器接线端子的氧化层，并重新压紧热继电器的主接线
动作不稳定	(1) 接线螺钉未拧紧 (2) 配电电源质量差，电压波动太大	(1) 拧紧接线螺钉 (2) 加装电源稳压器，改善电源电压质量

（4）合上回路开关，使用接触器为回路供电，检查电动机等设备运行是否正常，热继电器是否继续跳闸。

（5）一切正常之后，连上所有控制回路，将热继电器进入准备用运行状态。

3.2.6 主令控制器的维护与检修

1. 主令控制器的作用

主令控制器主要用于电气传动装置中，按照预定程序换接控制电路接线的主令电器，达到发布命令或其他控制线路联锁、转换的目的，如图 3-43 所示。

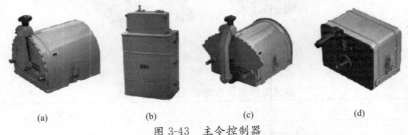

图 3-43 主令控制器
(a) LK1 系列；(b) LK4 系列；(c) LK5 系列；(d) LK16 系列

主令控制器适用于频繁对电路进行接通和切断，常配合磁力启动器对绕线式异步电动机的启动、制动、调速及换向实行远距离控制，广泛用于各类起重机械的拖动电动机的控制系统中。

由于主令控制器的控制对象是二次电路，所以其触头工作电流不大。

2. 主令控制器的类型

主令控制器按其结构形式（主令能否调节）可分为两类：一类是主令可调式主令控制器；一类是主令固定式主令控制器。前者的主令片上开有小孔和槽，使之能根据规定的触头关合图进行调整；后者的主令只能根据规定的触头关合图进行适当的排列与组合。

常用的主令电器有按钮、行程开关、万能转换开关、主令控制器等。

3. 主令控制器的结构

主令控制器一般由触头系统、操作机构、转轴、手柄、复位弹簧、接线柱等组成，如图 3-44 所示。

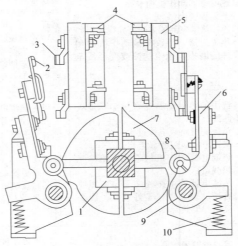

图 3-44 主令控制器的结构
1—方形转轴；2—动触头；3—静触头；4—接线柱；5—绝缘板；
6—支架；7—凸轮块；8—小轮；9—转动轴；10—复位弹簧

4. 主令控制器的选用

主令控制器主要根据使用环境、所需控制的回路数、触头闭合顺序等进行选择。

（1）主令控制器的控制路数要与所需控制的回路数量相同。

（2）触点闭合的顺序要有规则性。例如，LK3-12/90 型主令控制器触点闭合的顺序如图 3-45 所示。

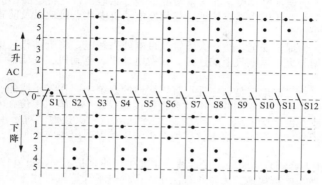

图 3-45　LK3-12/90 型主令控制器触点闭合的顺序

（3）长期允许电流应选择在接通或分断电路时主令控制器的允许电流范围之内。

（4）对主令控制器进行选用时，也可以参考相应的技术参数进行选择。

5. 主令控制器的维护

（1）主令控制器应经常检查、保养和校核，确保限位准确可靠，触点无烧毛现象。

（2）应定期清除控制器内部的灰尘。

（3）主令控制器不使用时，手柄应停在零位。

6. 主令控制器常见故障分析及检修

主令控制器常见故障原因及检修方法见表 3-26。

表 3-26　　　　　　　　　主令控制器常见故障原因及检修方法

故障现象	故障原因	检修方法
操作不灵活	滚动轴承损坏或卡死	修理或更换轴承
	凸轮鼓或触头嵌入异物	取出异物，修复或更换产品
	操纵杆上的"防尘皮碗"损坏，灰尘、纸皮垃圾或雨水等进入控制器内部，造成触点脏污或被卡	对各触点用电器清洁剂喷射清洁、活络，测量各触点直至证实其动作正常然后再装复即可
触头过热或烧毁	控制器容量过小	选用较大容量的主令控制器
	触头压力过小	调整或更换触头弹簧
	触头表面烧毛或有油污	修理或清洗触头
定位不准或分合顺序不对	凸轮片碎裂脱落或凸轮角度磨损变化	更换凸轮片

3.3　电气接地装置的维护与检修

3.3.1　电气设备接地技术

1. 电气接地技术的几个概念

（1）接地。电气设备必须接地的部分与大地（土壤）做良好的连接，称为接地。接地是确保电气设备正常工作和安全防护的重要措施。

（2）接地装置。电气设备接地通过接地装置实施。接地装置由接地体和接地线组成。与土壤直接接触的金属体称为接地体；连接电气设备与接地体之间的导线（或导体）称为接地线。

接地体与接地线总称为接地装置。接地装置供工作接地和保护接地之用。接地线又分接地干线和接地支线两种。

接地装置按照接地体数量的多少，可分为单极接地装置、多极接地装置和接地网络。

（3）工作接地。为保证电气设备在正常情况下能可靠地运行，将电路中的某一点与大地做电气上的连接，如三相变压器中性点接地、三相发电动机中性点接地以及防雷接地等，称为工作接地。

（4）保护接地。为保证安全，防止人体触及带电外壳触电，将电动机、电器的金属外壳及同外壳相连的金属架与大地做电气上的连接，如发电动机、电动机、变压器等外壳接地，称为保护接地。

（5）重复接地。重复接地就是在中性点直接接地的系统中，在零干线的一处或多处用金属导线连接接地装置。在低压三相四线制中性点直接接地线路中，施工单位在安装时，应将配电线路的零干线和分支线的终端接地，零干线上每隔 1km 做一次接地。对于接地点超过 50m 的配电线路，接入用户处的中性线仍应重复接地，重复接地电阻应不大于 10Ω。

【特别提醒】

在 TN-S（三相五线制）系统中，中性线（工作中性线）是不允许重复接地的。

（6）防静电接地与屏蔽接地。为防止智能化大楼内电子计算机机房干燥环境产生的静电对电子设备的干扰而进行的接地称为防静电接地。

为了防止外来的电磁场干扰，将电子设备外壳体及设备内外的屏蔽线或所穿金属管进行的接地，称为屏蔽接地。

2. 低压系统接地的几种方式

（1）TN 系统。系统有一点直接接地，装置的外露导电部分用保护线与该点连接。按照中性线与保护线的组合情况，TN 系统接地有 3 种方式。

1）TN-S 系统。整个系统的中性线与保护线是分开的，如图 3-46 所示。

2）TN-C-S 系统。系统中有一部分中性线与保护线是合一的，如图 3-47 所示。

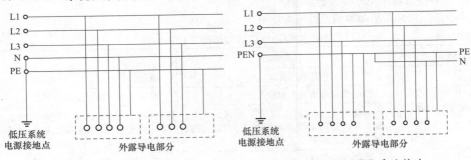

图 3-46　TN-S 系统接地　　　　　　　图 3-47　TN-C-S 系统接地

3）TN-C 系统。整个系统的中性线与保护线是合一的，如图 3-48 所示。

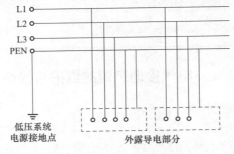

图 3-48　TN-C 系统接地

（2）TT 系统。TT 系统有一个直接接地点，电气装置的外露导电部分接至电气上，与低压系统的接地点无关，如图 3-49 所示。

（3）IT 系统。IT 系统的带电部分与大地间不直接连接（经阻抗接地或不接地），而电气装置的外露导电部分则是接地的，如图 3-50 所示。

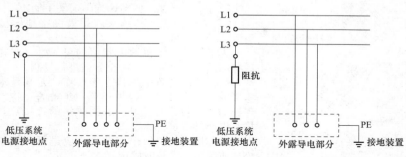

图 3-49　TT 系统接地　　　　　　　图 3-50　IT 系统接地

3. 电气设备的接地方法

电气设备的接地通常用直接焊接和用螺栓连接两种方法，如图 3-51 所示。一般来说，电气设备不需要移动的设备构架、底盘等常采用焊接接地；但对于检修时需要拆卸、移动的设备，如变压器、电动机等，通常采用螺栓连接接地。

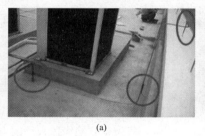
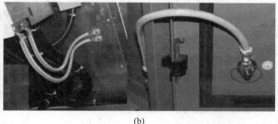

(a)　　　　　　　　　　　　　　　　(b)

图 3-51　电气设备的接地方法
（a）焊接接地；（b）螺栓连接接地

设备直接通过接地扁钢接地，需将连接端打孔后加工搪锡，以防止接触面锈蚀。连接时，螺栓应带弹簧垫圈。如是圆钢接地线，则需将圆钢端头弯成合适的圆圈，再将圆圈加热打扁并加工后搪锡，使接触良好，圆圈内孔以稍大于接地螺栓直径为宜，圆圈应顺时针弯成。用多股铜线作接地线，主要用于从接地支线引至设备的一段，而且是扁钢或圆钢接地线不便于直接引接的地方，将两端弯圈后，再用螺栓连接。

3.3.2　电气接地装置运行维护与检修

接地装置如同其他电气设备和电气装置一样，应进行定期的检查和维修，使它工作可靠，减少事故的发生。

1. 接地装置定期维护项目

接地装置在运行中接地线与接中性线有时遭到外力破坏或腐蚀，会有损伤或断裂。另外，随着土壤的变化，接地电阻也能变化。因此，必须对接地装置定期检查和维护。

（1）接地电阻的阻值定期复测。工作接地每隔半年至一年复测一次；保护接地每隔 1～2 年复测一次。测得接地电阻增大时，应及时维修，不可强行使用。如图 3-52 所示，接地电阻的测量方法如下。

1）拆开接地干线与接地体的连接点，或拆开接地干线上所有接地支线的连接点。

2）将一支测量接地棒插在离接地体 40m 远处；另一支测量接地棒插在离接地体 20m 远处，两个接地棒均垂直插入地面深 400mm。

3）将绝缘电阻表放置在接地体附近平整的地方后接线，最短的连接表上接线柱 E 和接地

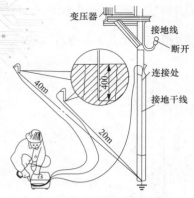

图 3-52 测量接地电阻

体；最长的一根连接线连接表上接线柱 0m 和 40m 处的接地棒；较短的一根连接线连接表上接线柱 P 和 20m 远的接地棒。

4）根据被测接地体接地电阻要求，调节好粗调旋钮。

5）以 120r/min 的转速均匀摇动手柄。

6）指针稳定，其结果就是被测接地体接地电阻的阻值。

为了保证所测接地电阻值的可靠性，应在测试完毕后移动两根接地棒，换一个方向进行复测。

（2）接地装置的每一个连接点，尤其是采用螺钉或压接的连接点，应每隔半年至一年检查一次，连接点出现松动，必须及时拧紧。采用焊接的连接点，也应定期检查焊接是否符合标准。

（3）接地线的每个支持点，应进行定期检查。发现松动或脱落，应及时固定好。

（4）应定期检查接地体和接地体连接干线是否出现严重锈蚀。若有严重锈蚀，应及时更换，不能强行使用。

2. 运行中的安全检查

（1）检查接地线各连接点的接触是否良好，有无损伤、折断和腐蚀现象。

（2）对含有重酸、碱、盐和金属矿岩等化学成分的土壤地带，应定期对接地装置的地下 500mm 以上部位挖开地面进行检查，观察接地体的腐蚀程度。

（3）检查分析所测量的接地电阻值变化情况，是否符合要求，并在土壤电阻率最大时进行测量，应做好记录，以便分析、比较。

（4）设备每次检修后，应检查接地线是否牢固。

（5）检查接地支线和接地干线是否连接牢固。

（6）检查接地线与电气设备及接地网的接触是否良好，若有松动脱落现象，要及时修补。

（7）对移动式电气设备的接地线，每次使用前检查接地情况，观察有无断股等现象。

3. 寻找接地故障的方法

（1）当发现接地指示仪的一相电压降低，其他二相电压正常，应先检查绝缘监视用的电压互感器的熔体有无熔断。

（2）断开分段断路器，判断接地点在哪一段母线上。首先，断开绝缘性能较差、防雷性能较弱、路径较长、分支线较多、负荷较轻而重要性较小的线路，当线路有重合闸装置时，可利用该装置来查找接地故障。配电线路检查完后，若故障仍然存在，应检查母线上的电器和电源。最后，用调换备用母线的方法来检查母线系统。

（3）寻找接地故障时，可进行外观检查，直接用手操作断路器，用钳形电流表测量接地电流，但应戴绝缘手套、穿绝缘靴，防止直接触及已经接地的金属。

（4）如发现接地故障危及人身和设备的安全，应立即拉闸断开故障线路，及时进行处理。

4. 接地装置常见简单故障的排除

（1）连接点松动或脱落。最容易出现松动的是移动电具的接地线与外壳之间的连接处，发现松动时应及时处理。

（2）遗漏接地或接错位置。在设备进行维修或更换时，一般都要拆卸接地线头。在重新安装设备时，往往会因疏忽而把接地线头漏接或接错，发现时应及时改正。

（3）接地线局部电阻大。常见的是连接点存在轻度松动；连接点的接触面存在氧化层或其他污垢；跨度过渡线松散等。如有上述情况，应重新拧紧压接螺钉或清除氧化层及污垢并连接好。

（4）接地线面积太小。这种情况通常是由于设备容量增加后而接地线没有相应更换，应及时更换接地线。

（5）接地体露出地面，把接地体深埋，并填土覆盖、夯实。

（6）接地线有机机械损伤、断股或化学腐蚀现象，应更换截面积较大的镀锌或镀铜接地线，或在土壤中加入中和剂。

5. 中性线带电故障的检修

低压三相四线制供电网络，均采用中性点（中性线）直接接地。从而使零线与大地的电位差形成等电位。根据这一原理，供电部门常常利用等电位的原理来制定带电作业或者电工操作的安全措施。一旦某一地区（部位）产生电位差，电工操作过程中就必须采取安全措施，否则将有触电的危险。例如，配电变压器 380/220V 侧配电系统中性线带电，会影响整个网络的正常供电，危及人身及设备安全。应尽快查明原因，排除故障方可供电。

（1）线路上有电气设备漏电，而保护装置未动作，使中性线带电。停电进行检修，找出漏电的设备进行修复，并查找保护装置未动作的原因。

（2）线路上有一相接地，电网中的总保护装置未保护，使中性线带电。停电后，首先用绝缘电阻表对线路进行测量，看线路是否有绝缘不好的地方。测量时，注意线路中的仪表要断开。

（3）中性线接触不良或者断裂。当配电变压器内部中性线接头接触不良或者计量箱内中性线接头由于年久失修氧化松动时，负荷侧的照明灯会出现忽亮忽暗现象，最亮时灯泡可能烧毁。其原因就是中性线接头接触不良所致，灯泡忽亮时，是由于相电压电位偏移，使得该相电压升高到 220V 以上，造成灯泡或者正在使用的家用电器烧毁，甚至危及人身安全。户外三相四线低压线路如果在某一处中性线连接点发生接触不良，也会造成以上故障。因此，应尽量减少线路途中中性线接头，以保证正常供电。

（4）在接零电网中，有个别电气设备采取保护接地而且漏电，使中性线带电。检修时，先要分清系统是接零系统还是接地系统，或是接零系统中进行了重复接地。然后，再进行正确的安装接地线。

（5）维修线路时误接零线。当配电变压器需要检修，在拆开低压连线时，务必按照原来配电线路相序排列做好记号，检修完毕再按原来顺序记号进行接线，防止中性线与相线对换，造成中性线带电引起事故。

（6）在电网中，有的电气设备的绝缘已破坏而漏电，使中性线带电。检查出绝缘电阻不符合规程要求的电气设备，进行修理。

（7）中性线接触良好，但接地电阻大。按照国家有关变压器安装标准，配电变压器容量在 100kVA 以下的接地电阻应小于 10Ω，100kVA 以上的接地电阻应小于 4Ω。否则，低压线路送得越远，在负荷侧的中性线接地电阻增大，中性线也会出现带电现象。在这种情况下，采取的措施是在负荷侧总的计量箱前再将中性线重复接地，接地电阻小于 4Ω 可以排除。

（8）高压窜入低压，使中性线带电。这种故障是最难对付的一种，对人有危险。一定要按操作规程去操作。

（9）高压采取二线一地运行方式，其接地体与低压工作接地或重复接地体相距太近时，由于高压侧工作接地上的电压降而影响低压侧的工作接地，使中性线带电。应查出原因，按相应的规程对线路进行重新敷设。

上述前 5 种情况较为普遍，应查明原因，采取相应措施给予消除。在接地网中采取保护接零措施时，必须有一个完整的接零系统，才能消除中性线带电。

6. 接地点土壤电阻率高的处理

（1）换土，用电阻率较低的黏土、黑土或沙质黏土替换电阻率较高的土壤，一般换掉接地体上部的 1/3 长度，周围 0.5m 以内的土壤，换新土后应进行夯实。

（2）深埋，若接地点的深层土壤电阻率较低，可适当增加接地体的埋设深度，最好埋到有地下水的深处。

（3）外引接地，用金属引线将接地体引至附近电阻率较低的土壤中或常年不冻的河、塘水中，或敷设水下接地网，以降低接地电阻。

（4）化学处理，在接地点的土壤中混入炉渣、废碱液、木炭、炭黑、食盐等化学物质或采用专门的化学降阻剂，均可有效地降低土壤的电阻率。

（5）保水，将接地极埋在建筑物的背阳面或比较潮湿处；将污水引向埋设接地体的地点，当接地体用钢管时，每隔 200mm 钻一个直径为 5mm 的孔，使水渗入土中。

（6）延长，延长接地体，增加与土壤的接触面积，以降低接地电阻。

（7）对冻土的处理，在冬天往接地点的土壤中加泥炭，防止土壤冻结，或将接地体埋在建筑物的下面。

第4章

常用电动工具维护与检修

电动工具是以电动机或电磁铁为动力，通过传动机构驱动工作头的一种机械化工具。它具有结构轻巧、携带和使用方便等优点，广泛用于机械加工、建筑施工、设备安装、机械维修和住房装饰等场所。电动工具种类繁多，功能齐全，携带方便，使用简单，常见电动工具如图4-1所示。本章主要讲述手持式电动工具的结构、选用等知识，并以电钻为例介绍电动工具的维修方法。

图 4-1　常见电动工具

4.1　电动工具基础知识

手持式电动工具种类繁多，包括手电钻、冲击钻和电锤等。这些工具是工农业生产、建筑、矿山工地上使用最多也是发生电击等意外事故较多的用电设备。这主要是由于工具紧握在使用人员的手中，一旦工具带电，将有较大的电流通过人体，后果非常严重。为减少使用工具时触电等意外事故的发生，确保使用工具人员的安全，下面就手持式电动工具的结构、分类与使用等问题予以介绍。

4.1.1　电动工具的基本结构及要求

1. 电动工具的基本结构

电动工具主要是由电气部分和机械部分组成。

电动工具的电气部分包括定子、电枢、开关、电源线、电源连接组件等。定子和电枢又称电动机部分。

　　电动工具的机械部分包括外壳、传动机构、手柄、输出装置等。其中，电动机和传动机构与工作头直接相连的称为直连式电动工具；通过软轴连接的称为软轴式电动工具。如图 4-2 所示为电动工具的基本结构。

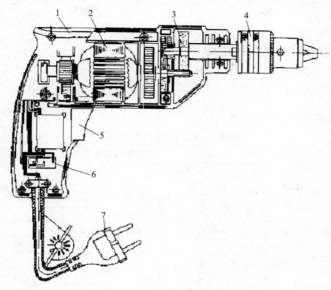

图 4-2　电动工具的基本结构

1—外壳；2—电动机；3—传动机构；4—工作头；5—开关；6—干扰抑制器；7—电源插头

　　（1）外壳。外壳一般由工程塑料或铝合金制造，具有重量轻、强度高、造型大方、色泽美观和谐等优点，尤其是增强了电动工具的安全可靠性能。

　　（2）电动机。电动工具使用的电动机主要有单相串激、交直流两用、三相中频异步笼式和永磁直流电动机等。较大规格的电动工具大多采用三相工频异步笼式电动机。永磁直流电动机一般用于微型和小型电动工具，可用于水下及高空作业。

　　（3）传动机构。传动机构的主要功能是传递能量、变速和改变运动方向。由于加工作业的需要，电动工具运动有各种形式，如往复、冲击、旋转、振动和复合运动。传动齿轮中有直齿圆柱齿轮、锥形齿轮和内啮合齿轮。传动机构的特点是齿轮模数小，转速高，速比大，齿轮强度满足长期满载运转，能承受较大的制动转矩和冲击力，力求运动过程中噪声小。

　　（4）工作头。工作头是作业工具和夹持结构的总称，包括对工件进行加工的刀具、刃具、磨具及其夹持部分，如夹持各种钻头、锯片、锯条、磨具、丝锥、螺丝刀及钎子的组合。

　　（5）开关。电动工具开关安装在电动工具本体或附件上，主要用作接通与分断或改变电动工具的旋转方向，限制空载转速，调节运转速度以及其他保护与控制，并具有瞬时动作机构，使触头快速通、断。手掀式开关能自动复位切断电源，有的还装有自锁机构，要求开关安全可靠。

　　（6）干扰抑制器。干扰抑制器用于抑制单相串激或交、直流两用电动工具对电视和无线电的干扰。但干扰抑制器装入工具的元件不得对工具的安全造成有害影响。

　　（7）电源插头及连接件。电动工具与电源连接主要由电源插头、电源电缆线、护套等组成。Ⅰ类工具中带有保护接地线，Ⅱ类工具不允许有保护接地线。电源电缆线进入电动工具接口处要用橡胶等绝缘材料制成的护套保护，Ⅱ类工具必须采用加强绝缘的电源插头。

2. 电动工具的基本要求

　　（1）安全可靠。在使用过程中避免发生触电事故，对Ⅰ类工具必须有可靠的保护接地或保护接零。应发展使用Ⅱ类工具，电源开关通、断电源及时可靠，作业工具、刀具外壳应有防止手指触及内部旋转和带电零件。

（2）结构轻便、噪声低，振动小、携带操作方便，坚固耐用。

（3）电源线应采用橡皮绝缘软电缆。单相用三芯电缆、三相用四芯电缆；电缆不得有破损或龟裂，中间不得有接头。

（4）绝缘电阻要合格。

4.1.2 电动工具的种类和绝缘

1. 电动工具的分类

电动工具品种繁多，目前世界上的电动工具已经发展到近 500 个品种。下面介绍几种常用的分类方法。

（1）电动工具按照不同用途分类，见表 4-1。

表 4-1　　　　　　　　　　　电动工具按照不同用途分类

类别	常用电动工具举例
金属切削类	电钻、往复锯、型材切割机等
砂磨类	角磨、砂光机、抛光机等
装配类	电动扳手、电动螺钉枪、电动铆钉枪等
建筑、道路类	电锤、锤钻、冲击钻、电镐、石材切割机
林木加工类	电刨、曲线锯、电圆锯、电木铣、开槽机、修枝机等
农牧类	电动剪毛机等
采掘矿山类	电动凿岩机、岩石电钻等
铁道类	螺钉电扳手、枕木电钻、枕木电镐等
其他	电动气泵、电喷枪、电焊枪等

（2）电动工具按照电气安全防护分类，见表 4-2。

表 4-2　　　　　　　　　　　电动工具按照电气安全防护分类

类别	说明
Ⅰ类电动工具	工具中设有接地装置，绝缘结构中全部或多数部位有基本绝缘。假如绝缘损坏，由于可触及金属零件通过接地装置与安装在固定线路中的保护接地（见接地）或保护接零导线连接在一起，不致成为带电体，可防止操作者触电。 Ⅰ类电工工具的电源线插头为 3 脚插头。
Ⅱ类电动工具	这类工具的绝缘结构由基本绝缘和附加绝缘构成的双重绝缘或加强绝缘组成。当基本绝缘损坏时，操作者由附加绝缘与带电体隔开，不致触电。 Ⅱ类工具必须采用加强绝缘电源插头，且电源插头与软电缆或软线压塑成一体的不可重接电源插头。换句话说，Ⅱ类工具只允许采用不可重接的二脚电源插头
Ⅲ类电动工具	这类工具由安全电压电源供电。安全电压指导体之间或任何一个导体与地之间空载电压有效值不超过 50V；对三相电源，导体与中线之间的空载电压有效值不超过 29V。安全电压通常由安全隔离变压器或具有独立绕组的变流器供给。 安全电压通常由安全隔离变压器或具有独立绕组的变流器供给。Ⅲ类工具上不允许设置保护接地装置。

电动园林工具
（IEC 62841—4）

（3）电工工具按照标准不同分类，见表 4-3。

表 4-3　　　　　　　　　　　电工工具按照标准不同分类

类别	常用电动工具举例
手持式电动工具（IEC 62841—2）	电锤、电钻、冲击钻等
可移式电动工具（IEC 62841—3）	切割机、开槽机等
家电类工具（EN 60335）	吹风机、割草机、打草机、热风枪等

【特别提醒】

（1）在一般情况下，为保证使用的安全，应选用Ⅱ类工具，装设漏电保护器、安全隔离变压器等，否则，使用者必须戴绝缘手套、穿绝缘鞋或站在绝缘垫上。

（2）在潮湿的场所或金属构架上等导电性能良好的作业场所，必须使用Ⅱ类或Ⅲ类工具。如果使用Ⅰ类工具，必须装设额定漏电动作电流不大于 30mA，动作时间不大于 0.1s 的漏电保护器。

（3）在狭窄场所如锅炉、金属容器管道等应使用Ⅲ类工具。如果使用Ⅱ类工具，必须装设额定漏电动作电流不大于 15mA，动作时间不大于 0.1s 的漏电保护器。

（4）在特殊环境如潮湿、雨雪以及存在爆炸性或腐蚀性气体的场所，使用的工具必须符合相应防护等级的安全技术要求。

2. 电动工具的绝缘

（1）基本绝缘是带电部分上对防止触电起基本保护作用的绝缘，如转子的槽绝缘、定子线圈的绝缘衬垫等。基本绝缘置于带电部分上并直接与带电部分（换向器、转子绕组、定子绕组）接触。

（2）附加绝缘是在基本绝缘损坏的情况下，为防止触电而在基本绝缘之外使用的"独立"绝缘，如转子冲片与转轴间设置的绝缘等。附加绝缘靠近可触及的金属零件或使用者可触及的如外壳、主轴。

（3）双重绝缘是由基本绝缘和附加绝缘组成的绝缘。双重绝缘是Ⅱ类工具的主要绝缘形式，除了由于结构、尺寸和技术合理性等使双重绝缘难以实施的特定部位和零件外，Ⅱ类工具的带电部分均应由双重绝缘与可触及的金属零件或可触及表面隔开。

在结构上，基本绝缘置于带电部分上并直接与带电部分接触；附加绝缘靠近可触及的金属零件或是使用者可触及的。

【特别提醒】

Ⅰ类和Ⅱ类工具的电压一般为 220V 或 380V，Ⅲ类工具为 36V，国家标准规定为 42V。Ⅱ类手持工具有"回"字标识。

手持式电动工具的外壳、手柄、插头、开关、负荷线等必须完好无损，使用前必须做绝缘检查和空载检查，在绝缘合格、空载运转正常后方可使用。用 500V 绝缘电阻表测绝缘电阻不应小于表 4-4 规定的数值。

表 4-4 　　　　　　　　　　　手持式电动工具绝缘电阻限值

测量部位	绝缘电阻（MΩ）		
	Ⅰ类	Ⅱ类	Ⅲ类
带电零件与外壳之间	2	7	1

4.1.3 常用电动工具介绍

1. 电钻

电钻是一种在金属、塑料及类似材料上钻孔的工具，常用的有单相串激电钻和三相工频电钻。如图 4-3 所示。

(a)　　　　　　　　　　　　　　　　　(b)

图 4-3　电钻

（a）单相串激电钻；（b）三相工频电钻

一般 19mm 以下的电钻多采用三爪式钻夹头，19～49mm 的电钻均采用莫氏圆锥套筒。同一规格，根据其参数不同可分为 A 型、B 型和 C 型。

A 型电钻主要用于普通钢材的钻孔，如 A3、25～45 号钢角铁等。

B 型电钻主要用于优质钢材及各种钢材的钻孔，额定输出功率和转矩比 A 型大，持续和过载能力强，转速与 A 型相仿。

C 型电钻主要用于铝、铜等有色金属及其合金、塑料和铸铁等材料的钻孔，额定输出功率和转矩比 A 型小，转速较高。

2. 磁座钻

磁座钻又称吸铁钻，是一种安装在设有电磁吸盘，回转机构进给装置的机架上，使用时由电磁吸盘将整机吸附在钢铁的水平面、侧面、顶面或曲面（须在电磁铁和曲面间加垫块）上钻孔的电钻，如图 4-4 所示。它与一般电钻相比，能减轻劳动强度，提高钻孔精度，尤其适用于大型工件和高空钻空。

图 4-4　磁座钻

进给装置能在 0～190mm 深度范围内进行钻削作业，回转机构使磁座钻做 0～20mm 的径向位移和在 330°角度范围内自由调节，用于对准所需的钻空位置，进行钻空作业。最大吸力为 8000～10000N，断电保护时间大于 8～10min，保护吸力 7000～8000N。

3. 电剪刀／电冲剪

电剪刀是一种刀架为马蹄形单刃剪切的手持式电剪刀，用于裁剪钢板、铝材及其他金属板材，如图 4-5（a）所示。

电冲剪的用途与电剪刀相同，但它与电剪刀相比又具有冲剪波纹钢板、塑料板、层压板等及开切各种不同形状的空洞，且冲剪过程中被冲剪的材料不会变形的特点，如图 4-5（b）所示。

(a)　　　　　　　　　　　　　　　　　(b)

图 4-5　电剪刀和电冲剪
(a) 电剪刀；(b) 电冲剪

4. 角向磨光机

角向磨光机用于切割不锈钢、合金钢、普通碳素钢的型材或管材，或修磨工件的飞边、毛刺，换上专用砂轮可切割砖、石、石棉波纹板等建筑材料；换上圆盘钢丝刷，可用于除锈、砂光金属表面；换上抛轮，则可抛光各种材料的表面，如图 4-6 所示。

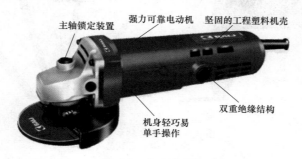

图 4-6　角向磨光机

电动角向磨光机已在机械制造、造船、电力、建筑等部门获得了广泛的应用。

5. 电锤

电锤用于混凝土、砖石等建筑物构件上凿孔、开槽、打毛等作业，如图 4-7 （a）所示。

电锤比冲击电钻打孔效率高 15～20 倍，一般设计制造成 II 类工具。电锤的电源开关耐振的手掀式带自锁的复位开关。

目前，电锤的发展已经多功能化，如可正反转（可逆）、可调速、可恒速、可电钻功能、可电镐功能（化旋转加冲击为单旋转和单冲击）。

电锤的钻头五花八门，如图 4-7 （b）所示。目前常用的有方柄电锤钻头（配龙牌、日立、闽日）、二坑二槽电锤钻头（配博世、得伟、牧田、AEG 等）、五坑钻头（30mm 以上电锤用，欧洲和美国多用五坑钻头）、六角钻头（其中 I 型钻头配龙牌 02-22、42-22，II 型钻头大规格配牧田，日立 PR25B PR38E 等）。

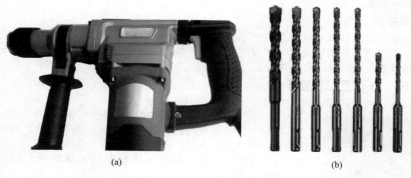

(a)　　　　　　　　　　　　　　　　　(b)

图 4-7　电锤和电锤钻头
（a）电锤；（b）电锤钻头

6. 冲击电钻

冲击电钻和电锤的区别从外观上就可以看出，电锤有快装机构，没有钻夹头；而冲击电钻有钻夹头。就其内部结构而言：电锤的冲击力由机器内部压气活塞与冲击活塞间产生气垫，因冲击活塞随压气活塞同步往复而锤击电锤杆尾部，从而使电锤钻孔。冲击钻的冲击力是借助于操作者的轴向进给压力而产生的，冲击能量不同，所以冲击电钻只能使用在砖石、轻质混凝土等脆性材料上打孔。

冲击电钻如图4-8（a）所示，它使用的钻头是直柄钻头，锥柄钻头要配合钻套使用，如图4-8（b）所示。

(a)　　　　　　　　　　　　　　(b)

图 4-8　冲击电钻和钻头
(a) 冲击电钻；(b) 钻头

4.1.4　电动工具的安全检查

电动工具使用前，应进行以下项目的安全检查。

1. 拆箱检查

一台完整的电动工具包装，应包含以下项目。

(1) 使用说明书。

(2) 附件（视具体产品而定）。

(3) 产品合格证。

(4) 整机。

2. 外观检查

(1) 器具的塑料外壳不得有气泡、裂痕、明显的糊斑及冷隔等严重缺陷。

(2) 器具的金属外壳应无明显缺陷。

(3) 器具的外壳涂层应无起层和剥落现象。

(4) 器具的铭牌应牢固地置于壳体上，不卷曲。

3. 标志检查

(1) 注意器具铭牌所示电源与用户电源必须一致，否则会带来危险。

(2) 检查用户工作条件是否与铭牌所示条件（如器具运作方式、防潮程度等）一致。

(3) 防（隔）爆产品应有防爆论证（KB）标记。

4.1.5　电动工具的安全使用

(1) 在使用前应仔细阅读说明书。

(2) 工作位置区域必须整洁。否则会带来危险，如图4-9所示。

(3) 工作环境应与防溅结构相适应，必须有合适的照明，不能靠近易燃的气体和液体。

(4) 防触电保护，避免人体触及接地体部分，如管道、热元件、接地点等。

(5) 避免儿童靠近器具，非工作人员不容许触及机器和电缆，也不容许进入工作区。

(6) 保管好机器，机器不使用时，应置于干燥、封闭、远离儿童的地方。

(7) 器具负荷不能超过额定负载范围。

(8) 穿戴合适的工作服，不能穿戴易卷入运动部件的宽大工作服或首饰。野外作业推荐使用防滑鞋和橡胶手套，长发戴发套。

(9) 个人防护用品的使用必须符合规定。例如，不得戴手套操作电钻等高速旋转的工具等。在起尘工作时，须戴口罩，佩戴安全

图 4-9　工作位置区域
必须整洁

眼镜，如图 4-10 所示。

（10）电源线不能用作其他用途，不能让器具碰着电源线，不要将电源置于热、油、锋利边处。Ⅰ类工具的保护接地（PE）应电网系统 PE 线可靠连接，不应以自来水管、暖气管代替。

（11）利用比手持被加工件更安全的夹具固定被加工件。

（12）在合上电源前先检查钥匙是否从器具上拿走。

（13）避免非正常的工作姿势，时刻注意保持身体平衡。

（14）避免无意识启动。启动开关插头与电源相连接时，开关在"关"状态。器具与电网连接时，手指不能放在开关键上。

图 4-10　在起尘工作时须戴口罩

（15）工具的电源引线应用坚韧橡皮包线或塑料护套软铜线，中间不得有接头，不得任意接长或拆换。保护接地电阻不得大于 4Ω。作业时，不得将运转部件的防护罩盖拆卸，更换刀具磨具应停车。

（16）高空使用工具要有监护人。在高空（高度大于 2m）使用手持式电动工具时，下面应安排专人扶梯，这样在发生电击时可迅速切断电源。

（17）不使用防护器件有缺陷的电动工具。长期搁置不用的电动工具在使用前，必须测量绝缘电阻，经检查合格后方可使用。

4.2　电锤的维护与检修

4.2.1　电锤的日常维护

1. 检查钻头

使用迟钝的钻头，将使电动机工作失常，并降低作业效率。因此，若钻头发现显著磨损，应立即更换新件，或加以磨快。

2. 检查安装螺钉

要经常检查安装螺钉是否紧妥善。若发现螺钉松动，应立即重新扭紧，否则会导致严重的事故。

3. 电动机的维护

电动机绕线是电动工具的心脏。应仔细检查有无损伤，是否被油液或水沾湿。

4. 检查碳刷

电动机上的碳刷磨耗度一旦超出了"磨耗极限"，电动机将发生故障。因此，磨耗了的碳刷应立即更换新件。此外，碳刷必须常保持干净状态，这样才能在刷握里自由滑动。

5. 检查防尘罩

防尘罩旨在防尘污侵入内部机构。若防尘罩内部磨坏，应立即更换。防尘罩一拉就可以拆下。

6. 适量加油

电锤要按照说明书规定的要求适量油量，多加次数。这主要是为了避免油加多后会堵住气路引起不冲击，冲击过载。也可预防因加油过多而导致漏油。

4.2.2　电锤常见故障的检修

1. 轻型电锤常见故障的检修

轻型电锤在正常使用的情况下，很少有大的故障出现，只要平时注意保养，对延长寿命有很大的帮助。一般轻型电锤最常出现的故障是没有冲击或冲击力不足，可以按照以下方法处理。

（1）0 型圈磨损，更换 0 型圈。

(2) 活塞破损或缺少润滑油，更换活塞或添加润滑油。

(3) 摇摆轴承破裂，更换摇摆轴承。

(4) 花间轴或摇摆轴承打滑卡不住；更换花间轴或摇摆轴承。

(5) 冲击套卡死，修理冲击套。

2. 重型电锤常见故障的检修

重型电锤由于机械结构比较复杂，承受的强度比较大，所以相对的故障比较多。重型电锤常见故障的检修见表 4-5。

表 4-5   **重型电锤常见故障的检修**

序号	故障现象	故障原因	检修方法
1	通电后电动机不运转	(1) 电源线断了或插头松落； (2) 开关接触不良； (3) 电枢或定子线圈烧坏； (4) 定子线圈断路； (5) 碳刷磨损或接触不良	(1) 修复电源或调换插头； (2) 修理或更换开关； (3) 更换电枢或定子线圈； (4) 如断在出线处可重新接好后用，否则须重绕； (5) 更换碳刷或重装碳刷
2	没有冲击力	(1) O 型圈磨损； (2) 活塞破损或缺少润滑油； (3) 连杆断裂； (4) 冲击锤卡死； (5) 四方管活动不灵活； (6) 曲轴不运动	(1) 更换 O 型圈； (2) 更换活塞或添加润滑油； (3) 更换连杆； (4) 修复冲击锤； (5) 清洗四方管； (6) 若曲轴半圆键损坏或传动齿轮磨损，予以更换
3	电动机旋转而钻头不转	(1) 电枢齿轮破损； (2) 大平板齿轮破损； (3) 钢管齿轮破损； (4) 钢管齿轮销键损坏； (5) 离合齿轮打滑； (6) 钢管卡钻头销磨损	(1) 更换新的电枢； (2) 更换新的大平板齿轮； (3) 更换新的钢管齿轮； (4) 更换销键； (5) 重新拧紧离合齿轮； (6) 更换钢管
4	通电后发生不正常的叫声，且不旋转或转得很慢	(1) 机械部分卡死； (2) 部分齿轮磨损或齿轮啮合过紧； (3) 轴承破损； (4) 电枢少量短路或开路； (5) 定子断路	(1) 检查机械部分； (2) 检测齿轮，磨损了的更换新齿轮； (3) 更换新轴承； (4) 修理或更换电枢； (5) 更换定子
5	换向器上产生环火或较大火花	(1) 电枢短路或断路； (2) 换向器表面不光洁或磨损； (3) 电刷磨损	(1) 修复或更换电枢； (2) 清除杂物及使换向器表面光洁或更换换向器； (3) 调换电刷
6	机壳表面发热严重	(1) 负荷过大； (2) 装配不正确； (3) 电源电压下降	(1) 减少进给力； (2) 检查电枢是否卡住或擦铁芯； (3) 检查电源电压
7	钻头卡不住	(1) 四方管磨损过大； (2) 钢球掉落或钢球铁套间隙过大	(1) 更换四方管； (2) 添加钢球和更换钢球铁套

4.3 单相电钻的维修

4.3.1 单相电钻常见故障检修

单相电钻是目前应用很广泛的一类电动工具，它主要由交直流用串励电动机、减速箱、快速切断自动复位手掀式开关、钻头夹等部分组成。JIZ 型电钻的结构如图 4-11 所示。

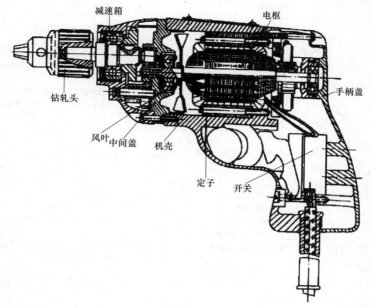

图 4-11 JIZ 型电钻的结构

单相电钻的常见故障有不能启动、转速慢、转向器与电刷间火花较大、换向器发热等，其故障原因及排除方法见表 4-6。

表 4-6   单相电钻常见故障原因与排除方法

故障现象	故障原因	排除方法
电源开关闭合后，电钻不能启动	（1）电源线断路或短路，如图 4-12 所示 （2）开关损坏或接触不良 （3）电刷或换向器之间接触不良 （4）定子绕组断路 （5）转子绕组断路 （6）转子主轴轮齿磨损或齿轮箱内齿轮损坏	（1）用万用表或检验灯检查，如短路或断路在线端附近，可剪去故障的那一段，如故障点在线路中间，应换一根新电源线 （2）用万用表或检验灯检查，修理或调换开关 （3）调整弹簧压力，调换电刷或用干布、细砂布打磨换向器表面，以改善其接触不良情况 （4）若断路点在绕组的引线或距引线匝数极少部位，可重焊；若线圈烧毁或距引线匝数较多部位断线，需重绕 （5）若线头脱焊，需重焊，如图 4-13 和图 4-14 所示；若断在铁芯槽内，需重绕 （6）重换轮齿
电钻转速慢	（1）转子绕组短路或断路 （2）定子绕组接地或短路 （3）轴承和齿轮损坏	（1）当电钻转速慢，力矩也小时，换向器与电刷间产生很大火花，火花呈红色。停车后：一是用短路侦察器检查，如绕组短路，重绕绕组；二是用万用表检查换向器与绕组连接，如图 4-15 所示，如发现少量断路或脱焊，应连接重焊 （2）可用绝缘电阻表检查绕组对地的绝缘电阻，如图 4-16 所示。严重短路时有焦臭味，并可看到部分烧黑的现象。故障点在引线附近可修复，严重者应重绕 （3）应调换轴承或齿轮，如图 4-17 所示

故障现象	故障原因	排除方法
换向器与电刷间火花较大	(1) 定子、转子绕组短路或断路,如图 4-18 所示 (2) 电刷与换向片接触不良(弹簧压力不合适,换向器表面不光滑等) (3) 电刷规格不符 (4) 负载过大	(1) 短路或断路严重者要重绕 (2) 调整弹簧压力;若电刷太短,应更换电刷,如图 4-19 所示。换向器表面不光滑应打磨换向器表面 (3) 调换电刷 (4) 若电刷本身轴承和弹簧太紧,应调整解决,若确实负载过大,应调换容量较大的电钻来代替
转子在某一位置上能启动,在另一位置上不能启动	换向器与转子绕组连接处有两处以上断头	重焊绕组的断头处
换向器发热	(1) 电刷压力过大 (2) 电刷规格不符	(1) 调整到适当压力 (2) 更换电刷
电钻在运转时发热	(1) 定子、转子绕组短路 (2) 主轴轮齿磨损或齿轮损坏 (3) 弹簧压力过大或轴承过紧 (4) 负载过大	(1) 严重者要重绕 (2) 严重者要调换新齿轮 (3) 内部调整 (4) 若确实负载过大,应调换容量较大的电钻来代替

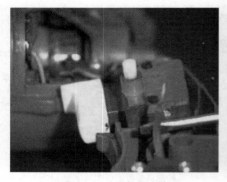

图 4-12　开关线脱落

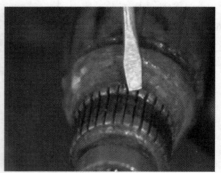

图 4-13　绕组断头

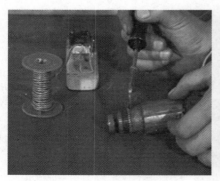

图 4-14　焊接绕组断头

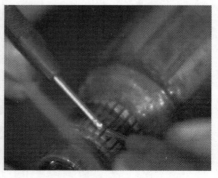

图 4-15　测量换向器

图 4-16 测量绕组绝缘电阻

图 4-17 检查减速箱齿轮

图 4-18 转子绕组短路

图 4-19 更换新电刷

4.3.2 电钻绕组的重绕

1. 记录数据

在拆除绕组前与拆除过程中应记录以下数据。

(1) 转子绕组节距。

(2) 定、转子每只绕组的匝数。

(3) 定、转子绕组导线牌号与线径。

(4) 转子绕组与换向器焊接位置。

(5) 定子绕组引出线位置。

(6) 定子绕组尺寸。

(7) 电刷架位置。

2. 定子绕组的重绕

将定子绕组取出后，用两块木板夹住，然后用台虎钳压平，拆去纱带等绝缘物，量出绕组模的尺寸，以便制作绕线模；同时要数清线圈的匝数，量出导线线径，其过程如图 4-20 所示。

在获取绕组原始数据后，根据其尺寸制作好绕线模，再重绕新绕组。对绕制好的新绕组，要进行绝缘处理（包括整形），如图 4-21 所示。最后将新绕组固定在定子上，如图 4-22 所示。

接线时，应注意两极绕组的极性相反，一般采用尾接尾方法，如图 4-23 所示。接好后，在磁极中间放一只铁钉，然后接入低压电，如果铁钉立起来表示接线正确，如图 4-24 所示，否则表示接线错误。

3. 转子绕组重绕

经绝缘处理后的转子绕组非常坚硬，拆除时比较困难，所以应先加热再拆除，绕组全部拆除后要清除槽内杂物，如图 4-25 所示。然后整理好漆包线，再进行绕线，如图 4-26 所示。

绕线顺序如图 4-27 所示。但这种绕法，转子绕组端部不对称，易造成转子不平衡。另一种绕线顺序是，槽号按 1-5、5-9、9-4、4-8、8-3、3-7、7-2、2-6、6-1 绕制，此时端部平整，平衡性好。但工艺较复杂，接地也不方便。

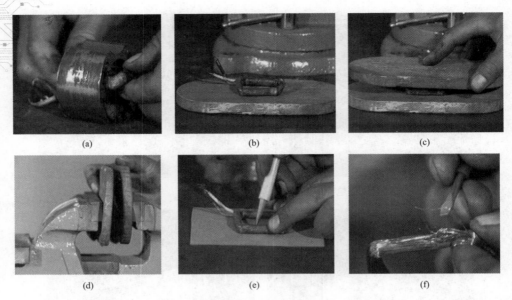

图 4-20　获取绕组原始数据的方法
（a）拆下线圈；（b）放在木板上；（c）用两块木板夹住；
（d）用台虎钳压平；（e）确定绕组模尺寸；（f）数匝数

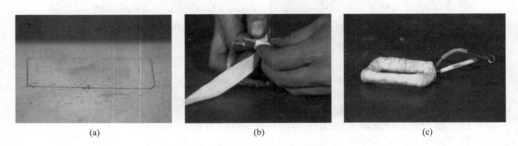

图 4-21　绕制绕组并进行绝缘处理
（a）绕线模尺寸；（b）新绕组绝缘处理；（c）已处理好绝缘的新绕组

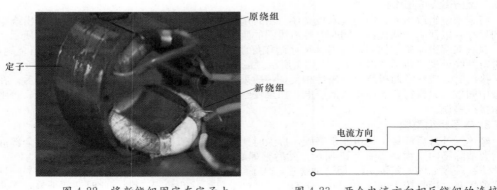

图 4-22　将新绕组固定在定子上　　　图 4-23　两个电流方向相反绕组的连接

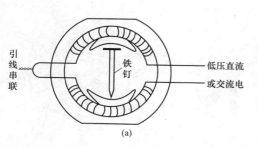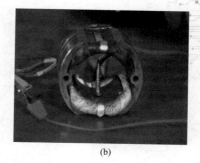

图 4-24 接入电源后铁钉正确位置
(a) 原理图；(b) 实物图

(a)   (b)

图 4-25 拆除绕组和清除槽内杂物
(a) 拆除绕组；(b) 清除槽内杂物

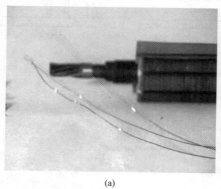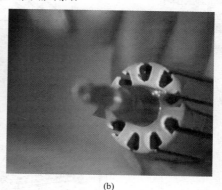

(a)   (b)

图 4-26 转子绕组重绕
(a) 整理好漆包线；(b) 绕制

在绕制过程中，当每一绕组绕到规定匝数时，把导线抽出槽外，将两根线扭成一个"麻花"形，如图 4-28 所示，即完成了抽头工作。为了区别同一槽内接线头的先后，可把接线头套入不同颜色的套管，或将接线头做成不同长度，以便区别。

在焊接过程中，应注意绕组出线及焊接位置，一般引线头有 3 种，如图 4-29 所示，其中图 4-29 (c)是较常用的。修复时应根据原来拆除时记录数据焊接。焊接线头时用松香焊剂较好，其焊接姿势如图 4-30 所示，把引线焊到换向器上，烙铁应该稍稍向上提起一点。全部焊完后，用刀将冒出槽外的线头切掉，再将换向器片间的焊锡刮干净。最后在引出线上部进行扎线，如图 4-31 所示。

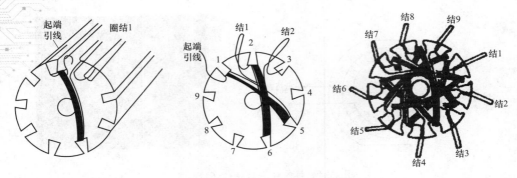

图 4-27　9 个槽的电枢绕组绕制步骤

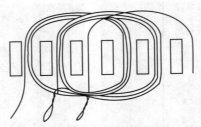

图 4-28　抽出接线头扭成"麻花"形

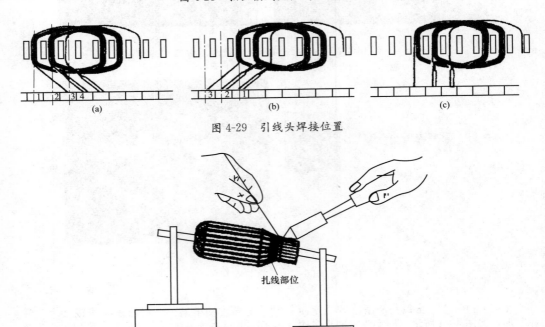

图 4-29　引线头焊接位置

图 4-30　焊接接线头的姿势

　　转子重绕及焊接工作全部完成后，要进行匝间短路试验和换向器片间电阻测定，接着再进行浸漆处理。烘干温度不宜过高，也不宜变化过大，以防绕组与换向器连接线断线。最后在带电试验时，如发现旋转方向相反，可将电刷架上的两个定子绕组线头位置对换一下即可，如图 4-32 所示。

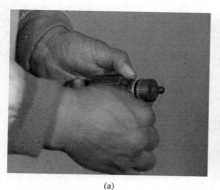 

图 4-31 在引出线上部进行扎线
（a）扎线方法；（b）扎线完毕

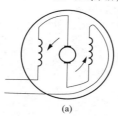 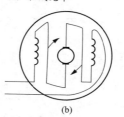

图 4-32 改变磁极的极性
（a）反转方向；（b）正转方向

电钻修复后，应测量绕组对地的绝缘，总的绝缘电阻不应低于 1.0MΩ。

表 4-7 给出了 220V 电钻（单相串励电动机）技术数据，以便阅读、参考。

表 4-7 单相电钻常用技术数据

钻头规格(mm)	功率(W)	电流(A)	转速（电动机/轧头）(r/min)	负载率(%)	定子					每极匝数
					外径	内径	长度	气隙	导线牌号线径	
					(mm)					
6	80.3	0.9	12000/870	40	61.4 60.4	35.4	34	0.3	QZφ0.38	244
	80.3	0.9	12000/870	40	60.8	35.3	34	0.35	QZφ0.31	256
		0.9	12000/940	40	61.7 60.6	35.4	34	0.4	QZφ0.31	262
10	130	1.2	10800/540	40	73	41	40	0.35	QZφ0.38	198
	140	1.4	11500/570	40	75	42.7	37	0.35	QZφ0.41	170
13	180	1.9	9750/390	40	84.5	46.3	45	0.35	QZφ0.51	180
	185	1.8	10000/400	40	85	46.3	45	0.35	QZφ0.51	150
	185	1.8	10000/400	40	85	46.3	45	0.35	QZφ0.51	150
	185	1.95	10000/400	40	84.7	16.3	45	0.425	QZφ0.51/ QZφ0.56	164
19	330	3.0	9000/268	40	95	54	48	0.45	QZφ0.72	120
	440	3.6	9000/330	60	102	58.7	46	0.5	QZφ0.77/ QZφ0.83	100
12	204	2.2	8500/442	60	95	50.9	41	0.3	QZφ0.51	140
16	240	2.5	8500/333	60	95	50.9	46	0.3	QZφ0.62	140

第5章

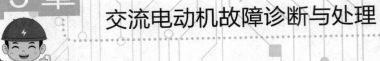

交流电动机故障诊断与处理

5.1 交流电动机故障成因及类型

5.1.1 电动机本身原因导致的故障

交流电动机主要由定子和转子两大部分组成，其基本结构如图 5-1 所示。

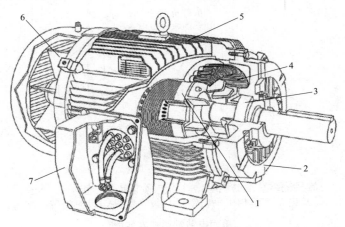

图 5-1 交流电动机的基本结构

1—转子铁芯；2—端盖；3—轴承；4—定子铁芯；5—盖罩；6—冷却扇；7—出线盒

1. 电动机定子铁芯的主要故障

异步电动机定子铁芯是电动机磁路的一部分，由厚度为 $0.35\sim0.5$mm 表面涂有绝缘漆的薄硅钢片叠压而成，如图 5-2 所示。由于硅钢片较薄而且片与片之间是绝缘的，所以减少了由于交变磁通通过而引起的铁芯涡流损耗。铁芯内圆有均匀分布的槽口，用来嵌放定子绕圈。

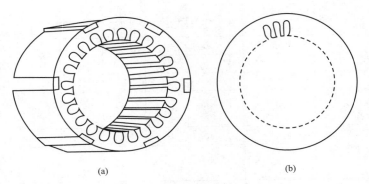

(a)   (b)

图 5-2 定子铁芯和定子冲片

(a) 定子铁芯；(b) 定子冲片

电动机定子铁芯故障主要有铁芯短路故障和铁芯松动故障。

（1）定子铁芯短路故障。定子铁芯短路主要发生在齿顶部分，常见于异步电动机和高速大容量同步电动机中。交流电动机定子铁芯中磁通是交变的，铁芯中的磁滞损耗、涡流损耗及表面磁通脉振损耗都将使铁芯发热，为了减少定子铁芯的铁损，通常都将定子冲片两边涂有绝缘层以形成隔离层，以减少铁损。因此，对于大容量的电动机，在定子铁芯叠装后必须检查硅钢片的质量和铁芯是否存在局部过热的短路现象。

由于异步电动机气隙小，装配不当，轴承磨损，转轴弯曲及单边磁拉力等原因，都可能造成定、转子相擦，使定子铁芯局部区域齿顶上绝缘层被磨去，并因毛刺使片间相连，致使涡流损耗增大而局部过热，甚至危及定子绕组。由于局部高温造成绝缘物热分解，能闻到绝缘挥发物和分解物的气味。而电动机此时往往出现空载电流加大，振动和噪声增大，有时能发现机座外壳局部部位温度高，发现以上情况应及时停机检修。

（2）定子铁芯松动故障。往往是由于制造时铁芯压装不紧，或定子铁芯紧固件松脱或失效时发生，其主要征象是电磁噪声增加，特别是在启动过程时的电磁噪声，振动大是铁芯松动的另一表现。铁芯松动故障不仅使电动机的噪声增大，如果不能及时处理，还将导致绕组绝缘因振动大而缩短使用寿命。

2. 电动机绝缘系统的故障

电动机的绝缘系统是由多种绝缘材料经过专业处理后组合而成的，各部分的绝缘结构组成了电动机的绝缘系统。绝缘系统是电动机结构中最薄弱的环节，其发生故障的概率较高，老化、磨损、过热、受潮、污染和电晕都会造成绝缘故障。

（1）老化。电动机的绝缘结构，在运行中受到高温、机械应力、电磁场、日照、臭氧等因素的作用，会发生各种化学和物理变化，使其机械强度降低，电气性能劣化，如失去弹性、出现裂纹、泄漏电流增加、介质损耗增加、击穿电压降低等，这些都是老化现象。

（2）磨损。绝缘结构由于电磁力的作用和机械振动等原因，绕组间、绕组与铁芯、固定结构件之间发生位移和不断摩擦，而使绝缘局部变薄、损坏。

（3）过热。绝缘材料和绝缘结构中，由于内部挥发成分的逸出，氧化裂解，热裂解等化学、物理变化，生成氧化物，使绝缘层变硬、发脆，出现裂纹、针孔，从而导致机械和电气性能的降低。

（4）受潮。绝缘材料和绝缘结构中，有许多物质的分子中含有 OH 基的有机纤维材料，以及组织疏松、多孔状材料。水分子的尺寸和黏度很小，能透入各种绝缘材料的裂纹和毛细孔，溶解于绝缘油和绝缘漆中。水分子的存在使绝缘结构的漏导电流大大增加，电气性能大大降低。

（5）污染。绝缘结构的表面和内部，存在不少裂纹、针孔和微泡，当导电性尘埃或液体黏结在绝缘层的表面或渗入裂纹或针孔时，就会构成很多漏电通道，使漏导电流大大增加，降低了绝缘可靠性。

（6）电晕。在绕组电压较高，电动机环境海拔较高时易发生电晕。高压电动机定子绕组在通风槽口和端部出槽口处，绝缘表面电场分布是不均的，当局部场强达到临界值时，空气发生局部电离（辉光放电现象），在黑暗时就能看到蓝色荧光，这就是电晕现象。电晕产生的热效应、臭氧和氮的氧化物都会对绝缘产生腐蚀现象，破坏电动机局部的绝缘层，致使耐压强度降低。

3. 电动机绕组的常见故障

电动机绕组用于产生旋转磁场，可分为定子绕组和转子绕组，如图 5-3 所示。绕组线圈是电动机的重要组成部分，也是故障的高发部位。

（1）绕组绝缘磨损。电动机长期运行时产生的高温，会使槽楔、绝缘衬垫、垫块因收缩而尺寸变小，绑扎绳变得松弛，线圈和槽壁、线圈与垫块、线圈与固定端箍之间均会产生间隙，在电磁力的作用下，上述部位将发生相对位移，产生磨损，使绝缘变薄。久而久之，槽楔窜位，绑扎垫块脱落，端部绑扎松弛，端部振动增大。其后果是绕组绝缘电阻降低，泄漏电流增加，耐压水平明显降低。

（2）绝缘破损。线圈受到碰撞，或转子部件脱落碰刮线圈，导致绝缘层局部受损。其故障现象是运行时绝缘对地击穿。

（3）匝间短路。定子绕组为了减少附加铜耗，通常需要在股线间换位。在制造过程中，若

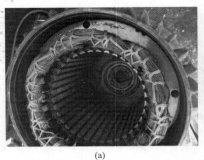
(a)

(b)

图 5-3　电动机绕组
(a) 定子绕组；(b) 转子绕组

线圈的压形和换位工序操作不当，易造成匝间短路。匝间短路使绕组三相阻抗不相等和三相电流不对称，使电动机振动加大。在短路匝线圈温升较高时，往往会使线圈表面变色，或线圈局部过热，绝缘在高温下分解，甚至产生局部放电现象。

图 5-4　绕组吸潮发霉

（4）绝缘电阻降低。绕组绝缘电阻降低，一般是因为绕组吸潮或导电性物质黏结在线圈表面，或渗入绝缘层的裂纹所致，如图 5-4 所示。交流电动机定子绕组和直流电动机的电枢、主极、换向极，补偿绕组都会产生这种故障。

绝缘电阻降低到不允许的程度，通过一般通风和清擦措施已难奏效，往往需拆卸电动机，用专用清洗剂清洗，干燥、浸漆后才能恢复良好绝缘。滑环绝缘层、换向器、换向器 V 形环端部、转子并头套绝缘都是裸露带电导体的对地绝缘，绝缘结构除考虑耐压强度外，还必须考虑一定的爬电距离。当爬电距离过短或表面黏结污垢后，这些部位的绝缘电阻值会低于允许标准值。

4. 异步电动机转子及绕组的常见故障

异步电动机转子绕组的常见故障如下。

（1）断条和端环开裂。鼠笼式异步电动机在启动时，绕组内短时间流过很大电流，不仅承受很大冲击力，而且很快升温，产生热应力，端环还需要承受较大离心应力。反复地启动、运行、停转，使笼条和端环受到循环热应力和变形，由于各部分位移量不同，受力不均匀，会使笼条和端环因应力分布不均匀而断裂。另外，从电磁力矩来看，启动时的加速力矩，工作时的驱动力矩是由笼条产生的，减速时笼条又承受制动力矩，由于负载变化和电压波动时，笼条就要受到交变负荷的作用，容易产生疲劳。当笼型绕组铸造质量、导条与端环的材质和焊接质量存在问题时，笼条和端环的断裂、开焊更易发生，如图 5-5 所示。

图 5-5　转子断条故障

笼条、端环断裂的征象是电动机启动时间延长，滑差加大，力矩减少，同时也将出现电动机振动和噪声增加，电流表指针出现摆动等现象。

（2）绕线型转子绕组击穿、开焊和匝间短路。绕线型异步电动机需通过滑环串入电阻器进行启动和调速，和笼型异步机不同的是，它的条形绕组对地和相间必须是绝缘的，由于转子铁芯在设计时大都采用半闭口槽，卷包绝缘的条形绕组从一端插入槽内后，另一端需弯折、排列成形以后才可接线，两端再用并头套连接起来，焊接后由连接线与滑环相接，在这个制造过程中，绝缘层易受机械损伤。而绕线型转子绕组在电动机启动时，开路电压较高，当滑环与电刷接触不好时，受过机械损伤的绕组和连接线也容易被击穿。

当重载启动或负荷较大时，过大的启动电流和负载电流不仅使绕组温升升高，而且也会使并头套发生开焊、淌锡或放电现象；另外，转子绕组并头套之间的间隙中，易积存碳粉等导电性粉尘，易产生片间短路现象。

绕线型异步电动机在外接三相调速电阻不等时，转子三相绕组也会出现三相电流不平衡现象，往往出现某相绕组过热现象。

5. 转子本体的故障

转子是电动机输出机械功率的部件，工作时需要承受各种复杂和变化的应力，如离心力、电磁力、热应力、惯性力和附加强迫振荡力、容易出现各种各样的故障。

转子上零件的脱落和松动造成转子失衡，转子偏心产生不对称磁拉力，转轴弯曲，轴颈椭圆等原因，都将导致电动机振动增加。

冲击性载荷在电动机和负载机械构成的惯量系统中会激发起扭转振荡，使转子结构部件和转轴因高交变力矩而疲劳。

5.1.2 外部原因引起的电动机故障

电动机是否正常运行受很多因素的影响，归纳起来有安装地点和周围环境的影响；地基或安装基础的影响。如图 5-6 所示是这些因素对电动机运行影响的示意图。这些因素造成了对电动机运行的干扰，在极端的条件下使电动机出现故障现象，甚至无法运行。

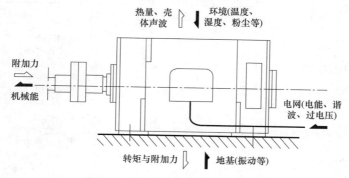

图 5-6 影响电动机安全运行的因素

1. 电源对电动机安全运行的影响

电源除向电动机输入电功率外，同时伴随而来的诸多因素却给电动机运行带来干扰，尤其是电网的电压和频率波动因素。当电压过低时，重载的异步电动机会因堵转而烧毁。电源开关或油开关切断时产生的浪涌电压或操作过电压，会造成过电压击穿，雷击过电压同样会使绝缘系统因过电压而击穿。电源中的谐波分量会造成换向困难和交流电动机谐波转矩增加。这些都会对电动机运行产生不利影响。

2. 负载性质和负载机械对电动机安全运行的影响

电动机轴伸端（电动机传动轴伸出来可见的带键槽的部分）输出机械功率，必须要满足工作机械要求，包括过渡过程所需加速力矩或制动力矩。但电动机也受到来自工作机械的反力和附加力矩的影响，如安装不当，联轴器调整不当，以及由于冲击负荷引起的扭振等，都会从轴伸端输入附加力和交变力矩，影响电动机运行，使电动机产生振动。

3. 安装环境和场所对电动机安全运行的影响

电动机在运行时，向周围空间发散热量和噪声，但是环境温度、湿度、海拔高度以及电动机安装场所的粉尘、有害气体、盐雾、酸气等，对电动机的运行都会产生不利影响。

4. 地基或基础对电动机安全运行有何影响

电动机向工作机械传输的转矩和电动机自重必须由地基或基础来承受，由轴伸传入的工作机械附加力矩，合闸、拉闸时出现的冲击力矩，也通过电动机的机座传到地基。但是，电动机也常常会受到来自地基的反作用力，如发生基础振动冲击，必然会使电动机正常工作受到影响。安装大型电动机进行地基设计时，要考虑以下因素。

图 5-7 绕组烧毁

(1) 基础底面的单位面积压力小于地基的容许承载力。

(2) 建筑物的沉降值小于容许变形值。

(3) 地基无滑动的危险。

5. 运行条件对电动机安全运行有何影响

恶劣的环境和苛刻的运行条件，以及超过技术条件所规定的允许范围运行，往往是直接导致电动机故障的起因。例如，电动机因过载会导致温升过高而烧毁，如图 5-7 所示；环境湿度过高往往会使绝缘受潮而绝缘电阻降低，泄漏电流增加，甚至发生击穿；湿度过低又常常造成直流电动机电刷噪声和换向火花加大；电网电压过低也会使电动机堵转或过热而烧毁；快速开关动作时的浪涌，电压可能会导致绝缘击穿；多次连续启动往往会导致同步电动机阻尼绕组开焊或断条。运行条件不适合引起的电动机故障见表 5-1。

表 5-1　　　　　　运行条件不适合引起的电动机故障

运行条件	条件特性	原因	引起故障
负载	工作机械和工作过程特性	(1) 经常过载 (2) 启动次数过多 (3) 负载机械振动 (4) 冲击负荷 (5) 连续重载启动	(1) 电动机过热、轴承损坏、换向不良 (2) 异步机过热、断条 (3) 轴承损坏、换向不良 (4) 转子结构部件松动、疲劳、轴扭振 (5) 阻尼绕组开焊、笼型绕组断条
电源	电网或电源特性	(1) 电网电压缓慢波动 (2) 操作过电压 (3) 高次谐波	(1) 启动困难、转速不稳、过热 (2) 定子绝缘击穿 (3) 谐波转矩增加，换向恶化
安装及基础	电动机的安装状态	(1) 不对中 (2) 接触不良 (3) 轴承绝缘接地 (4) 座脚螺钉松 (5) 基础振动 (6) 吊装碰撞	(1) 振动大 (2) 接头处局部发热 (3) 轴电流 (4) 机座振动 (5) 绝缘局部损伤
环境	作业场地特点	(1) 高温 (2) 低温 (3) 有害气体	(1) 过热、绝缘老化 (2) 霜冻 (3) 结构件、绝缘腐蚀、氧化膜异常
	地理、气象特点	(1) 高湿度 (2) 低湿度 (3) 海拔>1000m	(1) 绝缘吸潮、击穿 (2) 电刷噪声、氧化膜不易建立 (3) 允许温升降低、换向困难
	污染情况	粉尘、油雾	绝缘电阻降低、电刷磨损增加

运行条件对各类电动机产生的影响和结果是不同的，例如频繁启动对直流电动机影响不大，而同步电动机和异步电动机在通常情况下是不允许的，会产生各种故障；电压降低对直流电动机不致造成过大威胁，而对交流电动机则危害很大；湿度变化、环境污染对交流电动机影响较小，而对直流电动机会产生很大影响。

由于不同类型电动机运行原理和特点不同，易产生故障的部位也不相同，见表 5-2。

表 5-2　　　　　　　　　电动机易产生故障部位

电动机类型	结构特点和运行方式	易产生故障部位
笼型异步电动机	以中、小型为多，结构简单、多自带风扇通风、气隙小。应避免频繁启动	转子偏心，断条，绕组过热
绕线型异步电动机	以中、大型为多，可串入电阻启动和调速，气隙小	转子偏心，转子匝间短路、开焊，绕组过热
大型同步电动机	高压电动机，封闭强制通风为主，连续工作制，启动方式有全压启动、降压启动、准同步启动和变频启动	绕组端部松动、绝缘磨损、转子结构部件松动、脱落，阻尼绕组开焊、端环接触不良
中型同步电动机	有低压和高压两种，转子多为凸极结构，自带风扇通风，利用阻尼绕组直接启动	转子结构部件松动，集电环磨损
大型直流电动机	启动和过载力矩大，结构坚实，能承受冲击负荷，多数为晶闸管电源供电，封闭强制通风	换向恶化，结构部件松动和断裂，绝缘电阻受环境影响而降低
中、小型直流电动机	调速运行，多为晶闸管电源供电，强制通风	换向器与电刷磨损快，绝缘电阻低
交流调速同步电动机	可逆运行，能承受冲击负荷，由变频电源供电，强制通风，结构坚实	转子结构部件松动，扭振现象，失步造成阻尼绕组过热，堵转造成绕组单相过热
交流调速异步电动机	调速运行，允许连续启动，调速方式有串级和变频两种方式，气隙小	转子偏心，转子结构部件松动

6. 选型对电动机安全运行的影响

电动机的安全运行是以正确选型和使用为前提的，当电动机在其额定数据和技术条件规定范围内运行，电动机是安全的；电动机运行超过规定范围，可能会出现不正常征兆，甚至发生事故。电动机的技术条件规定了它的适用环境条件、负载条件和工作制。衡量电动机的选择合理与否，要看选择电动机时是否遵循了以下基本原则。

（1）电动机能够完全满足生产机械在机械特性方面的要求，如所需要的工作速度、调速指标、加速度以及启动、制动时间等。

（2）电动机在工作过程中，其功率能被充分利用，即温升应达到标准规定的数值。

（3）电动机的结构形式应适应周围环境的条件，如防止外界灰尘、水滴等物质进入电动机内部；防止绕组绝缘受到有害气体的侵蚀；在有爆炸危险的环境中应把电动机的导电部位和有火花的部位封闭起来，不使它们影响外部等。

（4）选择电动机种类时，在考虑电动机性能必须满足生产机械的要求下，优先选用结构简单、价格便宜、运行可靠、维修方便的电动机。

遵循以上基本原则，不仅要根据用途和使用状况合理选择电动机结构形式、安装方式和连接方式。还要根据温升情况和使用环境选择合适的通风方式和防护等级等，而且更重要的是根据驱动负载所需功率选择电动机的容量。

【特别提醒】

电动机选型是很重要的。电动机的类型、结构型号、防护方式、容量和转速的选择，必须根据负载机械的性质、转矩、转速和启、制动与加速要求来确定。

电动机选型必须满足使用要求，对于特殊用途以及特殊运行条件下运行的电动机，可以专门设计和特殊工艺处理，以适应其要求。

5.2 交流电动机故障诊断法及应用

5.2.1 直观检查法

直观检查法是通过维修人员的眼、耳、手、鼻等直观感觉、用看、听、摸、闻等最基本的手段，对电动机的故障现象进行检查，以便发现和排除故障。

直观检查法是最简单的方法，也是维修中必须采用的方法。要正确判断电动机发生故障的原因，是一项复杂细致的工作。电动机在运行时，不同的原因会产生很相似的故障现象，这给分析、判断和查找原因带来一定难度。为尽量缩短故障停机的时间和迅速修复电动机，对故障原因的判断要快而准。电工在巡视检查时，直观检查是维修开始的第一步，这种方法具有两种含义：其一是观察机内元器、整件的外观质量现象；其二是观察故障本身的显示现象。

1. 看

看就是用眼睛观察电动机有无故障现象。观察时应注意以下几个方面。

（1）观察电容器（单相电动机）有无漏液、鼓起或炸裂现象。

（2）机械部件有无断裂、磨损、脱落、错位或过于松动；有无较多灰尘。

（3）各接线头是否良好；连接是否正确；接头有无断线。

（4）通电时电动机有无打火、冒烟现象。

（5）观察电动机和所拖带的机械设备转速是否正常。

（6）看控制设备上的电压表、电流表指示数值有无超出规定范围；看控制线路中的指示、信号装置是否正常。

图 5-8　听电动机有无异常声音

2. 听

听就是凭耳朵听电动机在工作时有无异常声音。

电动机正常运转时，滚动轴承仅有均匀连续的轻微嗡嗡的声音，滑动轴承的声音更小，不应有杂声。滚动轴承缺油时，会发出异常的声音，可能是轴承钢圈破裂或滚珠有疤痕；轴承内混有沙、土等杂物，或轴承零件有轻度的磨损。严重的杂声可以通过耳朵听出来，轻微的声音可以借助于一把大螺丝刀抵在轴承外盖上，耳朵贴近螺丝刀木柄来细听，如图 5-8 所示。

维修人员若积累了"听"的经验，就可以快速地判断出故障所在部位，提高检修效率。

3. 摸

用手摸电动机外壳等部位，就可以判断温升情况，以确认电动机是否为故障。当发现外壳过热时，应切断电源，以免扩大故障。

在停电检查时，可以用手摸电动机的安装螺钉，以及接线有无松动现象。

4. 闻

闻就是通电时用鼻子嗅电动机有无焦糊味。电动机严重发热或过载时间较长，会引起绝缘受损而散发出特殊气味。机内有焦糊味主要是由于电动机的接线头或绕组烧坏引起的。轴承发热严重时也会发出油脂气味。

嗅出机内有不正常气味发出时，应及时关断电源，以免使故障扩大。

5. 问

维修人员向操作者了解电动机运行时有无异常征兆；故障发生后，向操作者询问故障发生前后电动机所拖带机械的症状，对分析故障原因很有帮助。

【特别提醒】

造成电动机故障的原因很多，仅靠直观检查查出的故障现象来分析故障原因是很不够的，还应在初步分析的基础上，使用各种仪表（万用表、绝缘电阻表、钳形表及电桥等）进行必要的测量检查。除了要检查电动机本身可能出现的故障，还要检查所拖带的机械设备及供电线路、控制线路。通过认真检查，找出故障点，准确地分析造成故障的原因，才能有针对性地进行处理和采取预防措施，以防止故障再次发生。

直观检查法与维修人员的经验有关。在许多情况下，仅仅凭直观检查是不能确定故障的。

6. 运用直观检查法判断电动机的温升情况

电动机温升过高是各种故障的综合体现。温度如超出允许值，将严重损伤绝缘，大大缩短电动机的寿命。据估计，对 A 级绝缘电动机，如温升超过 8～10℃ 并长期运行，电动机的寿命将减少一半。

图 5-9　用手摸的方法检查温升

如图 5-9 所示，温度监视习惯上采用手摸，只要手贴得上去，便可认为电动机在允许的温度范围内；或在高温部位上滴几滴水，没有"哧哧"声，也可认为电动机在允许的范围内。

测量铁芯的温度采用酒精温度计，其方法是将电动机吊环旋出，温度计端部用锡箔裹好，放在吊环螺孔中，即可直接读数。

7. 运用直观检查法判断电动机运行声音情况

电动机在运转中，由于摩擦、振动、绝缘老化等原因，难免会发生故障，往往会出现异常的声音。根据声音来辨别故障并及时排除，不仅能够保证生产任务的完成，还可防止事故的发生。首先应判断是机械还是电气的原因引起的，方法是：接上电源，有不正常的声音存在；切断电源，不正常声音仍存在，则为机械故障；否则为电气方面故障。

（1）机械故障引起的异音。电动机正常运行时机械噪声应该是细小的"沙沙"声，没有忽高忽低的变化，没有金属摩擦声，即是轴承正常运转的声音。常见的由机械故障引起的不正常声音有以下几种。

1）"咝咝"声是金属摩擦声，一般是轴承缺油干磨所造成的，应拆开轴承添加润滑脂。

2）"嘎吱嘎吱"声是轴承内滚柱的不规则运动产生的声音，它与轴承的间隙、润滑脂的状态有关。如果电动机只有这种声音而无其他不正常现象，而且在加润滑脂后这种声音立即消失，便不是故障，电动机仍可继续使用。

3）"叽里叽里"声是滚柱或滚珠运转时产生的声音，如无其他杂音，而且在加注润滑脂后声音明显减小或消失，一般不是故障，电动机可继续运行。

4）"咚咚"声有两种可能，一是电动机在骤然启动、停止、反接制动等变速情况下，加速度力矩使转子铁芯与轴的配合松动造成的；二是传动机构发出的声音，可能是连轴器或皮带轮与轴之间松动、键或键槽磨损所致。

5）"嚓嚓"声是电动机扫膛引起的噪声。

6）周期性的"啪啪"声是皮带接头处不平滑造成的。

（2）电气故障引起的异音。

1）粗壮的"嗡嗡"声，像牛嚎叫声主要是由于电流不平衡造成的。因为电流不平衡时会产生与负载有关的两倍电源频率的电磁噪声，是电动机烧毁的主要原因。遇到这种情况应立即停机，排除故障后再投入运行。

2）"嘶嘶"或"噼啪"放电声，定子绕组轻微接触不良或漏电时产生轻微的"嘶嘶"放电声，严重时会发出"噼啪"放电声。

3）蚊叫声，一般是由定子绕组端部捆扎不结实或浸漆不好，整个定子绕组末端未形成牢固的整体，个别导线在电磁力作用下抖动引起的。

4）启动、停车及负载变化时有金属撞击声，一般是由定转子铁芯松动造成的。

5）不规则的蛙叫声，是由铁芯内部有气隙或松动引起。

6）金属的抖动声，定子端部铁芯片张开，张开的硅钢片振动发出金属抖动声。

【特别提醒】

电动机正常运行时，在距离稍远的地方听起来是一种均匀而单调的声音（带一点排风声）。

图 5-10　嗅电动机有无异常气味

靠近电动机以后，特别是用木柄螺丝刀顶住电动机一些部件上细听，就能分别听到风扇排风声、轴承转动声及微微振动声等，其声音仍是单调而均匀的。如夹杂有其他异声，往往就是电动机的故障信号，应根据具体情况处理。

8. 通过气味辨别电动机故障

对开启式电动机，从绕组、铁芯、轴承不散出来的热量，直接由排风口排出而冷却。如图 5-10 所示，从排风口进行气味监视，一般有以下 3 种情况。

（1）闻到绝缘焦味，说明故障在进一步发展过程中，应立即停机。

（2）气味特殊，如轴承里的黄油过多，溢出后被蒸发的黄油味，也有长久不用，电动机发霉产生的霉烂味，这些气味随着运行时间增长而逐渐消失。

（3）环境空气的特殊气味，只要不是腐蚀性气体，一般并无影响。

【特别提醒】

对封闭式电动机，气味监视的必要性较小。

为了确保安全，禁止把鼻子凑到电动机外壳去嗅气味。电动机绝缘漆的焦味对人体健康有一定危害，应尽量减少嗅的时间。

5.2.2　仪表检测诊断法

1. 检测电动机的绝缘电阻

电动机的绕组对铁芯、外壳以及各绕组之间都是绝缘的，但这种绝缘是相对的。在外加电压作用下，绝缘物内部及表面还会有一定的电流通过，这一电流称为泄漏电流。绝缘电阻就是反映在一定直流电压作用下，泄漏电流的大小。泄漏电流越大，绝缘电阻越低。

绝缘材料的潮湿与脏污，将使泄漏电流增加，绝缘电阻下降。所以，测量绕组的绝缘电阻，就能检查出绕组绝缘的受潮及脏污情况，它是衡量电动机能否安全运行的一个重要参数。

绝缘电阻高，并不完全表示这台电动机绝缘良好。因为，在某些情况下，绝缘老化、机械损伤，其绝缘电阻仍然可能很高。根据有关规定，在工作温度（接近 75℃）时，绝缘电阻不应小于下列数值

$$R = \frac{U_N}{1000 + 0.01 P_N}$$

式中：U_N 为电动机额定电压，V；P_N 为电动机额定功率，kW。

这就是说，对 500V 以下的电动机，绝缘电阻不得低于 0.5MΩ。在特殊情况下，达到 0.2MΩ 也可以投入运行，但应注意监视。

绝缘电阻与温度关系很大。温度升高，绝缘电阻将下降；温度降低，绝缘电阻将升高。对 500V 以下的电动机，温度低于 75℃ 的冷态绝缘电阻应相应增高，其标准值可见表 5-3。

表 5-3　　　　　　　　　　　500V 以下电动机绝缘电阻参考值

绕组温度（℃）	0	5	10	5	20	25	30	35	40
绝缘电阻（MΩ）	70	50	35	25	20	12	9	6	5

一般用绝缘电阻表测量电动机的绝缘电阻值，要测量每两相绕组和每相绕组与机壳之间的绝缘电阻值，以判断电动机的绝缘性能好坏，如图 5-11 所示。

使用绝缘电阻表测量绝缘电阻时，通常对 500V 以下电压的电动机用 500V 绝缘电阻表测量；对 500～1000V 电压的电动机用 1000V 绝缘电阻表测量。对 1000V 以上电压的电动机用 2500V 绝缘电阻表测量。电动机绝缘电阻测量步骤如下。

（1）将电动机接线盒内 6 个端头的联片拆开。

（2）把绝缘电阻表放平，先不接线，摇动绝缘电阻表。表针应指向 "∞" 处，再将表上有 "L"（线路）和 "E"（接地）的两接线柱用带线的试夹短接，慢慢摇动手柄，表针应指向 "0" 处。

图 5-11　用绝缘电阻表测量电动机绕组电阻

（3）测量电动机三相绕组之间的电阻时，将两测试夹分别接到任意两相绕组的任一端头上，平放绝缘电阻表，以 120r/min 的匀速摇动绝缘电阻表 1min 后，读取表针稳定的指示值。

（4）用同样方法，依次测量每相绕相与机壳的绝缘电阻值。

【特别提醒】

测量电动机的绝缘电阻时，绝缘电阻表上标有"E"或"接地"的接线柱，应接到机壳上无绝缘的地方。

2. 检测绕组的直流电阻

通过直流电阻的测定，可以检查出电动机绕组导体的焊接质量、引线与绕组的焊接质量、引线与接线柱连接质量。从三相电阻的平衡性，可判断出绕组是否有断线（包括并联支路的断线）和短路（包括匝间短路）。

检测电动机绕组的直流电阻，普通万用表很难精确测量以欧为单位的低值电阻，一般用直流电桥进行测量，如图 5-12 所示。

图 5-12　用直流电桥测量绕组直流电阻

常用 380V 铜线绕组电动机的直流电阻范围见表 5-4。

表 5-4　　　　　　　　　　低压三相电动机绕组直流电阻参考值

电动机额定容量（kW）	10 以下	10～100	100 以上
绕组每相直流电阻（Ω）	1～10	0.05～1	0.001～0.1

按要求：不小于 3kV 或不小于 100kW 者，各相值之差应小于 2%，线间之差应小于 1%，其余由生产厂自行规定。

正常时，直流电阻的三相不平衡度应小于 5%。

【特别提醒】

一般情况，三个绕组的直流电阻值应该基本上一致，如果有某一个或两个绕组的阻值明显小于其他绕组的阻值，那就是出现了匝间短路的故障。

3. 检测绕组的电感值

电动机绕组的电感由于有铁芯，电感值比较大（尤其抽出转子时更大），这样便于测量并查找出问题，例如比较关键的匝数，匝数错了很容易从电感值看出来。另外，如果有轻微的匝间短路也可以测量出来。相比起来，直流电阻值则不是那么敏感。因为直流电阻太小了，而且它只是由线圈截面积的绝对长度决定，通过它不太容易发现问题。

每相绕组都有自感，还有与其他绕组及转子绕组之间的互感。通过测量各相绕组的电感值，可判断电动机绕组是否存在匝间短路，转子绕组或导条是否断线或断裂。电动机正常时，各相绕组的电感不平衡度应小于 5%。

【特别提醒】

电动机绕组的电感值可以用电感测量仪进行测量，也可以采用电动机故障检测仪（诊断仪）来测量。

4. 检测空载电流

拆除电动机拖动的工作机械，或工作机械不带负载时，电动机在正常电源情况下的运行，称为空载运行。空载运行时的电流称为空载电流。

在进行三相异步电动机的空载测试时，被试电动机施以额定频率的可变电压，电压变化范围从 125% 额定电压逐步降低电压到空载电流为最小或不稳定的最小电流为止。在 125% 和 60% 额定电压之间，其中包括额定电压，按均匀分布至少取 5 个电压点。在约 50% 额定电压和最低电压之间至少取 4 个电压点。在正常情况下，空载电流一般为额定电流的 20%～50%。在电源电压平衡的情况下，三相空载电流的差值不应超过 5%。如果空载电流偏大，则应注意检查气隙是否偏大，是否存在匝间短路，转子是否有轴向移动等。

5. 检测工作电流

工作电流的大小是电动机运行的重要参数，电流如果超过额定值，除了电源电压不正常外，就是电动机本身存在故障，如存在匝间短路、接地等，都会引起电流的增加。

在正常情况下，电动机的工作电流应小于额定电流，三相电流不平衡度应小于 10%。

当环境温度高于或低于规定的温度（一般为 35℃）时，电动机的工作电流应降低或允许升高值见表 5-5。

表 5-5　　　　　　　　　　不同环境温度下允许的工作电流值

环境温度（℃）	电流允许增减（%）	
	笼型电动机	绕线转子电动机
25	+8	+8
30	+5	+5
35	0	0
40	−5	−5
45	−10	−12.5

【特别提醒】

检测电动机的电流（包括空载电流、工作电流等），可使用钳形电流表来检测，如图 5-13 所示。多数钳形电流表可以测交流电流，有的可以测直流电流，有的专业仪表还可以交直两用。

6. 检测电动机的转速

电动机的转速与负载的大小及其本身的故障情况有关。低转速是造成电动机过热的重要原因，因为转速越低，转子与定子绕组中的电流越大。所以，通常规定电动机的转速应不低于额定转速的 5%，如果转速下降严重，则应减少负载，即降低定子绕组电流，其电流值可按下式确定，即

图 5-13　用钳形电流表检测三相电流

$$I = I_N \sqrt[3]{\frac{n}{n_N}}$$

式中：n——实际转速，r/min；n_N——额定转速，r/min；I_N——额定电流，A；I——实际允许电流，A。

目前，常用的测速方法有霍尔元件测速法、离心式转速表测速法和闪光测速法。

（1）霍尔元件测速法。如图 5-14 所示，在电动机转轴上装一个圆盘，圆盘上装若干对小磁钢，小磁钢越多，分辨率越高，霍尔开关固定在小磁钢附近，当电动机转动时，每当一个小磁钢转过霍尔开关，霍尔开关便输出一个脉冲，计算出单位时间的脉冲数，即可确定旋转体的转速。

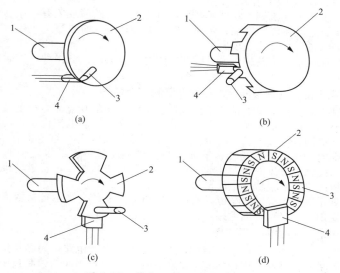

图 5-14　霍尔元件测速法示意图
1—输入轴；2—转盘；3—小磁钢；4—霍尔传感器

（2）离心式测速法。离心式转速表是利用物体旋转时产生的离心力来测量转速的。当离心式转速表的转轴随被测物体转动时，离心器上的重物在惯性离心力作用下离开轴心，并通过传动系统带动指针回转。当指针上的弹簧反作用力矩和惯性离心力矩相平衡时，指针停止在偏转后所指示的刻度值处，即为被测转速值。这就是离心式转速表的原理。测转速时，转速表的端头要插入电动机转轴的中心孔内，转速表的轴要与电动机的轴保持同心，否则易影响准确读数，如图 5-15 所示。

（3）闪光测速法。

光学转速测量仪用于非接触式转速测量，只需要在电动机转轴上贴上反射标签，就可以测量其转速，如图5-16所示。

图5-15　用转速表测量电动机转速

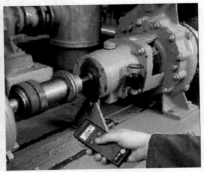

图5-16　光学转速测量仪测量转速

5.3　三相交流电动机常见故障诊断

5.3.1　电动机故障诊断手段

1. 电动机故障的特点

电动机的故障具有多元性。

（1）一种故障表现出多种的故障征兆。

例如，鼠笼式异步电动机笼条断裂或开焊，可能导致的故障现象有：振动增加；启动时间长；定子电流摆动；电动机滑差增加；转速、转矩波动；温升增加等。

（2）几个故障通过一种征兆表现出来。

例如，一台直流电动机火花加大，可能的原因有：过载；机械振动；换向器变形；维护不当；湿度过低等。

2. 继电保护系统能否代替诊断技术和状态监测诊断系统

回答这个问题，需要从继电保护的功能说起。继电系统的功能有：过电流保护；过电压保护；欠电压保护差动保护；负序保护；失磁保护；振动保护；逆电流保护；接地保护；过速保护；过热保护；润滑油、冷却水、风机联锁保护等。从表面上看，继电器保护功能已很完善，但是必须知道，继电保护系统只是当被监测参数达到或超过继电器设定值时才动作。换句话说，就是电动机系统已经发生故障时才动作。没有预防功能。相反，若电动机系统一个运行参数超标，使电动机断电，便会造成生产损失。

长期以来，处于重要位置的大型电动机都有继电保护系统。当运行参数或状态参数达到或超过继电器的设定值，会自动切断电路，让电动机停止运行。

3. 维修电动机常用故障的诊断手段

各种类型的电动机具有相同的基本原理，电动机内部都有电路、磁路、绝缘、机械和通风散热等独立而相互关联的系统，因而所有电动机均可采用大致相同的诊断技术。但是，各类电动机的工作原理有所区别，结构、电压等级、绝缘系统等均存在较大的差别，所以诊断方法和重点又有所侧重，诊断时必须根据每类电动机的具体特点，采用不同的检测手段。

电动机故障诊断手段主要如下。

（1）电流分析法。通过对负载电流幅值、波形的检测和频谱分析，诊断电动机故障的原因和程度。例如，通过检测交流电动机的电流进行频谱分析，可以诊断电动机是否存在转子绕组断条、气隙偏心、定子绕组故障、转子不平衡等缺陷。

（2）振动诊断。通过对电动机的振动检测，对信号进行各种处理和分析，诊断电动机产生故障的原因和部位，并制定处理办法。

（3）绝缘诊断。利用各种电气试验和特殊诊断技术，对电动机的绝缘结构、工作性能和是否存在缺陷做出结论，并对绝缘剩余寿命做出预测。

（4）温度诊断。用各种温度检测方法和红外测温技术，对电动机各部分温度进行监测和故障诊断。

（5）换向诊断。对直流电动机的换向情况进行监测和诊断，通过机械和电气检测方法，诊断出影响电动机换向的因素和制定改善换向的方法。

（6）振声诊断。振声诊断简写为 VA 诊断。VA 诊断技术是对诊断的对象同时采集振动信号和噪声信号，分别进行信号处理，然后进行综合诊断，因而可以大大提高诊断的准确率，因此，振声监测和诊断广泛地受到重视和应用。对电动机的故障诊断来说，振声诊断同样具有重要价值。

【特别提醒】

电动机诊断技术不但能根据早期征兆进行故障预报，并能对故障进行诊断和趋势分析，做出合理的检修方案。

4. 电动机故障诊断流程

电动机和所有的机器一样，在运行过程中有能量、介质、力、热量、磨损等各种物理和化学参数的传递和变化，由此而产生各种各样的信息。这些信息变化直接和间接地反映出系统的运行状态，而在正常运行和出现异常时，信息变化规律是不一样的，电动机的诊断技术是根据电动机运行时不同的信息变化规律，即信息特征来判别电动机运行状态是否正常。

电动机故障诊断过程和其他设备的诊断过程是相同的，其诊断过程应包括异常检查、故障状态和部位的诊断和故障类型和起因分析等 3 个部分。

（1）异常检查。电动机例行检查时，对电动机进行简易诊断是采用简单的设备和仪器，对电动机状态迅速有效地做出概括性评价。电动机的简易诊断具有以下功能。

1）电动机的监测和保护。

2）电动机故障的早期征兆发现和趋势控制。

如果异常检查后发现电动机运行正常，则无须进行进一步的诊断；如果发现有异常，则应对电动机进行精密诊断。

（2）故障状态和部位的诊断。这是在发现异常后接下来进行的诊断流程，是属于精密诊断的范畴。可用传感器采集电动机运行时的各种状态信息，并用各种分析仪器对这些信息进行数据分析和信号处理，从这些状态信息中分离出与故障直接有关的信息来，以确定故障的状态和部位。

（3）故障类型和起因分析。这是利用诊断软件或专家系统进行电动机状态的识别，以确定故障类型和部位。

故障诊断的后两部分是属于电动机精密诊断的内容，电动机的精密诊断是对于状态有异常的电动机进行的专门性的诊断，它具有下列功能。

1）确定电动机故障类型、分析故障起因。

2）估算故障的危险程度，预测其发展。

3）确定消除故障、恢复电动机正常状态的方法。

5.3.2 绕组绝缘故障诊断

1. 电动机绝缘结构的组成

绕组是实现能量交换的主要部件，是由导电性良好的导体和不导电的绝缘层所构成，导体的作用是构成电器的电路，绝缘层的作用是隔离电路与磁路、导体之间，以及带电导体与地之间不同的电位。为了减少铁芯中涡流产生的损耗和阻尼作用，铁芯叠片之间也用绝缘作为隔离层，通常是极薄的一层漆膜。

电动机内的绝缘层往往是由几种绝缘材料组成，并经过各种工艺处理，如包绕、烘压、浸漆、表面处理等，这种由多种绝缘材料经过加工和特殊处理形成的复合绝缘层，通常称为绝缘结构。绝缘结构比单一的绝缘材料具有更好的电气性能、防潮性能、机械强度、倒热性和整体性。电动机内因有数种绕组，往往有几种不同的绝缘结构，他们全体构成了电动机的绝缘系统。

绝缘结构是由很多种绝缘材料组成的，他们的作用和性能也各不相同。电动机绝缘的单元结构组成见表 5-6。

表 5-6　　　　　　　　　　　　　　　　　电动机绝缘的单元结构组成

序号	单元结构	说明
1	匝间绝缘	用来隔离同一绕组内不同电位的导体,片间绝缘与股线绝缘也属匝间绝缘性质,其承受电压较低
2	对地绝缘	是主绝缘,承受对地电压,其作用是隔离地与导体之间的电位,要求有较高的电气强度,绝缘层的厚度根据电动机的电压等级来确定
3	层间绝缘	用来作为上、下层导线,或上、下层绕组之间的绝缘,要求有较好的弹性和韧性
4	保护绝缘	用来保护主绝缘,使主绝缘减少制造过程和运行过程受到的机械损伤。保护绝缘要求具有某种好的机械性能,而不要求过高的绝缘性能,保护绝缘最常见的是线圈最外层的保护带、横槽等
5	支撑绝缘	主要用来使绕组和带电部件在电动机内能可靠地定位和固定,引线夹板、端子板、端部绑扎等皆属支撑绝缘,支撑绝缘要有较好的强度,并在长时间工作中不应变形

不同类型电动机的绝缘结构,都是由上述绝缘的单元结构按不同形式的组合。低压异步电动机的绝缘结构包括带线绝缘、匝间绝缘、槽绝缘、层间绝缘、相间绝缘,固定支撑和绑扎绝缘引线绝缘及绝缘处理。根据耐热性绝缘材料分 A、E、B、F、H 级,耐热性依次增高,绝缘结构分级亦依次增高。

据统计,低压异步电动机的烧毁约 70% 由绝缘损坏造成,电动机在重绕修理中一般都是按照原设计的绝缘结构进行配置,如能根据电动机的实际使用条件及环境配置绝缘结构,会大大延长电动机的使用寿命,节约修理费用。

2. 绕组匝间绝缘的要求

匝间绝缘是指电动机绕组中导线与导线间的绝缘。选用不同的电磁线,绝缘等级不同。正常运行的电动机匝间电压很低,电动机处在换路瞬间操作电压峰值能达到额定电压的两倍,因此对于频繁启动或经常性过载运行的电动机可采用绝缘等级较高的电磁线,如玻璃丝包聚酯漆包线、有机硅漆浸渍玻璃丝包线或聚酰胺漆包线。

电动机匝间绝缘良好,一般要求绝缘电阻值应达到 $0.5M\Omega$ 以上。

可以使用数字万用表测量电动机绕组的匝间(层间)绝缘。方法是通过比较 3 个绕组的直流电阻值来判断绕组是否存在匝间(层间)短路的故障。当测量后有一组数值明显偏小时,就怀疑这层匝间(层间)有问题了。

3. 绕组对地绝缘的要求

绕组对地绝缘结构有两种形式:复合材料绝缘结构和多层组合绝缘结构。前者比后者的剪裁工艺简单,粘接性好,占用空间少。

复合绝缘由几层黏合在一起,但各层的作用不同,如 DMD 复合绝缘材料,D 为聚酯薄膜。嵌线时靠近槽壁的聚酯纤维无纱布主要起机械保护作用、防止损伤主绝缘;靠近导线的纤维无纱布主要防止嵌线过程中损伤主绝缘。介于两者之间的聚酯薄膜主绝缘是承受电气击穿强度的。

槽绝缘受到的机械力随电动机运行电流和电压等级的提高相应增加。为满足机械力和爬电距离的要求,应增加绝缘材料。有两种形式,一种是槽绝缘不伸出槽口,另一种是伸出槽口。伸出槽口要剪掉槽口处多余的绝缘材料,造成浪费,嵌线时槽绝缘出口处要承受较大的电磁力,因此,应加强出口处绝缘的机械强度,通常把伸出槽口的绝缘纸弯折。方法有两种,另一种是弯折部分进入槽内,另一种是弯折部分不进入槽内与槽平齐,为小型电动机也可不弯折。嵌线完毕,将槽绝缘顺序卷压后打入槽楔,槽楔的作用是固定槽内线圈,防止外部机械损伤。

槽楔长度与槽绝缘垫入槽内的实际长度相等,如图 5-17 所示。槽楔的选用,可按照电动机整机的绝缘等级要求确定,具体材料规格可参照有关设计手册。

4. 层间绝缘和相间绝缘的要求

绕组层间承受相电压，层间绝缘的结构是槽绝缘。层间绝缘的宽度以包住线圈的直线部分为宜，并使层间线圈绝缘。

相间绝缘是三相绕组端部线圈不同相之间的绝缘。端部线圈比置于槽内的线圈松散，散热性差，因此适当增加相绝缘对电动机的长期安全可靠运行是非常有益的。在电动机的重绕修理中相绝缘应升级，选用绝缘等级高、耐热性好、耐老化、高温下易收缩的绝缘材料。

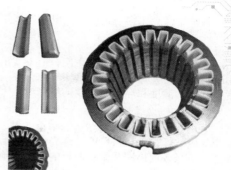

图 5-17 槽绝缘

相间绝缘应能保证可靠分离绕组端部异相线圈，其制作是将正方形的绝缘纸沿对角线折成三角形，再剪去多余部分即可，如图 5-18 所示。容量较大电动机相绝缘应增强。有时同相线圈的端部用玻璃丝包扎。包扎后绕组的散热性减弱，故容量小的电动机不包尖。

图 5-18 相间绝缘

经验证明，电动机烧毁几乎全部发生在绕组的端部，因此选择相绝缘时应依据电动机原相绝缘结构，适当增强端部相绝缘，这有助于电动机的安全运行。

5. 电动机绝缘劣化的因素

绝缘结构是电动机的重要组成部分，它的性能和状态决定了电动机在运行中的安全和寿命。而绝缘结构往往是电动机一个较脆弱的环节，负载条件、运行方式、环境影响、机械损伤都会导致绝缘故障。电动机绝缘劣化的诸因素及产生的劣化征象见表 5-7。

表 5-7　　　　　电动机绝缘劣化因素及产生的劣化征象

劣化因素	表现形式	劣化征象
热	连续	挥发，枯缩、化学变质、机械强度降低、散热性能变差
	冷热循环	离层、龟裂，变形
电压	运行电压	局部放电腐蚀、表面漏电灼痕
	冲击电压	树枝状放电
机械力	振动	磨损
	冲击	离层、龟裂
	弯曲	离层、龟裂
环境	吸湿	泄漏电流增大、形成表面漏电通道和炭化灼痕
	结露	
	浸水	
	导电物质污损	
	油、药品污损	侵蚀和化学变质

各种绝缘老化因素，即热、电、机械和环境等影响着电动机的寿命，但每个因素所起作用的程度又因电动机种类、运行方式和负载性质而有所区别。一般来说，小型电动机的绝缘主要由温度和环境产生劣化，电和机械应力相对来说不太重要；绕组结构形式为成型绕组的大、中型电动机，温度和环境仍起作用，但电或机械应力也是重要的老化因素；特大型电动机一般采用棒形绕组，并且工作在有惰性气体存在的环境中，受到的是电应力或机械力的作用，可能两者兼有之，温度和环境是次要的绝缘老化因素。

6. 电动机绝缘故障诊断

电动机内部绝缘结构在运行中由于热、电、机械、环境等的综合应力作用下，逐渐老化，绝缘的电气性能和机械性能逐渐降低，最后因降低至所必需的极限值而损坏。对绝缘结构进行诊断，进行各项检测和试验的目的是检验绝缘的可靠性，考验绝缘系统是否具有足够的电气和机械强度，是否能胜任各种工况和环境条件下的可靠运行，并推断绝缘老化程度，以及进一步推算出剩余破坏强度和剩余寿命。因此，绝缘诊断才能改进电动机的维护方法，延长电动机的使用寿命，以实现预知维修。

（1）外观检查。绝缘诊断第一步应对电动机线圈和其他绝缘结构进行仔细的观察检查，仔细检查端部绕组及支撑件的位移迹象、槽衬及槽绝缘的滑移、局部过热和电腐蚀的痕迹等。当发现绝缘污损较严重时，必须在清擦或清洗后才能进行下一步试验。

（2）直流电试验。绝缘结构直流电试验项目包括：绝缘电阻测定、极化指数测定和直流泄漏试验。直流电试验的目的是检验绝缘是否存在吸潮和局部缺陷。直流电试验通常不会对绝缘造成危害，在发现绝缘有吸潮或局部损坏时，应进行干燥和处理后重新试验，直至符合要求。

（3）交流电试验。交流电试验通常包括交流电流试验、介质损耗角正切及其增量的测定、局部放电检测，这些试验的目的是从不同角度和用不同方法来评价绝缘结构老化程度。

对于某些电动机，根据需要还要进行交流耐压试验，这属于破坏性试验，非必要时一般不采用交流耐压试验。

（4）综合评价。绝缘老化程度诊断，必须将外观检查和电气试验各项测试结果值结合起来，并参考电动机运行经历进行综合评价，才能得出比较客观和比较接近实际的结论。

5.3.3 绕组接地故障诊断

1. 电动机绕组接地故障诊断方法

绕组是电动机的重要组成部分，老化、受潮、受热、受侵蚀、异物侵入、外力的冲击等都有可能造成对绕组的伤害，电动机过载、欠电压、过电压、缺相运行也能引起绕组接地故障。

绕组接地后，会出现机壳带电、控制线路失控、绕组短路发热，致使电动机无法正常运行的故障。

造成绕组接地故障的可能原因如下：绕组受潮使绝缘电阻下降；电动机长期过载运行；有害气体腐蚀；金属异物侵入绕组内部损坏绝缘；重绕定子绕组时绝缘损坏碰铁芯；绕组端部碰端盖机座；定、转子摩擦引起绝缘灼伤；引出线绝缘损坏与壳体相碰；过电压（如雷击）使绝缘击穿。

一般可采用以下方法诊断定子绕组接地故障。

（1）直接观察法。电动机绕组接地故障一般发生在铁芯槽口附近，接地处常有绝缘材料破裂、烧焦等痕迹，因此有时可通过观察发现。

（2）试验灯法。当接地点损伤不严重，直观不容易发现时，可用校验灯法来检查。如图 5-19 所示，用一只较大功率的灯泡，将两根校验棒通过导线分别接到绕组和外壳，将试验灯泡供以 24V 交流电，如果灯泡暗红或不亮，说明该绕组绝缘良好；若灯泡发亮或发光，说明该相绝缘已接地。

（3）淘汰检查法。若用以上两种方法都找不到接地点，必须拆开绕组进行分组淘汰检查。首先找出接地相，将该相与各极相之间的连线断开，用绝缘电阻表或试验灯逐组找出接地的极相组，再用同样地方法查找有接地故障的线圈。

（4）电流定向法。把有故障绕组的两端并接在一起，再接上直流电源的一端，而直流电源的另一端接到电动机的铁芯上，电流将由绕组的两端流向故障点。这时将磁针放在定子槽移动，可根据磁针改变指向的位置确定接地的槽号。再将磁针顺槽方向在故障的槽号来回移动，即可大致确定接地点的位置。

（5）试电笔法。用试电笔测试机壳，若试电笔中氖灯发亮，说明绕组有接机壳处。

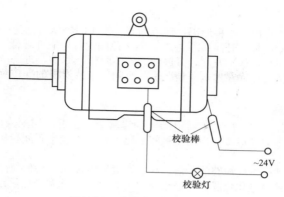

校验棒

~24V

校验灯

图 5-19 用试灯检查接地相

（6）绝缘电阻表法。用 500V 绝缘电阻表测量各相绕组对地绝缘电阻，如果三相对地电阻中有两相绝缘电阻较高，而另一相绝缘电阻为零，说明绕组接地。有时指针摇摆不定，表示此相绝缘已被击穿，但导线与地还未接牢。若此相绝缘电阻很低但不为零，表示此相绝缘已受损伤，有击穿接地的可能。当三相对地绝缘电阻都很低，但不为零，说明绕组受潮或油污，只要清洗干燥处理即可。

（7）万用表法。可将测量电阻旋转到 R×10k 低阻挡的量程上，用一支表笔与绕组接触，另一支表笔与机壳接触，如果绝缘电阻为 0，说明已接地。注意手不要接触测试棒针，以免测量不准。

2. 绕组接地故障的处理

（1）绕组受潮引起接地的应先进行烘干，当冷却到 60～70℃时，浇上绝缘漆后再烘干。

（2）绕组端部绝缘损坏且明显可见时，可垫一层绝缘纸以消除接地点，然后再涂上绝缘漆并烘干，电动机仍然可继续使用，如图 5-20 所示。

图 5-20 绕组接地点的处理

（3）如果接地点在槽内，应轻轻地抽出槽楔，用划线板将线匝一根一根地取出（应使用溶剂软化僵硬的绕组，以便拆卸），直到把故障导线取出为止，然后用绝缘带把绝缘损坏处包好，再将导线仔细嵌回线槽。重要的电动机不宜使用这种方法进行处理。

绕组接地点在槽内时，如果导线受损比较严重，也可以重绕绕组或更换部分绕组。

（4）如果是铁芯硅钢片凸出，划破了绝缘，则要把凸出的硅钢片敲下，并在破损处重新包好绝缘。

5.3.4 绕组短路故障诊断

1. 绕组短路的原因

绕组短路是指其线圈绝缘已破坏，不应接触的线匝相碰，构成一个低阻抗环路。三相异步电动机绕组的短路故障包括匝间短路、层间短路、相间短路及绕组对机壳短路（又称为对地短路)。

造成匝间短路主要有以下 4 种原因：环境潮湿，使匝间绝缘电阻进一步下降；电动机长期超负荷运转，绕组温度比常温升高 70℃左右，随之匝间绝缘电阻亦降低；由于机械和电磁方面的原因，使绕组（特别是端部）发生轻微振动，导体间相互摩擦，进一步破坏匝间绝缘；偶然的过电压也易使匝间被击穿，在过电压情况下，匝间原来就受损的部位绝缘较差，最易发生匝间短路。

2. 绕组短路故障诊断法

检查电动机短路故障时，应先了解电动机的异常运行情况。用绝缘电阻表测量相间绝缘，如果相间绝缘电阻为零或接近零，说明是相间短路，否则可能是匝间短路。诊断绕组短路故障的常用方法如下。

（1）观察法。电动机发生短路故障后，在故障处因电流大，会使绕组产生高热将短路点的绝缘烧坏，导线外部绝缘老化焦脆，可仔细观察电动机绕组有无烧焦痕迹和浓厚的焦臭味，据此就可找出短路点。

拆开电动机后，首先检查绕组连接线和引出线的绝缘，以及端部相间绝缘情况，看有无明显损坏。如看不出明显损坏之处，切勿乱撬绕组，避免造成不必要的损伤。可用调压器在短路的两相之间施加低电压，通以额定电流，短时间后断电，用手摸、眼看、鼻闻的方法进行查找，在两线圈发热的交叉处就是短路位置。

（2）绝缘电阻表法。用绝缘电阻表或万用表测量相间绝缘，如果相间绝缘电阻为零或接近零，即可说明为相间短路；否则，有可能是匝间短路。

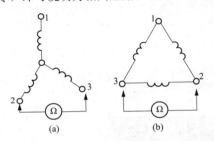

图 5-21　电阻法诊断绕组短路故障
(a) 方法一；(b) 方法二

（3）直流电阻法。用电桥或万用表分别测量三相绕组的直流电阻，相电阻较小的一相有匝间或极相绕组两端短路现象。当短路匝数较少时，反应不很明显。通常阻值偏差不超过 5% 视为正常。为使测量方便及准确，一般是测量两相串联后的电阻，如图 5-21（a）所示，再按下式计算各相电阻 $R_3 = (R_{1\sim3} + R_{2\sim3} - R_{1\sim2})/2$

$$R_1 = R_{1\sim3} - R_3$$
$$R_2 = R_{1\sim2} - R_1$$

若电动机绕组为△形接法，应拆开一个连接点再进行测量，如图 5-21（b）所示。

（4）通电加热法。将电动机转 20min（对小电动机空转 1~2min）后停机，迅速打开端盖，用手摸绕组端部，若有一个或一组绕组比其他绕组热，就说明这部分绕组有匝间短路现象存在。温度比其他部位高的则为短路线匝，如图 5-22 所示。也可仔细观察绕组端部如有焦脆现象，即表明这只绕组可能存在短路故障。需要注意的是，在空转时发现有绝缘焦味或冒烟现象，应立即停转。

图 5-22　用手摸绕组端部的温度

（5）电流平衡法。如果绕组为丫连接，将三相串入电流表后并连接到低压交流电源的一端，把中性点接到低压交流电流的另一端；若绕组为△连接，则需要拆开一个端口，分别把各相绕组两端接到低压交流电源上（一般用交流电焊机），若三相电流中有一相电流明显增大，此相即为短路相。

（6）短路侦察器法。短路侦察器法是检查绕组是否短路最简单有效的方法。

短路侦察器是利用Ⅱ型或 H 型的开口铁芯（铁芯上绕有线圈），将短路侦察器的开口铁芯边放在被测定子铁芯的槽口上，通入交流电源，如图 5-23 所示。使侦察器铁芯与被测定子铁芯构成磁路，利用变压器原理检查绕组匝间短路故障，这时沿着每个槽逐槽移动，当它所移到的槽口内有线圈短路时电流表的读数明显增大。如果不用电流表，也可用一根锯条或 0.5mm 厚的钢片放在被测线圈另一边槽口，当被测线圈有匝间短路时，钢片产生振动，发出"吱吱"的响声。如果电动机绕组是△连接及多路并联的绕组，应将把△及各支路的连接线拆开，才能用短路侦察器测试，否则绕组支路中有环流，无法辨别哪个槽的绕组短路。对于双层绕组，由于一槽内嵌有不同线圈的两条边，应分别将钢片放在左右两边都相隔一个节距的槽口上测试，才能确定。

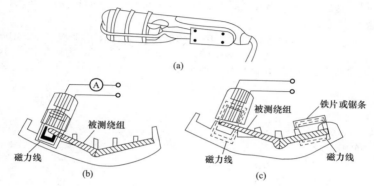

图 5-23 短路侦察器检查法诊断绕组短路故障
（a）短路侦察器外形；（b）用电流表检查；（c）用铁片或锯条检查

（7）电压降法。将一相绕组各极相组连接的绝缘套管剥开，在该相绕组中通入 50～100V 低压交流电或 12～36V 直流电，用电压表测量每组极相组的电压，读数较小的一组即为短路绕组，如图 5-24 所示。

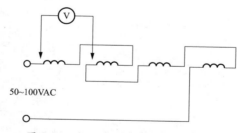

50~100VAC

图 5-24 电压降法诊断绕组短路故障

为进一步确定是哪一只线圈短路，可将低压电源改接在极相组的两端，然后在电压表上连接两根套有绝缘的插针，分别刺入每只线圈的两端，其中测得电压最低的线圈即为短路线圈。

【特别提醒】

对于中小型电动机，绝缘良好的漆包线漆蜡可承受 4000V 的高压，而匝间工作电压较低，因此绝缘未受损坏的电动机发生匝间短路的概率非常小。但由于电动机在生产和安装中，经过绕线、嵌线、排线和多次搬运，每道环节都可能使线圈导线的漆膜划伤或擦伤，因而成品电动机易发生匝间短路。

3. 绕组短路故障的处理

（1）短路点在端部。可用绝缘材料将短路点隔开，也可重包绝缘线，再上漆重烘干。

（2）短路在线槽内。将其软化后，找出短路点修复，重新放入线槽后，再上漆烘干。

（3）对短路线匝少于 1/12 的每相绕组，串联匝数时切断全部短路线，将导通部分连接，形成闭合回路，供应急使用。

（4）绕组短路点匝数超过 1/12 时，要全部拆除重绕。

5.3.5 绕组断路故障诊断

1. 绕组断路故障的原因

发生绕组断路故障时，电动机不能启动，三相电流不平衡，有异常噪声或振动大，温升超过允许值或冒烟。

由于焊接不良或使用腐蚀性焊剂，焊接后又未清除干净，就可能造成虚焊或松脱；受机械应力或碰撞时线圈短路、短路与接地故障也可使导线烧毁，在并烧的几根导线中有一根或几根导线短路时，另几根导线由于电流的增加而温度上升，引起绕组发热而断路。一般分为一相绕组端部断线、匝间短路、并联支路处断路、多根导线并烧中一根断路、转子断笼。

2. 绕组断路故障诊断法

（1）用万用表诊断绕组断路故障。用万用表的低阻挡（如 R×10 或者 R×100）来检查各相绕组是否通路，如有一相不通（指针不偏转），说明该相已断路。为确定该相中哪个线圈断路，应分别测量该相各线圈的首尾端，当哪个线圈不通时，就表示哪个线圈已断路，如图 5-25 所示。

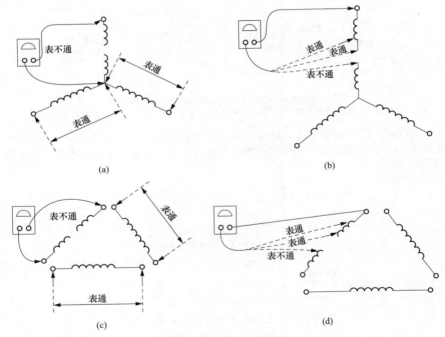

图 5-25　万用表检测绕组断路

(a) 检查星形连接绕组的断路相；(b) 检查星形连接绕组的断路点；
(c) 检查三角形连接绕组的断路相；(d) 检查三角形连接绕组的断路点

测量时，如有多路并联，必须把并连线断开分别测量。

（2）用绝缘电阻表诊断绕组断路故障。如果绕组是丫连接，可将绝缘电阻表的一根引线和中性点连接，另一根引线与绕组的一端连接，如图 5-26（a）所示。摇动绝缘电阻表，若指针达到无限大，即说明这一相绕组有断线。如果绕组是△连接，先将三相绕组的接线头分开，再进行检查，如图 5-26（b）所示。若是双路并联绕组，需把各路绕组拆开后，再按分路进行检查。

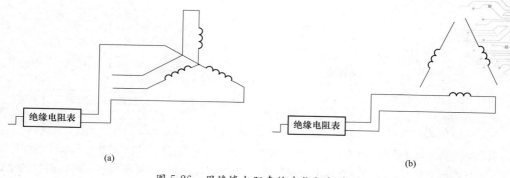

图 5-26　用绝缘电阻表检查绕组断路
(a) 绕组丫形接法；(b) 绕组△形接法

(3) 用电桥诊断绕组断路故障。用电桥分别测量三相绕组的直流电阻，如果三相电阻相差 5%以上，如某一相电阻比其他二相的电阻大，表示该相绕组有断路故障。

上述方法，对丫连接电动机，可不拆开中性点即可直接测量各相电阻的通、断情况；对△形连接电动机，必须拆开△形连接的一个端口才能测量各相的通断情况。

(4) 电流平衡法诊断绕组断路故障。电动机空载运行时，用电流表测量三相电流，如果三相电流不平衡，又无短路现象，则说明电流较小的一相绕组断路，如图 5-27 所示。

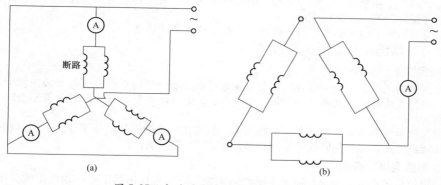

图 5-27　电流平衡法检查多支路绕组断路
(a) 用三个电流表检测；(b) 用一个电流表检测

如果为△连接的绕组，必须将△连接拆开一个端口，再分别把各相绕组两端接到低压交流电源上。

如果为丫形连接的绕组，应将三相串联电流表后并接到低压交流电源上的一端。这时如果两相电流相同、一相电流偏小，相差在 5%以上，则电流小的一相有部分绕组断路。确定部分断相后，将该相的并联导体或支路拆开，通路检查找出断路支路的断路点。

3. 转子断条部位的诊断

用断条侦察器检查笼型电动机转子断条的部位，是目前较方便而又可靠的方法。具体方法如下。

(1) 断条侦察器通电后横跨在笼型转子铁芯的机槽上，并沿着转子铁芯外圆逐槽移动，便可根据电磁感应原理找出故障点。检查时，将断条侦察器的凹面跨在转子铁芯槽上，在该铁芯槽的另一端放一根条形薄铁片（厚约 0.5～1mm）或锯条。如果笼条是完好的，断条侦察器会在笼条中感应出电流，并使铁片振动，如图 5-28 所示。这样逐槽检查，当侦察器和薄铁片移动到某铁芯槽时，铁片停止振动，则说明该铁芯槽内的笼条电流不通，有断裂故障。

(2) 当断裂笼条查出后，还要找到它所断开的具体位置。如果断裂发生在笼条端部，一般可以直接看出。如果断裂发生在转子槽内，可按图 5-29 所示的方法进行查找。

149

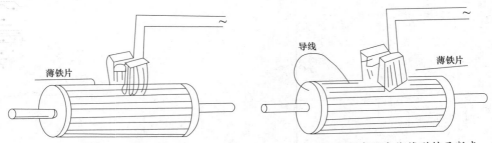

图 5-28　断条侦察器检查笼型绕组断条的大概部位　　图 5-29　断条侦察器查找笼型转子断点

（3）在断裂笼型转子的左端焊上一根比较粗的软导线，然后把断条侦察器跨在断裂的笼条上，再把薄铁片放在断裂笼条的另一端（如右端），然后将软导线的另一端（自由端）从左端开始沿断裂笼条向右移动（导线要与露在机槽外面的导体相碰接），同时移动侦察器、薄铁片，粗导线与转子铁芯之间的相对位置，如果铁片不振动，说明断裂点在侦察器和软导线自由端与转子接点之间，一旦软导线越过断裂点，薄铁片或锯片发生振动，则铁片刚振动时软导线自由端左侧的位置，即为该笼条的断裂点位置。

4. 绕组断路故障的处理

（1）断路在端部时，连接好后焊牢，包上绝缘材料，套上绝缘管，绑扎好，再烘干。

（2）绕组由于匝间、相间短路和接地等原因而造成绕组严重烧焦的一般应更换新绕组。

（3）对断路点在槽内的，属少量断点的做应急处理，采用分组淘汰法找出断点，并在绕组断部将其连接好并绝缘合格后使用。

（4）对笼形转子断笼的可采用焊接法、冷接法或换条法修复。

5.3.6　绕组接线错误故障诊断

1. 绕组接错的故障现象

绕组接错造成不完整的旋转磁场，会出现电动机启动困难、空载电流过大或三相电流不平衡过大，温升太快或有剧烈振动并有很大的噪声、烧断保险丝等症状，严重时若不及时处理会烧坏绕组。

绕组接错主要有下列几种情况：某极相中一只或几只线圈嵌反或头尾接错；极（相）组接反；某相绕组接反；多路并联绕组支路接错；"△" "Ｙ" 接法错误。

2. 诊断绕组接线错误

三相绕组头尾接错的检查，检查头尾之前，先用万用表找出属于每一相绕组的头尾两端，且先随意定好各相头尾端间的标号 U1、U2；V1、V2；W1、W2，就可进行以下检查。

（1）灯泡法。将任意两相串联起来接到电压为 220V 电源上，第三相的两端接上 24V 或36V 灯泡，如图 5-30（a）所示。若灯亮说明第一相的末端是接到第二相的始端。若灯不亮，即说明第一相的末端是接到第二相的末端，如图 5-30（b）所示。用同样方法可决定第三相的始端和末端。试验时要快，以免电动机内部电流过大时间较长而烧坏。

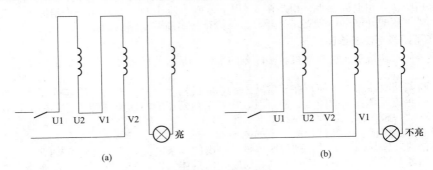

(a)　　　　　　　　　　　　　　　　　　(b)

图 5-30　灯泡检查法

（2）万用表法。将三相绕组接成Y形，把其中任一相接到低压24V或36V交流电源上，将其他两相出线端接在万用表10V交流挡上，如图5-31（a）所示，记下有无读数。然后改接成如图5-31（b）所示的形式，再记下有无读数。

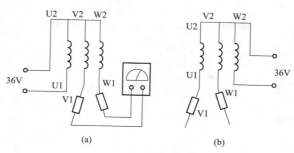

图 5-31 万用表检查法
(a) 第一次测量；(b) 第二次测量

若两次都无读数，表示接线正确；若两次都有读数，表示两次都未接电源的那一相倒了，即图中间一相（V1-V2）倒了；若两次试验中，一次有读数，另一次无读数，表示无读数的那一次接电源的一相倒了。假如图5-31（a）无读数，即U1-U2相倒了；图5-31（b）无读数，即W1-W2相倒了。

【特别提醒】

如果没有低压交流电流，可用干电池作电源，万用表选10V以下直流电压挡，两个引出线端分别接电池的正负极，如电表指针不摆动，说明无读数；如电表指针摆动，说明有读数。判断绕组始端和末端的方法同上。

（3）毫安表法。将三相绕组并在一起，再将万用表量程选择开关至于最小直流挡0.5mA（有的万用表为5mA），如图5-32所示。若用手慢慢转动转子，如表针不动或微动，表示接线是三头相接或三尾相接；如表针摆动，则表示其中有头尾相接，可调换一下任意一相绕组接线再试，直至表针不动或微动为止，接线才为头头相接、尾尾相接。

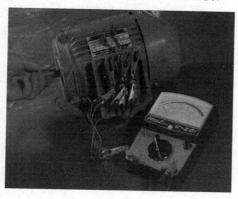

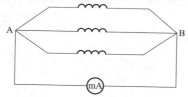

图 5-32 毫安表检查法

（4）转向法。对于小型电动机不用万用表也可辨别三相绕组的头尾，如图5-33所示。将每相绕组任取一个线头，把三个线头接到一起并接地，用两根 380V 电源相线分别顺序接到电动机的两个引线头上，观察电动机的旋转方向。

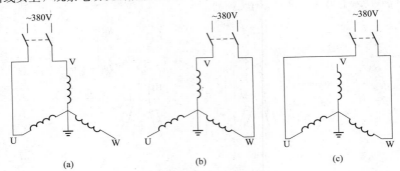

图 5-33　转向法检查三相绕组头尾
(a) UV 相绕组一端接电源；(b) VW 相绕组一端接电源；(c) UW 相绕组一端接电源

1) 若三次接上去，电动机转向相同，则表示三相头尾接线正确。
2) 若三次接上去，电动机二次反转，则表示参与过两次反转的那相绕组接反了。
3) 若第一次 U 相、V 相，第二次 V 相、W 相都反转，V 相有两次参与，表示 V 相接反，将 V 相的两个线头对调即可。

（5）转子转动法。任意选定三相绕组的头尾，分别并联起来接到万用表的低毫安挡上，如图 5-34 所示。这时转动电动机转子，若万用表指针不动，则表示三相绕组头尾接法正确；若万用表指针偏转，表示一相头尾接错。然后再分别轮换对调三相绕组的头尾再试，只要某次万用表指针不动，这时并联到一起的就分别是每相绕组的头和尾。

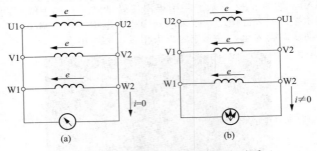

图 5-34　转子转动法检查三相绕组头尾
(a) 第一次检查；(b) 第二次检查

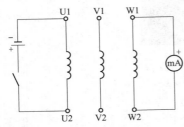

图 5-35　直流点极性法接线图

（6）直流点极性法。将一相绕组两端接到万用表直流毫安挡上，另一相绕组接到电池的两端（小电动机用一节一号干电池就行，大电动机最好用一个蓄电池），如图 5-35 所示。一般测试中不用开关，只用导线直接碰到电池的一个极上，在接通电池的瞬间，万用表指针正转时，电池负极所接绕组的一端与万用表正表笔所接绕组的一端为同极性端（同为头或同为尾）。若为反转时，表明电池负极所接绕组的一端与万用表负表笔所接绕组的一端为同极性端。再将万用表改接到另一绕组的两端试一次，即可全部找出 3 个绕组的头尾。

（7）交流电压表法。先将任两相绕组按所定头尾串联后接到交流电压表上（可用万用表交流电压 10V 或 50V 挡），而另一个绕组接到 36V 交流电源上，如图 5-36 所示。若电压表有指示，表示串联的两相绕组头尾连接正确，若电压表无指示表示串联的两相绕组头尾连接错误。

这时可任意对调两相绕组之一的头尾再试，则电压表应有指示。用同样方法再将 U1、U2 接电源，连接 W1、V2，将 V1、W2 接电压表．接通电源后电压表有指示，则表示三相绕组头尾均已正确。若电压表无指示，表示 W1、W2 接错，只要对调 W1、W2 再试电压表应有指示。此时全部找出三相绕组头尾。

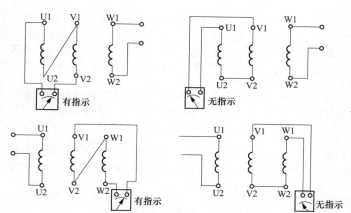

图 5-36　交流电压表法检查三相绕组首尾

【特别提醒】

在实际工作中，可选取上述任意一种方法，但必须注意判断操作的方法正确。

3. 用指南针查找线圈接反、嵌反故障

极相组内线圈接反、嵌反，可用指南针来查找，方法是：将 3～6V 直流电源输入待测相绕组，然后用指南针沿着定子内圆周移动，若该相各极相组、各线圈的嵌线和接线正确，指南针经过每个极相组时，其指向呈南北交替变化，如图 5-37 所示。若指南针经过两个相邻的极相组时，指向不变，则指向应该变而不变的极相组内有线圈接反或嵌反。按此方法，可依次检测其余两相绕组。若三相绕组为三角形连接，应拆三个节点。如果为星形连接，可不必拆开，只需要将低压直流电源从中性点和待测绕组首端输入，再配合指南针用上述方法检测。

图 5-37　用指南针检查接线错误

4. 绕组接线错误的处理方法

（1）一个线圈或线圈组接反，则空载电流有较大的不平衡，应进行返修。

（2）引出线错误的，应正确判断首尾后重新连接。

（3）减压启动接错的应对照接线图或原理图，认真校对重新接线。

（4）新电动机下线或重接新绕组后接线错误的，应进行返修。

（5）定子绕组一相接反时，接反的一相电流特别大，可根据这个特点查找故障并进行维修。

（6）把"丫"形接成"△"形或匝数不够，则空载电流大，应及时更正。

5.3.7 电动机不能启动或转速偏低的故障诊断

1. 电动机不能启动的原因及诊断方法

电动机不能启动，主要原因如下：拖动负载被机械卡住；启动设备故障和电动机本体故障及其他方面的原因。

经过测量，若三相电压平衡，但电动机转速较慢并有异常声响，这可能是负荷太重，拖动机械卡住。此时应断开电源，盘动电动机转轴，若转轴能灵活均衡地转动，说明是负荷过重；若转轴不能灵活均衡地转动，说明是机械卡阻。若三相电压正常而电动机不转，则可能是电动机本体故障或卡阻严重，此时应使电动机与拖动机械脱开，分别盘动电动机和拖动机械的转轴，并单独启动电动机，即可知道故障所在，做相应的处理。

当确定为启动设备故障时，要检查开关，接触器各触头及接线柱的接触情况；检查热继电器过载保护触头的开闭情况和工作电流的调整值是否合理；检查熔断器熔体的通断情况，对熔断的熔体在分析原因后应根据电动机启动状态的要求重新选择；若启动设备内部接线有错，则应按照正确接线改正。

当确定为电动机本体故障时，则应检查定、转子绕组是否接地或轴承是否损坏。绕组接地或局部匝间短路时，电动机虽能启动但会引起熔体熔断而停转，短路严重时电动机绕组很快就会冒烟。

由于轴承损坏而造成电动机转轴窜位、下沉、转子与定子摩擦乃至卡死时，应更换轴承。若在严冬无保温，环境较差场所的电动机，应检查润滑脂。

2. 电源电压低引起电动机不能启动的故障诊断

电源电压降低后，电动机的电磁转矩按电压平方值的比例下降，转速亦降低。电动机的电磁转矩与电压的平方成正比。因此，电压过低将使电动机输出机械转矩大大降低。当这一转矩小于工作机械的启动转矩时，电动机将不能启动。

当电动机出现不能启动的故障时，可使用万用表测量三相电压，若电压太低，应设法提高电压，原因包括如下。

（1）电源线太细，启动压降太大，应更换粗导线。

（2）三角形接线错接成星形接线，又是重载启动，应按三角形接法启动。

（3）送电电压太低，应增高电压，达到要求的电压等级。

【特别提醒】

用接触器、磁力启动器、断路器等直接启动的电动机，如果控制线路有故障，开关合不上，则电动机也不能启动。

3. 负载过重引起电动机不能启动的故障诊断

对常用的笼型异步电动机，启动转矩通常只有额定转矩的 1.5～2 倍，如果负载所需的启动转矩超过了电动机的启动转矩，那就不能启动了。造成负载过重的原因，可能是电动机容量选择过小。在负载选择合理的情况下，应从以下两个方面查找。

（1）被拖动的机械是否有卡阻故障。如水泵的轴弯曲、叶轮与泵壳摩擦、填料压得过紧、叶轮中堵有杂物或者水中泥沙过多等。风机的轴弯曲、风轮与外壳相摩擦、叶片被杂物堵塞等，都可能使电动机严重过载而不能启动。

（2）传动装置安装是否合理。电动机与工作机械常采用联轴器、传动带、齿轮等传动装置。如果传动装置安装不合理，就会产生一个很大的附加阻力矩，使电动机不能启动。

不同的传动方式，安装技术要求是不同的。对联轴器传动，要求电动机转子轴与工作机械轴的中心尽量在一条直线上；对带传动，应使两轴尽量平行；对齿轮传动，应使齿轮啮合良好。

4. 机械故障引起电动机不启动的故障诊断

电动机本身如有卡阻等机械故障，也可能使电动机无法启动。例如，电动机轴承磨损、润滑脂冻结、灰尘杂物堵塞等，都会使摩擦阻力增加，转动不灵活，尤其是使用△-Y启动，转子根本不能启动。

更严重的是，接通电源后转子与定子相摩擦电动机会发出强烈的"嗡嗡"声响，如不立即断开电源，电动机就会烧毁。造成这种故障的原因如下。

（1）轴承内套与电动机转轴长期磨损不保养，使间隙加大。

（2）定子绕组的某一部分发生短路或断路，使气隙中的磁场严重不对称，转子受力不对称，转子被拉向一侧，这样，气隙磁场更不对称，加剧了转子被拉向一侧的力量。久而久之，使转子与定子相碰。

5. 一相断线引起电动机不启动的故障诊断

电动机一相断线包括两种情况：一是外部断线（或断一相电源），二是电动机内部绕组一相断线。对丫形连接与△形连接的电动机情形有所区别，如图 5-38 所示。从图中可以看出，对丫形连接电动机，无论外部还是内部一相断线，如图 5-38（a）、图 5-38（b）的 W 相，完好的 U、V 相加一线电压 U_{UV}，流过的是同一电流 I（其电流值是相当大的），不能形成旋转磁场，所以不能启动。对△形连接电动机，外部断线后，绕组 UV 和绕组 VW、WU 也是加了同一电压 U_{UV}，流过各绕组的电流基本上同相位的，不能形成旋转磁场，也不能启动。但对△形连接的内部一相断线，如图 5-38（d）所示，绕组 UV、UW 形成一开口三角形，三相电压分别加于 UV、UW 绕组，能形成旋转磁场，但由于只有两相绕组参加工作，电动机的功率降低了 1/3。在这种情况下，如果负载很重，电动机将不能启动；如为轻负载，电动机还能启动，但将引起其他不良影响。

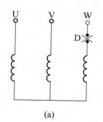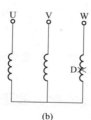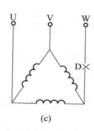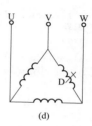

图 5-38　电动机一相断线示意图
（a）丫形连接外部断线；（b）丫形连接内部断线；
（c）△形连接外部断线；（d）△形连接内部断线

如果电动机在运行过程中一相断线，电动机仍能运转，但转速将明显降低。这是因为电动机一相断线后，变成了单相运行，单相电流产生的磁场是大小变化、空间方向不变的磁场，可以认为是两个旋转方向相反、大小相等的旋转磁场。当电动机已在旋转，由于惯性力加强了正方向的旋转磁场，从而使电动机仍能按原来的旋转方向继续运行。但因为是单相运行，所以电动机的功率已大大下降。

理论计算表明，若要维持电动机工作电流不变，电动机的输出功率下降值应为：

（1）对于丫形连接电动机内部、外部一相断线，或△形连接电动机外部一相断线，电动机输出功率为额定功率的 58%。

（2）对于△形连接电动机内部一相断线，如图 5-39 所示，电动机输出功率为额定功率的 67%。

功率下降，电动机转速必然下降。

图 5-39　绕组断线

6. 电动机转速偏低的故障诊断

在正常情况下，电动机应维持额定转速运行，若转速偏低，使得转差增加，转子中感应电流增加，定子电流也增加，将使电动机明显过热。其次，转速偏低将直接影响到被拖动的工作机械的正常使用，工作效率降低，甚至不能使用。

引起电动机运行时转速降低的主要原因如下。

（1）电源电压不正常或接线错误。如端电压降低，则电动机启动转矩减小，转速降低。若检查是电压太低，则应提高电源电压。电动机接线错误，绕组应是三角形接线而错接成星形的也会使相电压降低。

（2）转子故障。若鼠笼转子导条断裂或开焊，表现为启动转矩下降，转速降低。断裂或开焊故障点的寻找，一般在抽出转子后用肉眼就可以看出，必要时，可以转子上撒些铁粉，然后在端环两端通以100～200A大电流低压电，便可明显地看出断条痕迹，如图5-40所示。

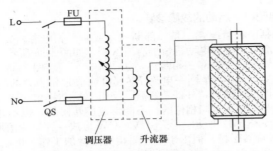

图 5-40　铁粉法检查笼形转子断条

此外，可采用如下简便的方法：在定子上加三相电压（由调压器提供，约为额定电压的10%），用手拨动转子，如果转子有断条，则定子电流将会循环变化（但应注意，气隙不均也会有这种现象）。

（3）被拖动机械故障。若检查是被拖动机械轻微卡住，使转轴不能灵活转动，也会使电动机勉强拖动负载而引起转速下降。

5.4　三相交流电动机其他常见故障的诊断

5.4.1　电动机运行噪声的诊断

1. 电动机运行噪声的类型

电动机正常运转会产生轻微的振动和均匀的响声。如果振动强烈，声音偏大，并忽高忽低、嘈杂无章，就属于不正常了。

电动机发生的声音大致可分成电磁噪声、通风噪声、轴承噪声和其他声音等。

【特别提醒】

电动机运行时的这些噪声，大多数能在事故未形成前检查出来。

2. 轴承噪声的诊断

经常监听轴承的声音，即使细微的声音变化也能辨别出来。监听声音可以使用在市场购买的听音棒（棒的一端安装有共鸣器），也可以使用螺丝刀或单根金属棒来判断轴承的声音。

（1）正常声音。没有忽高忽低的金属性连续声音。

（2）护圈声音。由滚柱或滚珠与护圈旋转所产生轻的"叽里叽里"声，含有与转速无关的不规则金属声音。这种声音如在添加润滑脂后变小或消失，则对运行没有影响。

（3）滚柱落下的声音。这是卧式旋转电动机中发生的、在正常运转时听不见的、转速低时可听得见的、在将要停止时特别清楚的声音。产生这种声音的原因是旋转在位于靠近顶部非负荷圈处的滚柱靠着本身重力比仍在旋转的护圈早落下来的缘故。这种声音对运转无妨碍。

（4）"嘎吱嘎吱"声。一般是在滚柱轴承内发出的声音。这种声音同负载无关，它是由于滚柱在非负荷圈内不规则运行所产生的，并且与轴承的径向间隙。润滑脂的润滑状态等有关。长期不使用的电动机重新开始运转的阶段，特别是在冬季润滑脂凝固时容易出现这种声音。"嘎吱嘎吱"声多在添加润滑脂后就会消失。

出现了"嘎吱嘎吱"声而没有同时出现异常的振动和温度时，电动机仍可正常使用。

（5）裂纹声。这是轴承的滚道面，滚珠、滚柱的表面上出现裂纹时发出的声音，它的周期同转速成比例。裂纹声是由于轴承制造中的缺陷所造成的，在工厂装配时便产生了，或者由于运输中的撞击所产生等。轴承发生裂缝时，应予以更换。

（6）尘埃声。这是在滚道面和滚柱或滚珠间嵌入尘埃时发出的声音，声音大小无规则，也与转速无关。尘埃声发生后应把轴承各件拆开，将润滑脂注入口的污垢、润滑脂注射仓的污垢等清洗干净，如图5-41所示。然后，重新注入新的润滑脂。

3. 电磁噪声的诊断

一般来说，电动机运行时总是会发出或多或少的电磁噪声，当切断电源时就会消失。电磁噪声通常是因为电磁振动与外、定子铁芯共振发出的声音。当电磁噪声比平时大时，要考虑下述因素。

（1）气隙不均匀。因气隙不均匀产生的电磁噪声，它的频率为电源频率的 2 倍，应该从轴承架的偏移、基础地基下沉导致底座变形、轴承的磨损等方面去检查。

（2）铁芯松动。运行中的振动、温度忽高忽低引起热胀冷缩等会使铁芯的夹紧螺栓、直流电动机磁极的安装螺栓等松动，造成铁芯容易振动，电磁噪声增加。检修的方法是用扳手查明各紧固部位的

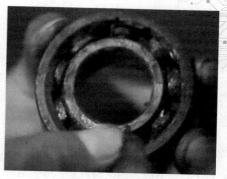

图 5-41　轴承上的润滑脂污垢

紧固状态，用手锤之类等敲击各有关部分发出的声音来查明各紧固部件的紧固状态。

（3）电流不平衡。三相感应电动机的电流不平衡会发生为电源频率 2 倍的电磁噪声。电流不平衡的起因有电源电压不平衡，绕组接地、断线、短路，或者是转子回路阻抗不平衡，接触不良等。因此要对上述原因进行检查。

（4）高次谐波电流。近年来，应用晶闸管的电力电子产品（晶闸管调速装置等）增多。电流中含有的高次谐波分量，使电源波形畸变；感应电动机内有高次谐波电流流过，会使它的温度上升、发生磁噪声等。不正常的温度和电磁噪声同时发生时，可用示波器测量电压、电流的波形来检查故障原因。

4. 转子噪声的诊断

转子产生的噪声通常是风扇声、电刷摩擦声，偶尔会发生像敲鼓那样大的声音。特别是在骤然启动、停止，或者在频繁进行反接制动时容易产生这种声音。

5. 电动机与工作机械连接部分产生噪声的诊断

电动机与工作机械连接部分产生噪声的诊断方法如下。

（1）联轴节或皮带轮的轴瓦与轴配合太松。联轴节配合太松，由于转矩的波动，使得联轴节或皮带轮与键严重擦碰则会发出噪声。通过测定轴和联轴节或皮带轮的直径尺寸来查明原因，尺寸精度测定到 0.01mm，如图 5-42 所示。

图 5-42　检查联轴节

（2）联轴节螺栓磨损、变形。一旦联轴节螺栓的套筒外表面被磨损而变形，或者联轴节螺栓和套筒间的间隙变大，就会在转矩脉动的影响下发出擦碰声。此时，要拔出联轴节螺栓并进行检查。

（3）齿轮联轴节里的润滑油不足和牙齿磨损。由于漏油等原因造成润滑油不足时使牙齿磨损，啮合状态变差，就会发生擦碰等不正常声音。

（4）皮带松弛、磨损。皮带张力小时容易被磨损，如果皮带与皮带轮之间出现打滑，就会发出不正常声音。此时，应检查皮带的张力、磨损程度，然后采取必要措施，如更换皮带、调

整其张力等。

6. 电动机装配不良引起噪声的诊断

电动机装配不良常见的有两种情况：一是端盖与定子（或者轴承盖与端盖）的坚固螺钉四周紧固不均匀，以及装配止口四周啮合不均匀，造成端盖（或轴承盖）安装不正，影响了定转子的同心度，二是轴承内、外套与转轴、端盖轴孔配合太松，致使定子铁芯与转子相擦，应合理装配。

5.4.2 电动机振动异常的诊断

电动机噪声起因于振动，由于振动频率的不同，或让人觉得是噪声，或让人觉得只是振动。电动机振动有电磁振动和机械振动两大类型。

（1）电源电压不对称、绕组短路及多路绕组中个别支路断路，或者定子铁芯装得不紧，鼠笼转子导条有较多的断裂或开焊等。这些电磁方面的原因会引起电动机运行时发生振动。

（2）电动机转轴弯曲、轴径成椭圆形或转轴及转轴上所附有的转动机件不平衡等，这些机械方面的原因也会引起电动机运行时发生振动。

（3）若电动机空转时振动并不大，这可能是由于电动机与所拖动机械的轴中心找得不准，也可能是电动机与所拖动机械间的振动引起电动机的振动。确定振动的原因后，即可会同机械维修人员重新校验，针对机械方面的缺陷进行处理。

（4）当电动机发生振动过大时，可首先检查传动部件对电动机的影响，然后再脱开联轴器使电动机空转进行检查。若电动机空转时振动较大，则原因在电动机本身。这时应切断电源，以判断振动是由于机械方面原因还是电磁方面原因所引起。

（5）切断电源后振动立即消除，说明是电磁方面的原因，应检查绕组并联支路有否断线，鼠笼转子导条是否开焊或断裂。绕组并联支路有否断线可用万用表测电阻值进行分析。绕组并联支路确有断线时，应仔细查出断头后焊牢并做绝缘处理，必要时要重新绕制绕组。

（6）切断电源后若振动继续存在，说明原因出在机械方面，如转子或皮带不平衡、轴端弯曲、轴承故障等。

1）拆开与工作机械的连接。拆开与工作机械的连接后运转时，如果不正常振动消失，则原因是连接部分没有连接好。皮带套到皮带轮上时，要注意轴的平行度、皮带同轴的直角度、皮带的张力等，如图 5-43 所示，一定要把皮带与转轴的连接工作做好。皮带直接连接转轴时要对准中心。此时，还有必要充分调整好皮带、联轴节螺栓。

图 5-43　检查皮带和皮带轮

皮带轮不平衡通常是由于轴孔偏心，可车削后镶套，轴端轻度弯曲可在压力机上校正或车削 1～2mm 后镶套，轴端弯曲过大时可用电焊在弯曲处表面均匀堆焊一层，然后以转子外圆为基准找中心，在车床、磨床上加工成符合要求的尺寸。

2）检查底座和安装底脚。电动机的基础混凝土破裂或地脚螺丝、端盖螺丝未上紧等都会引起电动机振动过大，查明原因后，可对这些问题进行处理。安装螺栓如有松动，应把它拧紧，如图 5-44 所示。

3）转子没有平衡好。根据上述顺序查不出振动的原因，要考虑是否转子没有平衡好。经过长年累月运行后，由于线圈绝缘老化、绑带松弛等会造成转子平衡变差。假如振动的原因是由于转子不平衡，则振动状态随着转速而异，而且它的振动值多半没有再现性。把转子拆卸下开来用肉眼观察检查，并用检查手锤敲击绑带，听其声音辨别是否存在问题。

转子不平衡可将转子做静平衡或动平衡校验。

【特别提醒】

异常的振动及响声，也许一时对电动机并无严重的损害，但时间一长，将会产生严重后果，因此，一定要及时找出原因，及时处理。首先应检查周围部件对电动机的影响，然后解开传动装置（联轴器、传动带等），使电动机空转。如果空转时不振动，则振动的原因可能是传动装置安装不好，或电动机与工作机械的中心校准不好，也可能是工作机械不正常。如果在空转时，振动与响声并未消除，则故障在电动机本身。这时，应切断电源，在惯性力的作用下电动机继续旋转，如果不正常的振动响声立即消失，则属于电磁性振动，应按上面叙述的原因一一查找，然后排除。

图 5-44　检查底座螺母

5.4.3　电动机运行中温升过高的诊断

三相异步电动机的最大允许温升和最高允许温度见表 5-8。

表 5-8　**三相异步电动机最大允许温升和最高允许温度**　单位：℃

电动机部位	绝缘等级									
	A		E		B		F		H	
	最大允许温升	最高允许温度	最大允许温升	最高允许温度	最大允许温升	最高允许温度	最大允许温升	最高允许温度	最大允许温升	最高允许温度
定子绕组	55	95	65	105	70	110	85	125	105	145
绕线式转子绕组	55	95	65	105	70	110	85	125	105	145
定子铁芯	60	100	75	115	80	120	100	140	125	165
滑动轴承	40	80	40	80	40	80	40	80	40	80
滚动轴承	55	95	55	95	55	95	55	95	55	95
滑环	60	100	70	110	80	120	90	130	100	140

注：温度计法，环境温度为 40℃。

1. 电动机整体温升过高的故障诊断

电动机正常运行时温升稳定，并在规定的允许范围内。如果温升过高，或与在同样工作条件下的同类电动机相比，温度明显偏高，就应视为故障，如图 5-45 所示。电动机过热往往是电动机故障的综合表现，也是造成电动机损坏的主要原因。电动机过热，首先要寻找热源，即是由哪一部件的发热造成的，进而找出引起这些部件过热的原因。

图 5-45　用手触摸电动机温度明显偏高

（1）过载运行引起温升过高。若经检查确定温升过高是由拖动机械皮带太紧和转轴运转不灵活引起，应会同机械维修人员适当地放松皮带，拆检机械设备，使转轴灵活，并应保持在额定负载状态下运行。

（2）工作环境恶劣引起温升过高。电动机排出的热风不能很快地散开、冷却，又立即被电动机风扇吸入内部，造成热循环使电动机过热。电工技术中将这种不良的热循环称为热短路。热短路是导致电器及其他设备散热不良的重要原因，在任何情况下都是应当预防的。

电动机工作环境温度过高，此时可搭建简易凉棚遮阴或用鼓风机、电风扇吹风。同时，更应注意清除电动机本身风道的油污及灰尘，以改善自冷条件。

（3）电动机运行故障造成温升过高。电动机绕组有匝间短路及接地存在，或者因轴承运行中损坏，均会引起局部温升过高。这时打开电动机，目视鼻闻，有否烧焦。手摸，比较温度，找出短路点，把短路部分处理好。轴承损坏，可更换轴承。轴承焊造成的温升过高，对电动机转子处理后投入运行。

（4）由于鼠笼转子导条断裂、开焊等参数变化也可能会造成电动机在试运行时就发热。

（5）重新绕制的电动机，由于绕制参数变化也可能会造成电动机在试运行时就发热。此时可测量电动机的三相空载电流，若大于额定值，则说明匝数不够，应予增加。

（6）正反转频繁或启动次数过多也可引起电动机温升过高，这时应减少电动机正反转和启动次数，或改用其他类型的电动机。

【特别提醒】

电动机温升过高还与电动机电压过高或过低有关。

2. 轴承温升过高的故障诊断

异步电动机轴承运行中的温度高于规定值（85℃）称为发热。电动机运行时轴承过热，通常是因润滑不良、安装不良等原因造成的，当出现过热时，可从以下几方面查找原因并做相应的处理。

（1）轴承润滑状态是否良好。当出现轴承热时，首先应拆开电动机两端的轴承盖，对润滑脂进行外观检查。润滑脂太脏有杂质侵入，或已干枯等都会造成轴承过热，可合理选用润滑脂进行更换。

（2）轴承室中润滑脂不宜过多或过少。润滑脂应占整个轴承室容积 1/2～2/3 为宜。

（3）轴承的安装必须具备适当的公差配合。轴承径向间隙的过大或过小，内外套配合过松或过紧都是造成电动机运行时轴承过热的原因。

【特别提醒】

联轴器安装不当，皮带太紧，电动机运转时有振动等都有可能使轴承发热。这时应调整联轴器，使两轴线在一直线上。在不影响转速的情况下适当放松皮带，电动机运转时的振动应消除。

3. 定子绕组过热的故障诊断

定子绕组存在电阻，通入电流后就会发热。对某一确定的电动机来说，绕组的电阻是基本不变的，所以绕组发热主要决定于电流的大小。可见，定子绕组过热就是因为电流超过了允许值。定子绕组过热的原因如下。

（1）负载过重。由于各种原因使电动机负载增加，电动机转速降低，转子、定子绕组中的电流增加，使电动机较长时间超载运行，绕组将过热。

（2）电源电压低。电源电压降低，电动机的转矩将下降。在负载不变的情况下，转速降低，电流增加，导致绕组过热。

（3）缺相运行。三相电动机缺一相电源，无论是启动前缺相，还是运行中缺相，都将使电动机定子、转子绕组电流大大增加，时间稍长，电动机就会因过热而烧毁。据统计资料分析，因缺相运行烧毁绕组的占修理量 50% 以上。

1）启动前缺相。启动前缺相（含内部断相）时，电动机一般不能启动，转子不动，定、转子绕组相当于一台静止的变压器一次、二次绕组，而电动机转子绕组（如笼型绕组）是相互短接的，这样，未转动的电动机处于二次侧短路的变压器运行状态，定、转子绕组中流过很大的电流，电动机将严重过热。

2）运行中缺相。运行中缺相（含内部断相）时，电动机虽然可以运转，但这时候的电动机变成了单相或两相运行，电动机的输出功率将大大下降，此时，流过绕组中电流将增大，电动机将严重过热。

（4）匝间短路或绕组绝缘受潮。绕组内存在匝间短路，在短路线匝内流过很大的短路电流，使绕组过热。绝缘受潮后，定子绕组表面、绕组之间的泄漏电流增加，也会使电动机过热。

（5）接线错误。如果将△形连接的电动机接成了丫形连接，将使电动机转矩下降 1/3，电流大大增加；如果将丫形连接接成了△形连接，每相绕组电压升高了√3 倍，铁芯磁通严重饱和，还可能击穿匝间绝缘；如果三相绕组有一相首尾接反，电流亦大大增加。这些都会使电动机绕组过热，但这些错误明显，易于发现，易于改正。

（6）启动频繁及力矩的影响。电动机频繁启动，或者启动时负载阻力矩过大，或电动机启动力矩偏小，使电动机启动时间延长，很大的启动电流使电动机绕组过热。

4. 铁芯过热的故障诊断

当绕组接上交流电源后，在铁芯内产生交变的磁通。这个交变的磁通使铁芯交替磁化，需要消耗一部分能量，这叫磁滞损耗。磁滞损耗将使铁芯发热。同时，铁芯也是导体，在交变磁通作用下产生的感应电流在铁芯内流通，也造成能量损耗，这叫涡流损耗，同样使铁芯发热。但是，硅钢片导磁率很高，各片互相绝缘，因而使损耗限制在一定的范围内。如果铁芯损耗增加，铁芯将会过热，从这一点出发，可以找到铁芯过热的原因。

（1）电压过高。铁芯中的磁通与电压成正比，电压升高，励磁电流会急剧增加，都将使电动机发热严重。

（2）三相电压不平衡。由于三相电压不平衡，一方面使得电压偏高的一相电流增加，该相绕组过热；另一方面，由于三相电流的不平衡，三相电流之和不等于 0，就存在一个零序电流；零序电流产生的零序磁通，使铁芯损耗增加，发热增加，如图 5-46 所示。

图 5-46 三相电压不平衡

（3）铁芯短路。铁芯的硅钢片之间短路以后，涡流大大增加，这是使铁芯过热的主要原因。

造成铁芯短路的原因有：拉紧螺栓与铁芯间的绝缘损坏，使铁芯各片通过螺栓形成短路；绕组故障产生的高温电弧，使铁芯槽齿烧坏或熔化，形成短路；硅钢片表面存在毛刺、凹陷等引起短路。铁芯短路以后，空载电流大大增加，这也是判断其故障的主要依据之一。如发现铁芯短路，首先应把铁芯表面清扫干净，对于表面存在的毛刺、凹陷，可用细钢锉轻轻锉平，然后用毛刷蘸上汽油清刷干净，再涂一层绝缘漆。铁片如有松动，应拧紧穿心螺栓，亦可在铁芯片间插入硬质绝缘材料，如胶纸、云母片等。

三相异步电动机温升过高的分析程序如图 5-47 所示。

5.4.4 绝缘电阻降低和机壳带电的故障诊断

1. 电动机绝缘电阻降低的故障诊断

电动机绝缘电阻降低的主要原因和处理方法如下。

（1）潮气浸入或雨水滴入电动机内。用绝缘电阻表检查后，进行烘干处理。

（2）绕组上灰尘污垢太多。清除灰尘、油污后浸渍处理。

（3）引出线和接线盒接头的绝缘即将老化。重新包扎引出线接线头。7kw 以下电动机可重新浸渍处理。

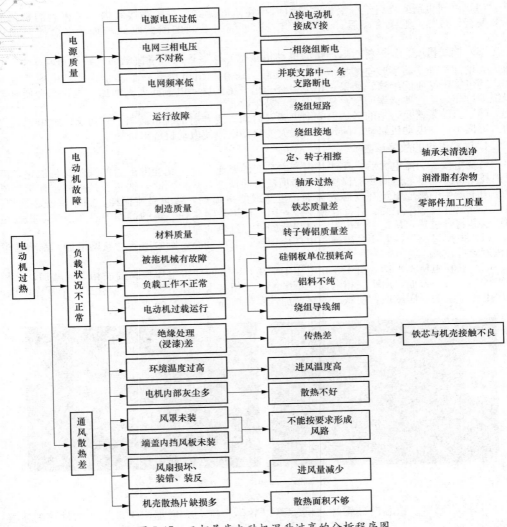

图 5-47　三相异步电动机温升过高的分析程序图

2. 电动机机壳带电的故障诊断

电动机机壳带电的主要原因和处理方法如下。

（1）引出线或接线盒接头绝缘损坏碰地。检查后套上绝缘套管或包扎绝缘布。

（2）端部太长碰机壳。端盖卸下后接地现象即消除。此时应将绕组端部刷一层绝缘漆，并垫上绝缘纸再装上端盖。

（3）槽子两端的槽口绝缘损坏，细心扳动绕组端接部分，耐心找出绝缘损坏处，然后垫上绝缘纸再涂上绝缘漆。

（4）槽内有铁屑等杂物未除尽，导线嵌入后即通地。清除铁屑等杂物。

（5）在嵌线时，导体绝缘有机械损伤。细心扳动绕组端接部分，耐心找出绝缘损坏处，然后垫上绝缘纸再涂上绝缘漆。

（6）外壳没有可靠接地。按上面几个方法排除故障后，将电动机外壳可靠接地。

【知识窗】

三相异步电动机的常见故障及处理

三相异步电动机在长期的运行过程中，会发生各种各样的故障，这些故障综合起来可分为电气的和机械的两大类。电气方面主要有定子绕组、转子绕组、定转子铁芯、开关及启动设备的故障等；机械方面主要有轴承、转轴、风扇、机座、端盖、负载机械设备等的故障。及时判断故障原因并进行相应处理，是防止故障扩大、保证设备正常运行的重要工作。下面将三相异步电动机的常见故障现象、故障的可能原因以及相应的处理方法列于表 5-9 中，供分析处理故障时参考。

表 5-9 三相异步电动机的常见故障及处理

故障现象	故障原因	处理方法
通电后电动机不能启动，但无异响，也无异味和冒烟	(1) 电源未通（至少两相未通） (2) 熔丝熔断（至少两相熔断） (3) 过流继电器调得过小 (4) 控制设备接线错误	(1) 检查电源开关、接线盒处是否有断线，并予以修复 (2) 检查熔丝规格、熔断原因，换新熔丝 (3) 调节继电器整定值与电动机配合 (4) 改正接线
通电后电动机转不动，然后熔丝熔断	(1) 缺一相电源 (2) 定子绕组相间短路 (3) 定子绕组接地 (4) 定子绕组接线错误 (5) 熔丝截面过小	(1) 找出电源回路断线处并接好 (2) 查出短路点，予以修复 (3) 查出接地点，予以消除 (4) 查出错接处，并改接正确 (5) 更换熔丝
通电后电动机转不启动，但有"嗡嗡"声	(1) 定、转子绕组或电源有一相断路 (2) 绕组引出线或绕组内部接错 (3) 电源回路接点松动，接触电阻大 (4) 电动机负载过大或转子发卡 (5) 电源电压过低 (6) 轴承卡住	(1) 查明断路点，予以修复 (2) 判断绕组首尾端是否正确，将错接处改正 (3) 紧固松动的接线螺丝，用万用表判断各接点是否假接，予以修复 (4) 减载或查出消除机械故障 (5) 检查三相绕组接线是把△形接法误接为丫形，若误接应更正 (6) 更换合格油脂或修复轴承
电动机启动困难，带额定负载时的转速低于额定值较多	(1) 电源电压过低 (2) △形接法电动机误接为丫形 (3) 笼型转子开焊或断裂 (4) 定子绕组局部线圈错接 (5) 电动机过载	(1) 测量电源电压，设法改善 (2) 纠正接法 (3) 检查开焊和断点并修复 (4) 查出错接处，予以改正 (5) 减小负载
电动机空载电流不平衡，三相相差较大	(1) 定子绕组匝间短路 (2) 重绕时，三相绕组匝数不相等 (3) 电源电压不平衡 (4) 定子绕组部分线圈接线错误	(1) 检修定子绕组，消除短路故障 (2) 严重时重新绕制定子线圈 (3) 测量电源电压，设法消除不平衡 (4) 查出错接处，予以改正
电动机空载或负载时电流表指针不稳，摆动	(1) 笼型转子导条开焊或断条 (2) 绕线型转子一相断路，或电刷、集电环短路装置接触不良	(1) 查出断条或开焊处，予以修复 (2) 检查绕线型转子回路并加以修复
电动机过热甚至冒烟	(1) 电动机过载或频繁启动 (2) 电源电压过高或过低 (3) 电动机缺相运行 (4) 定子绕组匝间或相间短路 (5) 定、转子铁芯相擦（扫膛） (6) 笼型转子断条，或绕线型转子绕组的焊点开焊 (7) 电动机通风不良 (8) 定子铁芯硅钢片之间绝缘不良或有毛刺	(1) 减小负载，按规定次数控制启动 (2) 调整电源电压 (3) 查出断路处，予以修复 (4) 检修或更换定子绕组 (5) 查明原因，消除摩擦 (6) 查明原因，重新焊好转子绕组 (7) 检查风扇，疏通风道 (8) 检修定子铁芯，处理铁芯绝缘

故障现象	故障原因	处理方法
电动机运行时响声不正常,有异响	(1) 定、转子铁芯松动 (2) 定、转子铁芯相擦(扫膛) (3) 轴承缺油 (4) 轴承磨损或油内有异物 (5) 风扇与风罩相擦	(1) 检修定、转子铁芯,重新压紧 (2) 消除摩擦,必要时车小转子 (3) 加润滑油 (4) 更换或清洗轴承 (5) 重新安装风扇或风罩
电动机在运行中振动较大	(1) 电动机地脚螺栓松动 (2) 电动机地基不平或不牢固 (3) 转子弯曲或不平衡 (4) 联轴器中心未校正 (5) 风扇不平衡 (6) 轴承磨损间隙过大 (7) 转轴上所带负载机械的转动部分不平衡 (8) 定子绕组局部短路或接地 (9) 绕线型转子局部短路	(1) 拧紧地脚螺栓 (2) 重新加固地基并整平 (3) 校直转轴并做转子动平衡 (4) 重新校正,使之符合规定 (5) 检修风扇,校正平衡 (6) 检修轴承,必要时更换 (7) 做静平衡或动平衡试验,调整平衡 (8) 寻找短路或接地点,进行局部修理或更换绕组 (9) 修复转子绕组
轴承过热	(1) 滚动轴承中润滑脂过多 (2) 润滑脂变质或含有杂质 (3) 轴承与轴颈或端盖配合不当(过紧或过松) (4) 轴承盖内孔偏心,与轴相擦 (5) 皮带张力太紧或联轴器装配不正 (6) 轴承间隙过大或过小 (7) 转轴弯曲 (8) 电动机搁置太久	(1) 按规定加润滑脂 (2) 清洗轴承后换净洁净润滑脂 (3) 过紧应车、磨轴颈或端盖内孔,过松可用黏结剂修复 (4) 修理轴承盖,消除摩擦 (5) 适当调整皮带张力,校正联轴器 (6) 调整间隙或更换新轴承 (7) 校正转轴或更换转子 (8) 空载运转,过热时停车,冷却后再走,反复走几次,若仍不行,拆开检修
空载电流偏大(正常空载电流为额定电流的 20%～50%)	(1) 电源电压过高 (2) 将Y形接法错接成△形接法 (3) 修理时绕组内部接线有误,如将串联绕组并联 (4) 装配质量问题,轴承缺油或损坏,使电动机机械损耗增大 (5) 检修后定、转子铁芯不齐 (6) 修理时定子绕组线径取得偏小 (7) 修理时匝数不足或内部极性接错 (8) 绕组内部有短路、断线或接地故障 (9) 修理时铁芯与电动机不相配	(1) 若电源电压值超出电网额定值的 5%,可向供电部门反映,调节变压器上的分接开关 (2) 改正接线 (3) 纠正内部绕组接线 (4) 拆开检查,重新装配,加润滑油或更换轴承 (5) 打开端盖检查,并予以调整 (6) 选用规定的线径重绕 (7) 按规定匝数重绕绕组,或核对绕组极性 (8) 查出故障点,处理故障处的绝缘。若无法恢复,则应更换绕组 (9) 更换成原来的铁芯
空载电流偏小(小于额定电流的 20%)	(1) 将△形接法错接成Y形接法 (2) 修理时定子绕组线径取得偏小 (3) 修理时绕组内部接线有误,如将并联绕组串联	(1) 改正接线 (2) 选用规定的线径重绕 (3) 纠正内部绕组接线
Y-△ 开关启动,Y位置时正常,△位置时电动机停转或三相电流不平衡	(1) 开关接错,处于△位置时的三相不通 (2) 处于△位置时开关接触不良,成 V 形连接	(1) 改正接线 (2) 将接触不良的接头修好

故障现象	故障原因	处理方法
电动机外壳带电	（1）接地电阻不合格或保护接地线断路 （2）绕组绝缘损坏 （3）接线盒绝缘损坏或灰尘太多 （4）绕组受潮	（1）测量接地电阻，接地线必须良好，接地应可靠 （2）修补绝缘，再经浸漆烘干 （3）更换或清扫接线盒 （4）干燥处理
绝缘电阻只有数十千欧到数百欧，但绕组良好	（1）电动机受潮 （2）绕组等处有电刷粉末（绕线型电动机）、灰尘及油污进入 （3）绕组本身绝缘不良	（1）干燥处理 （2）加强维护，及时除去积存的粉尘及油污，对较脏的电动机可用汽油冲洗，待汽油挥发后，进行浸漆及干燥处理，使其恢复良好的绝缘状态 （3）拆开检修，加强绝缘，并做浸漆及干燥处理，无法修理时，重绕绕组
电刷火花太大	（1）电刷牌号或尺寸不符合规定要求 （2）滑环或整流子有污垢 （3）电刷压力不当 （4）电刷在刷握内有卡涩现象 （5）滑环或整流子呈椭圆形或有沟槽	（1）更换合适的电刷 （2）清洗滑环或整流子 （3）调整各组电刷压力 （4）打磨电刷，使其在刷握内能自由上下移动 （5）上车床车光、车圆

拆下检修，电动机轴向允许窜动量如下

容量（kw）	轴向允许窜动量（mm）	
	向一侧	向两侧
10 及以下	0.50	1.00
10～22	0.75	1.50
30～70	1.00	2.00
75～125	1.50	3.00
125 以上	2.00	4.00

故障现象：电动机轴向窜动　故障原因：使用滚动轴承的电动机为装配不良

绕线型异步电动机最容易出故障的部位就是滑环与电刷。现将滑环与电刷的常见故障及处理方法列于表 5-10。

表 5-10　　　　绕线型异步电动机滑环、电刷常见故障及处理方法

故障现象	故障原因	处理方法
滑环表面轻微损伤，如有刷痕、斑点、细小凹痕	电刷与滑环接触轻度不均匀	调整电刷与集电环的接触面，使两者接触均匀；转动滑环，用油石或细锉轻轻研磨，直至平整，再用"0-0"号砂皮在滑环高速旋转的情况下进行抛光，直到滑环表面呈现金属光泽为止
滑环表面严重损伤，如表面凹凸度、槽纹深度超过 1mm，损伤面积超过滑环表面面积的 20%～30%	（1）电刷型号不对，硬度太高，尺寸不合适，长期使用造成滑环损伤 （2）电刷中有金刚砂等硬质颗粒，使滑环表面出现粗细、长短不一的线状痕迹 （3）火花太大，烧伤滑环表面	首先需检修滑环，拆下转子进行车修。注意尽量少旋去金属。滑环车后，须进行抛光，并用压缩空气将金属粉末吹净 （1）更换成规定型号和尺寸的电刷 （2）使用质量合格的电刷 （3）找出火花大的原因并排除

续表

故障现象	故障原因	处理方法
滑环呈椭圆形（严重时会烧毁滑环）	运行时产生机械振动所致 （1）电动机未安装稳固 （2）滑环的内套与电动机轴的配合间隙过大，运行时产生不规则的摆动	首先车修滑环，方法同上。 （1）紧固底脚螺钉 （2）检查并固定牢滑环在轴上的位置
电刷冒火	（1）维护不力，滑环表面粗糙，造成恶性循环，加重火花 （2）电刷型号、尺寸不合适，或电刷因长期使用而磨损、过短 （3）电刷在刷握内卡住 （4）电刷研磨不良，接触面不平，与滑环接触不良 （5）电刷压簧压力不均匀或压力不够 （6）滑环不平或不圆 （7）油污或杂物落入滑环与电刷之间，造成两者接触不良 （8）空气中有腐蚀性介质存在	（1）加强巡视、维护，发现问题时及时处理 （2）更换成规定型号和尺寸的电刷，更换过短的电刷 （3）查出原因，使电刷能在刷握内上下自由移动，但也不能过松 （4）用细砂布研磨接触面，并保证接触面不小于80%，或换上新电刷（新电刷接触面也需打磨） （5）调整压簧压力，弹性达不到要求时，更换压簧（压力应保证有15～20kPa） （6）用砂布将滑环磨平，严重时需车圆 （7）用干净的棉布蘸汽油将电刷和滑环擦拭干净，除去周围和轴承上的油污，并采取防污措施 （8）改善使用环境，加强维护
电刷或滑环间弧光短路	（1）电刷上脱下来的导电粉末覆盖绝缘部分，或在电刷架与滑环之间的空间内飞扬，形成导电通路 （2）胶木垫圈或环氧树脂绝缘垫圈破裂 （3）环境恶劣，有腐蚀性介质或导电粉尘	（1）加强维护，及时用压缩空气或吸尘器除去积存的电刷粉末；可在电刷架旁加一隔离板（2mm厚的绝缘层压板），用一只平头螺钉将其固定在刷架上，把电刷与电刷架隔开 （2）更换滑环上各绝缘垫圈 （3）改善环境条件

5.5 单相交流电动机故障诊断与处理

单相异步电动机是利用单相220V交流电源供电的一种小容量交流电动机。由于它具有结构简单、成本低廉、运行可靠、维护方便等优点，被广泛应用于办公电器、家用电器等方面，在工农业生产及其他领域也有诸多应用，如电风扇、洗衣机、电冰箱、吸尘器、小型鼓风机、小型车床、医疗器械等。

单相异步电动机的定子绕组是单相的，转子是鼠笼式的，由单相交流电源供电。单相异步电动机根据启动方法或运行方法的不同，可分为单相电容运转异步电动机、单相电容启动电动机、单相电阻启动电动机和单相罩极电动机等。

5.5.1 单相电动机启动元件的故障诊断

1. 离心开关的故障诊断

（1）离心开关损坏后的故障现象。离心开关由离心器和底板等组成，如图5-48所示。电动机静止时，离心开关闭合。当转子转速达到80%额定值时，转子轴上的甩块在离心力的作用下展开，使滑块回缩，开关失去压力自动弹开。如离心开关损坏，只能在到达额定转速时断开，时间过长就会因过流烧坏启动绕组。

离心开关的常见故障有开路和短路。对于烧坏启动绕组的单相异步电动机，很明显就是离心开关分离不开（开路故障）。我们可以在通电和断电试车时，听离心开关是否有很明显的断开和闭和的声音来初步判断其好坏。

离心开关开路后，启动时副绕组不能接入电源，电动机将无法启动。

（2）离心开关的检查。对于已损坏启动绕组的单相异步电动机，很明显就是离心开关分离不开。我们可以在通电和断电试车时，听离心开关是否有很明显的断开和闭和的声音来初步判断其好坏。离心开关好坏一般凭借眼睛就可以分辨。

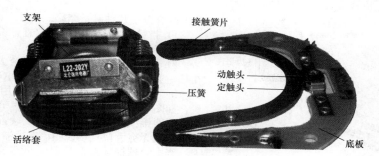

图 5-48　离心开关的结构

离心开关的常见故障有开路和短路。

1）离心开关短路的原因及检查。引起离心开关短路的原因较多，主要原因是：机械结构件磨损、变形，动、静触头烧熔黏结，簧片过热失效，弹簧过硬，甩臂式开关的铜环极间绝缘击穿等。

离心开关是否短路，可采用以下方法进行检查：在副绕组线路中串入电流表，运行时如仍有电流通过，则说明离心开关的触头失灵或未断开，这时应查清原因并进行修复。

2）离心开关开路的原因及检查。离心开关开路后，启动时副绕组不能接入电源，电动机将无法启动。

引起离心开关开路的原因较多，如弹簧失效或无足够张力使触头闭合，机械的机构卡死，动、静触头接触不良，接线螺钉松动或线端断开，以及触头绝缘板断裂使触头不能闭合等。

离心开关是否开路，可用万用表电阻挡测量电动机的接线盒进行检查。用万用表电阻挡测量离心开关的两个接线柱，在电动机未工作的情况下，离心开关应闭合，电阻应很小，如果阻值很大，说明离心开关接触不良；如果阻值无穷大，说明离心开关开路。此时，应查清楚原因找出故障点，并进行修复或更换。

2. 电容器的故障诊断

（1）电容器损坏后的故障现象。在单相电动机上，电容器可用来帮电动机启动或运转。单相电动机上的电容器如图 5-49 所示，主要有启动电容器和运行电容器。启动电容的容量一般为工作运行电容容量的 3 倍左右，可根据启动时负载大小来选。

图 5-49　单相电动机应用的电容器

电容器损坏是造成电动机运转失常的常见故障。电容器常见的故障主要有电容量不足或无容量、电容器断路、电容器短路击穿等。

当电容量不足时，会出现电动机带负载时不能启动，但空载时可能启动的故障；当电容器断路时，电动机不能启动，但这时如用手拨动转轴，电动机便能沿手动的方向转起来；当电容器短路时，电动机两绕组通过同相电流，电动机发出很大"嗡嗡"声，发热很快，拨动转轴，电动机也不能启动。

（2）检查电容器的好坏。电动机配用的电容器好坏，可用指针式万用表测量电容器，如图 5-50 所示。将万用表置于 $R \times 1k$ 或 $R \times 10k$ 挡，然后用红、黑表笔分别接触电容器两接线

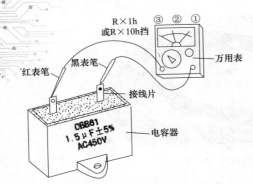

图 5-50 万用表检测电容器的好坏

片。则有以下几种测量结果。

1) 指针指向零如图中①位置，说明该电容器内部击穿短路。

2) 指针偏转后，不能返回无穷大位置，而停在某一刻度如图中②位置。说明该电容器漏电。

3) 指针偏转后，渐渐返回万用表无穷大位置，如图中③位置。再将红、黑表笔对调后接触电容器两接线片，指针偏转角度较前一次大，并立即返回无穷大位置，说明该电容器是好的。

当电容器损坏或老化时，将造成电动机启动不良、或不能启动、或运转无力。因电容器往往很易损坏，故电动机发生故障时首先应检查电容器，可将怀疑有故障的电容器从电路中拆下来，用一只正常的电容器替换，如果此时电动机能够正常工作，则可判定原来的电容器已经损坏。

电容器损坏后，只能用同规格的新品更换。

3. 启动继电器的故障诊断

电流型启动继电器属于动合触头式电磁元件，其接线原理如图 5-51 所示。触头与电动机辅绕组串联，继电器电流线圈与主绕组串联，接通电源瞬间，强大的启动电流通过线圈，继电器铁芯产生足够大的电磁力，使触头闭合的同时接通辅绕组电源使电动机启动。随着转速上升而电流减少，当电流减少到一定值时，电流线圈产生的电磁吸力将不足以克服弹簧张力而释放，触头断开，辅绕组脱离电源，电动机进入正常运行状态。

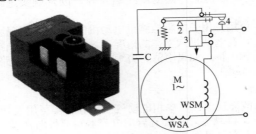

图 5-51 电流型启动继电器接线原理图
WSM—电动机主绕组；WSA—电动机辅绕组；C—电容器
1—弹簧；2—支承点；3—继电器电流线圈及衔铁；4—动合触头

电流型启动继电器的常见故障诊断见表 5-11。

表 5-11 电流型启动继电器故障诊断

故障现象		故障原因	故障处理
动作不能准确完成，导致电动机不能启动或烧毁绕组	工作失灵	(1) 弹簧张力失效。电动机达到规定转速后，其触头不能断开，使电动机辅绕组长时间通电而发热烧坏。 (2) 弹簧调整过硬。触头易跳火，甚至不闭合，造成电动机辅绕组无电而不能启动。 (3) 电动机绕组重绕参数改变。单相电动机启动继电器的工作特性是根据电动机启动特性调整，若重绕修理的绕组参数（如匝数、线径、电压等）改变后，将与原继电器不匹配，容易引起工作失灵。 (4) 继电器参数改变。如继电器线圈重绕参数改变后，也会产生上述现象而造成工作失灵	(1) 调整或更换弹簧装置。 (2) 重新更换与其匹配的启动继电器

续表

故障现象		故障原因	故障处理
触头开路（脱落）或短路（黏结），使电动机不能启动或发热烧毁	触头烧坏	（1）弹簧调节不当。弹簧张力调整过大或过小，都可能使触头跳火而造成烧蚀或黏结。 （2）电动机绕组故障。辅绕组短路会导致产生大电流，引起触头载流能力不足而损坏。 （3）触头接地。触头座绝缘损坏发生接地短路，也会烧坏触头	更换触头
线圈故障		（1）匝间短路。线圈制造质量不良，或使用中受潮，容易引起线圈匝间短路故障。 （2）绕组故障。电动机主绕组发生严重短路，其强大的短路电流可能导致继电器电流线圈烧毁	更换线圈

4. PTC 启动继电器故障诊断

PTC 启动继电器如图 5-52 所示，主要通过 PTC 监测电动机温度的继电器，通过内置于电动机的热敏电阻探头感测电动机绕组温度，保护最为直接、准确。

PTC 启动继电器在冰箱压缩机上很常见，它与启动绕组串联，启动时该元件呈现一电阻，使工作绕组与启动绕组中的电流有一相位差，形成旋转磁场启动后，PTC 元件因电流流过温度逐步升高呈现开路状态，相当于电动机运行时只有一个绕组工作。

用万用表检测 PTC 启动继电器，在正常情况下，PTC 启动继电器低阻时的阻值为几欧至几十欧，而高阻时的阻值可达几十千欧。

图 5-52　PTC 启动继电器

常温下，如果测得此 PTC 启动继电器的电阻值较大，则表明已损坏，应用新品予以更换。

5.5.2　常见故障诊断与处理

1. 单相异步电动机出现通电后不启动

单相异步电动机最常见的故障是通电后不启动。若靠近电动机细听（可借助工具），能听到电动机内部发出较小的"嗡嗡"声，则不启动主要有以下 5 种原因。

（1）负载过重拖不动。这里的负载包括电动机拖动的实际负载，也包括传动系统，如齿轮、传动带等。在很多情况下，所谓负载过重，是因为发生了意外的卡阻现象。

（2）电源电压过低。因启动转矩与电源电压的平方成正比关系，所以以电源电压过低时，其启动转矩就会减小很多，当达不到负载所需的启动转矩值时，电动机就不能启动。此时电动机的输入电流将比正常时大得多，发出的声响也较大。如时间过长，而无过载保护时，将使电动机过热而烧毁。

（3）主辅绕组有断路。是指主绕组或辅绕组有断路故障。应当注意的是：有一套绕组出现了断路，另一套绕组正常，而不是两套绕组同时出现断路故障。

（4）离心开关未闭合。离心开关是串联在启动绕组电路中的，当该开关在启动时处于断开的状态时，相当于启动绕组断路，启动绕组中没有电流通过，自然也就不会有启动转矩。

2. 单值电容单相电动机不启动

"单值电容电动机"是指电容启动并运行的单相交流电动机。这种形式的单相电动机在家用电器（如厨房用的抽油烟机、洗碗机、各种洗衣机部分电风扇等）及小型电动工具（如小型木工机械、吹风机或鼓风机等）中应用得最多。所以处理它所发生故障的机会也较多。

单值电容单相电动机不启动故障检修的口诀如下：

检修口诀

单值电容的电动机，通电不转要分析。

细听电动机有声响，四种原因有其一。

主辅绕组有断路；电源电压过于低；

负载过重拖不动；常见损坏电容器。

确定方法不算难，电容启动同一理。

该类单相电动机与电容启动的单相电动机不同点只是少了一个离心开关，从这一点上来说，其结构相对较简单，发生故障的机会和查找故障原因的工作也相对较简单些。和前面所讲的电容启动电动机相比，除了没有离心开关一项外，其余相同（口诀说"电容启动同一理"）。

3. 单相电动机绕组绝缘轻微损坏

电动机绕组绝缘轻微损坏的故障特点是：电动机在去掉负载后还能转动，只是转速变慢或转动无力，电动机在转动时有打火花现象，并伴有轻微糊味（应立即停机，否则会造成绕组损坏更加严重）。查线圈表面只有一处轻微损坏，有焦痕，线圈其他地方完好，仔细观察此处已成了"裸线"。

维修时，用家用吹风机（功率要大于500W，开关挡旋至强热风挡），近距离对着受损的线圈吹热风，线圈开始慢慢软化，然后用竹片做的小刀仔细地把受伤的线挑起来，与其他漆包线分开（注意不要把线挑断）并涂上绝缘清漆，使"裸线"变成绝缘漆包线，对线圈的受伤部位也涂上绝缘清漆，以增强抗潮湿的能力，然后用烘箱或电炉烘干即可，最后整形、装配、试运行。

4. 单相电动机绕组绝缘中度损坏

电动机绕组绝缘中度损坏的故障特点是：电动机不能运行，其绕组中只有一个线圈烧坏变黑，其他线圈未受损。最直观的判断方法是，看线圈的漆包线颜色是否因受热而改变颜色，一般由金黄色变成黑色即为绝缘损坏。

检修时，小心取下已损坏的线圈，测量其线径（取一段漆包线，用打火机烧一下脱去绝缘，因为这样测量的外径才准确）。数准匝数，根据原线圈的大小，重新绕制一个新线圈嵌上即可。对于负载不重的电动机（如电风扇电动机），还可以临时采取应急方法，即找到这个线圈的头尾端，用电烙铁焊好（将头尾端短接）并套上黄蜡管，仍然可以使用。

5. 单相电动机出现负载稍大就不能启动

从维修经验分析，导致该故障的原因一般是由于离心开关开路损坏引起的。该单相电动机离心开关电路接线图如图5-53（a）所示，其外部引脚排列方式如图5-53（b）所示。检修时，只要通过测量电动机的接线柱⑤脚与⑥脚之间是否连通就可确认无误；如不通，则就说明离心开关开路。

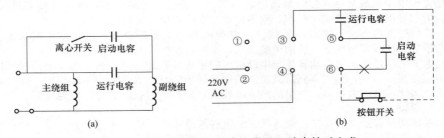

图5-53 某电动机离心开关接线图和引脚排列方式
（a）电路接线图；（b）引脚排列方式

用万用表$R \times 100$挡测电动机的接线柱头⑤与⑥间不通，证明离心开关确实已开路。断开接线柱头⑥的启动电容引线，串联一只按钮开关（平时为常开状态），并按图中所示改接到接线柱③脚上，即用按钮开关代替电动机内开路损坏的离心开关。在启动时，按下按钮开关数秒钟，待电动机正常启动以后，再松开手即可。

本例经采用上述方法进行修理后，故障排除。

6. 诊断单相异步电动机常见故障及排除方法

诊断单相异步电动机常见故障及排除方法见表5-12。

表 5-12 单相异步电动机常见故障诊断及排除

故障现象		故障诊断	排除方法	检查顺序或要点
通电后电动机不能启动	没有"嗡嗡"声	（1）电源断线或进线线头松动 （2）主绕组内断路 （3）主绕组短路或过热烧毁	（1）检查电源并恢复供电或接牢线头 （2）用万用表或试灯找出断点，予以局部修理或更换绕组 （3）查找短路点，局部修理或更换绕组	先检查熔断丝，确定有无电源，再查找绕组故障
	电动机发出"嗡嗡"声，用外力推动后可正常旋转	（1）辅助绕组内断路 （2）离心开关损坏或触点毛糙，引起接触不良 （3）电流型启动继电器线圈断路或触点接触不良 （4）PTC 启动继电器损坏而断路 （5）电容失效、断路或容量减小太多 （6）罩极式电动机短路环断开或脱焊	（1）用万用表或试灯找出断路点，进行局部修理或更换绕组 （2）检查离心开关，如不灵活予以调整，如触点接触面粗糙，用代换法或万用表测量电容器确认电容有无故障是检修时的切入点 （3）用万用表确定故障，修理线圈或触点，或更换线圈 （4）万用表测量确定故障后，予以更换 （5）更换电容器 （6）焊接或更换短路环	接通电源后，用外力推动看是否可正常旋转是判断该类型故障的关键，用代换法或万用表测量电容器确认电容有无故障是检修时的切入点
	电动机发出"嗡嗡"声，外力不能使之旋转	（1）电动机过载 （2）轴承故障 1）轴承损坏 2）轴承内有杂物 3）润滑脂干涸 4）轴承装配不良 （3）端盖装配不良 （4）定子、转子铁芯相擦 1）轴承严重磨损 2）转轴弯曲 3）铁芯冲片变形有突出 （5）笼型转子断条 （6）主绕组接线错误	（1）测电动机的电流，判断所带负载是否正常，若过载则减小负载或换上较大容量的电动机 （2）检修轴承 1）更换轴承 2）清洗轴承，换上新的润滑脂，润滑脂充填量应不超过轴承室容积的 70% 3）清洗和更换润滑脂 4）重新装配，调整同轴使之转动灵活 （3）重新调整装配端盖，予以校正 （4）检修定子、转子铁芯 1）更换轴承 2）检测转轴，若弯曲予以校正 3）检查铁芯冲片，锉去铁芯冲片突出部分 （5）检查并修理转子 （6）检查并重新接线	接通电源后，用外力推动看是否可正常旋转是判断该类型故障的关键，从简单原因入手，按照"先外部后内部"的修理思路，先检查电动机接线是否过载、主绕组接线是否有误、端盖是否装配到位等外部原因，再检查电动机内部的故障，如铁芯、定子、转子等故障
通电后电动机不能启动	电动机转速低于正常转速	（1）电动机过载运行 （2）电源电压偏低 （3）启动装置故障，启动后辅助绕组没有脱离电源 （4）电容损坏（击穿、断路或容量减小） （5）主绕组短路或部分接线错误 （6）轴承损坏或缺油等造成摩擦阻力加大 （7）笼型转子断条，造成负载能力下降	（1）检测负载电流，判断负载大小，减轻负载 （2）查明原因，提高电源电压 （3）检查启动装置是否失灵，触点是否粘连，并予以修理或更换 （4）更换电容器 （5）检查、修理或更换绕组 （6）清洗、更换润滑脂，或更换轴承 （7）查找断条处，并予以修理	先检查负载和电源电压，然后检查电容器和测量绕组的电阻值，最后检查转子和轴承的故障

故障现象		故障诊断	排除方法	检查顺序或要点
电动机过热	启动后很快发热	(1) 电源电压过高或过低 (2) 启动装置故障，启动后辅助绕组没有脱离电源 (3) 主、辅组接错，将辅助组当作主绕组接入电源 (4) 负载选择不当，过大或过小 (5) 主绕组短路或接地 (6) 主、辅绕组间短路	(1) 查明原因，调整电源电压大小 (2) 检查启动装置，修理或更换启动装置 (3) 检查并重新接线 (4) 过载时减轻负载，电容运转电动机空载运行时发热属正常现象，可增大负载 (5) 查找短路点或接地点，局部修复或更换绕组 (6) 查找短路点，局部修复或更换绕组	先测量电压是否正常、检查负载是否匹配、绕组接线有无错误，然后检查启动装置有无故障，最后检查绕组故障
	运行中温升过高	(1) 电源电压过高或过低 (2) 电动机过载运行 (3) 主绕组匝间短路 (4) 轴承缺油或损坏 (5) 定子、转子铁芯相擦 (6) 绕组重绕时，绕组匝数或导线截面弄错 (7) 转子断笼	(1) 查明原因，调整电源电压大小 (2) 减轻负载 (3) 修理主绕组 (4) 清洗轴承并加润滑脂，或更换轴承 (5) 查明原因，予以修复 (6) 查明原因更换绕组 (7) 查找断裂处并予以修复	先测量电压是否正常、电动机是否过载，再绕组，最后检查定子、转子的故障
	运行中冒烟，发出焦煳味	(1) 绕组短路烧毁 (2) 绝缘受潮严重，通电后绝缘击穿烧毁 (3) 绝缘老化造成短路烧毁	检查短路点和绝缘状况，根据检查结果局部或全部更换绕组	用绝缘电阻表测量电动机的绝缘电阻是否正常，再检查绕组故障
	轴承端盖部分很热	(1) 轴承内润滑脂干涸 (2) 轴承内有杂物或损坏 (3) 轴承装配不当，转子转动不灵活	(1) 清洗、更换润滑脂 (2) 清洗或更换轴承 (3) 重新装配、调整，用木锤轻敲端盖，按对角顺序拧紧端盖螺栓，同时不断试转转轴，查看是否灵活，直至螺栓全部拧紧	先用手检查转子转动是否灵活，否则重新装配或调整轴承端盖，顺便检查轴承有无杂物或损坏
电动机运行中振动或噪声大		(1) 转轴弯曲等引起不平衡 (2) 轴承磨损、缺油或损坏 (3) 绕组短路或接地 (4) 转子绕组断笼，造成不平衡 (5) 电动机端盖松动 (6) 定子、转子铁芯相擦 (7) 转子轴向窜动量过大 (8) 冷却风扇松动，或风扇叶片与风罩相擦	(1) 查明原因，予以校正 (2) 清洗和更换润滑脂或更换轴承 (3) 查找故障点，予以修复 (4) 查找断裂处，予以修理 (5) 拧紧端盖紧固螺栓 (6) 检查并予以修理 (7) 轴向游隙应小于0.4mm，过大应加垫片调整 (8) 调整并固定	判断振动是机械方面引起的还是电气方面引起的，是快速检修该故障的前提条件。其方法是：接通电源，电动机发生振动，切断电源，电动机仍发生振动，为机械故障；若接通电源，电动机振动，切断电源振动消失为电气故障

5.5.3　罩极式电动机故障诊断与处理

1. 罩极式电动机的结构及种类

罩极电动机主要由转子组件、定子组件、线包组件、支架组件及连接紧固件组成。转子组件主要由铸铝转子、轴和防止转子前后窜动的止推垫圈以及调整窜动量的垫片组成；定子组件主要由短路环与主定子铁芯组成；线包组件主要由线圈、骨架、引接线或热保护器及相关绝缘包扎材料组成；支架组件根据轴伸端和非轴伸端的安装位置不同，分前支架组件和后支架组件。

罩极电动机如图 5-54 所示，主要有凸极式和隐极式两大类。罩极式电动机的优点就是结构简单，不用另加绕组和电容器，缺点是效率低，滑差大。

图 5-54　罩极电动机

（1）凸极式罩极电动机。凸极式罩极电动机的定子铁芯外形为方形、矩形或圆形的磁场框架，磁极凸出，每个磁极上均有 1 个或多个起辅助作用的短路铜环，即罩极绕组。凸极磁极上的集中绕组作为主绕组。

（2）隐极式罩极电动机。隐极式罩极电动机的定子铁芯与普通单相电动机的铁芯相同，其定子绕组采用分布绕组，主绕组分布于定子槽内，罩极绕组不用短路铜环，而是用较粗的漆包线绕成分布绕组（串联后自行短路）嵌装在定子槽中（约为总槽数的 1/3），起辅助组的作用。主绕组与罩极绕组在空间相距一定的角度。

当罩极电动机的主绕组通电后，罩极绕组也会产生感应电流，使定子磁极被罩极绕组罩住部分的磁通与未罩部分向被罩部分的方向旋转。

2. 罩极电动机绕组断路的故障诊断

（1）隐极式罩极异步电动机的罩极绕组分开安放在一部分槽中，并自行短接闭合。当该绕组发生断路时，由于电动机的气隙中存在脉振磁场，因此电动机无法启动。检修时找出断路点，予以局部修理或更换绕组。

（2）凸极式罩极电动机的每个磁极上均有 1 个或多个起辅助作用的短路铜环，即罩极绕组。由于发热、振动、焊接质量等原因，都可能造成短路环焊接点的断开，即辅助绕组断路，使电动机无法启动。检修时应仔细观察，确认短路环焊接点断开后，予以重新焊接。

（3）方形罩极电动机主绕组断路的修理。方形罩极电动机形同变压器，主绕组只有一个线圈。拆开主绕组表面的绝缘纸，检查主绕组的损坏程度后，再确定修理方法。

1）如果只是主绕组引出线断路，可将引出线重新焊好或更换引出线。

2）如果主绕组表面几十匝导线断路，可先拆去损坏的导线，并记录好匝数，换上相同规格的导线与未损坏导线对接焊牢，并用黄蜡布将焊接处包好，再按原来的绕线方向补绕上拆去匝数，焊上引出线，套上绝缘管并固定好，最后在线圈表面裹上几层绝缘纸即可。

3）如果整个主绕组已烧毁或多处断路，则应拆除全部绕组，拆线时将小磁轭铁芯从线圈架中退出，套入线圈架模芯，一起装在绕线机的主轴上，并紧固好。将线圈架上原绕组退下，记下线圈匝数，并测量导线的裸直径。

（4）方形罩极电动机主绕组的绕线方法。先清除线圈架上的毛边及污垢处（如果线圈架已严重损坏，则应更换新的），再用黄蜡布裹上 2 层，作为线圈架的底层绝缘，用相同规格导线按原方向绕制。绕线时导线应尽量整齐地分层排列，直至绕到规定的匝数。

将线圈的始端和末端放在绕好的主绕组出线端位置的两侧，在绕组的表面裹上 2 层黄蜡布，两线端分别焊上引出线和套上绝缘管，并用棉纱线将引出线紧固绑扎，最后裹上几层绝缘纸即可。

主绕组修复后，按拆卸方法的相反顺序进行定子组件的装配。

（5）圆形罩极电动机主绕组断路故障的修理。圆形罩极电动机主绕组断路故障一般是绝缘损坏所致。电动机的绝缘均已老化而变得坚硬，所以无局部修理价值，应拆除旧绕组，更换新绕组。

1）拆除主绕组。用通低电压大电流的方法或放入烘箱内慢慢地加热，待绕组绝缘软化后用螺丝顶住磁分流片，用敲击螺丝刀的方法退出磁分流片，并取出损坏绕组。

2）绘出线圈形状。拆除旧线圈时，应保留一个完整的线圈，测量各部分尺寸，并绘出几何形状尺寸图。

3）记录原始数据。仔细清点旧绕组线圈匝数和测量导线的裸直径，并做好原始记录。

4）制作绕线模。按照原始几何形状尺寸图，用木板制作绕线模板。

5）绕线线圈。将绕线模装在绕线机上，用相同规格的导线绕制到原设计规定的匝数，将每个线圈用短导线扎牢，以防取下时散开。

6）嵌线方法。在嵌线之前，在定子铁芯的嵌线槽内放上聚酯薄膜青壳纸。线圈嵌放时尽量用手捏扁，用右手把线圈一端嵌进铁芯槽内，左手在定子另一侧将线圈另一端拉入槽口内，用划线板将导线整齐地划入槽内，整理整齐，并使两端伸出均匀。将线圈两端的槽外部分整理成下垂的弧形，并剪去绑扎线圈的扎线，用划线板将槽绝缘把导线覆盖住。

7）整形与接线。主绕组嵌线完毕后，需对嵌好的线圈整形，使线圈端部内侧下垂的圆弧大于定子铁芯内径，以不妨碍转子的装配。线圈外侧圆弧小于定子铁芯外径，以不影响装配后与端盖保持一定距离。线圈整好形后，插入磁分流片。

将各线圈的面线、底线按反向串联的原则进行正确的接线，组成一个绕组，接上引出线。通常的方法是将各级相组间的连接线用绝缘管套好后放进磁分流片位置的空隙中，将两引出线进行绑扎。

8）浸漆烘干。定子主绕组修复后，需浸漆烘干，这样可以提高电动机的绝缘质量，改善电动机耐高温高湿性能，而且还可以增加主绕组的机械强度和散热能力。

3. 通电后不启动的故障诊断

罩极式单相电动机的电气结构比较简单，其检修比其他单相电动机容易。罩极式单相电动机不启动的检修口诀如下：

检修口诀

单相罩极式电动机，通电不转要分析。

细听电动机有声响，三种原因有其一。

启动绕组有断路；负载过重电压低；

要查绕组有断路，必须拆开该电动机。

从口诀的内容可以看出，罩极（又称为遮极）单相电动机不启动，但通电后有较小声响，原因与单值电容电动机的口诀基本相同，只是少了一项电容器的故障。另外，绕组断路中只提到启动绕组断路的问题。应当指出的是：常用的罩极单相电动机的辅绕组（启动绕组）只是一个镶嵌在铁芯极靴上的短路铜环（被称为"短路环"），不可能在外面对其进行通断检查或测量，也就是说，必须拆机后才能进行检查（口诀"要查绕组有断路，必须拆开该电动机"）。如排除了电源电压过低和负载过重两项原因后，通过检查判定主绕组正常时，则可基本确定是上述"短路环"出现了断路故障。用通电后拧动电动机的转轴，看其是否能顺势转动起来的方法也可确定是否属于辅绕组（短路环）断路的故障。

（1）用万用表测量主绕组，电阻值无穷大，则主绕组断路。

原因：主绕组引出线折断或由于主绕组线圈线径较细、匝数较多、容易受外力损伤而引起折断；主绕组内部导线绝缘损坏，造成自身短路，电动机通电后，在短路线匝中产生很大的短路电流，导致线圈迅速发热而烧断；主绕组接地，即主绕组与定子铁芯或机壳间绝缘破坏而造成通地现象，接地点容易引起导线对地闪络而烧断主绕组。接地原因多见于电动机转子与定子铁芯相擦而发热或长期过负载运行，主绕组绝缘物因长久受热而焦脆或主绕组受潮而击穿绝缘，或者因主绕组制造不良而引起。

处理：主绕组断路，必须大修或者更换新绕组。

（2）用万用表测量热保护器两接线端，电阻值无穷大，热保护器断路。

原因：主绕组温升超过限值，热保护器熔断。

处理：排除故障并更换新热保护器。应急时，可将热保护器两接点短路使用。

（3）断电时，用手转动转子轴伸端，有转动困难或卡住现象。

原因：电动机处于堵转状态，其原因是有异物进入电动机内、转子轴弯曲、方型罩极电动机定子铁芯受外力而产生变形等。

处理：拆开后端盖，取出转子，清除电动机内的金属屑和异物等；校正转子轴；转子轴跳动量应小于0.04mm；方型定子铁芯变形，应通过整形使定子铁芯复位，直至转子能轻快转动。

（4）断电时转子能转动，通电时不转。

原因：由于转子受单边磁拉力，通电后吸牢不转，其原因是前后端盖固定螺钉受振动而松动，造成前后盖不同轴，使转子歪斜偏心；轴承压板螺钉松动，轴承固定不良，使定转子同轴度超差；轴承夹碎裂或失效，不能压紧轴承，使轴承移位；轴承磨损严重，轴承与转轴配合过松。

处理：拧紧松动螺钉，并调正前后端盖及定转子同轴度，使定转子间气隙均匀；应更换新轴承夹，压紧轴承加以固定；凡轴承孔径过大，则应更换合适的轴承，并添加润滑油。

（5）罩极绕组松脱。

原因：短路环脱焊或断裂，不能构成闭合线圈，因此对通过短路环部分的磁通起不到延迟其变化作用，形成不了旋转磁场。

处理：拆开电动机，将短路环重新焊好。

4. 转速低于正常值的故障诊断

（1）测量电动机进线端电压，低于187V。

原因：电网电压过低。

处理：采用调压器调整电压至额定电压，或避开用电高峰。

（2）用转子断条检查仪测得转子绕组电阻值增大。

原因：转子铸铝不良，转子绕组有断条、裂纹、气孔等现象。

处理：更换新的转子。

（3）电动机转子转动不灵活。

原因：轴承严重缺油，导致电动机转子与轴承由液体摩擦状态变为干摩擦，增大摩擦损耗。

处理：清洗轴承，并添加润滑油。

（4）用万用表测量主绕组，电阻值过大。

原因：重绕主绕组时，如主绕组导线线径过细或线圈匝数多绕，造成主绕组阻值增大。

处理：按原电动机技术数据重新绕制主绕组。

5. 运转时噪声过大的故障诊断

（1）用万用表测量主绕组，电阻值过小，引起电磁噪声。

原因：重绕主绕组时，线圈匝数少绕，导致磁场饱和。

处理：按原主绕组数据，增加线圈匝数。

（2）电动机旋转时，转子轴伸端前后窜动并发出撞击声。

原因：转子轴向间隙过大，转子垫片周期性撞击轴承端面。

处理：适当增加转子垫片，转子轴向隙保持在0.2~0.5mm。

（3）用手捏住转子轴上下扳动，有明显的松动感觉，电动机运转时，产生"骨碌"的响声和其他杂声。

原因：电动机长期运行后，轴承磨损严重，轴承和转轴配合间隙过大。

处理：更换合适的轴承，并添加润滑油。

（4）电动机运转时发出"梗、梗"的响声。

原因：轴承与转轴或轴承与轴承座之间配合不当，安装时强力压装，以及轴承的钢圈本身较脆，拆装方法不合理，造成轴承破碎。

处理：更换合适的轴承。

（5）电动机高速运转时，发出"当当"的连续声响。一般刚启动时不易觉察，在运转几分钟后变得明显。

原因：转子铁芯与转轴间有不可觉察的轻微松动。

处理：采用 CH31 胶黏剂粘接或更换转子。

（6）电动机运转时，发出振动声。

原因：电动机磁分流片松动。

处理：拆开电动机，卡紧磁分流片。

6. 轴承的故障诊断

罩极电动机的轴承常采用含油轴承或滚动轴承。

（1）含油轴承采用铜基或铁基粉末烧结成型，它具有良好的自润滑作用，如图 5-55 所示。含油轴承损坏会造成电动机运转时振动加剧，并发出很大的噪声，严重时电动机转子会产生单吸现象或卡死，甚至烧毁电动机主绕组。

图 5-55　含油轴承

含油轴承常见的故障是磨损和润滑油干枯。检查含油轴承内孔尺寸，如果确定是轴承严重磨损，则应更换新的轴承。如果轴承磨损不严重而缺乏润滑油，则应添加润滑油或进行浸油处理，将轴承浸泡在 10 号机油中，加热至 80～100℃，煮数小时即可使用。

（2）滚动轴承常见故障是润滑油脂干枯和轴承钢圈破裂以及滚珠磨损等。如果轴承内积聚杂物，润滑脂开始出现发硬变质等现象，应将轴承中旧油除去，并放在汽油中清洗、烘干，再添加润滑脂，一般所加润滑脂占轴承内容量的 1/2～2/3 即可。轴承外表面若有锈斑，可用"0-0"号砂纸擦除，用汽油清洗。如果轴承破裂、变色或滚珠磨损严重，则应换用与原型号相同的轴承。

【特别提醒】

轴承损坏的主要原因是润滑不良，所以应及时给轴承加注合乎规定的润滑油，以减小轴承损坏，并延长其使用寿命。

轴承损坏比较容易判明。若电动机在运转时，发出"哐当、哐当"或"嘎吱、嘎吱"等异常声响，且加注润滑油后响声依旧，一般来说是轴承滚动体或滚道发生破裂、残缺所致。若电动机在停止运转后，用手晃动电动机轴，明显感到松旷，说明轴承严重磨损。

7. 铁芯表面损伤的处理

电动机铁芯表面损伤，主要是由于定子和转子互相发生碰擦造成的。当轴承严重磨损，松旷量超过极限；或者轴承损坏、转子轴发生弯曲变形，都可能导致转子发生"扫膛"，使铁芯表面遭到擦伤，严重时会使铁芯被磨坏，造成绕组碰壳断路。

一旦出现转子"扫膛"，应立即停机查找原因，更换轴承或转子轴。同时，要处理好铁芯表面被磨坏的部位，并涂上绝缘漆。

5.5.4 单相串励电动机故障诊断与处理

单相串励电动机属于单相交流异步电动机，因电枢绕组和励磁绕组串联在一起工作而得名，是交直流两用的电动机。由于它转速高、体积小、启动转矩大、转速可调，既可在直流电源上使用，又可在单相交流电源上使用，因而在电动工具中得到广泛的应用。

单相串励电动机主要由定子、转子和支架三部分组成，定子由凸极铁芯和励磁绕组组成，转子由隐极铁芯、电枢绕组、换向器及转轴等组成。励磁绕组与电枢绕组之间通过电刷和换向器形成串联回路。

1. 定子绕组短路的故障诊断

（1）定子绕组短路严重，加电后会有烧焦的气味，绕组表面有烧焦的痕迹，这样的绕组可以直观检查判断，只要绕组没有接地，肯定是绕组内部短路。

（2）定子绕组轻微短路，电动机运行不正常，其表面现象是转速过高，温升过高。遇到这种情况，将电动机通电空载运行 2~3min 后切断电源，立刻拆开电动机取出转子，用手触摸定子的两个绕组，其中发热的一个即为发生短路的绕组。

为了更准确地判断定子绕组之间是否短路，可以用万用表测两个绕组的直流电阻值，其中电阻值较小的绕组有可能短路，如图 5-56 所示。

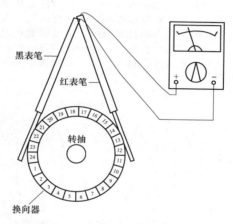

图 5-56 检查定子绕组之间是否短路

方法是：将万用表置于电阻挡，两支表笔依次接触换向器直径相对的换向片，依次测量换向器对角的电阻。在实际检查时，可用一只手拿着两支表笔，用另一只手缓慢而均匀地转动电枢。电枢转过几圈后，若万用表的读数始终没有差别，则表明电枢绕组正常；如果发现在某些换向片上的电阻逐渐减小，然后又由小逐渐增大至原来的读数，就证明线圈组相互有短路现象。

对于短路的绕组必须重新绕制或更换新绕组。

2. 定子绕组断路的故障诊断

定子绕组断路多发生在绕组重绕后往定子铁芯磁极上装配时，被铁芯碰断，还有可能引出线焊接质量不好，用绝缘漆布包扎时把焊点拉断。使用时间过长，温度过高，绝缘老化都可能导致导线烧断。

定子绕组断路则电动机不能工作。一般用万用表电阻挡来测量检查，如图 5-57 所示。将万用表置于欧姆挡，可从任意换向片开始，测量相邻两换向片间的电阻，如先测量 1、2 换向片，再测量 2、3 换向片，依次测量完全部换向片。如果测完所有相邻换向片间的电阻都基本相等，则说明绕组没有断路；若测得某相邻两换向片间的电阻，比其他相邻换向片间电阻大若干倍时，则证明这两个换向片上的线圈断路了，同时表明绕组的其他部分再没有断路。不过仍应继续检测，因为有时焊接线端虽然已与换向片断开，但两根线端却仍然接在一起，产生绕组本身没有断路的现象，如图 5-57 中 a 处的情况。

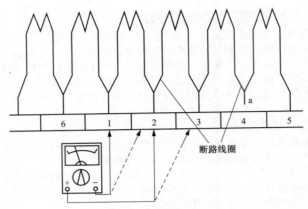

图 5-57　万用表检测绕组断路

找到断路位置后，将绕组外面绑扎的蜡线部分拆除，再仔细找出断路的确切位置。如果是脱焊，只需重新焊接即可；若线端断处在电枢端部，则须再拆除一部分捆扎蜡线，在断头处跨接一根导线，并套上绝缘套管，然后重新捆扎蜡线；如果断路处在电枢铁芯槽内，可在断路的那只线圈所连接的两换向片上跨接一根短路铜线，或将换向片直接短路。经这样处理后，电动机性能不会大变，仍可继续使用。若绕组断路点较多，必须换新的电枢绕组。如图 5-58 所示为电枢绕组断路故障的应急处理。

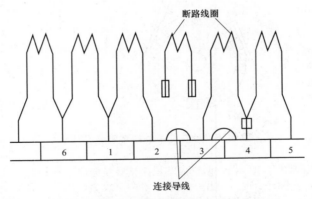

图 5-58　电枢绕组断路故障的应急处理

3. 定子绕组接地的故障诊断

定子绕组接地是指绕组与铁芯或机壳相通，在运行中机壳带电。遇到这种情况时应该立刻切断电源停止运行，把碳刷从刷握中取出，用 500V 绝缘电阻表测量定子绕组对机壳绝缘电阻。

如果测得绝缘电阻比较小但不是零，说明定子绕组已受潮。可将电动机拆开取出转子，把定子放入烘箱 100℃左右烘烤 4h 后，再用 500V 绝缘电阻表测绝缘电阻，如果绝缘电阻上升，但还未达到 5MΩ 要继续烘烤，直到绝缘电阻符合要求为止。

【特别提醒】

若绝缘电阻表测得的绝缘电阻为零或经过烘箱烤 8h，绝缘电阻不上升，只能重绕或更换新绕组。

4. 单相串励电动机换向器部位的常见故障诊断

单相串励电动机换向器部位常出现的故障有相邻换向片短路，换向器接地，电刷与换向器接触不良，刷握接地等。有关相邻换向片间短路，换向器接地等故障的检查可参照直流电动机电枢绕组的短路、接地故障的检查方法进行。下面只介绍电刷与换向器的接触不良和刷握接地以及电枢绕组与换向片接错的检查方法。

（1）电刷与换向器接触不良故障。当电刷与换向器接触良好时，电刷与换向器接触的端面呈光亮的银白色，接触面积达 2/3 以上。一般接触面为电刷端面的 80% 以上为合格。造成电刷与换向器接触不良的主要原因有电刷磨损严重、电刷压力弹簧变形、换向器表面粘有污物或磨损严重等。

串励电动机电刷与换向器接触不良，会使换向器与电刷之间产生较大的火花，甚至出现环火，造成电动机转速下降。运行中一旦发现电刷火花过大，应停止运行，打开电刷握，取出弹簧与电刷。首先检查电刷与换向器之间的接触面积，若小于电刷端面积的 2/3 则属接触不良。接触不良的电刷端面深浅不同并呈炭黑色，而且换向器表面有烧黑的痕迹。

电刷与换向器接触不良时，必须打开电刷握，将电刷和弹簧取出。电刷磨损严重时，其端面偏斜严重，端面颜色深浅不一，这时只有更换电刷才行。在更换电刷时一定要注意电刷规格、电刷软硬和调节好电刷压力。

电刷压力弹簧损坏或弹簧疲劳是容易发现的。弹簧的弹力不足，就说明弹簧疲劳。若弹簧扭曲变形，则说明弹簧已经损坏。弹簧一旦出现这样的情况，应及时更换。

换向器表面有污物时，只要用细砂布轻轻研磨即可。若换向片有烧伤斑点或换向器边缘处有熔点，可用锋利刮刀剔除。若发现换向片间云母烧坏，应清除烧坏的云母片，重新绝缘烘干。另一种可能是换向片脱焊，重新焊好即可。

（2）电刷故障。如果电刷与换向器的接触面积少于 70% 时，就需要对电刷进行研磨，研磨电刷的方法如图 5-59 所示。

对于单个电刷进行研磨时，把"0-0"号砂纸背靠换向器，砂面朝电刷，按图 5-59（a）所示的方法来回抽动砂纸，砂纸应紧贴在换向器表面上。若全部电刷都需要研磨可采用图 5-59（c）所示的方法。取砂纸长度约等于换向器周长，用胶布把砂纸条的一端贴牢在换向器表面上，砂纸条其余部分顺电动机旋转方向绕在换向器表面。慢慢转动电枢，便可使电刷与换向器逐渐磨合。

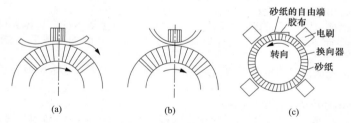

图 5-59　研磨电刷的方法
（a）正确方法；（b）错误方法；（c）全部电刷同时研磨的方法

研磨电刷的接触面必须用"0-0"号砂布，砂布的宽度等于换向器的长度，砂布的长度等于换向器的周长，把砂布首尾用胶布粘住，转动转子研磨电刷，使其实际接触面积达到需要接触面积的 90% 以上即可。

（3）刷握接地的故障。电刷的刷握接地是单相串励电动机常见故障，刷握接地主要是因刷握绝缘受潮或损坏造成的。有时在调整刷握位置时，稍有不慎也可能造成刷握接地。如图 5-60 所示为刷握接地示意图。

1）如图 5-60（a）所示，接通电源时，电流由相线经定子绕组 2，再经接地刷握形成回路。此时熔断丝将立即熔断，若熔断丝太粗则会使定子绕组 2 烧毁。

2）如图 5-60（b）所示，接通电源时，电流由相线经定子绕组 1 和电枢绕组，再由接地刷握形成回路。此时电动机能够启动运转，但由于只有一个定子绕组起作用，主磁场减弱一半，所以电动机转速比正常转速快得多，电枢电流也大得多。同时，还会因磁场的不对称，使电动机运转时出现剧烈振动，并使电刷与换向器之间出现较大绿色火花。时间稍长，电动机发热，引起绕组烧毁。

刷握接地的故障容易判定，只需用 500V 绝缘电阻表检测刷握对机壳的绝缘电阻，或者用

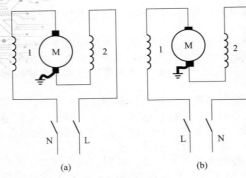

图 5-60 刷握接地示意图
(a) 情形一；(b) 情形二

万用表检测刷握与机壳之间的电阻就可以。一旦发现刷握接地，必须立即修理，不允许拖延。

刷握接地的修理也很容易，只要加强刷握与机壳间绝缘或更换刷握即可。

5. 电枢绕组与换向片位置是否接错的诊断

在单相串励电动机修理过程中，经常发现电枢绕组元件与换向片接错。尤其是电枢绕组重绕以后接线疏忽容易搞错。因此，对于重绕的电枢绕组或者新买进的电动工具，遇到一加电转起来后很快又停转或者加电后根本不转的情况，首先应检查电枢绕组与换向片的连接位置是否正确。

可以用检测换向片间电压的方法来确定绕组元件与换向片是否接错。在检测过程中，若发现换向片间电压无规则地变化，有时有电压，有时无电压，有时电压突然增大，有时又突然变小，则说明电枢绕组与换向片连接错位太多，而且换向片出现虚焊。在这种情况下，只能重绕、整理各绕组元件引出线，再焊接一次。焊接完后，重新检查一遍直到连接正确为止。

6. 单相串励电动机通电后不转的故障诊断

单相串励电动机通电后不转的原因和确定方法的口诀如下：

口诀

单相串励式电动机，通电不转细分析。

电刷磨短不接触；严重磨损换向器；

换向片间有短路；匝间短路或对地；

定子转子有断路；电源电压过于低。

口诀中指出，串励单相电动机通电后不启动的原因有以下三个方面。

(1) 电路不通或电阻较大故障；电刷与换向器未接触或接触不良。具体表现有：电刷磨得较短或因故被卡住而不能与换向器较好地接触；换向器表面磨损严重后不能与电刷良好地接触。

(2) 线路有断路故障，使电路不通。其中有：电刷引接线断裂；定子或转子绕组出现断路故障等。

7. 单相串励电动机常见故障的检修

单相串励电动机既可在直流电源上使用，又可在单相交流电源上使用，因而在电动工具、厨房用品，地板护理产品中得到广泛的应用。其常见故障原因及检修方法见表 5-13。

表 5-13   单相串励电动机常见故障原因及检修方法

故障现象	故障原因	检修方法
不能启动	(1) 电缆线折断 (2) 开关损坏 (3) 开关接线松脱 (4) 内部布线松脱或断开 (5) 电刷和换向器未接触 (6) 定子线圈断路 (7) 电枢绕组断路	(1) 更换电缆线 (2) 更换开关 (3) 紧固开关接线 (4) 紧固或调换内接线 (5) 调整电刷与刷盒位置 (6) 检修定子 (7) 检修电枢
转速太慢	(1) 定子转子相擦（扫膛） (2) 机壳和机盖轴承同轴度差，轴承运转不正常 (3) 轴承太紧或有脏物 (4) 电枢局部短路	(1) 修正机械尺寸及配合 (2) 修正机械尺寸 (3) 清洗轴承，添加润滑油 (4) 检修电枢

故障现象	故障原因	检修方法
转速太快	(1) 定子绕组局部短路 (2) 电刷偏离几何中性线	(1) 检修定子 (2) 调整电刷和刷盒位置
电刷火花大或换向器上出现火花	(1) 电刷不在中性线 (2) 电刷太短 (3) 电刷弹簧压力不足 (4) 电刷、换向器接触不良 (5) 换向器表面太粗糙 (6) 换向器磨损过大且凹凸不平 (7) 换向器中云母片凸出，换向不良 (8) 电刷和刷盒之间配合太松或刷盒松动 (9) 换向器换向片间短路 1) 换向片间绝缘击穿 2) 换向片间有导电粉末 (10) 定子绕组局部短路 (11) 电枢绕组局部短路 (12) 电枢绕组局部断路 (13) 电枢绕组反接	(1) 调整电刷位置 (2) 更换电刷 (3) 更换弹簧 (4) 去除污物、修磨电刷 (5) 修磨换向器 (6) 更换或修磨换向器 (7) 下刻云母片 (8) 修正配合间隙尺寸，紧固刷盒 (9) 排除短路 1) 修理或更换换向器 2) 清除导电粉末 (10) 修复定子绕组 (11) 修复电枢绕组 (12) 修复电枢绕组 (13) 换接电枢绕组
电动机运转声音异常	(1) 轴承磨损或内有杂物 (2) 定子和电枢相擦 (3) 风扇变形或损坏 (4) 风扇松动 (5) 风扇和挡风板距离不正确 (6) 电刷弹簧压力太大 (7) 电刷内有杂质或太硬 (8) 换向器表面凹凸不平 (9) 云母片凸出换向器 (10) 振动很大 (11) 定子局部短路 (12) 电枢局部短路	(1) 更换或清洗轴承 (2) 修正机械尺寸 (3) 更换风扇 (4) 固定风扇 (5) 调整风扇和挡风板的距离 (6) 减小弹簧压力 (7) 更换电刷 (8) 修整换向器 (9) 下刻云母槽 (10) 电枢重校动平衡 (11) 修复定子 (12) 修复电枢
电动机过热	(1) 轴承太紧 (2) 轴承内有杂质 (3) 电枢轴弯曲 (4) 风量很小 (5) 定子线圈受潮 (6) 定子线圈局部短路 (7) 转子线圈受潮 (8) 转子线圈局部短路 (9) 转子线圈局部断路 (10) 电枢绕组反接	(1) 修正轴承室尺寸 (2) 清洗轴承、添加润滑脂 (3) 校正电枢轴 (4) 检查风扇和挡风板 (5) 烘干定子线圈 (6) 修复定子线圈 (7) 烘干电枢线圈 (8) 修复电枢绕组 (9) 修复电枢绕组 (10) 改正电枢绕组的接线
机壳带电	(1) 定子绝缘击穿、金属机壳带电 (2) 电枢的基本绝缘和附加绝缘击穿 (3) 换向器对轴绝缘击穿 (4) 电刷盘簧或接线碰金属机壳 (5) 内接线松脱碰金属机壳	(1) 修复定子 (2) 修复电枢 (3) 更换换向器，修复电枢 (4) 调整盘簧或紧固内接线 (5) 紧固内接线
电动机接通电源后熔断丝烧毁	(1) 电缆线短路 (2) 内接线松脱短路 (3) 开关绝缘损坏短路 (4) 定子线圈局部短路 (5) 电枢绕组局部短路 (6) 换向片间短路 (7) 电枢卡死	(1) 调整电缆线 (2) 紧固内接线 (3) 更换开关线 (4) 修复定子 (5) 修复电枢 (6) 更换换向器，修复电枢 (7) 检查电动机的装配

第6章

交流电动机绕组重绕

6.1 电动机绕组基础知识

6.1.1 电动机绕组的有关术语及参数

1. 电动机绕组的常用术语

(1) 线圈。线圈由绝缘导线按照一定的形状、尺寸在线模绕制而成,可由一匝或多匝组成。单匝线圈、多匝线圈及其简化图如图6-1所示。

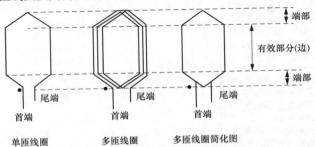

图6-1 单匝线圈、多匝线圈及其简化图

小型电动机的线圈一般采用高强度漆包圆铜线通过线模绕制而成;大、中型电动机的线圈采用绝缘扁铜线通过专用线圈成型机械制成,如图6-2所示。

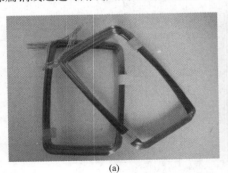
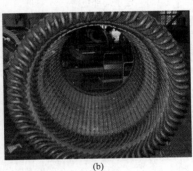

图6-2 电动机的线圈
(a) 小型电动机的线圈;(b) 大、中型电动机的线圈

嵌放在定子槽中的直线部分称为线圈的"有效边","有效边"是能量转换的部分。连接两个有效边的部分称为线圈的端部(俗称"过桥"),端部起到连接两"有效边"使之形成一个完整线圈的作用,但它不能进行能量转换,而且还对电动机性能产生负面影响。

【特别提醒】
组成定子绕组的基本单元是线圈。漆包线在绕线模中绕过一圈称为一线匝,也就是一匝线。线圈的匝数等于槽内线圈的总根数除以并绕根数。

(2) 绕组。绕组是电动机的电路部分,一般由多个线圈按一定的方式连接起来构成,如图6-3所示。

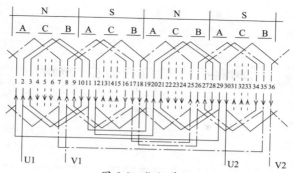

图 6-3　绕组举例

三相异步电动机定子绕组分为单层、双层和单双层 3 种形式。常用的有单层绕组同心式、链式和交叉链式；双层绕组常采用双叠式和波绕式；而单双层绕组应用一般较少。

转子绕组大多采用鼠笼式，对绕线式电动机的转子绕组常采用双层叠式、单层链式，对容量较大的电动机则采用波形绕组。

【特别提醒】

三相异步电动机的定子绕组主要分为单层和双层两大类。常见的单层绕组有同心式、链式、交叉式；双层绕组常采用叠式。

（3）线圈组（极相组）。把几个线圈串联起来（接每极每相槽数 q 串联，如 $q=2$，则串联 2 个线圈）构成线圈组，又叫极相组。

将许多线圈组（每相线圈组数等于极数）串联或并联则构成相绕组。3 个相绕组可以连接为星接或角接接法，构成三相绕组。

极相组内各个线圈的电流方向、电磁作用都是相同的，这几个线圈共同产生该相绕组中的磁极。并且极相组还是交流电动机绕组嵌绕和连接的基础。

（4）并联支路。交流电动机中一个或多个极相组按规定接法连接起来的一组或多组线圈，就称为并联支路。额定功率小的电动机，一般只须将绕组的所有极相组按规定接法依次串联接成一路，然后接入电源即可。但额定功率较大的电动机因所需电流比较大，此时就要把绕组所有的极相组先分别串联成两条或多条支路，接着再按规定的接线方式并联接入电源，这就是并联支路。

（5）相绕组。相绕组是指由一条或多条并联支路按规定接法，通过串、并联接起来的一套绕组。在三相电动机中就有三套在空间位置上互差 120°电气角度，但完全相同而各自连接的独立绕组。

（6）三相对称绕组。三相对称绕组是指各相绕组机械结构、电气参数、三相阻抗都相同，在空间相位差 120°的三相绕组。即三相绕组必须满足以下 3 个条件。

1）三相绕组在定子内圆的空间位置上互差一个相同的角度，使三相绕组的电动势在相位上互差 120°。

2）每相绕组的导线规格、导体数、并联支路数均相同，保证各相的直流电阻值相同。

3）每相线圈节距相同、匝数相等，在空间分布规律相同。

2. 绕组的基本参数

（1）线圈总数。在单层绕组中，线圈总数等于铁芯总槽数的一半（线圈每个有效边占一槽）；在双层绕组中，线圈总数与铁芯总槽数相等（线圈每个有效边占 0.5 槽）。

例如，24 槽的铁芯，用于单层绕组时，线圈总数为 12，用于双层绕组时，线圈总数为 24。

（2）极距。极距是指沿定子铁芯内圆每个磁极所占的距离称为极距，用 τ 表示，如图 6-4 所示。极距有槽数和长度两种表示方法。

（1）用电动机槽数表示。

$$\tau = \frac{Z}{2p}（槽）$$

式中：Z 为定子槽数；P 为电动机磁极对数。

（2）用长度表示。

$$\tau = \frac{\pi D}{2p}（mm）$$

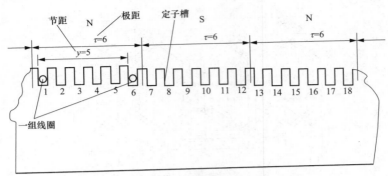

图 6-4　线圈的极距和节距

式中：D 为交流电动机定子内径，直流电动机转子外径，mm。

例如，有 4 极、36 槽的三相异步电动机 1 台，该电动机一个磁极在定子内所占的范围为 1/4 圆周，用槽数表示时，极距

$$\tau = \frac{Z}{2p} = \frac{36}{4} = 9(槽)$$

这表示该电动机有 4 个磁极，每个磁极占 9 槽。

（3）节距。节距俗称跨距，是指一个线圈的两条有效边之间相隔的槽数，用 y 表示，其数值以槽数来表示。

例如，某 24 槽 4 极（$p=2$）电动机，其极距为 6 槽；若在嵌线时，把一只线圈的一条边嵌在第 1 槽，另一条边嵌在第 7 槽，则节距 $y=6$，此时，$y=\tau$，称这个线圈为整距线圈。嵌线时，若一只线圈的一条边在第 1 槽，另一条边在第 6 槽，中间相隔 5 槽（节距 $y=5$），由于 $y<\tau$，则这个线圈为短距线圈。同理，若一只线圈的一条边在第 1 槽，另一条边在第 8 槽，中间相隔 7 槽（节距 $y=7$），即节距 $y>\tau$，则这个线圈为长距线圈。

为了使线圈的两条边获得大小相等、方向相反的电势，线圈的两条边应分别处于相邻磁极的对应位置上，故线圈的节距总是近似等于极距。

整距绕组可以产生较大的电动势，但存在温升高、效率低、材料费等缺点，因而一般很少采用；长距绕组的端部连线较长，材料较费，仅在一些特殊电动机上采用；短距绕组相应缩短了端部连线长度，可节约线材，减少绕组电阻，从而降低了电动机的温升，提高了电动机的效率，并能增加绕组机械强度，改善电动机性能和增大转矩，所以目前应用比较广泛，如图 6-5 所示。

图 6-5　短距绕组

（4）槽数和磁极数。槽数就是铁芯上线槽总数，用字母 Z 表示。

极数是每相绕组通电后所产生的磁极数，电动机的极数总是成对出现的，所以电动机的磁极数就是 2P。

$$P = \frac{60f}{n_1}$$

式中：P 为磁极对数；f 为电源频率；n_1 为同步转速，若用电动机的转速 n 代替 n_1，所得的结果只能取整数。

6.1.2　绘制绕组展开图

1. 绕组展开图的含义

将定子沿着轴向切开拉平，省略定子铁芯部分，并把定子槽中的线圈用简化图的形式表示出来，所绘制的绕组平面原理图称为绕组展开图。

绕组展开图是表示电动机绕组结构的一种常用方法，它是电动机原绕组连接情况的记录，是线圈重绕后嵌放位置的依据。因此，在进行绕组维修时，想要正确地嵌线和接线，必须看懂绕组展开图。

如图6-6（a）所示为电动机的定子铁芯，将铁芯沿槽的方向切开，并朝左、右方向展开在一个平面上，如图6-6（b）所示。在图6-6（b）中，既有铁芯又有绕组，如果将图6-6（b）中的铁芯移去，就只剩下绕组，如图6-6（c）所示，这就是一台三相四极电动机定子单层绕组的展开图。图6-6（c）中用粗实线、细实线和细虚线三种线条表示U、V、W三相绕组。在绕组展开图上可以看出三相中任一相线圈分布在哪几个槽中，并可看出线圈的节距以及各相的线圈是怎样连接的。

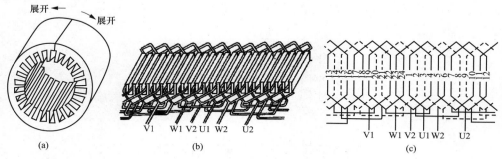

图 6-6　绕组展开图

对于初学者来说，需要学会自己动手绘制绕组展开图。

2. 绕组展开图绘制步骤及方法

绕组是电动机的电路部分，一般由多个线圈或线圈组按一定的方式连接起来构成的，这种绕组的基本元件是线圈。线圈的有效边被嵌入铁芯槽中，作为电磁能量转换的部分；端部伸出铁芯槽外，起连接两条有效边的作用。常用线圈及其简化图如图6-7所示。

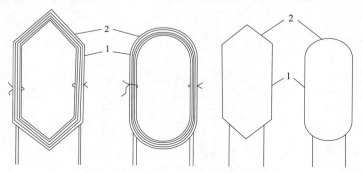

图 6-7　常用线圈及其简化图
1—线圈有效边；2—线圈端部

某三相异步电动机的定子绕组形式为单层链式，定子槽数为$Z_1=24$，极数$2P=4$，相数为$m=3$，节距$y=5$，下面以此为例介绍绕组展开图的绘图步骤及方法。

第一步：画槽。

以线段表示定子铁芯槽（元件有效边）并编号；以线段表示24槽等距地画于纸上，两端向外伸出半个槽宽各作一条直线，两竖直线之间的距离即为定子圆周长，如图6-8（a）所示。

第二步：分极。

求出每极每相所占（为极相组）槽数。

每极所占槽数＝电动机的总槽数/$(2P)$ 或＝电动机的总槽数/4（极数）。即

$$\tau = Z1/2P = 24/4 = 6(槽)$$

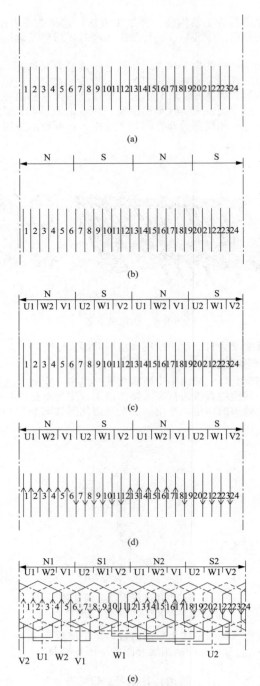

图 6-8 绘制绕组展开图举例

（a）画出线段并编号；（b）确定每极槽数；（c）确定每极每相槽数；
（d）标出电流方向；（e）嵌线、连线并确定各相头尾

在图上，将定子全部槽数按极数均分，如图 6-8（b）所示。

第三步：分相带。

确定每极每相的槽数（分相）。

每极每相所占槽数＝每极所占槽数/3 相。即

$$q = \tau/3 \text{ 相} = 6/3 \text{ 相} = 2(\text{槽})$$

在一个磁极里（N 或 S）按三相平分所得的槽数。每相在每个磁极里均按 W、U、V 的规律排列，而每相所占的槽数必定相等，如图 6-8（c）所示。

第四步：标出电流参考方向。

在同极距（同性磁极）下，所有元件有效边电流方向相同；在异性磁极下，元件有效边的电流方向相反，如图 6-8（d）所示。

第五步：画单个线圈

（1）先确定绕组节距 y。

$$y = 5(1 \sim 6 \text{ 槽})$$

（2）画单个线圈。

U 相 4 个线圈：2-7、6-13、14-19、20-1。

V 相 4 个线圈：6-11、12-17、16-23、24-5。

W 相 4 个线圈：10-15、16-21、22-3、4-9。

第六步：连接线圈。

顺着电流方向把同相线圈连接起来，头与头相连，尾与尾相连——反串联。

第七步：头尾确定。

三相头或尾相互为 120°电角度，如图 6-8（e）所示。

6.2 三相异步电动机绕组重绕布线常识

6.2.1 三相异步电动机单层绕组布线

1. 单层绕组

单层绕组就是在每个定子槽内只嵌置一个线圈有效边的绕组，因而它的线圈总数只有电动机总槽数的一半。

单层绕组具有结构简单、嵌线比较方便、槽利用率高（无层间绝缘）的优点。但其最大的缺点是产生的磁场和电动势波形较差，从而使电动机铁损耗和噪声都较大，启动性能不良。故单层绕组多用于小型三相异步电动机，较大容量的三相异步电动机多采用双层叠绕组。

在小型三相异步电动机的定子中，单层绕组应用非常广，与双层绕组相比，有以下特点。

（1）因为每槽内只嵌放 1 个线圈边，所以电动机的线圈总数等于铁芯槽数的一半，节省绕线和嵌线工时。

（2）因为槽内只有 1 个线圈边，所以不需要层间绝缘，在槽内不存在相间击穿问题，且槽面积的利用率较高。

（3）绕组线圈的端部较厚，相互交叠，整形困难。

（4）单层绕组虽然也可采用短距线圈，但是从电磁性能看，绝大多数绕组仍属整距绕组，故电气性能较差。

2. 单层绕组的结构形式

单层绕组的最初结构形式为叠绕式，经过改进有同心式、链式及交叉式等形式，以适用不同的电动机。

三种形式的单层绕组，从外部结构上看虽各不相同，但从产生的电磁效果角度看则基本上是一致的。选用哪种结构形式，主要看从缩短端接部分的长度（节省有色金属）出发，也要考虑到嵌线工艺的可能性。同心式绕组因端接部分较长，一般只在布线比较困难的两极电动机中采用；功率较小的四极、六极、八极电动机采用链式绕组；少部分的两极、四极电动机采用交叉式绕组。

3. 单层同心式绕组

单层同心式绕组由几个宽度不同的线圈一只套一只同心串联而成。大线圈总是套在小线圈外边，线圈轴线重合，故称为同心式绕组，即这种绕组的极相组是由节距不等、大小不同但中心线重合的线圈组成，如图 6-9 所示。

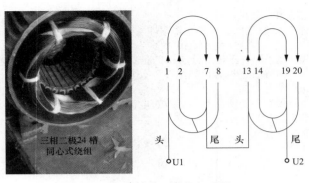

图 6-9 单层同心式绕组示例

4. 单层同心式绕组的嵌线规律

同心式绕组的结构特点是：各相绕组均由不同节距的同心线圈经适当连接而成。下面以三相二极 24 槽的电动机为例，分析其定子绕组的布线规律。

三相二极 24 槽，大线圈节距为 11（1～12）槽，小线圈节距为 9（2～11）槽的定子绕组展开图，如图 6-10 所示。从图中可以看出，每相共有两个线圈组，各线圈组之间的连接采用反串联方法，即线圈组之间"首首相连，尾尾相连"。这种绕组在嵌线时，可嵌成三平面同心式和同心链式两种形式。

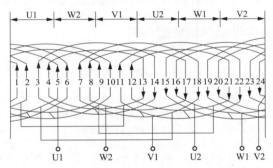

图 6-10 三相二极 24 槽单层同心式绕组展开图

（1）三平面同心式。每个平面上分布同一相的两个线圈组，三相共 6 个线圈组，分布在 3 个平面上。它的布线顺序如下。

先嵌 U 相第一个线圈组到 3、4 和 14、13 槽。因两个有效边在同一平面内，可以嵌完，无须吊把。接着嵌 U 相第二个线圈组入 15、16 和 2、1 槽，完成最外层平面的嵌线。再嵌 V 相的第一个线圈组进 11、12 和 22、21 槽，该相第二个线圈组嵌入第 23、24 和 10、9 槽，由此完成中间一个平面的布线。按同样道理，可将 W 相绕组的两个线圈组分别嵌入 19、20 和 6、5 及 7、8 和 18、17 槽，完成内层平面的布线。

上述嵌线顺序只是举例，实际上一个平面上的两个线圈组，无论先嵌哪个都可以。至于哪一个平面该嵌哪一相绕组也是随意的，关键在于各相绕组之间相距的电角度在接线时不要搞错。

由此可知，三平面同心式绕组的布线规律如下。

1）无须吊把，可一次性将一相绕组的两个线圈组嵌入槽内。

2）每个平面内各嵌一相绕组。

（2）同心链式。这种绕组形式中的"同心"是指一个线圈组内部同轴对称，"链式"是指每个线圈组之间在端部一组压一组，呈链形。下面仍以图 6-10 所示为例，介绍同心链式绕组的嵌线顺序和布线规律。

把 U 相第一个线圈组的小线圈的有效边 4 嵌入第 4 槽，另一有效边 13 暂不嵌入第 13 槽而作吊把，接着将该相第一个线圈组的大线圈有效边 3 嵌入第 3 槽，另一有效边 14 暂不嵌入第

14 槽作吊把。空两槽，把 V 相第二个线圈组的小线圈有效边 24 嵌入 24 槽，大线圈有效边 23 嵌入 23 槽，另外，两个有效边暂不嵌入 9、10 槽也作吊把，到此共吊 4 把。再空两槽，将 W 相第一个线圈组的小线圈有效边 20 和大线圈有效边 19 依次嵌入 20、19 两槽，此时因 3、4 两槽已嵌好线，故另两个有效边 5、6 可直接嵌入 5、6 两槽。以此类推，每嵌完一个线圈组的两槽，就空两槽，再嵌两槽，直到最后对第 13、14 槽和 9、10 槽收把为止。

由此可总结出同心链式绕组的嵌线规律为"嵌二、空二、吊四"。即

1）嵌两槽，空两槽；再嵌两槽，再空两槽；……

2）吊把数等于每极每相槽数 $q = 4$。

由此可见，单层同心式绕组的布线规律是"嵌 2、空 2、吊 4"。也就是说，先嵌两个线圈的一边，再空两个槽嵌两个线圈的一边，并将这 4 个线圈的另一边"吊起"，然后，再嵌其他线圈的两边（不用），最后，将"吊起"的边嵌上。

5. 单层链式绕组

单层链式绕组是由几何尺寸和形状都完全相同的线圈，按照一定的规律连接起来构成的对称三相绕组。连接后的相绕组像一条链子，故称为链式绕组。

如图 6-11 所示为单层链式绕组示例，其线圈由于端部缩短，一般能比同心式节约 10%～20% 的铜，常用于 24 槽 4 极、36 槽 6 极和 48 槽 8 极电动机。但单层链式绕组线圈的节距 y 必须是奇数。

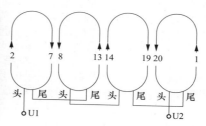

图 6-11　单层链式绕组示例

对于三相单层链式绕组，其线圈端部彼此重叠，并且绕组各线圈宽度相同，因而制作绕线模和绕制线圈都比较方便。此外，绕组是对称的，相与相平衡，可构成并联支路。

链式绕组是由相同节距的线圈组成的，其结构特点是"一圈压一圈，一圈又被别圈压"，绕组端部像链条一样，一环套一环。如图 6-12 所示为一台三相四极 24 槽电动机的定子单层链式绕组展开图。从图中可以看出，单层链式绕组同相各线圈组的连接规律是"首首相连，尾尾相连"。

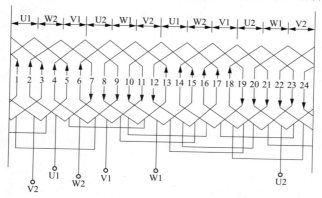

图 6-12　三相四极 24 槽单层链式绕组展开图

嵌线时，将 U 相第一个线圈的有效边 7 嵌入第 7 槽，因另一有效边 2 要压在第 3、5 槽线圈的上面，暂不嵌入作吊把。然后空一槽（第 8 槽），将 W 相第一个线圈的有效边 9 嵌入第 9

槽，该线圈的另一有效边 4 要压在第 5 槽线圈的上面，也要暂不嵌入作吊把。再空一槽（第 10 槽），将 V 相第一个线圈的有效边 11 嵌入第 11 槽，此时因 7、9 槽中的线圈已嵌好，故将 V 相第一个线圈的另一有效边 6 直接嵌入第 6 槽，不再作吊把。接着再空一槽，将 U 相第二个线圈的两个有效边 13、8 分别嵌入第 13、8 槽。以后各线圈均按此规律嵌一槽，空一槽。最后，在线圈边 3、5 嵌入后，再将吊把 2、4 两线圈边依次嵌入第 2、4 槽收把。

通过分析上面的布线过程，可得出单层链式绕组的嵌线规律为"嵌一、空一、吊二"。即

(1) 嵌一槽，空一槽；再嵌一槽，再空一槽；……

(2) 吊把数等于每极每相槽数 $q=2$。

由此可见，单层链式绕组布线规律是："嵌 1、空 1、吊 2"，即先嵌线圈①的一边，空一个槽，再布线圈②的一边，并将线圈②的另一边"吊起"；然后，再嵌其他线圈的两边；最后，将线圈①和线圈②"吊起"的两个边嵌上。也就是说，单层链式绕组的嵌线特点是隔槽布线，其吊把线圈边数为 q（本例 $q=2$）。

6. 单层交叉式绕组的嵌线规律

单层交叉式绕组常用于每极每相槽数 $q=3$ 的小型异步电动机中。这种绕组实质上是同心式和链式绕组的一个综合。由于采用了不等距线圈，它比同心式绕组的端部短，且便于布置。下面以三相四极 36 槽电动机的定子绕组为例分析其布线规律。

如图 6-13 所示为三相四极 36 槽单层交叉式绕组展开图。其每相绕组的各线圈组之间仍采用"首首相连，尾尾相连"的反串连接法。布线时，先将 U 相第一个线圈组的两个大线圈的 10、11 两边嵌入第 10、11 槽，它们的另一边暂不嵌入 2、3 槽，作为吊把。接着空一槽，将 W 相的第一个小线圈边 13 嵌入第 13 槽，另一边 6 也暂不嵌入第 6 槽，作为吊把。然后再空两槽，将 V 相的第一个大线圈组的两边 16、17 嵌入，因另两边 8、9 压着的 10、11 和 13 槽中已嵌好线圈，可将 8、9 两边按节距 $y=8$ 嵌入第 8、9 槽。接着空一槽，将 U 相第一个小线圈的两边按节距 $y=7$ 分别嵌入第 19、12 两槽。以后仍按上述规则往后嵌。待第 4、5 槽和第 7 槽中的线圈嵌完后，再将第 2、3 槽和第 6 槽的吊把"收把"入槽。

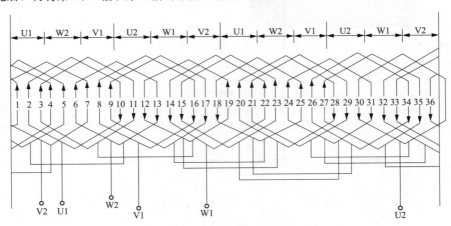

图 6-13　三相四极 36 槽单层交叉式绕组展开图

由上述可总结出单层交叉式绕组的布线规律为"嵌二、空一；嵌一、空二；吊三"。即

(1) 嵌入两槽大线圈，空一槽；再嵌一槽小线圈，空两槽；又嵌两槽大线圈，再空一槽；……

(2) 吊把数等于每极每相槽数 $q=3$。

由此可见，单层交叉链式绕组的布线规律是"嵌 2、空 1、嵌 1、空 2、吊 3"，即先嵌双联，空一槽，嵌单联；空两槽，嵌双联；再空一槽，嵌单联；再空两槽，嵌双联，直至全部嵌完。其吊把线圈边数为 q（本例 $q=3$）。

【特别提醒】

单层同心式绕组是 2 个或者更多的线圈同心的套在一起组成一个极相组，单层链式绕组则

是各个线圈的大小或者说节距都是相同的。例如，3 相 2 极 24 槽电动机，一般采用 2 个线圈套在一起的同心式绕组，三相四极 24 槽电动机，每极每相只有 1 个线圈，且所有线圈的大小或者说节距都是相同的。

在定子槽数较多的情况下，一般采用同心式的布线。

6.2.2 三相异步电动机双层绕组的布线

1. 双层叠绕组

双层绕组是在每槽中用绝缘隔成上、下两层，分别嵌放不同线圈的各一个有效边，某个线圈的一个有效边位于某槽上层，它的另一个有效边则位于节距 y 的另一槽下层。这时，线圈的每个有效边都占 1/2 槽，线圈个数与槽数相等。图 6-14 所示是双层绕组在一槽内上下层边的布置情况。

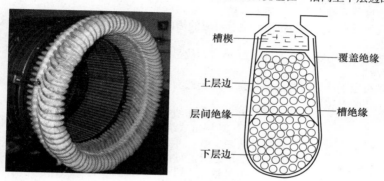

图 6-14 双层绕组在槽内的分布

双层绕组主要应用于容量较大的电动机中，一般中心高为 160mm 及以上的电动机均采用双层绕组。常用的双层绕组有整数槽双层绕组和分数槽双层绕组。双层绕组具有以下特点。

（1）每槽分上、下两层，因此布线比较麻烦。

（2）槽内上、下层线圈之间需加层间绝缘，所以槽的利用率相对较低。

（3）比单层绕组容易发生相间短路故障。

（4）可选择最有利的节距，以改善电势与磁场波形，提高电动机的电气性能。

（5）线圈端部较整齐美观。

2. 双层绕组的布线规律

下面以如图 6-15 所示三相四极 36 槽双层叠绕组（$y=7$）为例，说明它的布线规律。

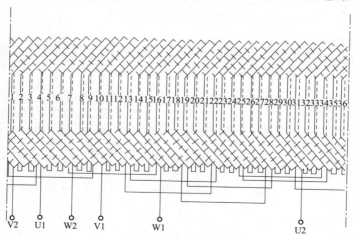

图 6-15 三相四极 36 槽双层叠绕组展开图

先将 U 相第一个线圈组的 3 个下层边（$q=3$）8、9、10 依次嵌入第 8、9、10 槽，它们的上层边本应按节距 $y=7$ 依次嵌入第 1、2、3 槽，但因为它们所压的其他线圈都还未入槽，所以只能吊把。接着嵌入 W 相第一个线圈组的 3 个下层边到第 11、12、13 槽，同样，将这 3 个线圈的上层边 4、5、6 也作吊把。然后将 V 相第一个线圈组的第一个线圈的下层边嵌入第 14 槽，其上层边仍作吊把。此时，一个节距内的 7 个线圈的上层边均作吊把。接着再将 V 相第一线圈组的第二个线圈的下层边嵌入第 15 槽，因该线圈的上层边所占的第 8 槽中已嵌好下层边，故在第 8 槽放好层间绝缘后即可将这个槽的上层边嵌入。此后，就可依次将各线圈的下层边和上层边分别嵌入相应的槽内，一直到最后对第 1 槽至 7 槽收把为止。

由上述布线过程可总结出双层叠绕组的布线规律为"一槽挨着一槽下，吊把等于节距数"。即

（1）先嵌下层边，后嵌上层边，各线圈的布线方向按顺时针转。

（2）一槽挨着一槽嵌入，中间不空槽。

（3）嵌入下层边后，若绕组另一边所对应的槽已嵌入下层边，则把该边嵌入槽内，若为空槽，应吊把。

（4）吊把数等于节距数。本例节距 $y=7$，故吊把数为 7。

【特别提醒】

三相电动机定子绕组布线虽然复杂，但仍然有一定的规律，记住三相电动机布线 24 句口诀，对布线工作必有帮助。

三相电动机布线规律口诀
单层链式绕组
先数总共多少槽，再数节距心记牢，
若是单层单链组，每把线前空一槽，
不到节距要悬空，到了节距便封槽。
单层同心式绕组
若是单层多圈组，二空二来三空三，
不到节距不封口，到了节距就封槽。
单层交叉式绕组
交叉双线和单线，节距长者可在前，
双线前面空一对，单线前面空一槽，
不到节距不封口，节距到了要封槽。
双层叠绕组
若是遇到双层组，千万牢记不空槽，
双层单绕极少见，双层叠绕常见到，
前面下线不封口，到了节距再封槽，
一把挨着一把下，槽数线圈相等调。

6.2.3 三相异步电动机单双层混合绕组的布线

1. 单双层混合绕组

单双层混合绕组是小型异步电动机用来改善性能的可行措施之一，对于改善力能指标、降低温升、提高启动性能及节约有效材料等有一定的效果。这种绕组在 2 极电动机中应用，效果比较显著。

单双层混合绕组是在双层短距绕组的基础上演变过来的。其过渡方式是将双迭绕组槽内的上下层线圈边，属于同相者合并为一个单层线边，并按照同心式绕组原理，将其端部连接起来。对于同槽内非同相的线圈边，仍然保留双迭绕组层间绝缘的结构方式。由于该绕组既有单层，又有双层，故得名"单双层混合绕组"。

单双层混合绕组就是在定子某些槽内嵌以单层绕组，而在另一些槽内则嵌以双层绕组。单层绕组的优点是：布线方便，没有层间绝缘，槽的利用率高，但单层绕组一般都是全距绕组，其磁场波形较差，因而对电动机的启动性能、损耗和噪声等都有一定的影响。双层绕组的优点是：可以采用适合的短距来改善磁场波形，从而使电动机的性能有所改善。而单双层混合绕组，兼有上述两者的优点，既能改善磁场波形和电动机性能，同时在工艺上布线也比双绕组方便，上端部较短，节省导线。尤其是对于 2 极电动机，单双层混台绕组可以比双层绕组采用更合适的绕组节距，从而提高绕组系数。

2. 单双层混合绕组的布线规律

下面以二极 18 槽的单双层混合短距绕组为例来说明，其绕组展开图如图 6-16 所示。

单双层混合绕组每相由一个或多个外面为单层的大线圈、里面为双层小线圈的线圈组构成，相邻大线圈在端部不互相交叉，比单层绕组排列更方便。单双层混合绕组的布线方法如下。

（1）设定铁芯某槽为 1 号，将 U 相第一极相组小线圈的一边（下边）嵌入 9 号槽中，另一边（上边）"吊起"，再将大线圈的下边嵌入 10 号槽中，另一边（上边）"吊起"。

（2）空一个槽（11 号槽），将第二组线圈的两条下边（先小后大）分别嵌入 12、13 号槽，另两边"吊起"。

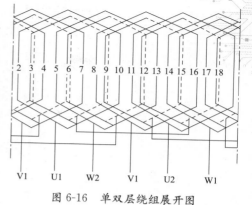

图 6-16　单双层绕组展开图

（3）再空一个槽（14 号槽），将第三组线圈的两条边嵌入 15、16 号槽，并根据节距 $y = 6$ 及 8，将另两条边嵌入 9、8 号槽。

（4）按空一槽、嵌两槽的规则，依次将全部线圈嵌完，最后将第一组及第二组线圈的吊把边嵌入 3、2 号槽及 6、5 号槽。

【特别提醒】

单双层混合绕组的布线规律是：先嵌小线圈边，后嵌大线圈边，嵌两个槽，空一个槽，直至全部嵌完。吊把线圈边数为 $q + 1 = 4$。

6.3　三相交流电动机绕组重绕

电动机因长期超载温升过高至绕组绝缘严重老化；或绕组产生严重短路、断路、通地等故障，而用局部修理方法也无法修复时；以及电动机因工作条件的变化而需要进行改压、改极、增容时，就必须拆除全部旧绕组而重换新绕组。

三相电动机的定子绕组，不论是三相同步电动机还是三相异步电动机，也不论是三相交流发电动机还是三相交流电动机，其定子绕组的工作原理、绕组结构、连接方式等都是基本相同的。不同的只是因其各自功用的不同所带来设计参数的变化。因此，三相交流电动机定子绕组的重绕修理也是相同的。

6.3.1　工具仪表的准备

1. 电动机拆卸工具

螺丝刀、铁钳、扳手、套筒、铁锤、斜口钳、凿、内六角扳手、两用扳手、轴承拉马等。

2. 绕组拆卸工具

电工凿、不锈钢通条、笼型电动机烘烤器（加热用）、小型钢丝棒（清槽渣用）等。

3. 绕线工具

电动机万用线模、绕线机、不锈钢压板、不锈钢划线板、橡皮锤、弯剪刀、电工刀等。

4. 检测工具

万用表、钳型电流表、绝缘电阻表（兆欧表）、千分尺、转速表、游标卡尺等。

5. 其他备用工具

钢锯、电钻、撬棍、喷灯等。

6. 材料

漆包线、绝缘漆、白绸布、细棉绳、青稞纸、压线条、黄蜡管等。

6.3.2　绕组重绕前的准备工作

拆除旧绕组之前，必须详细记录有关电动机的原始数据，否则，将给重绕定子绕组造成困难。电动机的原始数据包括铭牌数据、绕组数据和铁芯数据及其运行和检查内容等，见表 6-1。

表 6-1		三相异步电动机原始数据记录卡				
铭牌数据	型号		容量（kW）		相数	
	电压（V）		电流（A）		接法	
	效率		转速（r/min）		绝缘等级	
	允许温升		转子电流（A）		质量	
	产品编号		制造厂		制造日期	
绕组数据	绕组形式		并联支路数		并绕根数	
	节距		线圈数		线圈匝数	
	导线规格（mm）		端部长度（mm）		槽楔尺寸（mm）	
	端部绝缘		槽绝缘		绕组重量（kg）	
	线圈周长（mm）		线圈形状			
铁芯数据	外径（mm）		内径（mm）		铁芯总长（mm）	
	总槽数		气隙（mm）		铁芯净长（mm）	
	通风槽数		通风槽宽（mm）		槽形尺寸（mm）	
绕组接线草图						
故障原因及拟改进措施						
备注						

　　填表时，有些数据可直接从电动机铭牌上查出，而有的数据则必须通过测定和计算才能得出，其内容可视实际情况增删。记录卡经检验员检查无误后作为正式原始记录放入技术档案中保存。

1. 记录铭牌数据

　　铭牌数据是指电动机铭牌上所标记的数据，它简要地说明了电动机的规格、型号和工作条件。一般包括型号、功率、频率、转速、电压、电流、效率、功率因数、绝缘等级、允许温升、出厂编号及制造厂等。这些技术数据可供验算绕组时参考。

　　若不涉及铭牌损坏处理，电动机铭牌数据也可以不记录，需要时直接查取。作为电动机维修的技术档案，建议把铭牌数据记录完整。

2. 记录铁芯数据和转子数据

　　定、转子铁芯的技术数据是电动机绕组重绕、改绕时极为重要的依据。

　　铁芯数据是指电动机的定转子铁芯的内径、外径、长度、槽数、通风道等。测量定子铁芯和转子外径时，可分别用内卡钳和外卡钳测量，其方法如图6-17所示。测量时，卡钳的两脚一定要卡在铁芯直径上，卡钳测量脚与铁芯表面接触的松紧程度要适当，卡钳测后的两脚在钢直尺上量出数据。

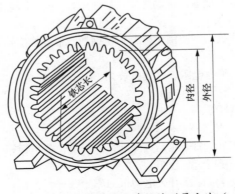

图 6-17　铁芯尺寸和转子外径的测量方法（一）

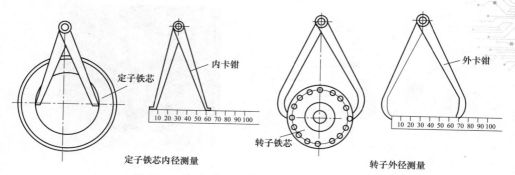

定子铁芯内径测量   转子外径测量

图 6-17 铁芯尺寸和转子外径的测量方法（二）

精确测量尺寸时，可用内径千分表和外径千分表测量。对一般精度要求用卡钳即可。如图 6-18 所示为槽尺寸的测量方法。

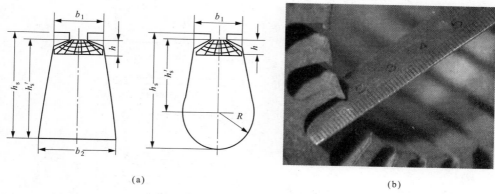

(a)   (b)

图 6-18 槽尺寸的测量方法
（a）示意图；（b）实物图

测量铁芯长度时，要注意铁芯两端的扇形。为了测量准确，应在槽底处测量铁芯长度，沿圆周对称多测几点，取平均值，如图 6-19 所示。

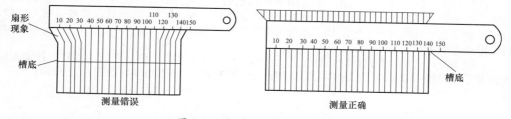

测量错误   测量正确

图 6-19 测量定子长度的方法

3. 记录线圈尺寸

线圈尺寸是指线圈的端部和直线部分的长度尺寸，如图 6-20 所示为电动机绕组伸出铁芯的长度尺寸；如图 6-21 所示为几种常用定子绕组形式的线圈各部分尺寸。

4. 记录电动机的极数

有铭牌的电动机，可从型号的规格代号中直接得出极数，也可由额定转速推算出电动机的极数。如果铭牌失落或铭牌数据已看不出，就要根据绕组的结构尺寸来判断极数。

绕组极数的判定有两种方法。

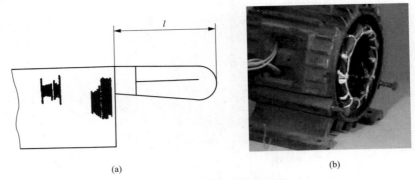

(a)　　　　　　　　　　　　　　　(b)

图 6-20　绕组端部伸出铁芯的长度

(a) 示意图；(b) 实物图

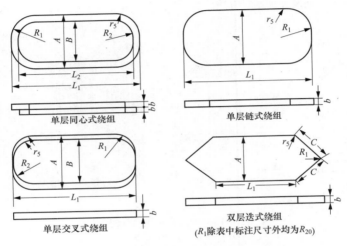

单层同心式绕组　　　　　　　单层链式绕组

单层交叉式绕组　　　　　　　双层迭式绕组
　　　　　　　　　　　　　　　(R_1除表中标注尺寸外均为R_{20})

图 6-21　常用绕组形式的线圈各部分尺寸

(1) 对于单层绕组，可数出一个线圈所跨的槽数即节距 y，并数出总槽数 z，计算出 z/y 的值。考虑到 y 接近且小于极距 τ，可知 z/y 必定大于 z/τ，同时，电动机的极数必定为偶数。故可取小于 z/y 且接近它的偶数，即为所求极数。例如，$y=7$，$z=36$，则 $z/y=5.1$，电动机的极数应取 4。

一般来说，电动机在设计时，极数总是选择接近或等于节距。例如 2 极电动机，线圈节距大致等于圆周的一半；8 极电动机，线圈节距大致等于定子圆周的 1/8，如图 6-22 所示。

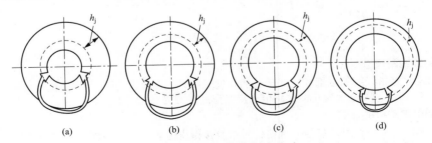

(a)　　　　　　　(b)　　　　　　　(c)　　　　　　　(d)

图 6-22　绕组极数的判定方法

(a) 2 极；(b) 4 极；(c) 6 极；(d) 8 极

（2）对于双层绕组，上述方法不一定适用。如总槽数 $z=36$，节距 $y=6$ 的双层绕组，可能是 4 极，也可能是 6 极。这就要从每极相组的线圈数和槽数来推导。每极相组的线圈数就是相邻二层隔相纸间所夹的线圈数，查明每极相组的线圈数后，根据 $q=z/(2pm)$，就能推导出极数。例如，$z=36$ 的双层绕组，查出相邻二层隔相纸之间夹着 2 个线圈，即 $q=2$，则极数 $2p=z/mq=36/(3\times2)=6$（极）。如果查出相邻二层隔相纸间夹着 3 个线圈，即 $q=3$，则极数 $2p=36/(3\times3)=4$（极）。

5. 记录绕组数据

正确判定并记录绕组数据，是重绕线圈的关键。

（1）绕组连接形式的判定。如果在绕组接线中，查到有中性点，则绕组是 Y 连接；否则是△连接。或根据接线盒内连接片的连接情况来判定，若三相绕组的首端（或尾端）连接在一起，则绕组为 Y 接法；若相邻两个绕组头尾连接在一起，则绕组为△接法，如图 6-23。

图 6-23 从接线盒连接片上看绕组连接形式
(a) Y 形连接；(b) △形连接

（2）查看绕组的并绕根数。将同一极相组内的两线圈间跨接线的套管划破，或剪断跨接线，数得里面的导线根数即为并绕根数。但必须注意，此时每个线圈的匝数应等于每个线圈导线根数除以并绕根数。

（3）查看绕组的并联路数。功率在 4kW 以上的电动机绕组常采用多路并联，拆除绕组时，务必查清并联支路数。

1）如果绕组有 3 根引出线，且每根引出线只与一个线圈相连，则 1Y（一路 Y 形）连接，如图 6-24（a）所示；如果每根引出线与两个线圈连接在一起，而这两个线圈又属于同一相绕组，且又有中性点，则绕组为 2Y 连接，如图 6-24（b）所示；如果这两个线圈不属于同一相绕组，且又无中性点，则绕组为 1△连接，如图 6-24（c）所示。

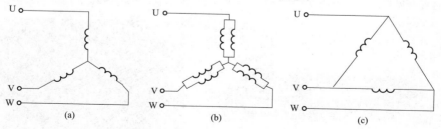

图 6-24 3 根引出线的连接形式（一）
(a) 1Y 连接；(b) 2Y 连接；(c) 1△连接

2）如果绕组只有 3 根引出线，且每根引出线与 4 个线圈相连，则绕组可能是 4Y 接法（这 4 个线圈属于同一相），也可能是 2△接法（这 4 个线圈分属于两相），如图 6-25 所示。由图可知，每根引出线与偶数线圈连接时，有两种连接形式，与奇数个线圈连接时，一定是Y接。

3）如果绕组有6根引出线，则3根引出线一定分别连接三相绕组的首端，另3根引出线分别间接三相绕组的末端，所以每根引出线与几个线圈连接，绕组就有几条并联支路。例如，每根引出线和两个线圈相连，绕组即为2路并联，如图6-26所示。

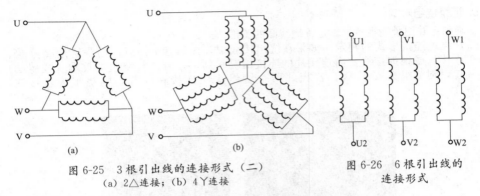

图 6-25　3 根引出线的连接形式（二）
(a) 2△连接；(b) 4Y连接

图 6-26　6 根引出线的连接形式

绕组并联路数与电动机的极数有关，判定时也可以参考表6-2。

表 6-2　　　　　　　电动机最大可能的并联路数与极数的关系

电动机极数	2	4	6	8	10	12	14	16
可能的并联路数	1、2	1、2、3、6	1、2、4、8	1、2、5、10	1、2、3、4、6、12	1、2、7、14	1、2、7、14	1、2、4、8、16

6. 记录绕组的节距

绕组的节距可在拆除绕组前直接数出，但要注意绕组有等节距和不等节距之分。如单层交叉式绕组和单层同心式绕组就不是等节距，应仔细查看清楚，最好在线圈拆去一半时复查一次，既明显又可靠。

7. 记录线圈匝数和导线直径

在拆除绕组时，最好能有几个线圈整段拆下来，以便核查线圈匝数。通常应保留1~2个比较完整的样品线圈，并选出样品线圈内层最短的几匝，测取其周长平均值，作为选用或制作绕线模板的参考数据，如图6-27所示。

【特别提醒】

对于之前已经有数据记录的同类型电动机，复核测量漆包线直径时，可在电动机旧绕组上直接测量，并做好记录，如图6-28所示。

(a)　　　　　　　　　　　　　　(b)

图 6-27　查测线圈匝数和导线直径（一）
(a) 完整的一个线圈；(b) 剪断最短的几匝

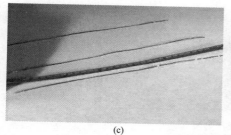
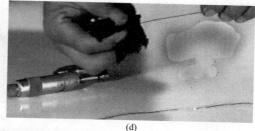

(c)   (d)

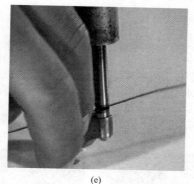

(e)

图 6-27 查测线圈匝数和导线直径（二）
（c）测取周长平均值；（d）擦去漆皮；（e）用千分尺测量导线直径

图 6-28 直接测量漆包线直径并做好记录

6.3.3 旧绕组拆除和铁芯槽处理

电动机的定子绕组经过浸漆与烘干，已经固化成一个质地坚硬的整体，拆除比较困难。所以，拆除绕组时，应先使绕组的绝缘漆软化，然后再进行拆除。

电动机定子绕组的拆除方法主要有三种，即冷拆法、热拆法、溶剂溶解法。实际操作时，应根据绕组的具体情况灵活采用。冷拆能保证定子铁芯的电磁性能不变，但比较费力。热拆虽然比较容易，但是铁芯受热后会影响电磁性能。在具体应用时应根据实际情况选择，尽可能采用冷拆法。

值得注意的是，不要将定子放到火中加热，以防止破坏硅钢片间绝缘，使涡流增大，造成铁芯朝外松弛。

1. 冷拆法

冷拆法适用于绕组全部烧坏或槽满率不高的电动机，在日常维修时应用最多。拆卸前，要准备一个手锤和多种规格的錾子。拆卸大型电动机时需要大型的錾子，拆卸小型电动机需要小型的錾子，如图 6-29 所示。

图 6-29　拆卸绕组的錾子

　　冷拆法可分为冷拉法、冷冲法 2 种。
　　(1) 冷拉法。先用废锯条制成的刀片或其他刀具将槽楔破开，将槽楔从槽中取出。如果槽楔比较坚实，可用扁铁棒顶住槽楔的一端，用铁锤敲打铁棒使槽楔从另一端敲出。再将导线分成数组，一根一根地从槽口拉出。若是闭口槽或半开口槽，可用斜口钳将线圈端部逐根剪断，或用钢凿沿铁芯端面将导线凿断，如图 6-30 所示，在另一端用螺丝刀配合用钢丝钳逐根拉出导线。如果线圈嵌得太紧，用钢丝钳不易拉出，可将定子竖直放置，线圈不剪断的一端朝上。在定子膛口上横一根铁棒，用一根一端有弯钩的撬棍将弯钩勾住线圈的端部，以铁棒作为支点，利用杠杆作用把整股线圈从槽里撬出来。如果有专用的电动拉线机，拆除绕组就更为方便，效率可提高几十倍。

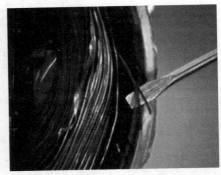

图 6-30　将导线凿断

图 6-31　用冷冲法凿断线圈

　　(2) 冷冲法。对导线较细的绕组，其机械强度较低，容易拉断。可先用钢凿在槽口两端把整个线圈逐槽凿断，然后用一根横截面与槽形相似，但尺寸比槽口截面略小的铁棒，在被凿断线圈的断面上顶住，用铁锤用力敲打铁棒，逐槽将线圈从另一端槽口处冲出，如图 6-31 所示。对槽满率高、线圈嵌得特别紧的绕组，用此法拆除更为奏效，可节省较多的时间。有时还可将槽绝缘一齐冲出，减少了清槽工作量。

　　2. 溶剂溶解法
　　溶剂溶解法是利用化学药品软化线圈，腐蚀槽楔和绝缘物的一种方法，应根据绕组的结构分别采用不同的溶剂。
　　(1) 氢氧化纳（工业烧碱）。用氢氧化纳 1kg 加水 10kg 作溶剂，将定子绕组放入溶剂中，浸溶 2～3h 后，将定子绕组取出，并用清水冲洗干净，然后按绕组的嵌放顺序将导线逐一抽出。
　　【特别提醒】
　　由于氢氧化纳腐蚀铝，所以，使用前应将电动机的铝牌拆下，铝壳、铝线电动机不能采用此法。

(2) 丙铜、甲苯和酒精混合溶剂。按照丙铜 25%、甲苯 55%、酒精 20%的比例配制。混合后，将电动机定子放入溶剂中，待 1～2h 后绝缘物软化，即可拆除旧线圈。

【特别提醒】

此法适用于 1kw 以下的小电动机。由于甲苯和酒精属易燃物，操作时要注意远离火源，同时注意通风以防中毒。

(3) 丙铜、甲苯、石蜡混合溶剂。按照丙铜 50%、甲苯 45%、石蜡 5%的比例配制。配制时，先将石蜡加热熔化，移开热源，先加入甲苯，后加入丙铜，搅匀成溶剂后，用毛刷蘸溶剂刷至电动机绕组的两端部和槽口上（见图 6-32），为了防止溶剂挥发太快，可用塑料布盖上密封，待 1～2h 后绝缘物软化，即可取出拆线。

图 6-32　用毛刷将溶剂刷在绕组上

【特别提醒】

使用此种溶剂时，同样要注意防火，并注意通风的风向，以防甲苯的气体吸入人体而引起中毒。建议在通风的场地进行施工。

3. 热拆法

热拆法即是将绕组绝缘加热软化后，再拆除旧绕组。一般采用通电加热和烘箱加热，切忌采用火烧绕组的方法。加热前，必须将接线板等易损件拆下，以防烤坏。

(1) 通电加热法。用三相调压器或电焊变压器二次绕组给定子绕组通入低压大电流，如图 6-33 所示。电流的大小可调到额定电流的 3 倍左右，使绕组温度逐渐升高，待绕组绝缘软化时，停止通电，迅速退出槽楔，拆除旧绕组。这种方法最适宜大、中型电动机的绕组拆除，小型电动机亦可采用。但对绕组内部断路或严重短路的电动机，不能采用此法。

(a)　　　　　　　　　　　　　　　　(b)

图 6-33　通电加热法
(a) 通电加热；(b) 拆除旧绕组

(2) 烘箱加热法。用电烘箱对定子绕组加热至 250℃左右，待绝缘软化后迅速拆除旧绕组，如图 6-34 所示。在加热过程中，应注意掌握火候，防止烤坏铁芯，使硅钢片性能变坏。

图 6-34　用电烘箱对绕组加热

烘箱加热法工艺成本高，且绕组离开炉后，温度降低较快，有可能还得重新进炉，而且留在槽内的绝缘纸不好清理。

4. 排除旧绕组的注意事项

（1）拆除定子绕组时，无论是冷拆还是热拆，在拆除旧绕组的过程中，都应力求保留 1～2 个完整的线圈样品，以便测量线圈的尺寸，作为制作绕线模或绕制新线圈时参考。

（2）拆除旧线圈时，注意不要损坏铁芯。在清理槽内的残余绝缘物时，应利用清槽片，如果硅钢片有凹斜，可用钳子将其修平，槽的点口有毛刺，可用锉锉光磨平。

（3）在拆除电动机绕组线圈时，千万不能用喷灯、木材等烧绕组，否则会将铁芯片间的绝缘也烧坏，影响维修后的电动机质量。如图 6-35 所示用火烧绕组的做法是错误的。

图 6-35　拆除绕组不能用火烧

5. 铁芯槽的清理与整形

在绕组拆完后，线槽里会有一些残留物，需要进行清理，否则会给后面的嵌线工作带来麻烦，而且也会影响电动机的绝缘性能。

清理电动机定子槽常用的工具是钢齿刷和清槽片，选择这些工具时应根据定子槽的大小来决定，较大的定子槽应选择较大的钢齿刷，较小的定子槽应选择较小的钢齿刷。将钢齿刷插入定子槽中，上下插动，依次将所有定子槽中的残留物、铜线、漆锈斑等清除干净。清理时还要注意检查铁芯硅钢片是否受损，若有缺口、弯片，应予以修整。铁芯槽的清理与整形如图 6-36 所示。

(a)　　　　　　　　　　　　　(b)

图 6-36　铁芯槽的清理与整形
(a) 清除杂物；(b) 缺口整形

【特别提醒】

将铁芯槽、齿清理整形后，要用压缩空气将灰尘吹干净。

6.3.4 线材备料

1. 准备漆包线

将旧绕组全部拆除和清理干净后，下一步工作就是准备漆包线。

具体方法是：从拆下的旧绕组中剪取一段未损坏的铜线，放到火上烧一下，将外圈的绝缘皮擦除，并将其拉直，然后用螺旋测微仪进行测量。在测量前，应该将螺旋测微仪的测量面擦拭干净，以免影响精度。然后，将刚才准备好的铜线放到螺旋测微仪的测量面中间，转动套管，在两测量面接近铜线时，停止转动套管，改为旋动棘轮，当棘轮发出"嗒嗒"声时，说明两测量面已与铜线表面接触，此时，可从刻尺上读出测量数据。

【特别提醒】

选择漆包线时，应尽可能选择与原漆包线线径相等或稍大一点的导线。测量新漆包线线径的方法和测量旧漆包线相同，即将新漆包线的绝缘漆用火烧一下，再用螺旋测微仪测量。

【知识窗】

漆包线的选用

漆包线又称电磁线，它是一种以漆膜作为绝缘层，在导电线芯上涂覆绝缘漆后烘干形成的，用于中小型电动机绕组的导电材料。漆包线的用种类的名称、型号、绝缘等级及规格见表 6-3。

表 6-3   **电动机绕组用电磁线名称、型号及规格**

名称	型号	绝缘等级	规格范围（mm）
缩醛漆包圆铜线	QQ-1、QQ-2	E（120℃）	0.02～2.50
缩醛漆包彩色线	QQS-1、QQS-2		
聚氨酯漆圆铜线（包括彩色）	QA-1、QA-2		0.015～1.00
环氧漆包圆铜线	QH-1、QH-2		0.06～2.50
单玻璃丝包缩醛漆包圆铜线	QQSBC		0.53～2.50
缩醛漆包扁铜线	QQB		a边 0.8～5.6 b边 2.0～18
聚酯漆包圆铜线	QZ-1、QZ-2	B（130℃）	0.02～2.50
聚酯漆包圆铝线	QZL-1、QZL-2		0.06～2.50
聚酯漆包自粘性电磁线	QZN	B（130℃）	0.53～2.50
单玻璃丝包聚酯漆包圆铜线	QZSBC		
双玻璃丝包圆铜线	SBEC		0.25～6.0
聚酯漆包扁铜线	QZB		a边 0.8～5.6 b边 2.0～18
单玻璃丝包聚酯漆包圆铜线	QZSBCB		a边 0.9～5.6 b边 2.0～18
双玻璃丝包聚酯漆包扁铜线	QZSBECB		a边 0.9～5.6 b边 2.0～18
聚酯亚胺漆包圆铜线	QZY-1、QZY-2	F（155℃）	0.06～2.50
单玻璃丝聚酯亚胺漆包扁铜线	QZYSBFB		
聚酰亚胺漆包圆铜线	QY-1、QY-2	H（180℃）	0.02～2.50
聚酰胺酰亚胺漆包圆铜线	QXY-1、QXY-2		0.06～2.50
硅有机双玻璃丝包圆铜线	SBEC		0.25～0.6
聚酰胺酰亚胺漆包圆铜线	QXY-1、QXY-2	C（≥180℃）	0.06～2.50
聚酰亚胺漆包圆铜线	QY-1、QY-2		0.02～2.50
聚酰亚胺薄膜绕包圆铜线	Y		

常用圆铜线（裸）直径与截面积的换算见表 6-4。

表 6-4　　　　　　　　　常用圆铜线（裸）直径与截面积的换算

直径 (mm)	截面积 (mm²)	直径 (mm)	截面积 (mm²)	直径 (mm)	截面积 (mm²)	直径 (mm)	截面积 (mm²)	直径 (mm)	截面积 (mm²)
0.12	0.0113	0.33	0.0855	0.62	0.302	0.96	0.724	1.50	1.767
0.14	0.0154	0.35	0.0962	0.64	0.322	1.0	0.785	1.56	1.911
0.15	0.0117	0.38	0.1184	0.67	0.353	1.04	0.849	1.62	2.06
0.16	0.0201	0.41	0.1320	0.69	0.374	1.08	0.916	1.68	2.22
0.18	0.0255	0.44	0.1521	0.72	0.407	1.12	0.985	1.74	2.38
0.19	0.0284	0.47	0.1735	0.74	0.430	1.16	1.057	1.81	2.57
0.20	0.0314	0.49	0.1886	0.77	0.466	1.20	1.131	1.88	2.78
0.23	0.0415	0.51	0.204	0.80	0.503	1.25	1.227	1.95	2.99
0.25	0.0491	0.53	0.221	0.83	0.541	1.30	1.327	2.02	3.2
0.27	0.0573	0.55	0.238	0.86	0.581	1.35	1.431	2.1	3.46
0.29	0.0661	0.57	0.255	0.90	0.636	1.40	1.539	2.26	4.01
0.31	0.0755	0.59	0.273	0.93	0.679	1.45	1.651	2.44	4.68

2. 选择绕线模

　　线圈的大小对嵌线的质量与电动机性能关系很大，线圈绕得过小，则不好嵌线，不便于端部整形；线圈绕得过大，则浪费材料，增加成本，维修后的端部太长顶住外壳端盖，影响绝缘。而线圈的大小完全是由绕线模的尺寸决定的。因此，一定要认真设计绕线模的尺寸。由于国家对各系列电动机线模数均有统一的规定，因此，维修人员只需查阅有关资料，参照数据制作即可。

　　如果手头没有资料，可根据拆下来的旧线圈制作绕线模，但应注意旧线圈存在内圈匝与外圈匝的误差，最好选用内圈作为标准尺寸。制作的方法是：将线圈取在绕线模板上，用铅笔顺着线圈的内圈画出一个椭圆形，然后，根据画出的椭圆形即可制成所需的绕线模，如图 6-37 所示。

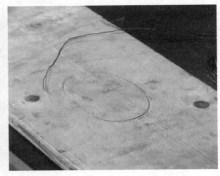

图 6-37　制作绕线模

　　在取得一定经验后，也可以取一根新漆包线，按绕组的组合形式，在铁芯上绕一匝，便是绕线模的周长。

　　绕线模的结构如图 6-38 所示，绕线模的尺寸可在电工手册中查找。

夹板　→
芯板　↓

图 6-38　绕线模的结构

常用的绕线模除了菱形模和腰圆形模外，还有活动模。活动模的模芯中穿有两个长螺钉，可以独立在夹板的两个直孔中移动，以调节绕线模的周长，当位置调整好后将两个螺钉拧紧即可。可见，活动模绕制线圈比较方便，如图6-39所示。

图6-39 活动绕线模

3. 绝缘材料准备

电动机的绝缘件包括槽绝缘、层间绝缘、相间绝缘、槽口绝缘（槽楔）以及接线头的绝缘等，电动机的绝缘材料一般有绝缘纸和绝缘套管，如图6-40（a）所示；电动机槽绝缘材料的结构形式，如图6-40（b）所示。

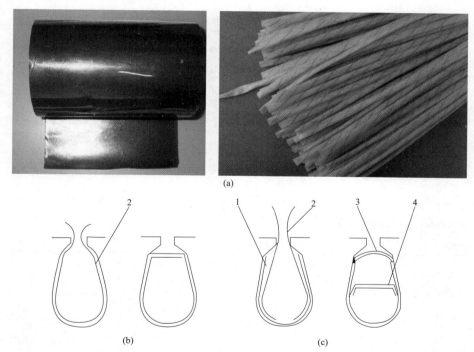

图6-40 电动机槽绝缘材料及结构形式
（a）绝缘纸和绝缘套管；（b）摺边式封口；（c）封式封口
1—槽绝缘；2—引槽纸；3—槽口封条；4—层间绝缘

电动机各部分绝缘应根据要求的绝缘等级，用相应级别绝缘材料。同时根据设计所需尺寸，制成相应的绝缘件来满足电动机对绝缘件的要求。封条是采用封槽绝缘槽口的绝缘件。槽口封条对小电动机一般采用 0.25~0.30mm 厚的聚酯薄膜复合绝缘纸；对大电动机一般采用总厚度为 0.35~1.00mm 的 DMD 复合绝缘制作。

引槽纸一般可用 0.15~0.20mm 厚的聚酯薄膜纤维复合绝缘纸裁剪。其长度与槽绝缘纸长度相同，如图 6-41 所示。

图 6-41　绝缘纸裁剪

电动机绕组用主绝缘材料见表 6-5。

表 6-5　　　　　　　　　　　　　　　电动机绕组用主绝缘材料

主要用途	各绝缘材料名称及绝缘等级		
	E 级（120℃）	B 级（130℃）	F 级（155℃）
槽绝缘 相间绝缘 层间绝缘 直流电动机绕组的匝间绝缘	（1）聚酯薄膜绝缘纸复合箔（6520） （2）聚酯薄膜玻璃漆布复合箔（6530） （3）聚酯薄膜青壳纸（2920）	（1）聚酯薄膜玻璃漆布复合箔（6530） （2）聚酯薄膜聚酯纤维纸复合箔（DMD、DMDM）用于直流电动机 （3）三聚氰胺醇酸玻璃漆布（2432） （4）环氧玻璃粉云母带（5483） （5）醇酸玻璃柔软云母板（5131）	（1）聚酯薄膜芳香族聚酰胺纤维纸复合箔（NMN） （2）聚酯薄膜芳香族聚砜胺纤维纸复合箔（SMS）

电动机绕组包绕用绝缘材料见表 6-6。

表 6-6　　　　　　　　　　　　　　　电动机绕组包绕用绝缘材料

主要用途	各绝缘材料名称及绝缘等级		
	E 级（120℃）	B 级（130℃）	F 级（155℃）
包绕用绝缘	油性玻璃漆布带（2412）	（1）青醇酸玻璃漆布带（2430） （2）醇酸玻璃漆布带（2432） （3）环氧玻璃粉云母带（5483-1） （4）钛改型环氧玻璃粉云母带（9541-1）	（1）硅有机玻璃漆布带（2450） （2）聚酰亚胺玻璃漆布带（2560） （3）聚酰亚胺薄膜 （4）有机硅玻璃粉云母带（5450-1）

电动机组件用绝缘材料见表 6-7。

表 6-7 电动机组件用绝缘材料

主要用途	各绝缘材料名称及绝缘等级		
	E 级（120℃）	B 级（130℃）	F 级（155℃）
槽楔、垫条及出线板绝缘	（1）竹（经绝缘处理） （2）酚醛层压板（3020～3023） 酚醛塑料板（4010、4013）	（1）酚醛层压玻璃布板（3230） （2）苯胺酚醛层压玻璃布板（33231） （3）酚醛玻璃纤维压塑料（4330） （4）MDB 复合槽楔 （5）环氧酚醛层压玻璃布板（3240）	（1）环氧酚醛层压玻璃布板（3240） （2）MDB 复合槽楔
局部绑扎绝缘	聚酯绑扎带	聚酯绑扎带	环氧绑扎带
套管绝缘	（1）油性玻璃漆管（2714） （2）糊状聚氯乙烯玻璃漆管（2731）	（1）醇胺玻璃漆管（2730） （2）聚氯乙烯玻璃漆管（2731）	（1）有机硅玻璃漆管（2750） （2）硅橡胶玻璃丝管（2751）
引接线	橡胶绝缘丁腈护套引接线（JBQ-500）	（1）橡胶绝缘丁腈护套引接线（JBQ-500） （2）氯磺化聚乙烯橡皮绝缘引接线（JBYH-500） （3）丁腈聚氯乙烯复合绝缘引接线（JBF-500）	（1）硅橡皮绝缘引接线（JHXG-500） （2）乙丙橡胶绝缘引接线（JFEH-500）
绕组端部捆扎材料	（1）聚酯绑扎带 （2）聚酯玻璃丝无纬带	聚酯玻璃丝无纬带（B-17）	环氧玻璃无纬带（F-17）

为了提高绕组的耐潮、防腐性能，并提高机械强度、导热性和散热效果，延缓电动机绕组老化等，可采用专用绝缘漆对电动机进行浸漆绝缘处理。常用的电动机专用绝缘漆见表 6-8，以供选用。

表 6-8 电动机专用绝缘漆

主要用途	各绝缘材料名称及绝缘等级		
	E 级（120℃）	B 级（130℃）	F 级（155℃）
转子绕组浸渍漆	三聚氰胺醇酸漆（1032）	（1）环氧聚酯酚醛无溶剂漆（5152-2） （2）三聚氰胺醇酸漆（1032）	（1）不饱和聚酯无溶剂漆（319-2） （2）聚酯浸渍漆（155） （3）环氧聚酯无溶剂漆（EIU） （4）无溶剂漆（6985）
定子绕组浸渍漆	（1）三聚氰胺醇酸漆（1032） （2）环氧脂漆（1033）	（1）三聚氰胺醇酸漆（1032） （2）环氧聚酯酚醛无溶剂漆（5152-2） （3）环氧脂漆（1033）	（1）聚酯浸渍漆（155） （2）不饱和聚酯无溶剂漆（319-2）

4. 制作槽楔

槽楔是在封口绝缘后置于槽口内的压紧元件，其主要作用是阻止槽内导体滑出槽外以及防止线圈导线因受电动力作用而松动。槽楔的选用应与电动机的绝缘等级相适应。修理电动机时，槽楔的长度应略长于铁芯的长度。

槽楔也可以用竹片来制作。制作时，其形状和大小要与槽口相吻合，长度一般比槽绝缘短2～3mm，厚度为3mm左右，底面要削薄且成斜口状，以利插入线槽，以免损坏绝缘槽，如图6-42所示。

6.3.5 绕制线圈

1. 绕制线圈的步骤及方法

电动机重新绕制线圈可在手摇或机动绕线机上进行，绕制线圈的步骤及方法如下。

（1）准备好绕线机、绕线架、绕线模、钢丝钳、剪刀、活动扳手以及漆包线、绝缘套管、绝缘带和扎线等。

（2）将准备好的绕线模装入绕线机的主轴上，并用螺母把线模两侧的外夹板锁紧，将绕线机计数器号拨到"零"位置。漆包线盘装到绕线架上，并使绕线架与绕线机间保持适当的距离，将漆包线引至绕线模时保持平直无弯曲，如图6-43所示。

图 6-42 竹槽楔　　　　　　　　图 6-43 漆包线盘装到绕线架上

（3）绕线开始时，将漆包线的起始线端经绕线模右侧开口处固定到绕线主轴上，绕线从右边开始向左边绕，如图6-44所示。绕线前应在绕线模的4道槽内放入扎线，用以将绕好的线圈逐个扎紧。

图 6-44 开始绕线

（4）绕线时，漆包线在线模槽内应排列整齐、层次分明，不得有严重的交叉和混乱。绕满一个线圈所规定的匝数后，用摆放于槽内的棉匝线将线扎紧，以免线圈下模时线扎松散。接着把漆包线拉入绕线模的第二线槽；然后按同样方法继续下去，直至绕完绕线模内所有线槽。同心式绕组通常从最小线圈开始绕线，如图6-45所示。

（5）整组线圈绕好后，留下适宜的引线长度并用钢丝钳剪断漆包线。接着用活动扳手松开绕线机主轴螺母，然后从绕线模上逐槽取出绕好的所有线圈，如图6-46所示。

(a)

(b)

图 6-45 绕线圈和捆线圈
(a) 绕线圈；(b) 用绑绳捆线圈

图 6-46 连续绕制的线圈

（6）绕组绕线时各极相组内的线圈中最好不要有接头，以免增加绕组的故障点。确因线圈在绕制中漆包线不够需要连接时，其线端焊接处也应选择在线圈的端部位置。而且绝对不准选在线圈的直线部分，否则经焊接的漆包线加包绝缘后就很难嵌入槽内。即使能够嵌入槽中若焊接不良，则又极易造成线圈断路故障，从而给以后的故障检查和修理带来极大的困难。

2. 绕制线圈的注意事项

（1）导线漆皮应均匀光滑，无气泡、漆瘤、霉点和漆皮脱落现象。用游标尺或千分尺检查导线直径和绝缘漆皮厚度应符合要求。

（2）绕制时导线必须排列整齐，避免交叉混乱。一般应使导线在模槽中从左至右一匝一匝地排绕，绕完一层后再绕一层，直到绕够规定匝数。

（3）绕好一只线圈后，应在过桥线上套上黄蜡管，再绕下一只线圈。每个极相组之间的连接线应留有适当长度。

（4）导线长度不够绕完一只线圈，需要另接导线时，接头必须留在线圈端部，严禁把接头留在线圈的直线部分，以免造成嵌线困难。

（5）绕线过程中应注意拉紧漆包线，其力度要松紧适宜。过松则使线圈内部松散而外部零乱，绕出的线圈质量较差不利嵌线；过紧则又可能将漆包线直径拉小，从而影响漆包线的电阻，应特别留意这种情况。绕制线圈时，必须保护导线绝缘不受损伤。

（6）绕制好的线圈必须用绑扎带将两个直线部分扎紧，以防松散，如图 6-47 所示。

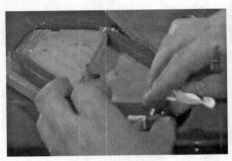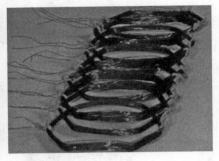

图 6-47　绑扎带扎紧线圈

（7）绕完线圈后，应对每个极相组或相绕组进行直流电阻的测定和匝数检查。测直流电阻时，大于 10Ω 的可用单臂电桥或万用表低阻挡，小于 10Ω 的用双臂电桥测量。一般要求各极相组之间的直流电阻相差不应超过±4%。

6.3.6　嵌线与接线及包扎

1. 嵌线前的准备工作

嵌线前除了前面介绍的准备好槽绝缘、层间绝缘、相间绝缘、槽楔以及绝缘套管外，还应做好以下准备工作。

（1）进一步熟悉技术资料。嵌线前要对所待嵌绕组的技术资料及数据进行核查和熟悉。特别是对电动机极数、线圈节距、绕组排列、嵌线规律、并联支路数、引线方向等要心中有数，以利于嵌线工作的顺利进行，避免嵌错返工，造成工时和材料的损失。

（2）准备好嵌线工具。手工嵌线工具包括划线板、压线板、划针、刮线刀、手弯头长柄剪刀、木锤或橡皮锤等，见表 6-9。有些专用工具，若在市场上买不到，也可以自行制作。

表 6-9　　　　　　　　　　　　电动机嵌线专用工具制作

序号	名称	作用	制作方法	图示
1	清槽片	清槽片是清除电动机定子铁芯槽内残存绝缘物、锈斑等杂物的专用工具	可利用断钢锯条在砂轮上磨成尖头或钩状，尾部用塑料带包扎做成手柄	
2	划线板	是嵌放线圈时将导线划进铁芯线槽内，以及理顺已嵌入槽里的导线的专用工具	可利用层压树脂板或西餐刀用砂轮磨削制作，最好用锯床锋钢锯条制成，其尺寸一般长 150～200mm，宽 10～15mm，厚约 3mm。头端略尖形，一侧稍薄些，整体表面光滑，以免操作时损伤导线的绝缘	

续表

序号	名称	作用	制作方法	图示
3	压线板	把已嵌入线槽的导线压紧并使其平整的专用工具	用不锈钢或黄铜材料制成，装上手柄，便于操作。尺寸取决于线槽的宽度，配备几种不同规格，依线槽宽度供选择使用	
4	压线条	压线条又称捅条，有两个作用：其一是利用楔形平面将槽内的部分导线压实或将槽内所有导线压实，压部分导线是为了方便继续嵌线，而压所有导线是为了便于插入槽楔，封锁槽口；其二是配合划线片对槽口绝缘进行折合、封口	一般用不锈钢棒或不锈钢焊条制成，横截面为半圆形，并将头部锉成楔状，便于插入槽口中	
5	刮线刀	是用来刮去导线接头上绝缘层的专用工具	刮线刀的刀片可利用一般卷笔刀上的刀片，每个刀片用螺钉紧固，或用强力胶粘牢	
6	裁纸刀	用来推裁高出槽面的槽绝缘纸的专用工具	一般用断钢锯条在砂轮上磨成	

（3）放置槽绝缘。为了保证电动机的质量，新绕组的绝缘必须与原绕组的绝缘相同。小型电动机定子绕组的绝缘，一般用两层 0.12mm 厚的电缆纸，中间隔一层玻璃（丝）漆布或黄蜡绸。绝缘纸外端部最好用双层，以增加强度。槽绝缘的宽度以放到槽口下角为宜。将槽绝缘纸折成"U"形纵向插入槽中，如图 6-48 所示。

（4）电动机放置。较小的定子由单人操作，放置位置及角度要便于双手能够分别从两端进入铁芯内腔操作。习惯上，把定子机座有出线孔的一侧置于操作者右侧，待嵌线圈组放置在定子的右面，并使其引出线朝向定子腔，如图 6-49 所示。嵌线时，把线圈逐个逆时针方向翻转后放入定子腔内进行嵌线，从而保证引出线从出线孔侧引出。

图 6-48 放置槽绝缘纸

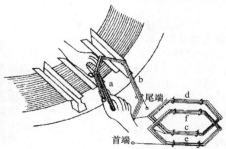

图 6-49 嵌线

211

2. 嵌线规则

嵌线是电动机绕组重绕工艺中十分重要的环节。嵌线是一项细致工作，必须小心谨慎，并按工艺要求的规则进行操作。

（1）每个线圈组都有两根引线，分别称为首端和尾端。

（2）每相绕组的引出线必须从定子的出线孔一侧引出，为此所有线圈组的首、尾端也必须在这一侧引出。

3. 嵌线操作

单只线圈嵌线较简单，但对连续绕制的线圈组，嵌线时稍不注意就会嵌反，应特别注意。嵌线时，以出线盒为基准来确定第一槽的位置，如图 6-50 所示，槽绝缘伸出铁芯的长度，要根据电动机的容量而定。

图 6-50 确定第一槽的位置并放入线圈

（1）嵌线翻转线圈时，先用右手把要嵌的一个线圈捏扁，并用左手捏住线圈另一端反向扭转，然后将导线的左端从槽口右侧倾斜着嵌入槽内。

（2）嵌入线圈时，最好能使全部导线都嵌入槽口的右端，两手捏住线圈逐渐向左移动，边移边压，来回拉动，把全部导线都嵌进槽内。

（3）如果有一小部分导线剩在槽外，可用划线板逐根划入槽内。划入导线时，划线板必须从槽的一端直划到另一端，并注意用力要适当，不可损伤导线绝缘。切忌随意乱划或局部掀压，以免几根导线交叉地轧在槽口而无法嵌入。

（4）用剪刀将高出定子槽口 1～2mm 的多余绝缘纸剪去，注意不要剪断导线。

（5）用压线板将绝缘纸推倒在槽口内压平。

（6）用准备好的槽楔从槽的一端插入槽内，压住导线和绝缘纸。

（7）用同样的方法再将另一个线圈下入另一个槽内。

（8）当满足一个节距的几个绕组的一个边下入槽内后，应将这几个绕组的另一个边吊起，称为吊把。

（9）将全部绕组嵌入槽中后，再把吊把边嵌入。吊把边嵌入的方法和其绕组上边嵌入的方法相同。

嵌线操作过程的主要步骤，如图 6-51 所示。

【特别提醒】

嵌线时要细心。嵌好一个线圈后要检查一下，看其位置是否正确，然后，再嵌下一个线圈。导线要放在绝缘纸内，若把导线放在绝缘纸与定子槽的中间，将会造成线圈接地或短路。注意，不能过于用力把线圈的两端向下按，以免定子槽的端口将导线绝缘层划破。

嵌完线圈，如槽内导线太满，可用压线板沿定子槽来回地压几次，将导线压紧，以便能将竹楔顺利打入槽口，但一定注意不可猛撬。如果是双层线圈，则当下层线圈嵌完以后，用压线板压在线圈上，用小锤轻轻敲打，将嵌在槽内的线敲打紧凑，再垫好层间绝缘纸，为下一步嵌放上层线圈做好准备。端部槽口转角处，往往容易凸起，使线嵌不进去，可用竹板垫着轻轻敲打至平整为止。

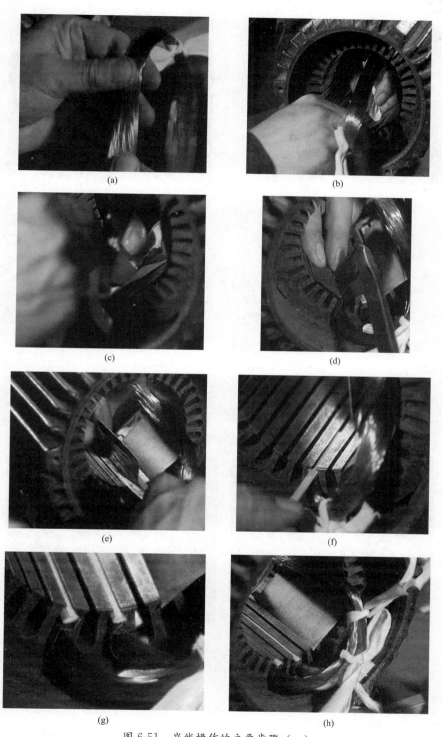

图 6-51　嵌线操作的主要步骤（一）

（a）将线圈捏扁；（b）线圈送入槽中；（c）用划线板逐根划入槽内；（d）用压线板按压导线；
（e）剪去多余的绝缘纸；（f）插入槽楔；（g）用同样方法嵌第二个线圈；（h）吊把

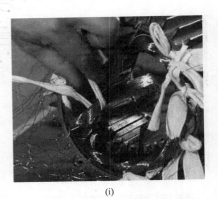

(i)　　　　　　　　　　　　　　　　　(j)

图 6-51　嵌线操作的主要步骤（二）

(i) 全部绕组嵌入槽中；(j) 嵌入吊把上层边

4. 封槽口

嵌线完后，用剪子将高于槽口 5mm 以上的绝缘纸剪去。用划线板将留下的 5mm 绝缘纸分别向左或向右划入槽内。将竹楔一端插入槽口，压入绝缘纸，用小锤轻轻敲入。竹楔的长度要比定子槽长 7mm 左右，其厚度不能小于 3mm，宽度应根据定子槽的宽窄和嵌线后槽内的松紧程度来确定，以导线不发生松动为宜，如图 6-52 所示。

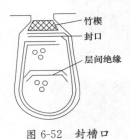

竹楔
封口
层间绝缘

图 6-52　封槽口

5. 端部相间绝缘

在线圈端部，若相邻两组线圈属于不同相，必须在这两组线圈的端部之间安放相间绝缘纸，进行隔相，如图 6-53 所示。隔相一般采用 0.25mm 厚的薄膜青壳纸。大功率电动机可用一层薄膜青壳纸和一层黄壳绝缘纸，中间再夹一层黄蜡布。隔相纸的形状和尺寸根据线圈端部的形状、大小而定。一般双层绕组隔相纸的形状为半圆形或半棱环形；单层绕组隔相纸的形状为半圆环形的 3/4。

(a)　　　　　　　　　　　　　　　　　(b)

图 6-53　相间绝缘的处理

(a) 加隔相纸；(b) 剪齐隔相纸

【特别提醒】

双层绕组相间绝缘可采用两层绝缘纸中间夹一层绝缘漆布；单层绕组相间绝缘可用两层绝缘漆布或一层聚酯薄膜复合青壳纸。

6. 绕组接线

绕组的接线分为内部接线（极相组接线）和外部接线（接线盒接线）两部分。内部接线就是下线完毕后，把线圈的组与组连接起来，根据电动机的磁极数和绕组数，按照绕组的展开图把每相绕组顺次连接起来，组成一个完整的三相绕组线路；外部接线，就是将三相绕组的 6 个线端（其中有 3 个首端、3 个尾端），按星形或三角形连接到接线排上。

（1）极相组线头连接。全部线圈嵌完后，按照接线图将各个极相组连接好。接线前应整理好线圈接头，留足所需的引线长度，将多余部分剪去。将套管套在引线上，并用刮漆刀刮去线头上的绝缘漆，如图 6-54 所示。按绕组的连接方法进行线头的连接。

(a)　　　　　　　　　　　　　　　　(b)

图 6-54　处理线头
（a）套管套；（b）刮去绝缘

（2）极相组线头焊接。导线的接头必须进行焊接，才能保证电动机不因绕组接头损坏而影响整机工作。焊接时，在连接头下边放一张纸，以防止焊锡掉入绕组中。将刮净并绞合好的线头上涂上焊剂，把挂有适量焊锡的电烙铁放在线头上面，在焊剂沸腾时，快速把焊锡涂在电烙铁或线头上，当焊锡浸透接头时，平移开电烙铁，若有锡刺，应用电烙铁烫去。线头焊好后，应趁热把套管套好，如图 6-55 所示。

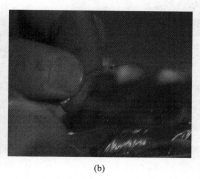

(a)　　　　　　　　　　　　　　　　(b)

图 6-55　焊接线头并趁热套好套管
（a）电烙铁焊接；（b）趁热套好套管

对于漆包线比较粗的电动机，一般采用氧焊焊接。这种焊接方法最大的优点是焊接时不需要刮漆包线的绝缘皮。焊接时，要控制好火力，防止火苗烧坏绕组。

【特别提醒】

在焊接过程中要保护好绕组，切不可使熔锡掉入线圈内造成短路。将所有连线焊好后，从电动机的出线孔将三相绕组的 3 个头和 3 个尾引出。

（3）外部接线（接线盒接线）。将三相绕组的 6 个线端，用万用表判别出每根线的线头和线尾。电动机接线盒的接线常规通用有两种接线法，即三角形接线法和星形接线法，如图 6-56 所示。

1）电动机的星形接线法是：将电动机的绕组的 6 个抽头，三相按各一组首尾分开，将三相绕组尾端（就是末端头）并接在一起，形成回路的点。电动机的三相绕组的抽头首端（头线）就是接线端、接电源线端口。

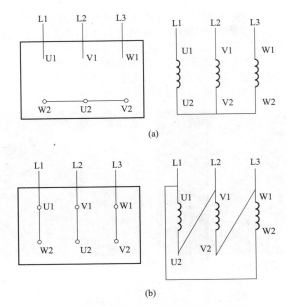

图 6-56　三相交流电动机接线盒接线
(a) 星形接线；(b) 三角形接线

2）电动机绕组的三角形接线法是：电动机三相绕组的 6 个抽头，将三相绕组各相绕组头尾并接（就是三相其中的和各一相头尾连接），三相的每相头尾连接好后，接电源的接线端。

7. 端部整形

为了不影响通风散热，同时又使转子容易装入定子内腔，必须对绕组端部进行整形，形成外大里小的喇叭口，如图 6-57 所示。整形方法：用手按压绕组端部的内侧，或用橡胶锤敲打绕组，严禁损伤导线漆膜和绝缘材料，使绝缘性能下降，以致发生短路故障。

8. 包扎

端部整形后，再一次确认端部的相间绝缘良好后，用纱带把外引线和极相组之间的连接线等一并绑扎在线圈端部。穿扎时，应将顶端线匝带上几根，使绑扎带与绕组形成一个紧密的整体。用同样的方法，将端部全部绑扎，如图 6-58 所示。

图 6-57　端部整形

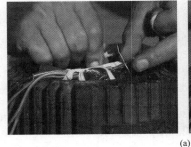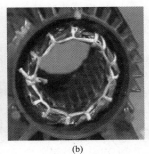

(a)　　　　　　　　　　　　　　　　　(b)

图 6-58　端部包扎
(a) 绑扎线；(b) 端部包扎完毕

6.3.7 绕组质检及浸漆和烘干

1. 绕组检查

在外观检查无问题之后，质量检查的第一步是查绕组有无嵌反。方法是：在三相绕组内通入 60～100V 三相交流电源，在定子铁芯的内圆上放一只小钢珠（见图 6-59），如果钢珠沿着内圆旋转，表明绕组没有嵌反或者接错；如果钢珠吸住不动，表明绕组可能嵌反或者接错。

如果绕组没有嵌反或者接错，下一步就应该检查其直流电阻是否符合要求，接下来检查绝缘电阻，最后进行耐压测试。

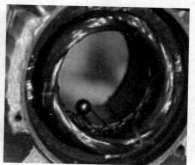

图 6-59 在定子铁芯内圆上放一只小钢珠

2. 空载试验

所谓空载试验，是指在电动机不带负载时通电运转，以检测某些参数的试验。空载试验时间不应少于 1h，在试验时间里，要观察空载电流的大小（一般为额定电流的 0.6～0.9）及其随着时间的延续是否发生变化，试验期间温升是否正常（注意区分绕组发热和轴承温升），运转中是否有噪声和抖动。

空载运转中，要注意观察电动机转轴的旋转方向，如果电动机反转，一定是主绕组或副绕组中任意一个接反，只需把其中一个绕组的两头接线对调即可改变电动机的旋转方向。

在初测过程中，如果发现问题，可以很方便地把绕组拆开检修（因绕组未浸漆）。如果初测合格，即可进行最后的绝缘处理——浸漆。

3. 浸漆

绕组浸漆的目的是增强电动机的电气绝缘强度，提高防潮和耐热性能，改善散热条件，加固绕组端部，防止沾染灰尘。

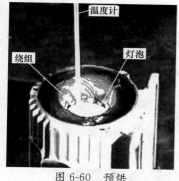

图 6-60 预烘

常用的绝缘漆有黑烘漆、1321 醇酸树脂漆（又名热硬漆）和 1032 三聚氰胺醇酸树脂漆等。

电动机浸漆工艺主要包括预烘、浸漆和干燥 3 个步骤。

（1）预烘。无论是新绕组还是旧绕组，在浸漆前必须先进行预烘，以驱除绕组内的潮气和挥发物，并加热绕组使得更有利于绝缘漆的渗透。

在业余条件下，可从机壳中取出定子铁芯与绕组，置于功率较大的灯泡下或烘箱中（见图 6-60），保持 125～135℃的温度，预烘 4～6h，待测得对地绝缘电阻为 30～50MΩ 稳定不变时，预烘结束。

如有条件，最好是将电动机置于电烤箱中预烘。

（2）浸漆和烘焙。对绕组进行浸漆和烘焙工艺要求如下。

1）第 1 次浸漆。采用 E 级和 B 级的定子绕组通常选用 1032 牌号三聚氰胺醇酸树脂漆，稀释溶剂是甲苯或二甲苯，规定二次浸漆。经预烘的定子绕组温度下降至 50～70℃时即可开始浸漆。若温度过高，溶剂挥发快，漆膜形成快，绕组内部不易浸透；温度太低，漆的黏度太大，流动性和渗透性都比较差，浸漆效果不好。对于漆的黏度最好按温度调整好，可以参考表 6-10，浸漆时间要大于 15min。以漆中的定子绕组不冒气泡为止，然后将电动机从浸漆槽中取出，垂直放在滴漆槽架上，沥干余漆，沥干时间应大于 30min。

表 6-10 浸漆温度与黏度对照表

温度（℃）	黏度（Pa·s）	温度（℃）	黏度（Pa·s）	温度（℃）	黏度（Pa·s）
6	80～56	16	45～36	26	33～28
8	72～49	18	42～34	28	31～26
10	64～45	20	38～32	30	29～25
12	56～42	22	36～31	32	28～24
14	49～39	24	34～29	34	26～23

除了沉浸的浸漆方法，还可采用浇漆的方法，此种方法比较适合单台电动机浸漆处理，如图 6-61 (a) 所示。先将电动机放在滴漆架上，用漆先浇绕组的一端，经过 20～30min 滴漆后，再浇另一端，要浇得均匀，各处都要浇到，可重复几次。待余漆滴干后，用松节油将定子绕组外的其他部分的余漆擦干净，如图 6-61 (b) 所示。

(a) (b)

图 6-61　浇漆并把余漆擦干净

(a) 浇漆；(b) 把余漆擦干净

2) 滴漆。把浸透绝缘漆的绕组悬空，挂着滴漆 30min 以上。待漆滴干后，用松节油把铁芯擦干净。

3) 第 1 次干燥（烘焙）。烘焙是为了加速挥发漆中所有的溶剂和水分，使绕组表面形成坚固的漆膜。烘焙过程分为两个阶段。

第 1 阶段是低温烘焙，温度控制按绝缘漆等级和电动机的绝缘等级。E 级、B 级为 110±5℃，时间为 2～4h，这样可使绕组内部气体排出，溶剂挥发比较慢，绕组表面不会很快形成漆膜。

第 2 阶段是高温烘焙，E 级和 B 级绝缘温度控制为 130±5℃，烘焙时间为 4～5h，要求绝缘电阻大于 2MΩ。

值得说明的是，在个体维修店，对中小型电动机，可用灯泡或自制的烘箱来完成烘焙这一工序。

4) 第 2 次浸漆、滴漆。方法同第 1 次。第 2 次浸漆时间控制在 3～5min，温度控制在 50～70℃，漆的黏度可稠一些，以填充空气隙。

5) 第 2 次干燥（烘焙）。第 2 次低温烘焙时间控制在 2～3h，温度同前一次。第 2 次高温烘焙时间控制在 4～5h，温度同前一次，要求绕组绝缘电阻大于 1.5～2MΩ 后出箱。

在整个烘焙过程中，要求每隔 1h 用绝缘电阻表测量一次绕组的绝缘电阻，在最后 2h，其绝缘电阻应该稳定在 1.5～2MΩ，如图 6-62 所示。

 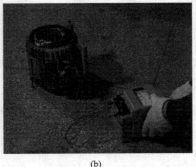

(a) (b)

图 6-62　测量热态绝缘电阻

(a) 测量相间绝缘；(b) 测量相对地绝缘

将电动机全部装好，按初测步骤重新检测一次，若符合要求，即可投入使用。

4. 烘干绕组

烘干的目的是挥发漆中的水分与溶剂，使绕组表面形成坚固的漆膜。所以烘干时的温度不能上升太快，否则漆的外层迅速形成薄膜，而漆的内层却没干。只有温度逐渐上升，才能获得满意的效果。

烘干可采用烘房烘干、烘箱烘干、灯泡烘干和电流烘干等方法。

（1）烘房烘干法。大规模的电动机修理厂都有专用的烘房来烘干或干燥电动机绕组，烘房可以由两层耐火砖砌成，两层耐火砖之间填隔热保温材料，以减少热量损失。烘房内部靠墙处放置管状或板状电热元件。烘房与外面的小铁轨相连，浸漆后的电动机铁芯放在专用的平板车上，可直接推入烘房进行烘干。烘房温度可自动调节。烘房应配备温度控制仪，并具有通风孔或通风装置以便排出潮气及溶剂气体。此外，一旦烘房内压力骤增，烘房门应能自动推开，以保安全。

（2）烘箱烘干法。烘箱用铁皮做内衬，外面围上隔热材料制成，内装电阻丝，发热管或灯泡等，上方安装有温度计用来监视温度，并开有出气孔，以便排除潮气和水分。采用这种方法烘干时要经常注意监视温度，温度一般不超过 100℃，如温度太高可将发热元件功率调小，采用这种方法烘干时间较长，一般为 24h 左右。

（3）灯泡烘干法。对于容量较小的电动机，可将 200～500W 的白炽灯或红外线灯泡悬吊在定子铁芯内腔，在下面将电动机垫起，上面盖些既通风又保温的东西（如石棉瓦片）。注意灯泡不能接触绕组，以免烤焦或烧坏绕组。烘干时不要离人，要经常监视或测量温度（可插入温度计）。温度的高低由灯泡的功率调节。

（4）电流烘干法。将低压交流电通入需要烘干的绕组中。对于大、中型电动机，因为其绕组阻抗小，大都是采用三相串联起来进行烘干，如图 6-63（a）所示。对于小型电动机，由于绕组的阻抗较大，一般在烘干时改接成△形。在两个连接点间通入单相 220V 交流电，电流的大小可用变阻器（或绕组的串并联）来调整，一般以 0.5～0.7 倍的额定电流为宜。每隔 1h 左右，将电源轮换加到不同的引线上进行烘干，如图 6-63（b）所示。如果电动机的阻抗很大，也可以把三相绕组并联起来，接上单相 220V 交流电进行烘干，如图 6-63（c）所示。

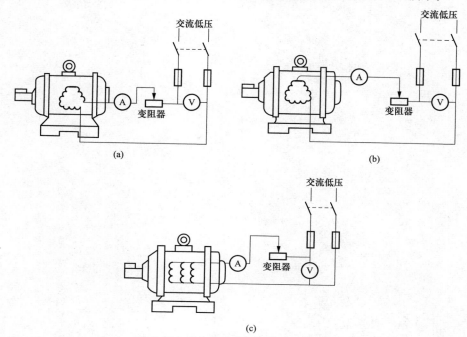

图 6-63　用电流加热烘干电动机绕组
（a）大、中型电动机绕组串联烘干法；（b）小型电动机绕组串联烘干法；（c）小型电动机绕组并联烘干法

　　绕线式转子的异步电动机用电流法加热烘干时，应首先将转子滑环接上三相启动变阻器，使转子堵转，即转子不转动。然后在定子三相绕组中接入三相低压交流电源，电压为电动机额定电压的 0.2～0.3 倍，参照图 6-63（a）的方法，把三绕组串联起来，通入单相 220V 交流电流，电流控制在 0.5～0.7 倍的额定相电流。

　　【特别提醒】

电动机浸漆与烘焙的注意事项如下。

　　（1）浸漆前应进行全面的清洁处理。

　　（2）浸漆前应将机壳上所有螺钉堵上，以免使总装发生困难。

　　（3）浸漆前应检查漆的牌号和有效期。

　　（4）必须重视浸漆和烘焙过程中工艺参数的控制，例如漆的黏度调整、温度控制范围、升降时间、浸渍次数和绝缘电阻等。

　　（5）高温烘焙完成后，在热态时铲除定子内圆等部位的残留漆。槽楔部位的残留漆不应高出铁芯内圆。

　　（6）定子绕组经绝缘处理后，必须保证绝缘漆浸渍部分漆膜干燥、无皱皮、无脱层和带锯齿现象，绕组端部无损伤，绑扎带无损伤，槽楔完整无缺。

　　（7）在烘焙过程中，若中途温度下降或绝缘电阻未达到稳定，则应该适当延长烘焙时间，待绝缘电阻达到要求后才能出箱。

　　（8）浸漆和烘干应连续进行，中途不得停止，否则不能保证烘干质量。

第7章 变频器维护与故障检修

7.1 变频器日常维护

7.1.1 变频器的检查项目

变频器是应用变频技术与微电子技术，通过改变电动机工作电源频率方式来控制交流电动机的电力控制设备。变频器主要由整流、滤波、逆变、制动单元、驱动单元、检测单元微处理单元等组成。如何让这些零部件全部正常发挥本来的功能，尽可能早地发现零部件和装置出现问题的前兆，需要维护人员主动地做好事前处理。同时，不让这些零部件无期限地继续使用，在正常的使用状态下，能够定期更换，防止变频器的特性的变化和故障的发生，使变频器放心地、长期地使用。因此，做好变频器的预防性检查与保养，显得非常必要。

变频器一般的安装环境要求：最低环境温度−5℃，最高环境温度40℃。在夏季高压变频器维护时，应注意变频器安装环境的温度，定期清扫变频器内部灰尘，确保冷却风路的通畅。由于温度、湿度、尘埃、振动等，使用环境的影响，及其零部件长年累月的变化、寿命等原因而发生故障，为了防患于未然必须进行日常检查和定期检查。

加强巡检，改善变频器、电动机及线路的周边环境。检查接线端子是否紧固，保证各个电气回路的正确可靠连接，防止不必要的停机事故发生。

1. 变频器外观及接线检查

（1）检查变频器的安装空间与安装环境是否合乎要求，观察变频器的铭牌，看铭牌上的数据是否与驱动的电动机相适应。

（2）检查连接电缆直径、种类是否合适；主回路、控制回路以及其他电气连接有无松动；端子之间、外露导电部分是否有短路、接地现象。接地是否可靠。

2. 变频器日常检查项目

变频器日常检查，包括不停止变频器运行或不拆卸其盖板进行通电和启动试验，通过目测变频器的运行状况，确认有无异常情况，通常检查以下内容。

（1）键盘面板显示是否正常，有无缺少字符。仪表指示是否正确，是否有振动、振荡等现象。

（2）冷却风扇部分是否运转正常，是否有异常声音等。

（3）变频器及引出电缆是否有过热、变色、变形、异味、噪声、振动等异常情况。

（4）变频器周围环境是否符合标准规范，温度与湿度是否正常。

（5）变频器的散热器温度是否正常，电动机是否有过热、异味、噪声、振动等异常情况。

（6）变频器控制系统是否有集聚尘埃的情况。

1）检查散热器表面的积尘状况，如积尘较厚则用干燥的压缩空气吹扫。

2）检查印刷电路板的积尘状况，如有导电灰尘吸附可用干燥的压缩空气吹扫。

3）检查功率元件表面的积尘，如积尘过多则用干燥的压缩空气吹扫。

（7）变频器控制系统的各连接线及外围电器元件是否有松动等异常现象。

（8）检查变频器的进线电源是否异常，电源开关是否有电火花、缺相，引线压接螺栓是否松动，电压是否正常等。

3. 变频器定期检查项目

根据用户的使用情况，每3个月或1年应对变频器进行一次定期检查。定期检查须在变频器停止运行，切断电源，再打开机壳后进行。但必须注意，变频器即使切断了电源，主电路直流部分滤波电容器放电也需要时间，须待充电指示灯熄灭后，用万用表等确认直流电压已降到安全电压（DC25V以下），然后再进行检查。变频器在运行期间定期停机检查的项目见表7-1。

表 7-1 变 频 器 定 期 检 查

序号	定期检查项目	异常对策
1	输入、输出端子及铜排是否过热变色，变形。输入 R，S，T 与输出 U，V，W 端子座是否有损伤	更换端子
2	R，S，T 和 U，V，W 与铜排连接是否牢固	用螺钉旋具拧紧
3	主回路和控制回路端子绝缘是否满足要求	处理绝缘，使其达到要求
4	电力电缆和控制电缆有无损伤或老化变色	更换电缆
5	功率元器件、印制电路板、散热片等表面有无粉尘、油雾吸附，有无腐蚀及锈蚀现象	如有污损，用抹布沾上中性化学剂擦拭。如有粉尘，可用吸尘器吸去粉尘
6	检查滤波电容和印制板上电解电容有无鼓肚变形现象，有条件时可测定实际电容值	更换电容器
7	对长期不使用的变频器，应进行充电试验，使变频器主回路电解电容器的充放电特性得以恢复。充电时，应使用调压器慢慢升高变频器的输入电压直至额定电压，通电时间应在 2h 以上，可以不带负载。充电试验至少每年一次	定期充电试验
8	散热风机和滤波电容器属于变频器的损耗件，有定期强制更换的要求	定期更换
9	冷却风扇是否有异常声音、异常振动	更换冷却风扇

7.1.2 变频器的检测

1. 变频器试机方法

(1) 按电压等级要求，接上 R、S、T（或 L1、L2、L3）电源线（电动机暂不接，目的是检查变频器）。

(2) 合上电源，充电指示灯（CHAGER）亮，若稍后可听到机内接触器吸合声（整流部分半桥相控除外），这说明预充电控制电路、接触器等基本完好，整流桥工作基本正常。

(3) 检查面板是否点亮，以判断机内开关电源是否工作，接着检查监控显示是否正常，有无故障码显示；然后操作面板键盘检查面板功能是否正常。

(4) 观察机内有无异味、冒烟或异常响声，否则说明主电路或控制电路（包括开关电源）工作可能异常并伴有器件损坏。

(5) 检查机内冷却风扇是否运转，风量、风压以及轴承声音是否正常。注意有些机种需发出运行命令后才运转；也有的是变频器一上电风扇就运转，延时若干时间后如无运行命令，则自动停转，一直等到运行命令（RUN）发出后再运转。

(6) 对于新的变频器可将它置于面板控制，频率（或速度）先给定为 1Hz（或 1Hz 对应的速度值）左右，按下运行（RUN）命令键，若变频器不跳闸，说明变频器的逆变器模块无短路或失控现象。然后缓慢升频分别于 10、20、30、40Hz 直至额定值（如 50Hz），其间测量变频器不同频率时输出 U-V、U-W、V-W 端之间线电压是否正常，特别应注意三相输出电压是否对称，目的是确认 CPU 信号和 6 路驱动电路是否正常（一般磁电式万用表，应接入滤波器后才能准确测量 PWM 电压值）。

(7) 断开变频器电源，接上电动机连接线（通常情况下选用功率比变频器小的电动机即可，对于直接转矩控制的变频器应置于"标量"控制模式下，电动机接入前应检查并确认良好，最好为空载状态）。

(8) 重新送电开机并将变频器频率设置在 1Hz 左右，因为在低速情况下最能反映变频器的性能。观察电动机运转是否有力（对 U/f 比控制的变频器转矩值与电压提升量有关）、转矩是否脉动以及是否存在转速不均匀现象，否则说明变频器的控制性能不佳。

(9) 缓慢升频加速直至额定转速，然后缓慢降频减速。强调"缓慢"是因为变频器原始的加减速时间的设定值通常为缺省值，过快升频易致过电流动作发生；过快降频则易致过电压动作发生。在不希望去改变设定的情况下，可以通过单步操作加减键来实现"缓慢"加减速。

（10）加载至额定电流值（有条件时进行）。用钳型电流表分别测量电动机的三相电流值，该电流值应大小相等，最后用钳型电流表测量电动机电流的零序分量值（3 根导线一起放入钳内），正常情况下一台几十千瓦的电动机应为零点几安以下。其间观察电动机运转过程中是否平稳顺畅，有无异常振动、有无异常声音发出、有无过电流、短路等故障报警，以进一步判断变频器控制信号和逆变器功率器件工作是否正常。经验表明，观察电动机的运转情况常常是最直接、最有效的方法，一台不能平稳运转的电动机，其供电的变频器肯定是存在问题的。

通过以上检查后，即可确认变频器工作基本正常。

2. 变频器绝缘电阻的检测

变频器主电路、控制电路的绝缘试验出厂时已完成，因而用户应尽量不用绝缘电阻表测试。万不得已或使用较长时间需要用绝缘电阻表测试时，要按以下要领进行测试，若违反测试要领，则有可能损坏变频器。

进行绝缘电阻测试前，要确认所有开关都处于断开状态，保证通电后变频器不会异常启动或发生其他异常动作。特别需要检查是否有下述接线错误：输出端子（U、V、W）是否误接了电源线；制动单元用端子是否误接了制动单元放电电阻以外的导线；屏蔽线的屏蔽部分是否按使用说明书的规定正确连接。

（1）主电路绝缘电阻检测。测量变频器主电路绝缘电阻时，必须将所有输入端（R、S、T）和输出端（U、V、W）都连接起来后，再用 500V 绝缘电阻表测量绝缘电阻，其值应在 5MΩ 以上，如图 7-1 所示。

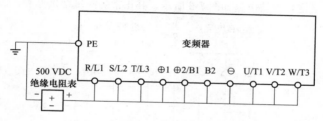

图 7-1 变频器主电路绝缘电阻检测

（2）控制电路绝缘电阻检测。变频器控制电路的绝缘电阻要用高阻量程万用表测量，不能用绝缘电阻表或其他有高电压的仪表测量。

1）全部卸开控制电路端子的外部连接。

2）进行对地之间电路测试，测量值若在 1MΩ 以上，则正常。

3）外部的主电路、时序控制电路。卸开变频器全部端子的连接，不要把测试电压加到变频器上。

3. 变频器的冷态测试

冷态测试是在不通电的状态下测量变频器主回路是否正常，主要就是检查主回路的整流模块、缓冲电阻、直流电抗器、滤波电容及逆变模块是否损坏。

（1）整流模块的检测。找到变频器内部直流电源的 P 端和 N 端，用指针式万用表 R×10 挡，红表笔接到 P，黑表笔分别接到 R、S、T，应该有大约几十欧的阻值，且基本平衡。相反，将黑表笔接到 P 端，红表笔依次接到 R、S、T，有一个接近于无穷大的阻值。将红表笔接到 N 端，重复以上步骤，都应得到相同结果。

整流模块也可以用数字万用表的二极管挡测试其好坏。

在测量时，如果出现阻值三相不平衡，说明整流桥故障。在红表笔接 P 端时，电阻值无穷大，可断定整流桥有故障或启动电阻出现故障。

整流桥故障现象有两种表现：一是整流模块中的整流二极管一个或多个损坏而开路，导致主回路直流电压下降，变频器输入缺相或直流低电压保护动作报警。二是整流模块中的整流二极管一个或多个损坏而短路，导致变频器输入电源短路，供电电源跳闸，变频器无法上电。

整流桥的故障原因及分析见表 7-2。

表 7-2 整流桥的故障原因及分析

故障原因	故障分析
因过电流而烧毁	直流母线内部放电短路、电容器击穿短路或逆变桥短路而引起整流模块烧毁。原因是当整流模块在瞬间流过短路电流后，在母线上会产生很高的电压和很大的电动力，继而在母线电场最不均匀且耐压强度最薄弱的地方产生放电引起新的相间或对壳放电短路。这种现象在裸露母线结构或母线集成在印制电路板的变频器中经常发生
因过电压而击穿	通常是由于电网电压浪涌引起，这个过电压会造成整流模块的击穿损坏；还有电动机再生所引起的直流过电压，或使用了制动单元但制动放电功能失效（例如制动单元损坏、放电电阻损坏），整流模块均有可能因电压击穿而损坏。输入电路中阻容吸收或压敏电阻有元件损坏，对于经常性出现电网浪涌电压或是由自备发电动机供电的地方，整流模块容易受到损坏
晶闸管异常	采用三相半控整流的晶闸管整流模块，模块出现异常情况时除了检查模块好坏外还应检查控制板触发脉冲是否正常；带开机限流晶闸管的整流模块，当模块的晶闸管不能正常工作时，除了检查晶闸管的好坏，还要检查脉冲控制信号是否正常

（2）逆变电路的检测。将红表笔接到 P 端，黑表笔分别接 U、V、W 上，应该有几十欧的阻值，且各相阻值基本相同，反向应该为无穷大。将黑表笔接到 N 端，重复以上步骤应得到相同结果，否则可确定逆变模块故障。

整流桥模块、逆变器模块电路如图 7-2 所示，其正常的测试结果见表 7-3。

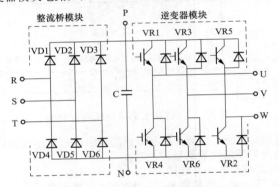

图 7-2 整流桥模块、逆变器模块电路

表 7-3 整流桥模块、逆变器模块测试结果

模块	测量参数	万用表极性 ⊕	万用表极性 ⊖	测量值
整流桥模块	VD1	R	P	不导通
		P	R	导通
	VD2	S	P	不导通
		P	S	导通
	VD3	T	R	不导通
		P	T	导通
	VD4	R	N	导通
		N	R	不导通
	VD5	S	N	导通
		N	S	不导通
	VD6	T	N	导通
		N	T	不导通

续表

模块 \ 测量参数		万用表极性		测量值
		$\oplus$	$\ominus$	
逆变器模块	VR1	U	P	导通
		P	U	导通
	VR3	V	P	导通
		P	V	导通
	VR5	W	P	导通
		P	W	导通
	VR4	U	N	导通
		N	U	导通
	VR6	V	N	导通
		N	V	导通
	VR2	W	N	导通
		N	W	导通

（3）逆变器 IGBT 模块检测。以德国 eupec25A/1200V 六相 IGBT 模块为例。将负载侧 U、V、W 相的导线拆除，使用二极管测试挡，红表笔接 P（集电极 C1），黑表笔依次测 U、V、W（发射极 E1），万用表显示数值为最大；将表笔反过来，黑表笔接 P，红表笔测 U、V、W，万用表显示数值为 400 左右。再将红表笔接 N（发射极 E2），黑表笔测 U、V、W，万用表显示数值为 400 左右；黑表笔接 N，红表笔测 U、V、W（集电极 C2），万用表显示数值为最大。各相之间的正反向特性应相同，若出现差别说明 IGBT 模块性能变差，应予更换。

红、黑两表笔分别测栅极 G 与发射极 E 之间的正反向特性，万用表两次所测的数值都为最大，这时可判定 IGBT 模块门极正常。如果有数值显示，则门极性能变差，此模块应更换。当正反向测试结果为零时，说明所检测的一相门极已被击穿短路。门极损坏时电路板保护门极的稳压管也将击穿损坏。

对于缓冲电阻、直流电抗器、滤波电容等器件的检测方法，相对来说比较简单，这里不予介绍。

（4）晶闸管极性及好坏的检测。选择指针万用表 $R \times 100\Omega$ 或 $R \times 1k\Omega$ 挡，分别测量晶闸管的任两个极之间的正反向电阻，其中一极与其他两极之间的正反向电阻均为无穷大，则判定该极为阳极（A）。

选择指针万用表的 $R \times 1\Omega$ 挡，黑表笔接晶闸管的阳极（A），红表笔接晶闸管的其中一极假设为阴极（K），另一极为控制极（G）。黑表笔不要离开阳极（A）同时触击控制极（G），若万用表指针偏转并停止在一定位置，则判定晶闸管的假设极性阴极（K）和控制极（G）是正确的，且该晶闸管元件为好的晶闸管。若万用表指针不偏转，颠倒晶闸管的假设极性再测量。若万用表指针偏转并停止在一定位置，则晶闸管的第二次假设极性为正确的，该晶闸管为好的晶闸管。否则为坏的晶闸管。

4. 变频器的热态测试

所谓热态测试，即在检查变频器主回路电路正常的情况下，对变频器进行上电测试。在上电前必须注意以下几点。

（1）上电前必须确认电源输入电压与变频器电压等级相符合，若将 380V 电压接入 220V 电压等级的变频器中将会出现炸机事故（炸电解电容、压敏电阻、整流模块等）。

（2）检查变频器各接插口是否正确连接，连接异常或者松动时可能导致变频器故障，如驱动线未插紧或插错位会导致模块损坏，在检查时应重点检查该部分线路。

（3）上电后查看直流母线电压（530V 左右）显示是否正常，有无故障显示。有故障显示则初步判断故障原因并做相应维修处理；如未显示故障，查看故障记录和运行时间，再进行空载运行，查看其输出电压是否正常，三相输出是否平衡。空载运行测试其参数都正常后，则可进行带负载测试，测试的主要指标有三相输出电压，输出电流大小是否正常，三相是否平衡，过载能力是否正常等。

7.1.3 变频器易损件的更换

变频器的易损件指变频器运行过程中其性能容易降低或老化，造成变频器不能正常运行的器件。例如，滤波电容器、冷却风扇、大功率电阻等。这些易损件的更换周期与变频器运行时间、运行条件、易损件的质量等有关。

1. 更换冷却风扇

变频器主回路中的半导体器件靠冷却风扇强制散热，以保证其工作在允许的温度范围内。冷却风扇累计运行时间超过20000h或发出异常噪声或异常振动，则应更换新的风扇，如图7-3所示。

由于各型变频器的外形结构不同，冷却风扇所安装的位置也有所不同。更换冷却风扇时，根据情况应尽量不拆下变频器；安装风扇时，保证中间插件可靠连接，并使风扇的风向正确。

（1）打开控制柜，把变频器下面盖取下，用螺丝刀把 R，S，T，U，V，W 上的主回路线拆掉，如图7-4所示。

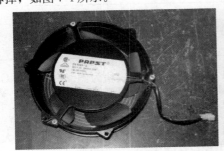

图7-3 变频器冷却风扇　　　　图7-4 拆掉主回路线

（2）由于变频器上箱和下箱是卡在一起的，这时可用螺丝刀撬一下卡扣，即可把上、下箱分离，如图7-5所示。

图7-5 把上、下箱分离开

（3）拔掉上、下箱之间的连接线（在变频器的上端），取走上箱，如图7-6所示。

图7-6 拔掉上、下箱之间的连接线

（4）把下箱的固定螺丝（4 个角）拆下，即能取出下箱，如图 7-7 所示。

图 7-7　取出下箱

（5）把下箱底部的 4 个螺丝拆下，里面的板子就可以拿出来。此时就看到冷却风扇，即可更换。

（6）风扇更换后，就可以把机器装回下箱，先把下箱的 4 个固定螺丝拧紧，再把下箱装回控制箱固定好，再把连接线插好，然后把上箱装上卡好，最后把 R，S，T，U，V，W 处线接好，即风扇更换完成。

2. 更换滤波电容器

在一般情况下，变频器的滤波电解电容器使用周期大约为 5 年（见图 7-8）。电解电容器具有下列情形之一的，必须进行更换。外壳明显出现鼓胀（俗称"胀肚"），底面出现膨胀；电容器的封口板有明显的弯曲，两极端出现裂痕；电容器的防爆阀（俗称"保险阀"）有膨胀的痕迹，则认为防爆阀已经动作，不可再使用，必须更换；其他原因，如包装有裂痕、变色、漏液；测量电容器的容量到达标称值的 85% 以下，就应该进行更换，可用电容器容量表测量。

图 7-8　变频器中的电容器

变频器电容器损坏的原因主要有：电容器本身质量不好（漏电流大、损耗大、耐压不足、含有氯离子等杂质、结构不好、寿命短）；滤波前的整流桥损坏，有交流电直接进入了电容；分压电阻损坏，分压不均造成某电容首先击穿，随后发生相关其他电容也击穿；电容器安装不良，如外包绝缘损坏，外壳连到了不应有的电位上，电气连接处和焊接处不良，造成接触不良发热而损坏；散热环境不好，使电容温升太高，日久而损坏。

（1）更换滤波电解电容器最好选择与原来相同的型号，在一时不能获得相同的型号时，必须注意以下几点：耐压、漏电流、容量、外形尺寸、极性、安装方式应相同，并选用能承受较大纹波电流，长寿命的品种。

（2）更换拆装过程中注意电气连接（螺钉连接和焊接）牢固可靠，正、负极不得接错，固定用卡箍要能牢固固定，并不得损坏电容器外绝缘包皮，分压电阻照原样接好，并测量一下电阻值，应使分压均匀。

（3）已放置一年以上的电解电容器，应测量漏电流值，不得太大，装上前先行加直流电老化。

（4）因电容器的尺寸不合适，而修理替换的电容器只能装在其他位置时，必须注意从逆变模块到电容的母线不能比原来的母线长，两根＋、－母线包围的面积必须尽量小，最好用双绞线方式。这是因为电容连接母线延长或＋、－母线包围面积大会造成母线电感增加，引起功率模块上的脉冲过电压上升，造成损坏功率模块或过电压吸收器件损坏。在不得已的情况下，另将高频高压的浪涌吸收电容器用短线加装到逆变模块上，帮助吸收母线的过电压，弥补因电容器连接母线延长带来的危害。

【特别提醒】

对于保存时间在超过 3 年以上的电容器，在更换使用前应按下面步骤做老化处理。

（1）先加上电容器额定电压的 80％ 的电压，在常温下保持 1h。

（2）再升到额定电压的 90％，常温下保持 1h。

（3）最后加额定电压，在常温下保持 5h 以上进行老化处理。

3. 继电器、接触器和熔断器的更换

（1）继电器、接触器的更换。继电器、接触器的使用寿用与累计的动作次数、通过触点的电流等有关；因机械部件松动造成接触不良也是更换的原因。通过检查触点的状态、机械部件的状态发现问题并更换。更换后要试运行，应反复使接触器、继电器动作，观察触点接触情况，观察保护动作功能。满负载运行半小时应正常。

（2）熔断器的更换。熔断器用来对变频器进行过流保护。熔断器的额定电流应大于负载电流，在正常使用条件下其使用寿命约为 10 年，可按此时间更换。

4. 大功率电阻的更换

大功率电阻一般是水泥电阻，主要用于作为充电电阻等。更换原因是过流烧毁。一般应检查有关线路，找到直接原因，如充电接触器或继电器的故障，解决这些故障后再进行更换。更换时注意事项如下。

（1）可选用电阻阻值稍大些的大功率电阻，虽然充电时间会增加，但可降低电流。

（2）更换大功率电阻后要进行试运转，采用上电、停电重复 3 次，检查停电后送电的时间间隔，然后满负载运行半小时应正常。

5. 功率器件模块的更换

功率器件模块用于整流和逆变电路。更换原因是功率器件模块的过压、过流、过热，造成器件模块损坏。一般都由于其他元器件损坏而连锁造成损坏。例如，均压电阻损坏、驱动电路故障等造成。因此，在更换前应先找出故障源，然后进行更换。更换时注意事项如下。

（1）整流模块的更换主要由电网电压、雷击浪涌电压或内部短路造成。应先处理这些故障，然后再更换整流模块。因此，更换整流模块前应检测供电电压、现场有否其他电气设备，如电焊机等造成对电网污染。也应检查内部是否有短路情况，及时处理后才可更换。

（2）逆变功率模块的更换通常是 IGBT 模块的更换。主要是驱动电路故障、负载短路、有冲击电流、滤波电容老化等。先处理这些故障，然后更换逆变功率模块。

（3）上电无显示时，故障原因可能是开关电源损坏或原充电电路损坏造成直流电路无直流电压。例如，启动电阻损坏、面板电路损坏等。

（4）上电后显示过电压或欠电压，通常是缺相、电路老化、电路板绝缘性能下降等，需要更换损坏的器件后，才能更换逆变功率模块。

（5）上电后显示过电流或接地短路，可能的原因是电流检测电路损坏。

（6）启动后显示过电流一般是驱动电路、逆变模块损坏。

（7）空载输出电压正常，带载后显示过载或过流，可能是变频器参数设置不当、驱动电路老化等。

（8）更换时应选用原型号正品原装产品，其规格应与原产品保持一致。

（9）更换后需试运行，一般满负载下运行半小时后应正常。

6. 控制面板的更换

液晶显示面板用于显示操作数据，接收操作人员的手动操作指令。因使用时间长或局部受压，显示出现缺失，或按键使用不当，部分按键接触不良，使操作指令不被执行。当影响到操作过程时，应更换控制面板。更换时注意以下事项。

（1）消除不当操作，如用身体靠在变频器面板上造成液晶面受压损坏等。应建立规章制度。
（2）选用原装正品液晶面板，更换时不要使面板受压。
（3）接插用印刷线路板宜细心安装，防止折断损坏。
（4）更换后需送电检查显示字符、数据的正确性和按键的操作指令执行情况。

7. 变频器外壳和结构件的更换

变频器外壳和结构件用于保护设备。它们由于老化、受到外力或安装受力不当，如拆装时跌落、螺栓旋得过紧等造成损坏而需要更换。当它们影响不大时，可用一些简单加固措施；当影响正常运行或安全运行时，应更换有关部件。更换时注意事项如下。

（1）更换原装备件。更换件与原产品有一致的规格和性能。
（2）用合适紧固力和力矩固定有关器件，接线要正确。
（3）更换后需送电检查，满负载运行半小时后应正常。

7.2 变频器的故障诊断

7.2.1 变频器故障诊断的环节及原则

1. 变频器故障诊断的基本环节

所谓变频器的"故障诊断"，简单地说就是查找变频器的故障元器件。一般是把整个电路看成一个整体，通过一系列的检查、分析、测试、判断，查找出故障的元器件。

变频器故障诊断的基本环节包括检查、分析、检测、判断。实际上，检查的目的是为分析奠定基础，而分析的目的就是要做出判断，因此也可以认为故障诊断包括检查、分析和检测 3 个基本环节。故障诊断的过程是一个检查、分析与检测交错进行、循环往复、逐次逼近故障点的过程，故障诊断流程图如图 7-9 所示。

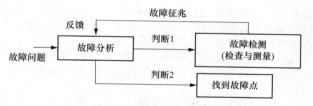

图 7-9 故障诊断流程图

在变频器故障诊断过程中，少数电子电气元器件的故障情况，仅凭借外观检查就可以发现，如断路或短路、熔断器熔断、电解电容器爆裂等。在实际故障诊断工作中，经常也有通过"直观法"解决故障诊断问题。但是，这种情况带有偶然性，不具备故障分析的普遍意义。

变频器故障诊断是一门综合性科学，涉及多方面的知识和技术，除了要掌握变频器组成的基本原理、电工电子学知识、元器件特性外，还涉及电子测量技术。更重要的是，变频器故障诊断实际上是一个分析过程，具有一系列独特的思维方法，该方法以系统科学和逻辑学为基础，具有自身的规律性和系统性。

变频器故障诊断是一个从已知探寻未知的过程，因此也是一个科学研究的过程。它始于已知的故障现象，止于找到未知的故障部位（故障点），整个过程一般需要经过收集信息、分析研究、推理判断、参数测试、实测验证等环节。因此，掌握变频器故障诊断方法，并且经常进行各种变频器的故障诊断实践工作，其价值不仅是修复了几台变频器，更重要的是能够提高自身的思维能力，学会观察、分析、判断的科学方法，培养良好的思维习惯和百折不挠的探索精神。

2. 变频器故障诊断的原则

变频器故障的检查、分析与诊断的过程也就是故障的排除过程，一旦查明了原因，故障也就几乎等于排除了。因此，故障分析诊断的方法也就变得十分重要。故障的检查与分析是排除故障的第一阶段，是非常关键的阶段，应坚持以下原则。

（1）熟悉电路原理，确定检修方案。当变频器发生故障时，不要急于动手拆卸，首先要了解该变频器产生故障的现象、经过、范围、原因。熟悉该变频器构成的基本工作原理，分析各个具体电路，弄清电路中各级之间的相互联系以及信号在电路中的来龙去脉，结合实际经验，经过周密思考，确定一个科学的检修方案。并要向现场操作人员了解故障发生前后的情况，如故障发生前是否过载、频繁启动和停止；故障发生时是否有异常声音和振动，有没有冒烟、冒火等现象。

（2）先分析思考，后着手检修。对故障变频器的维修，首先要询问产生故障的前后经过以及故障现象，根据用户提供的情况和线索，再认真地对电路进行分析研究，弄通弄懂变频器电路原理和元器件的作用，做到心中有数，有的放矢（这一点对初学者尤其重要）。

现场处理变频器故障时，首先应要求操作者尽量保持现场故障状态，不做任何处理，这样有利于迅速精确地分析出故障原因。同时仔细询问故障指示情况、故障现象及故障产生的背景情况，依此做出初步判断，以便确定在现场排除故障的方案。

根据已知的故障状况分析故障类型，对照变频器配套的诊断手册和使用说明书，可以列出可能产生该故障的多种原因。对多种可能的原因进行排查，从中找出本次故障的真正原因。有的故障排除方法可能很简单，有些故障排除方法则往往较复杂，需要做一系列的准备工作，如工具仪表的准备、局部的拆卸、零部件的修理、元器件的采购，甚至排除故障步骤的制定等。

在准备拆机前，可先检查电源端电压是否正常，接着可检查变频器面板的按键和各旋钮是否正常，有无明显的迟钝无力现象。最后应记录变频器的型号、使用年限、环境条件等。拆卸前要充分熟悉每个电气部件的功能、位置、连接方式以及与周围其他器件的关系，在没有组装图的情况下，应一边拆卸，一边画草图，并记上标记。

（3）先外部后内部。先检查变频器有无明显裂痕、缺损，了解其维修史、使用年限等，并应先检查变频器的外围电路及电气元器件，特别是变频器外部的一些开关、旋钮位置是否得当，外部的引线、插座有无断路、短路现象等。只有在排除外部设备、连线故障等原因之后再着手进行内部的检修，才能避免不必要的拆卸。拆开变频器外壳后，仔细检查内部元器件有无损伤、击穿、烧焦、变色等明显的故障，其次可重点检查元器件有无脱离、虚焊、机内连线是否松动。

在进行电路板检测时，如果条件允许，最好采用一块与待修板一样的好的电路板作为参照，然后使用测量仪表检测相关参数对两块板进行对比，开始的对比测试点可以从电路板的端口开始，然后由表及里进行检测对比，以判断故障部位。

（4）先机械后电气。在变频调速系统出现故障时，只有在确定机械部分无故障后，再进行电气方面的检查。应当先检查机械部分的完好性，再检查电子电路及机电一体的结合部分，往往会收到事半功倍的效果。

（5）先简单后复杂。检修故障要先用最简单易行、自己熟练的方法去处理，再用复杂、精确的方法。排除故障时，先排除直观、显而易见、简单常见的故障，后排除难度较高、没有处理过的疑难故障。变频器经常容易产生相同类型的故障，即"通病"。由于"通病"比较常见，积累的经验较丰富，因此可快速排除，这样就可以集中精力和时间排除比较少见、难度高的疑难故障，简化步骤，缩小范围，提高了检修速度。

（6）先静态后动态。所谓静态检查，就是在变频器未通电之前进行的检查。当确认静态检查无误时，方可通电进行动态检查。若发现冒烟、闪烁等异常情况，应迅速关机，重新进行静态检查。这样可避免在情况不明时就给变频器加电，造成不应有的损坏。

就目前维修中所采用的测量仪器仪表而言，只能对电路板上的器件进行功能在线测试和静态特征分析，发生故障的电路板是否最终完全修复好，必须要装回原单元电路上检验才行。为使这种检验过程取得正确结果，以判断更换了电气电子元器件的电路板是否修理好，这时最好先检查变频器的辅助电源是否按要求正确供给到相关电路板上，以及电路板上的各接口插件是否可靠插好。并要排除电路板外围电路的不正常带来的影响，才能正确地指导维修工作。

（7）先清洁后维修。对污染较重的变频器，先要对其面板按键、接线端、接触点进行清洁，检查外部控制键是否失灵。在检查变频器内部时，应着重检查变频器内部是否清洁，如果发现变频器内各组件、引线、走线之间有尘土、污物、蛛网或多余焊锡、焊油等，应先加以清除，再进行检修。实践表明，许多故障都是由于脏污引起的，一经清洁故障往往会自动消失。

（8）先电源电路后功能电路。根据经验，电源电路元器件的质量或外部因素而引起的故障，一般占常见故障的 50% 左右。在变频器维修时，应按照先检修主电路电源部分、控制电源部分，再检修控制电路部分，最后显示部分的顺序。因为电源是变频器各部分能正常工作的能量之源，而控制电路又是变频器能正常工作的基础。

（9）先普遍后特殊。在没有了解清楚变频器故障部位的情况下，不要对变频器内的一些可调元器件进行盲目的调整，以免人为地将故障复杂化。遇到机内熔断器熔体或限流电阻等保护电路元器件被击穿或烧毁时，要先认真检查其周围电路是否有问题，在确认没问题后，再将其更换恢复供电。变频器的特殊故障多为软故障，要靠经验和仪表来测量和维修。根据变频器的共同特点，先排除带有普遍性和规律性的常见故障，然后再去检查特殊的电路，包括一些特殊的元器件。

（10）先外围后更换。在检测集成电路各引脚电压有异常时，不要先急于更换集成电路，而应先检查其外围电路，在确认外围电路正常时，再考虑更换集成电路。若不检查外围电路，一味更换集成电路，只能造成不必要的损失，且现在的集成电路引脚较多，稍不注意便会损坏。从维修实践可知，集成电路外围电路的故障率远高于集成电路。

（11）先排除故障后调试。在检修中应当先排除电路故障，然后再进行调试。因为调试必须在电路正常的前提下才能进行。当然，有的故障是由于调试不当而造成的，这时只需直接调试即可恢复正常。

（12）先直流后交流。检修时，对于电子电路的检查，必须先检测直流回路静态工作点，再检测交流回路动态工作点。这里的直流和交流是指电子电路各级的直流回路和交流回路。这两个回路是相辅相成的，只有在直流回路正常的前提下，交流回路才能正常工作。

（13）先不通电测量，后通电测试。首先在不通电的情况下，对变频器进行静态检查，在正常情况下，再通电对变频器进行检查。若立即通电，可能会人为地扩大故障范围，烧毁更多的元器件，造成不应有的损失。因此，在故障变频器通电前，先进行静态检查，采取必要的措施后，方能通电检修。

（14）先公用电路，后专用电路。变频器的公用电路出现故障，其能量、信息就无法传送，各专用电路的功能、性能就不起作用。如一台变频器的电源出故障，整个系统就无法正常工作，向各种专用电路传递的能量、信息就不可能实现。

7.2.2 变频器故障诊断的步骤及手段

1. 变频器故障诊断的基本步骤

第一步，询问用户，了解变频器的故障现象，包括故障发生前后外部环境的变化。例如，电源的异常波动、负载的变化。

第二步，根据用户的故障描述，分析可能造成此类故障的原因。

第三步，打开被维修的设备，确认被损坏的程序，分析维修恢复的可行性。

第四步，根据被损坏器件的工作位置，通过阅读电路，分析电路工作原理，从中找出损坏器件的原因，以及一些相关的电子电路。

第五步，寻找相关的器件进行替换。

第六步，在确定所有可能造成故障，所有原因都排除的情况下，通电进行实验，在做这一步的时候，一般要求所有的外部条件都具备，并且不会引起故障的进一步扩大化。

第七步，在设备工作正常的情况下，就可以进入系统测试的程序。

2. 变频器故障诊断手段

变频器维修中常用的 10 个故障诊断手段见表 7-4。

表 7-4 变频器故障诊断手段

诊断手段	操作说明
看	看故障现象，看故障原因点，看整块单板和整台机器
量	用万用表测量怀疑的器件，虚焊点，连锡点
测	测波形，上工装测单板
听	继电器吸合的声音，电感、变压器、接触器有无啸叫声
摸	摸 IC、MOS 管、变压器是否过热
断	断开信号连线（断开印制线或某些元器件的管脚）
短	把某一控制信号短接到另一点
压	由于板件虚焊或连接件松动，用手压紧后故障可能会消失
敲	此办法对判断继电器是否动作有较好效果
放	在拆卸单板或测量电阻阻值前要先把电容的电放掉

7.2.3 变频器故障诊断与检修的程序

1. 一般程序

在检修变频器过程中，最花时间的是故障判断和找出失效的元器件，故障部位和失效元器件找到后，修理和更换元器件实际上并没有太大的困难。因此，掌握维修技术就要首先学会故障检查、分析、判断方法，并掌握一些技巧。变频器检修的一般程序如下。

(1) 观察和调查故障现象。变频器故障现象是多种多样的，例如，同一类故障可能有不同的故障现象，不同类故障可能有同种故障现象，这种故障现象的同一性和多样性，给查找故障带来了困难。但是，故障现象是检修变频器故障的基本依据，是变频器故障检修的起点，因而要对故障现象进行仔细观察、分析，找出故障现象中最主要的、最典型的方面，搞清故障发生的时间、地点、环境等。

(2) 了解故障。在着手检修发生故障的变频器前除应询问、了解该变频器损坏前后的情况外，尤其要了解故障发生瞬间的现象。例如，是否发生过冒烟、异常响声、振动等情况，还要查询有无他人拆卸检修过而造成"人为故障"。

(3) 试用待修变频器。对于发生故障的变频器要通过试听、试看、试用等方式，加深对变频器故障的了解。检修顺序为：外观检查、电源引线的检查和测量，无异常后，接通电源，按动各相应的开关，调节有关旋钮，同时仔细听声音和观察变频器有无异常现象，再根据掌握的信息进行分析，判断可能引起故障的部位。

(4) 分析故障原因。根据实地了解的各种表面现象，设法找到故障变频器的电路原理图及印制电路板布线图。若实在找不到该机型的相关资料，也可以借鉴类似机型的电路，灵活运用以往的维修经验，并根据故障机型的特点加以综合分析，查明故障的原因。

(5) 初步缩小故障范围。根据故障现象分析故障原因是变频器故障检修的关键，分析的基础是电工电子基本理论与变频器故障实际的结合。某一变频器故障产生的原因可能很多，重要的是在众多原因中找出最主要的原因。对各单元电路在变频器中所担负的特有功能了解得越透彻，就越能减少检修中的盲目性，从而极大地提高检修的工作效率。

(6) 确定故障的部位。确定故障部位是变频器故障检修的最终目的和结果，确定故障部位可理解成确定变频器故障点，如短路点、损坏的元器件等，也可理解成确定某些运行参数的变异，如电压波动、三相不平衡等。确定故障部位是在对故障现象进行周密的考察和细致分析的基础上进行的。在这一过程中，往往要采用多种手段和方法。

(7) 故障点的查找。对照变频器电路原理图和印制电路板布线图，在分析变频器工作原理并在维修思路中形成可疑的故障点后，即应在印制电路板上找到其相应的位置，运用检测仪表进行在路或不在路测试，将所测数据与正常数据进行比较，进而分析并逐渐缩小故障范围，最后找出故障点。

(8) 故障的排除。找到故障点后，应根据失效元器件或其他异常情况的特点采取合理的维修措施。例如，对于脱焊或虚焊，可重新焊好；对于元器件失效，则应更换合格的同型号规格的元器件；对于短路性故障，则应找出短路原因后对症排除。

(9) 还原调试。更换元器件后要对变频器进行全面或局部调试，因为即使替换的元器件型号相同，也会因工作条件或某些参数不完全相同而导致性能上的差异，有些元器件本身则必须进行调整。如果大致符合原参数，即可通电进行调试，若变频器工作全面恢复正常，则说明故障已排除；否则应重新调试，直至变频器完全恢复正常为止。

2. 常见故障诊断流程

变频器的故障大致可分为两大类，一类是变频器本身电路故障，另一类是参数设置不当或选型不当等外部原因导致报故障。下面以英威腾（invt）公司的 CH 系列变频器为例介绍常见故障的诊断流程。

(1) 整流桥损坏诊断流程。

1) 18.5kW 以下的变频器，整流桥和逆变模块是集成在一块功率模块上的，整流桥损坏的同时逆变部分也极有可能损坏，同时还可能殃及开关电源电路、驱动电路。因此在维修的时候应该将模块取下来后，检查驱动电源板是否正常，在现场修机时，应该将驱动板与模块一起更换。

整流桥损坏时，一般开关电源部分常坏的元件有开关管 K2225（K2717），缓冲电阻及开关电源的一些小贴片电阻。

2）18.5kW 以上的变频器，晶闸管或整流桥与逆变模块、驱动电源板是分离，因此整流桥损坏一般只需更换晶闸管或整流桥即可。此时，一定要检查接触器是否有击穿或者卡死现象。

整流桥损坏诊断流程如图 7-10 所示。

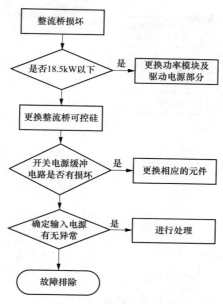

图 7-10　整流桥损坏诊断流程

（2）逆变器损坏诊断流程。

1）逆变模块损坏通常会报 OUT1，OUT2，OUT3 等故障，其分别对应逆变模块 U、V、W 相故障，有时也会报 SPO。

2）测量逆变部分，更换损坏的逆变模块。

3）测量驱动板上驱动波形是否正常，如不正常则将驱动板一起更换，更换之后测量主回路电路正常后还不能立即上电测试，应该脱开马达连接电缆。在确定无任何故障的情况下，运行变频器。

4）确定控制板保护电路是否异常，如有异常应更换。

逆变器损坏的诊断流程如图 7-11 所示。

（3）变频器上电无显示诊断流程。

1）检查各板间连线是否有松动，键盘口是否有粉尘或腐蚀，重新连线。

2）更换键盘，确认是否键盘损坏，如有，更换键盘。

3）检查缓冲电阻是否有烧坏，如有，更换缓冲电阻。

4）检查开关电源输出电压是否正常，如不正常更换开关电源板。

变频器上电无显示检修流程如图 7-12 所示。

（4）P. OFF 故障诊断流程。

1）先测量输入主回路电压及直流母线电压是否太低，380V 的输入电压一般直流母线电压在 350V 以下；220V 的输入的直流母线电压一般在 180V 以下才会跳此故障。

2）确定控制板母线电压检测部分有无问题，如有问题更换控制板。

3）如果电压都正常，说明此故障来自缺相检测电路，用万用表测量输入缺相检测电路 D1、D2、D3 二极管及 51kΩ 贴片电阻是否烧坏；51kΩ 直流母线检测电阻烧坏也会出现 P. OFF 故障。

4）如果出现 P. OFF 故障，可先把 Pb.00 设为 0，看是否出现此故障，如果没有就可确定非电压过低造成。有可能输入电压缺相不平衡或缺相检测线路出现故障，如果检测电路故障把 Pb.00 设为 0 机器可正常工作，CHE 变频器没有此项功能。

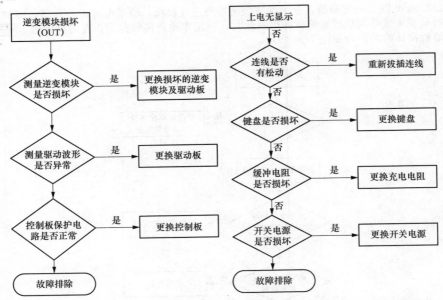

图 7-11 逆变器损坏的诊断流程   图 7-12 变频器上电无显示检修流程

P. OFF 故障诊断流程如图 7-13 所示。

(5) 电流检测 ITE 故障诊断流程。

1) 检查控制板排线是否松动，如松动，请重新拔插排线。

2) 测量开关电源＋5V，±15V 电源是否正常，如不正常更换开关电源板。

3) 检查霍尔或电流整定电路是否正常，如不正常更换霍尔板或驱动板。

4) 检查控制板上电流检测部分是否正常，如不正常请更换控制板。

电流检测 ITE 故障诊断流程如图 7-14 所示。

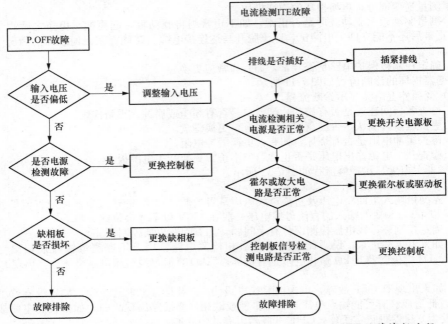

图 7-13 P. OFF 故障诊断流程   图 7-14 电流检测 ITE 故障诊断流程

（6）输入缺相 SPI 故障诊断流程。

1）检查输入电源是否有缺相，如有，请调整电源使三相电源平衡。

2）短接驱动板上的 PL 点，如故障未解除，更换驱动板。

3）设置 PL＝0，看故障是否解除，如不解除请检查排线。

4）如故障解除，请更换控制板。

输入缺相 SPI 诊断流程如图 7-15 所示。

（7）输出缺相 SPO 故障诊断流程。

1）检查变频器内部接线是否有松动，重新拔插各连接线。

2）测量逆变模块是否有损坏，如有请更换相应的模块，一般来说应驱动板一起更换。

3）检查输出线路、负载是否有短路，如有请排除。

4）确认输出线路是否过长，一般不超过 10m，过长的输出线路请加装电抗器或者滤波器。

5）检查驱动板，控制板信号部分是否正常，如不正常更换相应的电路板。

输出缺相 SPO 诊断流程如图 7-16 所示。

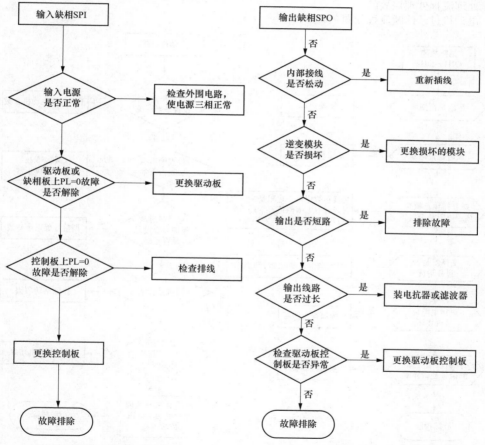

图 7-15　输入缺相 SPI 诊断流程　　　　　　图 7-16　输出缺相 SPO 诊断流程

（8）变频器过热 OH1、OH2 故障诊断流程。

1）检查变频器风扇是否有卡住或损坏，如有请排除或更换风扇。

2）查看变频器散热风道是否有堵塞，如有请清理风道。

3）检查热敏电阻阻止是否正常，如不正常请更换新热敏电阻。

4）注意观察变频器是否长时间过载运行，长时间过载运行会增加功率模块热耗，解决方法见变频器 OL2 过载处理流程。

5）检查风扇电源板是否烧坏，如有损坏更换新的风扇电源板。

6）检查控制板上温度检测信号是否异常，如异常更换控制板。

变频器过热 OH1、OH2 故障诊断流程如图 7-17 所示。

（9）电动机过载故障诊断流程。

1）检查电动机额定参数设置是否正确，不正确请重新设置。

2）检查频率在 50Hz 时变频器输出电压是否为 380V，如不是，应调整电动机空载电流至输出在 380V 为正常。

3）查看电动机保护参数设置是否正确。（CHF：Pb. 02，Pb. 03；CHE：Pb. 00，Pb. 01；CHV：Pb. 02Pb. 03），正确设置保护参数。

4）查看电动机是否有堵转，如有堵转设法排除。

5）查看键盘显示电流是否和实际测量电流一致，如一致，说明电动机选型偏小，应更换更大功率电动机。

6）如键盘显示电流和实际电流不一致，则表明变频器电流检测部分有故障，可参照 OC 故障处理流程处理该故障。

电动机过载诊断流程如图 7-18 所示。

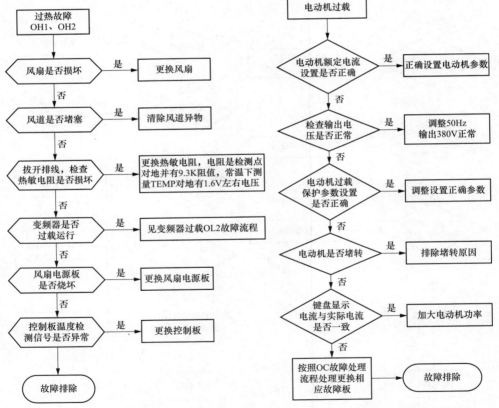

图 7-17　变频器过热 OH1、OH2 故障诊断流程　　　图 7-18　电动机过载诊断流程

（10）变频器过载故障诊断流程。

1）确定是否对运行中的电动机实施再启动，如有，可考虑让电动机停稳后再启动或设置转速追踪有效。

2）查看变频器加速时间是否太短，在工艺允许的情况下延长加速时间。最佳方法是更换更大功率变频器。

3）检查输出电压在 50Hz 时是否偏低，可调整电动机空载电流使输出电压达到 380V。

4）查看键盘显示电流和实际是否一致，如是一致建议用户更换更大功率变频器。

5）查看变频器机型设置是否正确，是否对应所带负载类型，如不正确需重新设置机型。

6）如果电流，机型都正确，需检查驱动板或者控制有无异常，按照 OC 故障流程处理。

变频器过载故障诊断流程如图 7-19 所示。

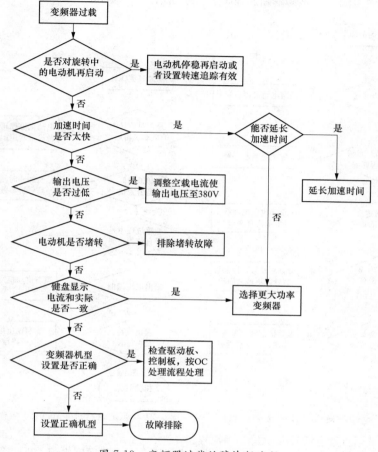

图 7-19　变频器过载故障诊断流程

（11）电动机自学习故障诊断流程。

1）检查自学习前有无接通电动机，确保电动机已和变频器正确连接。

2）查看电动机容量和变频器容量是否匹配，如变频器容量过小，应更换和电动机容量匹配的变频器。

3）查看电动机额定参数设置是否正确，确保学习前已正确设置电动机额定参数。

4）检查自学习时变频器 U、V、W 端有无电流输出，如没有电流需检查驱动板和控制板有无异常，如有，更换相应的故障板。

5）检查变频器自学习后自学习所得的参数是否和实际偏差太大，可进行多次学习，取比较接近的参数。

电动机自学习故障诊断流程如图 7-20 所示。

（12）加速运行过电流 OC1 故障诊断流程。

1）确定是否对运行中的电动机实施再启动，如有，可让电动机停稳后再启动或者设置转速追踪有效。

2）查看变频器加速时间是否太短，在工艺允许的情况下可延长加速时间，或更换更大功率的变频器。

3）确认变频器在加速中负载是否发生突变，如是，可提高保护值或延长加速时间。

4）检查输出电压在 50Hz 时是否偏低，可调整电动机空载电流使输出电压达到 380V。

5）检查输出线路是否过长，一般超过 10m 需加装输出电抗器或滤波器。

加速运行过电流 OC1 故障诊断流程如图 7-21 所示。

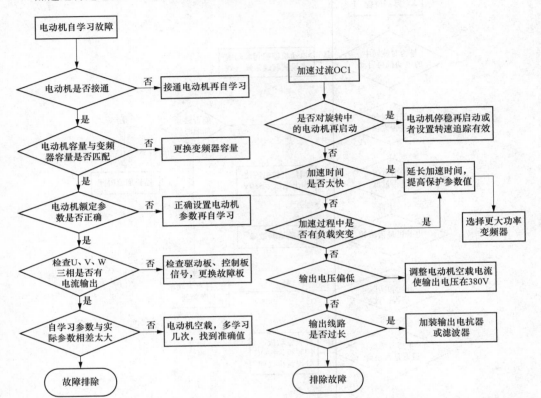

图 7-20　电动机自学习故障诊断流程　　图 7-21　加速运行过电流 OC1 故障诊断流程

（13）减速运行过电流 OC2 故障诊断流程。

1）查看电动机自学习参数中电动机空载电流能否在电动机额定电流 60% 以下，如偏差较大，可重新自学习。

2）查看变频器减速时间，负载转动惯量是否过大，负载在减速过程中是否有突变的情况，任意一项都可以延长减速时间。此时，可调整 Pb 保护参数组（CHF：Pb.10＝0，Pb.09 设小点；CHE：将 Pb.06，Pb.07 设小点；CHV：Pb.11＝1，Pb.12 设小点，Pb.13 设在 10Hz 以下）。

3）如调整参数仍不能解决可判定变频器选型功率偏小，建议可以更换更大功率的变频器。

减速运行过电流 OC2 故障诊断流程如图 7-22 所示。

（14）恒速过电流 OC3 故障诊断过程

1）检查变频器参数设置是否正确，或电动机自学习参数是否正确，不正确请按实际情况更改正确的参数。

2）检查变频器输出回路有无漏电，如有漏电应排除。确定变频器输出线路小于 50m，如果输出线路过长，应加装输出电抗器或者输出滤波器。

3）确定变频器在恒速运行中，负载是否有发生突变，调整参数使限流保护有效（CHF：Pb.10＝0，；CHV：Pb.11＝1；CHE 调整 Pb.06）。

恒速过电流 OC3 故障诊断流程如图 7-23 所示。

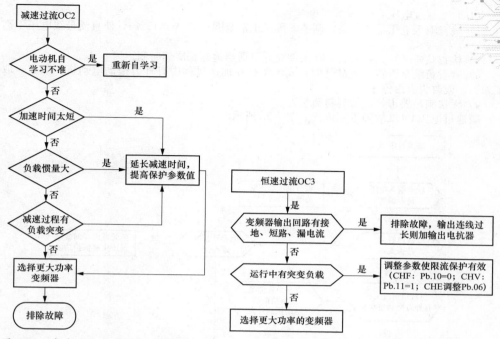

图 7-22　减速过电流 OC2 故障诊断流程

图 7-23　恒速过电流 OC3 故障诊断流程

（15）加速过电压 OU1 故障诊断流程。

1）检查输入电压是否偏高，调整电压至正常范围（380V±15％），使直流母线电压不高于800V。

2）检查变频器参数设置是否正确，或电动机自学习参数是否正确，不正确应按实际情况更改正确的参数。

3）检查加速时间是否太短，在条件允许下适当地延长加速时间。

4）确定变频器在加速过程中是否有外力拖动电动机，如有，可设法取消此外力或加装制动装置。

加速过电压 OU1 故障诊断流程如图 7-24 所示。

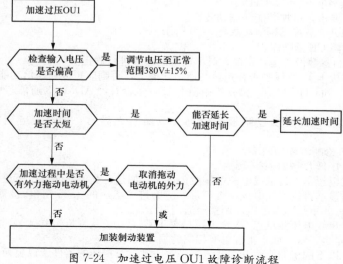

图 7-24　加速过电压 OU1 故障诊断流程

（16）减速过电压 OU2 故障诊断流程。

1）检查输入电压是否偏高，调整电压至正常范围（380V±15％），使直流母线电压不高于800V。

2）检查减速时间是否太短，在条件允许下适当地延长减速时间。

3）查看负载是否转动惯量过大，或者负载在加速过程中有外力拖动电动机。如有，取消该外力，或改为自由停车。

4）无法满足要求，可加装制动装置。

减速过电压 OU2 故障诊断流程如图 7-25 所示。

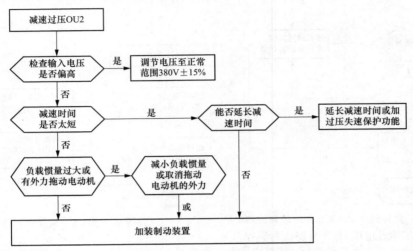

图 7-25　减速过电压 OU2 故障诊断流程

（17）恒速过电压 OU3 故障诊断流程。

1）检查输入电压是否偏高，调整电压至正常范围（380V±15％），使直流母线电压不高于800V。

2）检查变频器参数设置是否正确，或电动机自学习参数是否正确，不正确应按实际情况更改正确的参数，并重新进行电动机参数自学习。

3）检查变频器在运行中，是否有突加负载造成过流失速，对此可以调整参数（CHF：Pb. 10＝1，CHE：Pb. 04＝1，CHV：Pb. 09＝1）。

4）无法满足要求，可加装能耗制动装置。

恒速过电压 OU3 故障诊断流程如图 7-26 所示。

（18）通信故障 CE 诊断流程。

1）检查 PC 组参数设置是否正确，对不正确的参数进行修正。

2）检查控制板上 J7 跳线是否在短接在通信功能上，否则应短接在通信功能上。

3）对于 CHF 和 CHE 机型，检查控制板上 U10 是否有焊 ADM483 通信芯片，如没有应将ADM483 芯片焊上。

4）检查通信接口配线及控制板通信部分电路有无异常，如有，应更换损坏或不良器件。

通信故障 CE 诊断流程如图 7-27 所示。

（19）母线电压低 Uv 故障诊断流程。

1）检查进线电压是否过低或电源电压波动过大，如是，调整电网电压至正常范围内。

2）查看键盘显示直流母线电压是否正常（应为进线电压的 1.35 倍），检查 PE.08 电压等级设置是否正确，如不是标准电压，调整至适当电压。

3）驱动板上母线电压测试点 CVD 电压是否正常（$U_{cvd}/U_{dc}＝3.3/1000$），检查控制板上母线电压检测电路是否正常，如不正常更换相应的损坏元件。

4）对 15kW 以下的机器检测开关变压器是否正常，对损坏的器件予以更换。

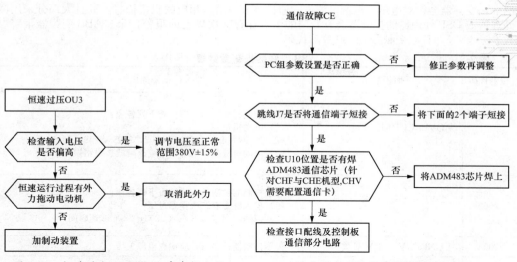

图 7-26 恒速过电压 OU3 故障诊断流程　　　　图 7-27 通信故障 CE 诊断流程

母线电压低 U_v 故障诊断流程如图 7-28 所示。

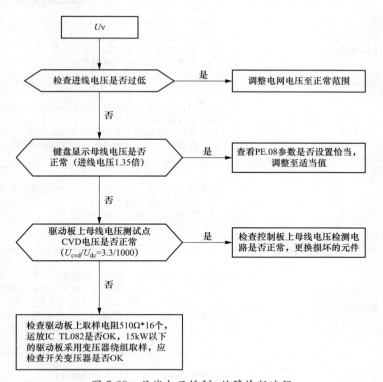

图 7-28 母线电压低 U_v 故障诊断流程

7.2.4 变频器故障诊断法及应用

1. 报警参数诊断法

所有的变频器都以不同的方式给出故障指示,对于维修者来说是非常重要的信息。通常情况下，变频器会针对电压、电流、温度、通信等故障给出相应的报错信息，而且大部分采用微处理器或 DSP 处理器的变频器会有专门的参数保存 3 次以上的报警记录。ABB 变频器报警参数表见表 7-5，日立变频器 SJ700 故障代码见表 7-6。

表 7-5　　　　　　　　　　　　　ABB 变频器报警参数表

报警代码	面板显示	故障原因
2001	OVERCURRENT 过流	限流控制器被激活。应检查下列各项： (1) 电动机过载 (2) 加速时间过短（参数 2202，2205 减速时间） (3) 电动机故障，电动机电缆故障或接线错误
2002	OVERVOLTAGE 过压	过压控制器被激活。应检查下列各项： (1) 输入电源静态或零态过压 (2) 减速时间过短（参数 2203，2206 减速时间）
2003	UNDERVOLTAGE 欠压	欠压控制器被激活。应检查电源欠压
2004	DIRLOCK 方向锁定	不允许改变方向。可能原因是： 不要改变电动机的旋转方向（参数 1003）
2005	I/O COMM I/O 通信	现场总线通信超时。应检查下列各项： (1) 故障设置（参数 3018，3019） (2) 通信设置（参数 51，53） (3) 连接不好或导线上有超声波
2006	AI1 LOSS AI1 丢失	模式输入 1 丢失，或者给定小于最小设定。应检查下列各项： (1) 检查输入源和连接 (2) 设置的最小值（参数 3021） (3) 设置的报警、故障动作（参数 3001）
2007	AI2 LOSS AI2 丢失	模式输入 2 丢失，或者给定小于最小设定。应检查下列各项： (1) 检查输入源和连接 (2) 设置的最小值（参数 3022） (3) 设置报警、故障动作的（参数 3001）
2008	PANEL LOSS 控制盘丢失	控制盘通信丢失。应检查下列各项： (1) 传动处于本地控制模式（控制盘显示 LOC） (2) 传动处于远程控制模式（控制盘显示 REM），应对相关参数进行设置。（检查参数 3002，参数组 10 和参数组 11 的设置）
2009	DEVICE OVERTEMP 传动过温	传动散热器过热。应检查下列各项： (1) 检查风机故障 (2) 空气流通受阻 (3) 散热器积尘 (4) 环境温度过高 (5) 电动机过载

报警代码	面板显示	故障原因
2010	MOT OVERTEMP 电动机过温	电动机发热，主要是基于变频器估算或者温度反馈值。这种报警信息表明电动机过载故障，跳闸即将发生。应检查下列各项： （1）检查电动机过载情况 （2）调整用于估算的值（参数 3005～3009）
2011	保留	未用
2012	MOTORSTALL 电动机堵转	电动机工作在堵转区间。（参数 3010～3012）
(2013)	AUTO RESET 自动复位	该报警信息表明传动将要进行自动故障复位，这可能会启动电动机。使用参数组 31 来设置自动复位（注：故障时没有输出）
(2014)	AUTO CHANGE 自动切换	这个报警信息表明 PFC 自动切换功能被激活。（注：故障时没有输出） 可使用参数组 81 和采用宏来设置 PFC 控制的应用
2015	PFC INTERLOCK PFC 互锁	这个报警信息表明 PFC 互锁功能被激活，电动机不能启动。应检查下列各项： （1）所有电动机（采用了自动切换） （2）调速电动机（不采用自动切换）
2016	保留	—
2017	OFF BUTTON	—
(2018)	PID SLEEP PID 睡眠	这个报警信息表明 PID 睡眠功能被激活，睡眠结束后电动机加速运行（使用参数 4022～4026 设置 PID 睡眠功能。注：故障时没有输出）
2019	保留	—
2020	超越模式	超越模式处于激活状态
2021	START ENABLE 1 MISSING 启动允许 1 丢失	该报警信号表明启动信号丢失（使用参数 1608 的设置）
2022	START ENABLE 2 MISSING 启动允许 2 丢失	该报警信号表明，启动信号丢失（使用参数 1609 的设置）
2023	EMERGENCY STOP 急停	激活紧急停车功能
2024	保留	—
2025	FIRST START 首次启动	当电动机数据改变后首次进行标量跟踪启动时，这个报警信息会出现 10～15s

表 7-6 日立变频器 SJ700 故障代码

代码	含义	内容	故障原因	处理措施
E01	恒速运转过流	电动机轴堵转或急剧加速时，有大电流流过变频器，可能导致故障。因此，在流过规定以上的电流时，则会切断输出，显示故障。此保护通过TA（电流互感器）来检测过电流。保护回路在变频器输出电流220%时自动动作，跳闸	(1) 负荷突然变小 (2) 输出短路 (3) L-PCB与IPM-PCB连接缆线出错 (4) 接地故障	(1) 增加变频器容量 (2) 使用矢量控制方式
E02	减速运转过流		(1) 速度突然变化 (2) 输出短路 (3) 接地故障 (4) 减速时间太短 (5) 负载惯量过大 (6) 制动方法不合适	(1) 检查输出各项 (2) 延长减速时间 (3) 使用模糊逻辑加减速 (4) 检查制动方式
E03	加速运转过流		(1) 负荷突然变化 (2) 输出短路 (3) 接地故障 (4) 启动频率调整太高 (5) 转矩提升太高 (6) 电动机被卡住 (7) 加速时间过短 (8) 变频器与电动机之间连接电缆过长	(1) 使用矢量控制 A0 选 4 (2) 转矩提升 (3) 延长加速时间 (4) 增大变频器的容量 (5) 使用模糊逻辑加减速控制功能 (6) 缩短变频器与电动机之间距离
E04	停止时过流		(1) TA损坏 (2) 功率模块损坏	更换已损坏的器件
E05	过载	监视变频器输出电流，内置的电子热保护功能检测到电动机过负载时切断输出，显示故障	(1) 负荷太重 (2) 电子热继电器门限设置过小	(1) 减轻负荷或者增大变频器的容量 (2) 增大电子热继电器门限值
E06	制动电阻过载保护	在BRD回路的使用率超过b090所设定的使用率时，切断输出，显示保护	(1) 再生制动时间过长 (2) L-PCB与IPM-PCB连接缆线出错	(1) 减速时间延长 (2) 增大变频器的容量 (3) A38设定为00 (4) 提高制动使用率
E07	过压	若P-N间直流电压过高则可能导致损坏。由于来自电动机的再生能量、输入电压的上升导致P-N间的直流电压超过允许电压值，变频器切断输出，显示保护	(1) 速度突然减小 (2) 负荷突然脱落 (3) 接地故障 (4) 减速时间太短 (5) 负荷惯性过大 (6) 制动方法不正确	(1) 延长减速时间 (2) 增大变频器的容量 (3) 外加制动单元

代码	含义	内容	故障原因	处理措施
E08	EEP-ROM 故障	在由于外来噪声或温度异常上升导致内置 EEPROM 发生异常时，切断输出，显示故障。有时会显示 CPU 故障	(1) 周围噪声过大 (2) 机体周围环境温度过高 (3) L-PCB 损坏 (4) L-PCB 与 IPM-PCB 连接线松动或损坏 (5) 变频器制冷风扇损坏	(1) 移去噪声源 (2) 机体周围应便于散热、空气流通应良好 (3) 更换制冷风扇 (4) 更换相应元器件 (5) 重新设定一遍参数
E09	欠压	由于变频器的输入电压下降，会使控制回路无法正常工作，因此若输入电压低于额定电压以下时，切断输出	(1) 电源电压过低 (2) 接触器或低压断路器的触点不良 (3) 10min 内瞬间掉电次数过多 (4) 启动频率调整太高 (5) F11 选择过高 (6) 电源主线端子松动 (7) 同一电源系统有大的负载启动 (8) 电源变压器容量不够	(1) 改变供电电源质量 (2) 更换接触器或低压断路器 (3) 将 F11 设为 380V (4) 将主线各节点接牢 (5) 增加变压器容量
E10	TA 出错	在变频器内置 TA 发生异常时，切断输出。上电时，TA 的输出电压偏高而显示故障	(1) TA 损坏 (2) TA 与 IPM-PCB 上 J51 连线松动 (3) 逻辑控制板上 OP1 损坏 (4) 可能 RS、DM、ZNR 损坏	(1) 更换 TA (2) 大部分问题是 OP1 损坏，应更换
E11	CPU 出错	内置 CPU 发生误动作或异常时，切断输出而显示故障	(1) 周围噪声过大 (2) 误操作 (3) CPU 损坏	(1) 重新设置参数 (2) 移去噪声源 (3) 更换 CPU
E12	外部跳闸	外部机器、设备发生异常，切断输出	外部控制线路有故障	检测外部控制线路
E13	USP 出错	在已向变频器输入运行信号的情况下再通电，显示故障。（选择 USP 功能时）	当选择此功能时，一旦 INV 处于运行状态时，突然来电会发生此故障信息	变频器停止运行操作时，应该将运行开关关闭后再拉掉电源、不能直接拉电
E14	INV 输出接地故障	上电时在检测出变频器输出部和电动机间的接地故障时，保护变频器	(1) 周围环境过于潮湿，电缆绝缘性下降或电动机绝缘性下降 (2) 变频器输出接地不良 (3) 电动机接地不良 (4) 加、减速时间过短 (5) TA 故障、L-PCB 故障 (6) IPM 损坏 (7) L-PCB 与 IPM-PCB 连接线松动或损坏 (8) 如果使用电控柜，可能输出输入电缆磨损与电控柜连接一体带电 (9) 变频器输出电缆断线 (10) 输出端子松动 (11) 电动机线圈断线 (12) 电动机功率太小 (13) 由于噪声引起的误动作	(1) 断开 INV 的输出端子，用摇表检查电动机的绝缘性能 (2) 换线缆，或烘干电动机 (3) 更换其他零部件 (4) 有时 IPM-PCB 是好的，但 DM 损坏

续表

代码	含义	内容	故障原因	处理措施
E15	输入过电压保护	变频器在停止状态下，输入电压高于规定值并持续100s时，显示故障	(1) 电源电压过高 (2) F11设置过低 (3) AVR功能没有起作用	(1) 能否降低电源电压 (2) 根据实际情况选择F11值 (3) 输入侧安装AC电抗器
E16	瞬时停电保护	瞬时停电超过15ms时，切断输出。若断电时间过长，则认为是正常断电	(1) 电源电压过低 (2) 接触器或低压断路器触点不良	(1) 检查电源电压 (2) 检修接触器或低压断路器
E20	风扇转速低，温度高，显示故障	发生温度异常时，若检测出冷却风扇转速低下，在会显示此故障	冷却风扇故障	检修或者更换冷却风扇
E21	过热保护	由于环境温度过高等原因导致主回路温度上升时，切断变频器输出	(1) 冷却风扇不转/变频器内部温度过高 (2) 散热片堵塞	(1) 检修或者更换冷却风扇 (2) 清扫散热片上的灰尘
E23	门阵列通信故障	内置CPU和门阵列之间的通讯发生异常时跳闸	—	—
E24	缺相保护	在输入缺相选择为有效时，跳闸以防止因输入缺相造成变频器损坏。缺相时间超过1s以上时跳闸	(1) 三相电源缺相 (2) 接触器或低压断路器触点不良 (3) L-PCB与IPM-PCB连线不良 (4) IPM与DM连线不良（仅限30kW以上变频器）	(1) 检查供电电源 (2) 更换接触器或低压断路器 (3) 换一块L-PCB故障不能排除，再换连线故障仍不能排除，则IPM-PCB损坏，应更换IPM-PCB
E25	主回路异常	由于噪声干扰导致的误动作或主模块的损坏等造成的门阵列不能确认时跳闸	(1) 噪声干扰 (2) 主模块的损坏	(1) 采取屏蔽措施隔离噪声源 (2) 检查并排除主回路故障
E30	IGBT故障	发生瞬时过流、模块温度异常，驱动电源低下时，切断变频器输出	暂态过流	驱动部分或模块损坏
E35	热敏电阻故障	检测连接在TH端子上的电动机内部的热敏电阻的电阻值过高，切断变频器输出	热敏电阻与变频器智能端子连接后如果电动机温度过高，变频器跳闸	—

续表

代码	含义	内容	故障原因	处理措施
E36	制动异常	在选择了 b120（制动控制功能选择）为 01 时，变频器在制动释放输出后，在 124（制动确认等待时间）内不能确认制动开关信号状态	—	—
E38	低速过载保护	在 0.2Hz 以下的极低速域。过载时，变频器内置的电子热保护将会检测并切断变频器输出	—	—
—	上面四横杠	—	(1) 复位信号被保持 (2) 面板和变频器之间出现错误	(1) 按下（1 键或 2 键）键即能恢复 (2) 再一次接通电源
—	中间四横杠	—	(1) 关断电源时显示 (2) 输入电压不足时	
—	下面四横杠	—	无任何跳闸历史时显示	
—	闪烁	—	(1) 逻辑控制板损坏 (2) 开关电源损坏	(1) 检修逻辑控制板 (2) 检修开关电源

注：故障代码小数点后面数字的意思。

0：上电时/复位端子 ON 状态下的初始化；1：停止时；2：减速时；3：恒速时；4：加速时；5：在频率为 0 状态下输入运行指令时；6：起动时；7：直流制动中；8：过载限制中；9：驱动/伺服 ON 中

下面列举报警参数法检修变频器的几个实例。

(1) 某变频器无法运行，LED 显示"UV"（under voltage），该报警为直流母线欠压。因为该型号变频器的控制回路电源不是从直流母线取的，而是从交流输入端通过变压器单独整流出的控制电源。所以判断该报警应该是真实的。所以从电源入手检查，输入电源电压正确，滤波电容电压为 0V。由于接触器没动作，所以与整流桥无关。故障范围缩小到充电电阻，断电后用万用表检测发现充电电阻的电阻值为无穷大。更换电阻，故障排除。

(2) 有一台三垦 IF 11kW 的变频器用了 3 年多后，偶尔上电时显示"AL5"（alarm 5），该报警为 CPU 被干扰。

经过多次观察发现是在充电电阻短路接触器动作时出现的。怀疑是接触器造成的干扰，于是在控制脚加上阻容滤波电路后，故障不再发生。

(3) 一台富士 E9 系列 3.7kW 变频器，在现场运行中突然出现 OC3（恒速中过流）报警停机，断电后重新上电运行出现 OC1（加速中过流）报警停机。

先拆掉 U、V、W 到电动机的导线，用万用表测量 U、V、W 之间电阻无穷大，空载运行，变频器没有报警，输出电压正常。可以初步断定变频器没有问题。原来是电动机电缆的中部有个接头，用木版盖在地坑的分线槽中，绝缘胶布老化，工厂打扫卫生进水，造成输出短路。更换该电缆，故障排除。

(4) 三垦 SVF303，显示"5"，该报警为直流过压。

经检查，电压值是由直流母线取样后（530V 左右的直流）通过电阻分压后再由光电耦合器进行隔离，当电压超过一定阀值时，光电耦合器动作，给处理器一个高电平，从而产生过压报警。检查分压电阻没有变值，更换光电耦合器，故障排除。

【特别提醒】

变频器控制系统常见的故障类型主要有过电流、短路、接地、过电压、欠电压、电源缺相、变频器内部过热、变频器过载、电动机过载、CPU 异常、通信异常等。当发生这些故障时，变频器保护会立即动作，停机，并显示故障代码或故障类型，大多数情况下可以根据显示的故障代码，迅速找到故障原因并排除故障。但也有一些故障的原因是多方面的，并不是由单一原因引起的，因此需要从多个方面查找，逐一排除才能找到故障点并进行维修。

由以上维修实例可以看出，变频器的报警提示给出了处理问题的方向，抓住变频器的报警提示对处理故障非常重要。

一旦发生了参数设置类故障，变频器都不能正常运行，最好把变频器所有参数恢复到出厂值，然后按照使用说明书参数设置步骤重新设置相关参数。对于不同型号的变频器其参数恢复方式也不尽相同。参数设置类故障常出现在恒转矩负载，遇到此类问题时应重点检查加、减速时间设定或转矩提升设定值。

2. 类比检查法

类比诊断法是指由一类事物所具有的某种属性，可以推测与其类似的事物也应具有这种属性的推理方法。可以是自身相同回路的类比，也可以是故障板与已知好板的类比。举例说明如下。

（1）三星 MF15kW 变频器损坏，用户说不清具体情况。

首先用万用表测量输入端 R、S、T，除 R、T 之间有一定的阻值以外其他端子相互之间电阻无穷大，输入端子 R，S，T 分别对整流桥的正极或负极之间呈现出二极管特性。为什么 R、T 之间与其他两组不一样哪？原来 R、T 端子内部有控制电源变压器，所以有一定的阻值。以上可以看出输入部分没问题。同样用万用表检查 U、V、W 之间阻值，三相平衡。然后，检查输出端各相对直流的正负极时，发现 U 对正极正反都不通，怀疑 U 相 IGBT 有问题，拆下来检查果然是 IGBT 损坏。

驱动电路中的上桥臂控制电路三组特性一致，下桥臂控制电路三组特性一致，采用对比方法检查发现 Q1 损坏。更换 Q1 后，触发脚阻值各组一致，上电确认 PWM 波形正确。重新组装，上电测试正常。

（2）有一台变频器，面板显示正常，数字设定频率及运转正常，但是端子控制失灵。

用万用表检查端子无 10V 电压。从开关电源入手，各组电源都正常，看来问题出在连接导线上。在没有图纸的前提下要从 32 根扁平电缆中找到 10V 的那条线真要花点时间。此时利用一台完好的 22kW 的变频器，先记下 22kW 连接扁平电缆的各脚对地电压，然后再对比 37kW 的各脚对地电压，很快找到了差异。原来是插槽的管脚虚焊，重新焊好，故障排除。

3. 备板置换诊断法

利用备用的电路板或同型号的电路板来确认故障，可缩小检查范围，这是一种非常行之有效的方法，举例说明如下。

三星 MF15kW 变频器确认控制板损坏，手头没有 15kW 的主控板，于是将一台主回路报废的 MF2.2kW 的控制板换上，但是必须要进行参数设定。首先打开参数 90，写入"7831"，确认后，变频器显示"PASS"，再确认，写入"28"（28 代表 15kW），再把参数恢复出厂值（参数 36 写入 1），这样控制板就换完了，故障得以排除。

4. 隔离诊断法

有些故障常常难于判断发生在哪个区域，采取隔离的办法就可以将复杂的问题简单化，较快地找出故障原因。

例如，一台英泰变频器，现象是上电后无显示，并伴有"嘀嘀"的声音。凭经验可断定开关电源过载，反馈保护起作用关断开关电源输出，并且再次起振再次关断而产生的"嘀嘀"声。

首先去掉控制面板，上电发现依然如故，再逐个断开各组电源的二极管，最后发现风扇用的 15V 电源有问题。可是风扇并没有运转信号，不应该是风扇本身问题，估计是风扇前端出现问题。拆掉 15V 滤波电容测量，该电容器已经老化了。换上新的电容，故障排除。

5. 直观诊断法

直观诊断法通过人的视觉、触觉、听觉及嗅觉来对机器的外表及内部的元器件、接线等进行的直观检查，这是一种简单且行之有效的方法，应常用并且首先使用。

"先外再内"的维修原则要求维修人员在遇到故障时应该先采用望、闻、问、摸的方法，由外向内逐一进行检查。有些故障采用直观法可以迅速找到原因，否则会浪费不少时间，甚至无从下手。利用视觉可以观察线路元件的连接是否松动、断线，接触器触点是否烧蚀，压力是否正常，发热元件是否过热变色，电解电容是否膨胀变形，耐压元件是否有明显的击穿点。上电后闻一闻是否有焦糊的味道，用手摸发热元件是否烫手。问用户故障发生的过程，有助于分析问题的原因，有时问一问同行也是一种捷径。

例如，一台三垦 IP 55kW 变频器上电无显示。打开机盖，仔细观察各个部分，发现充电电阻烧坏，接触器线圈烧断而且外壳焦糊。经过询问，原来用户电源电压低，变频器常常因为欠压停机，就专门给变频器配了一个升压器。但是用户并没有注意到在夜间电压会恢复正常，结果首先烧坏接触器然后烧坏充电电阻。由于整流桥和电解电容耐压相对较高而幸免于难。更换损坏的器件，故障排除。

6. 升降温诊断法

有时，变频器工作较长时间，或在夏季工作环境温度较高时就会出现故障，关机检查正常，停一段时间再开机又正常，过一会儿又出现故障。这种现象是由于个别元器件性能差，高温特性参数达不到指标要求所致。为了找出故障原因，可采用升降温诊断法。

升降温诊断法就是人为地给一些温度特性较差的元件加温或降温，让其产生"病症"或消除"病症"来查找故障原因。

所谓降温，就是在故障出现时，用棉签将无水酒精在可能出现故障的部位抹擦，使其降温，观察故障是否消除。所谓升温，就是人为地将环境温度升高，比如用电烙铁或者放近有疑点的部位（注意切不可将温度升得太高以致损坏正常器件）试看故障是否出现。

例如，有一台英泰变频器，用户反映该变频器经常参数初始化停机，一般重新设定参数 20～30min 后故障重现。经分析该故障与温度有关，因为运行到这个时间后变频器温度会升高。用热风焊台加热热敏电阻，当加热到风扇启动的温度时，观察到控制面板的 LED 忽然掉电然后又亮起来接下来忽明忽暗的闪动，拿走热风 30s 后控制板的 LED 不再闪动，而是正常地显示。采用隔离法拔掉风扇的插头，再次加温实验，故障消除。

经检查，风扇已经短路。原来是温度升高以后，控制板给出风扇运转信号，结果短路的风扇造成开关电源过载关闭输出，控制板迅速失电而参数存储错误，造成参数复位。换掉风扇，故障排除。

7. 破坏诊断法

就是采取某种技术手段，取消内部保护措施，模拟故障条件而人为地破坏有问题的器件，令故障的器件或区域凸显出来。

采用这种方法要有十分的把握来控制事态的发展，也就是维修者心里要明了最严重的破坏程度是什么状态，能否接受最严重的进一步损坏，并且有控制手段，避免更严重的破坏。

例如，一台变频器的开关电源出现故障，开机时保护回路动作，估计是变压器输出端有短路支路，可是静态无法测量出故障点。决定利用破坏诊断法来找到故障器件。首先断开保护回路的反馈信号，令其失去保护功能，然后接通直流电源，利用调压器从 0V 慢慢升高直流电压，观察相关器件。发现有烟冒出，立刻关掉电源，同时利用电阻短路直流滤波电容迅速放电。发现冒烟的是风扇电源的整流二极管，原来风扇已经短路性损坏，而该风扇的控制开关信号一直为开状态（因为器件短路造成高电平，始终为开状态），只要开关电源输出正常电压，由于风扇电源短路，造成开关电源保护。而在静态测量时，又测不到风扇的短路状态。更换整流二极管和风扇电动机，故障排除。

8. 敲击诊断法

变频器的各个电路板一般都有很多焊点，若有任何虚焊和接触不良都会出现故障。敲击诊断法就是用起子柄、橡胶、木槌等工具轻轻敲击电路板上某一处，观察情况来判定故障部位（注意：高压部位一般不要敲击）。此法尤其适合检查虚假焊和接触不良故障。

例如，某变频器正常运行了 3 年多，在没有任何征兆的情况下忽然停机，而且没有任何故障信息显示，启动后会时转时停。仔细观察，没有发现任何异样，静态测量也没发现问题。上电后，敲击变频器的壳体，发现运行信号会随着敲击发生变化。经检查发现外部端子 FR 接线端螺钉松动，而且运行信号线端没有压接 U 型端子，直接连接在端子上，接线处压到了导线的线皮，导致螺钉由于震动松动后，控制线与端子虚连。重新压接 U 型端子，拧紧螺钉，故障排除。

9. 刷洗诊断法

一些特殊的故障，时有时无，若隐若现，维修者常常无法判断和处理。这时就可以用无水酒精清洗电路板，同时用软毛刷刷去电路板上的灰尘、锈迹，尤其注意焊点密集的地方，然后用热风吹干。往往会达到意想不到的效果。至少有助于观察法的应用。

例如，某变频器出现无显示故障，经过初步检测，整流部分及逆变部分完好，所以通电检查。直流母线电压正常，可是开关电源控制芯片 3844 的启动的电压只有 2V。分压电阻的阻值在线检测小很多，离线检测正常。采用洗刷法处理后，故障排除。

10. 原理分析诊断法

原理分析是故障排除的最根本方法，其他检查方法难以奏效时，可以从电路的基本原理出发，一步一步地进行检查，最终查出故障原因。运用这种方法必须对电路的原理有清楚的了解，掌握各个时刻各点的逻辑电平和特征参数（如电压值、波形），然后用万用表、示波器测量，并与正常情况相比较，分析判断故障原因，缩小故障范围，直至找到故障。

例如，一台变频器同时失去充电电阻短路继电器、风扇运转、变频器状态继电器信号。经过对比试验，证实问题出在控制板。经过分析，问题可能出在锁存器上，因为这些信号都由这个芯片控制。更换锁存器后，故障排除。

【特别提醒】

总的来说，对故障变频器的检查要从外到内，由表及里，由静态到动态，有主回路到控制回路。以下三个检查一般是必须进行的。

（1）用万用表检测输入端子分别对直流正极和负极的二极管特性和三相平衡特性。这步可以让你断定整流桥的好坏。

（2）用万用表检测输出端子分别对直流正极和负极的二极管特性和三相平衡特性。这步可以初步断定逆变模块的好坏，从而决定是否可以空载输出。如果出现相间短路或不平衡状态，就不可以空载输出。

（3）如果上面两步没有发现问题，可以打开机壳，清除灰尘，认真观察变频器内部有无破损，是否有焦黑的部件，电容是否漏液等。

7.3 变频器常见故障检修

7.3.1 参数设置类故障的检修

常用变频器在使用中，是否能满足传动系统的要求，变频器的参数设置非常重要，如果参数设置不正确，会导致变频器不能正常工作。

1. 变频器参数设置的主要内容

常用变频器在一般出厂时，厂家对每一个参数都有一个默认值，这些参数叫工厂值。此时，用户能以面板操作方式正常运行，但以面板操作并不满足大多数传动系统的要求。所以，用户在正确使用变频器之前，要重新设置或修改参数，主要包括以下 4 个方面。

（1）确认电动机参数，在变频器电动机参数中设定电动机的功率、电流、电压、转速、最大频率，这些参数应与电动机铭牌中的数据一致。

（2）设置变频器的控制方式，主要包括速度控制、转矩控制、PID 控制或其他方式。每一种控制方式都对应一组数据范围的设定。如果这些数据设定不正确，可能引起变频器不工作或工作不正常，或发生故障保护动作而跳闸，显示故障代码。

（3）设定变频器的启动方式，一般变频器在出厂时设定从面板启动，用户可以根据实际情况选择启动方式，可以用面板、外部端子、通信方式等几种。

（4）给定信号的选择，一般变频器的频率给定也可以有多种方式，面板给定、外部给定、外部电压或电流给定、通信方式给定，当然对于变频器的频率给定也可以是这几种方式的一种或几种方式同时采用。

正确设置以上参数之后，变频器基本上能正常工作，如要获得更好的控制效果则只能根据实际情况修改相关参数。

2. 变频器参数设置类故障的处理

一旦发生参数设置类故障，变频器都不能正常运行，一般可根据说明书进行修改参数。否则，可把所有参数恢复出厂值，然后重新设置。

7.3.2 变频器过压类故障的检修

1. 变频器过压类故障的类型

变频器的过电压集中表现在直流母线的支路电压上。正常情况下，变频器直流电为三相全波整流后的平均值。在过电压发生时，直流母线的储能电容将被充电，当电压上至 760V 左右时，变频器过电压保护动作。因此，对于变频器来说，都有一个正常的工作电压范围，当电压超过这个范围时很可能损坏变频器。

常见的过电压有两类，一类是输入交流电源过压，另一类是发电类过电压。

2. 变频器过压类故障的处理

（1）输入交流电源过压。这种情况是指输入电压超过正常范围，一般发生在节假日负载较轻，电压升高或降低而线路出现故障，此时最好断开电源，根据情况进行检查与处理。

（2）发电类过电压。这种情况出现的概率较高，主要是电动机的同步转速比实际转速还高，使电动机处于发电状态，而变频器又没有安装制动单元，有以下两种情形可以引起这一故障。

1）当变频器拖动大惯性负载时，由于其减速时间设置比较小，在减速过程中，变频器输出的速度比较快，而负载靠本身阻力减速比较慢，使负载拖动电动机的转速比变频器输出的频率所对应的转速还要高，电动机处于发电状态，而变频器没有能量回馈单元，因而变频器支路直流回路电压升高，超出保护值，出现故障。

处理这种故障的方法是增加再生制动单元，或者修改变频器参数，把变频器减速时间设置长一些。增加再生制动单元功能包括能量消耗型、并联直流母线吸收型、能量回馈型。能量消耗型在变频器直流回路中并联一个制动电阻，通过检测直流母线电压来控制功率管的通断。并联直流母线吸收型使用在多电动机传动系统，这种系统往往有一台或几台电动机经常工作于发电状态，产生再生能量，这些能量通过并联母线被处于电动状态的电动机吸收。能量回馈型的变频器网侧变流器是可逆的，当有再生能量产生时可逆变流器就将再生能量回馈给电网。

2）多个电动施动同一个负载时，也可能出现这一故障，主要由于没有负荷分配引起的。以两台电动机拖动一个负载为例，当一台电动机的实际转速大于另一台电动机的同步转速时，则转速高的电动机相当于原动机，转速低的处于发电状态，引起该故障。

例如，一台台安 N2 系列 3.7kW 变频器在停机时跳 "OU"。维修之前，首先要搞清楚 "OU" 报警的原因何在，这是因为变频器在减速时，电动机转子绕组切割旋转磁场的速度加快，转子的电动势和电流增大，使电动机处于发电状态，回馈的能量通过逆变环节中与大功率开关管并联的二极管流向直流环节，使直流母线电压升高所致，所以我们应该着重检查制动回路，测量放电电阻没有问题，在测量制动管（ET191）时发现已击穿，更换后上电运行，且快速停车都没有问题。

【特别提醒】

过电压报警一般是出现在停机的时候，其主要原因是减速时间太短或制动电阻及制动单元有问题。

变频器欠压故障也是我们经常碰到的问题。主要是因为主回路电压太低（220V 系列低于 200V，380V 系列低于 400V），主要原因：整流桥某一路损坏或可控硅三路中有工作不正常的都有可能导致欠压故障的出现，其次主回路接触器损坏，导致直流母线电压损耗在充电电阻上面有可能导致欠压，还有就是电压检测电路发生故障而出现欠压问题。

7.3.3 变频器过流类故障的检修

1. 变频器过流类故障的类型

过流故障可分为加速、减速、恒速过电流。过流故障可能是由于变频器的加减速时间太短、负载发生突变、负荷分配不均，输出短路等原因引起的。

2. 变频器过流类故障的处理

处理方法是可通过延长加减速时间、减少负荷的突变、外加能耗制动元件、进行负荷分配设计、对线路进行检查。如果断开负载变频器还是过流故障，说明变频器逆变电路已坏，需要进行检修。过流是变频器报警最为频繁的现象，其故障现象如下。

（1）重新启动时，一升速就跳闸。这是过电流十分严重的现象。主要原因有：负载短路，机械部位有卡住；逆变模块损坏；电动机的转矩过小等。

（2）上电就跳，这种现象一般不能复位，主要原因有：模块坏、驱动电路坏、电流检测电路坏。

（3）重新启动时并不立即跳闸而是在加速时跳闸，主要原因有：加速时间设置太短、电流上限设置太小、转矩补偿（V/F）设定较高。

例如，一台 LG-IS3-4 3.7kW 变频器一启动就跳"OC"。打开机盖没有发现任何烧坏的迹象，在线测量 IGBT（7MBR25NF-120）基本判断没有问题，为进一步判断问题，把 IGBT 拆下后测量 7 个单元的大功率晶体管开通与关闭都很好。在测量上半桥的驱动电路时发现有一路与其他两路有明显区别，经仔细检查发现一只光耦 A3120 输出脚与电源负极短路，更换后三路基本一样。模块装上上电运行一切良好。

又如，一台 BELTRO-VERT 2.2kW 变频通电就跳"OC"且不能复位。首先检查逆变模块没有发现问题；其次检查驱动电路也没有异常现象，估计问题不在这一块，可能出在过流信号处理这一部位，将其电路传感器拆掉后上电，显示一切正常，故认为传感器已坏，找一新品换上后带负载实验一切正常。

7.3.4 变频器过载类故障的检修

1. 变频器过载故障的类型

过载故障包括变频过载和电动机过载。其可能是加速时间太短，直流制动量过大、电网电压太低、负载过重等原因引起的。

一般来讲，电动机由于过载能力较强，只要变频器参数表的电动机参数设置得当，一般不大会出现电动机过载。而变频器本身由于过载能力较差，很容易出现过载报警。我们可以检测变频器输出电压，电流检测电路等故障易发点来一一排除故障。

2. 变频器过载故障的处理

过载故障一般可通过延长加速时间、延长制动时间、检查电网电压、重新设置参数等方法来处理。负载过重，所选的电动机和变频器不能拖动该负载，也可能是由于机械润滑不好引起。如前者，则必须更换大功率的电动机和变频器；如后者，则要对生产机械进行检修。

例如，一台 LG IH 55kW 变频器在运行时经常跳"OL"。据用户反映这台机器原来是用在 37kW 的电动机上的，现在改用在 55kW 的电动机上。参数也没有重新设置过，所以问题有可能出在参数上，经检查变频电流极限设置的为 37kW 电动机的额定电流，经参数重新设置后带负载一切正常。

7.3.5 变频器故障检修实例

【例1】 佳灵变频器一启动就跳"FL"

故障现象：一台 T9-7.5kW 变频器一启动就跳"FL"。

故障分析：打开机盖没有发现任何烧坏的迹象，在线测量 IPM 模块（FP40R12KE3）基本判断没有问题，故障确定为驱动板 JL35GP-250-1DB 保护电路起控，为进一步判断问题，将 IGBT 模块拆下后再将 FL 保护线断开，再通电运行，实测上半桥的驱动电压时发现有一路与其他两路有明显区别（运行时为直流 2.5V 左右，停止时为 9V 左右），经仔细检查，发现一只光耦 A3120 输出脚与电源负极短路。

故障处理：更换光耦 A3120 后，三路基本一样。模块装上，上电运行一切良好。

【例2】 变频器不能启动

故障现象：一台 FRNllPllS. 4CX 变频器在清扫后启动时，显示"OH2"故障指示跳停，OH2 为变频器外部故障。

故障分析：出厂时连接外部故障信号的端子"FHR"不用时与"CM"之间用短接片短接，因这台变频器没有加装外保护，THR-CM 仍应短接。经检查，由于"THR"与"CM"之间的短接片松动，在清扫时掉下，造成变频器报"OH2"故障。

故障处理：恢复短接片后变频器运行正常。

【例 3】 富士变频器故障跳闸

故障现象：一台富士 FRNl60P7-4 型容量为 160kW 变频器，380V 交流电输入端由低压配电所一支路输出，经过刀熔开关，由电缆接至变频器。变频器在运行中突然发生跳闸。

故障分析：（1）检查变频器外围电路，输入、输出电缆及电动机均正常，变频器进线所配快速熔断器未断。变频器内快速熔断器完好，说明其逆变回路无短路故障，可能是变频器内进了金属异物。

（2）拆下变频器，发现 L1 交流输入端整流模块上 3 个铜母排之间有明显的短路放电痕迹，整流管阻容保护电阻的一个线头被打断，而其他部分外观无异常。检查 L1 输入端 4 只整流管均完好。将阻容保护电阻端控制线重新焊好。用万用表检查变频器主回路输入、输出端正常；试验主控板正常；检查内部控制线，连接良好。

（3）将电动机电缆拆除，空试变频器，调节电位器，频率可以调至设定值 50Hz。重新接电动机电缆，电动机启动后，在调节频率的同时，测量直流输出电压，发现在频率上升时，直流电压由 513V 降至 440V 左右，欠电压保护动作。在送电后，发现变频器内冷却风扇工作异常，接触器 K73 触点未闭合（正常情况下，K73 应闭合，以保证对充电电容足够的充电电流）。

（4）用万用表测量配电室刀开关的熔断器，发现一相已熔断，但红色指示器未弹出。变频器内部控制回路电压由控制变压器二次侧提供。其一次电压取自 L1、L3 两相，L1 缺相后，造成接在二次侧的接触器和风扇欠压，同时引起整流模块输出电压降低，特别在频率调升至一定程度时，随着负载的增大，电容两端电压下降较快，形成欠电压保护跳闸。

L1 交流输入端整流模块上 3 个铜母排之间掉进了金属物，造成短路放电，将配电室刀熔开关熔断器烧断。

故障处理：更换熔断器后重新送电，一切正常。

【例 4】 佳灵变频器通电就跳 "FL"，且不能复位

故障现象：一台 T9-90kW 变频通电就跳 "FL"，且不能复位。

故障分析：首先检查逆变模块没有发现问题。其次检查驱动电路也没有异常现象，估计问题出现在温度保护电路，此机温度保护元件为 85℃ 常闭感温包，经测量后为感温包断路引起保护。

故障处理：更换温度保护元件后，故障排除。

【例 5】 变频器输出三相电压不平衡

故障现象：一台 FRN22G11S. 4CX 变频器，输出电压三相差为 106V，电动机无法工作。

故障分析：打开变频器外壳，在线查看逆变模块（6MBP100RS. 120）外观，没有发现异常，测量 6 路驱动电路也没发现故障，将逆变模块拆下测量发现有一组模块不能正常导通，该模块参数变化很大（当不能判断其质量时，可与其他相同模块比较测量，从中发现问题）。

故障处理：用同型号逆变模块更换之后，通电运行正常。

【例 6】 三垦 SVF7.5kW 变频器逆变模块损坏

故障现象：一台三肯 SVF7.5kW 变频器逆变模块损坏，更换模块后，变频器正常运行。

故障分析：由于该台机器运行环境较差，机器内部灰尘堆积严重，造成功率模块散热不良而损坏。由于该台机器使用年限较长，决定对它进行除尘及更换老化器件的维护，以提高其使用寿命。器件更换后，给变频器通电，上电一瞬间，只听"砰"的一声响动，并伴随飞出许多碎屑，断开电源，发现 C14 电解电容炸裂，此刻想到的是有可能电容装反，于是根据其标识再装一次，再次上电，电容又一次炸裂。于是再进一步检查其线路，发现线路与电容标识极性错误。

故障处理：按实际极性重装一只电容器，再次上电，运行正常。

【例 7】 三肯 SVF303 变频器上电显示 "OV" 过电压。

故障现象：一台三肯 SVF303 变频器上电显示 "OV" 过电压。

故障分析：（1）首先排除由于减速时间过短以及由于再生电压而导致过压。

（2）检查输入侧电压是否有问题。

（3）检查电压检测电路是否出现了故障。

一般的电压检测电路的电压采样点，都是中间直流回路的电压。

故障处理：三肯 SVF303 变频器是由直流回路取样后（530V 左右的直流）通过阻值较大电阻降压后再由光电耦合器进行隔离，当电压超过一定值时，显示 "5" 过压（此机器为数码

管显示），这时应检查取样电阻是否氧化变值，光耦是否有短路现象，若有应更换。

【例8】 西门子变频器整流模块损坏

故障现象：西门子 MMV 6SE3221 4.0kW 变频器，静态测量逆变模块正常，整流模块损坏。

故障分析：整流模块损坏通常是由于直流负载过载、短路和元件老化引起的。测量 PN 之间的反向电阻值（万用表正表笔接 N，负表笔接 P），可以反映直流负载是否有过载短路现象。测出 PN 间电阻值为 15kΩ，正常值应为几十千欧，说明直流负载有过载现象；逆变模块是正常的，可以排除；检查滤波大电容、均压电阻正常；测制动开关器件损坏短路，拆下制动开关器件测 PN 间电阻值正常。

故障处理：更换制动开关器件，变频器恢复工作。

该故障可能是由于变频器减速时间设定过短，制动过程中产生较大的制动电流损坏制动开关器件 VT 造成的。当制动开关器件损坏短路后，制动电阻直接置于 PN 之间，产生较大的电流（约为额定电流的 1/2）。

变频器在运行过程中，整流模块的负载电流是正常负载电流与制动电阻上流过的电流之和，整流模块长期处于过载状况下工作而损坏。在生产工艺允许的情况下，增大减速时间可以避免此故障再次发生。

【例9】 安川变频器开关电源故障

故障现象：安川变频器开关电源损坏。

故障分析：开关电源损坏是众多变频器最常见的故障，通常是由于开关电源的负载发生短路造成的。616G3 系列变频器采用了两级的开关电源，有点类似于富士 G5 系列，先由第一级开关电源将直流母线侧约 500V 的直流电压转变成约 300V 的直流电压，经开关管变换后再通过高频脉冲变压器变换后经整流后次级线圈输出 5V、12V、24V 等较低电压供变频器的控制板、驱动电路、检测电路等做电源使用。在第二级开关电源的设计上安川变频器使用了一个TL431 可控稳压器件来调整开关管的占空比，从而达到稳定输出电压的目的。在开关电源中用作开关管的 QM5HL-24 以及 TL431 都是较容易损坏的器件。此外，若听到刺耳的尖叫声，这是由脉冲变压器发出的，有可能是开关电源输出侧有短路现象，可以从输出侧查找故障。当出现无显示，控制端子无电压，DC12、24V 风扇不运转等现象时，首先应该考虑是否是开关电源损坏了。

故障处理：当确定为开关电源损坏时，如果开关管已损坏，其他外围元件很可能连带损坏，要逐个进行检查，将损坏的元件换好后，试机前最好将电源的负载断掉，接上假负载，以免修好的电源输出电压过高而烧坏主板。

【例10】 ABB ACS800 变频器维修

故障现象：有一台 ABB ACS800/110kW 变频器，上电运行一段时间就显示 ACS800 TEMP 故障，无法复位。

将该变频器拆开，检查变频器的整流模块、逆变模块，测试二极管特性良好。将变频器送电，显示正常，运行，变频器三相输出电压平衡，带负载运行半小时后变频器显示 ACS800 TEMP。

故障分析：根据 ACS800 TEMP 故障解释，出现故障的原因可能有 5 种：外部环境温度太高；变频器散热风机不转；变频器散热通道堵住；变频器和电动机不匹配；温度检测线路出现故障。

故障处理：第一，检测第一种可能性。外部环境温度大约在 40℃，可以说还在变频器允许的工作范围之内，并且安装在电气房间，电气房间有很多同样功率的变频器也没用出现此类故障。第二，检查变频器的散热风机。该变频器只要运行，风机就转，并且能听到风机转动的声音。将风机拆下测试，运转正常。第三，变频器和电动机功率不匹配。变频器运行了好几年，也没用出现过该故障，并且在显示 ACS800 TEMP 故障之前也没用出现过电流、过载故障。因此，该假设也不成立。第四，温度检测回路出现问题，这是可能的。先不排除，等通电测试后再排除。第五，散热通道堵住。将变频器完全拆开后发现，该机器的散热通道确实堵住。导致变频器无法散热。因此这是损坏的原因。

先清理变频器散热通道，然后将板卡及电容箱依次安装后，测试，符合上电条件，给变频器送电，开机、输出电压平衡，带负载到额定电流，变频器发热也正常，该变频器修复。

该变频器显示 ACS800 TEMP 故障是因为散热通道堵住，排除了温度检测线路损坏的可能。

【例11】 ABB ACS800-07-0320-3 变频器维修

故障现象： ABB ACS800-07-0320-3 变频器上电后控制盘上显示：DC UNDERVOLT（3220）直流母线欠电压故障。

故障分析： 根据故障现象分析，直流回路的直流电压不足，可能由电网缺相、熔断器烧断或整流桥内部故障引起。

故障处理： 检查主电源供电是否正常，如果变频器进线端通过了接触器，要检查接触器的控制回路是否误动作，若控制回路有误动作，可能导致接触器短时间内频繁启动停止，造成变频器欠压故障，复位即好。因此，能复位的欠压故障，变频器的主接触器控制回路要认真检查。如出现欠压故障不能复位，检查电容是否泄漏。如果变频器刚断电，迅速通电，也会引发此故障。因此，变频器断电要等电容放电完毕后（约5min）再重新启动变频器。

【例12】 安川变频器"SC"过流故障

故障现象： 安川变频器出现"SC"过流报警故障。

故障分析： "SC"故障是安川变频器较常见的故障，引起该故障的原因有多种：电动机故障、加速时间过短、模块损坏，这些情况都有可能导致过电流故障的出现。引起过电流故障较多的是PIM模块的损坏，有时往往由于驱动电路短路，导致一上电就显示过电流报警，或是大功率晶体管的损坏，导致三相输出电压不平衡，变频器运行就显示过电流报警。

故障处理：（1）常用的确定故障办法就是在拆除变频器输出线的情况下运行变频器，并测量输出电压，确定是电动机有问题，还是变频器故障。假如是变频器故障还得判断是IGBT模块损坏引起的故障还是检测电路误检引起的故障。IGBT模块损坏，这是引起SC故障的原因之一。通过测量，就能判断出IGBI模块的好坏。此外，电动机抖动，三相电流、电压不平衡，有频率显示却无电压输出，这些现象的发生都有可能是由于IGBT模块损坏造成的。IGBT模块损坏的原因有多种，首先是外部负载发生故障而导致IGBT模块的损坏，如负载发生短路、堵转等。

（2）驱动电路损坏也容易导致SC故障报警，应对驱动电路波形进行测量。IGBT模块的损坏也容易导致驱动光耦的损坏。安川变频器上桥驱动电路使用的驱动光耦为PC923，这是专用于驱动IGBT模块的带有放大电路的光耦，下桥驱动电路采用的光耦为PC929，这是内部带有放大电路及检测电路的光耦。其次驱动电路老化也有可能导致驱动波形失真，或驱动电压波动太大而导致IGBT模块损坏，从而导致"SC"故障报警。检测电路霍尔传感器损坏也会引起过流报警。

（3）OH过热故障，当变频器发出过热故障信息时，首先应检查散热风扇是否运转。此外，30kW以上的变频器内部也带有一个散热风扇，此风扇的损坏也会导致OH的报警。

【例13】 安川变频器在运行中电动机抖动

故障现象： 一台安川616PC5-5.5kW变频器在运行中电动机抖动。

故障分析： 首先考虑是否是输出电压不平衡；再检查功率器件。经检查没有发现问题。给变频器重新通电显示正常。测量变频器三相输出电压，确实不平衡。测试六路输出波形，发现W相下桥波形不正常，依次测量该路电阻、二极管、光耦，发现驱动电路提供反压的二极管击穿。

故障处理： 更换二极管后，重新上电运行，三相输出电压平衡。

【例14】 电动机在低速时电动机抖动

故障现象： 一台安川616G5、3.7kW的变频器，故障现象为三相输出正常，但在低速时电动机抖动，无法正常运行。

故障分析与处理： 首先判断为变频器驱动电路损坏，将IGBT逆变模块从印刷电路板上卸下，使用电子示波器测量六路驱动电路，观察波形是否一致，找出不一致的那一路驱动电路，更换该驱动电路上的光耦，一般为PC923或者PC929，若变频器使用年数超过3年，推荐将驱动电路的电解电容全部更换，然后再用示波器观察，待六路波形一致后，装上IGBT逆变模块，进行负载实验，抖动现象消除。

【例15】 变频器主回路熔断器容易烧断

故障现象： 据用户称，该设备在一次正常使用时突然停止工作，检查发现主回路熔断器熔断，重换新件后又熔断。

故障分析： 变频技术是应交流电动机无级调速的需要而诞生的，变频器可将工频交流电压（频率为 50Hz、相电压为 220V 的交流电）通过整流装置变成恒定的直流电压，然后经过逆变器逆变成可变电压、可变频率的交流电压。由于采用微机编程的正弦波 PWM（脉冲宽度调制）控制，电流波形近似于正弦波形，故可用于驱动通用型交流电动机，以实现无级调速。

JR2C 型变频调速装置具有调速范围宽、转矩脉动小、保护功能完善、能够自诊断故障等优点。整个装置原理如图 7-29 所示。

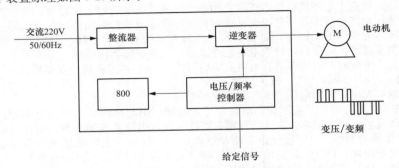

图 7-29　JR2C 型变频器原理框图

导致 JR2C 型变频调速装置主回路熔断器易熔断故障的原因主要有以下两个方面。

（1）变频保护器（GTR）装置损坏，整流二极管损坏以及与直流母线并联的电容器短路，使 FUZ 或 FUR、FUS、FUT 熔断器其中之一烧断。

（2）电源电压急剧上升损坏了整流二极管，使 FUR、FUS、FUT 可能部分或全部烧毁。

故障处理：经检查，发现本例故障由整流电路有二极管击穿短路引起的。重换同规格新的整流二极管及熔断的熔断器后，故障排除。

【例16】　变频器恒速运行时过电流的检修

故障现象：艾默生 TD3000 系列变频器恒速运行时就出现过电流现象。

故障分析：TD3000 系列变频器是一种高品质、多功能、低噪声的矢量控制通用变频器，它通过对电动机磁通电流和转矩电流的解耦控制，实现了转矩的快速响应和准确控制，可以很高地控制精度进行宽范围的调速运行。TD3000 系列变频器具有以下 5 个方面的功能。

（1）电动机参数自动辨识，自动实现温度补偿。

（2）零伺服锁定功能，可对位置进行控制，零速时 150% 的转矩输出。

（3）载波频率可达 16K，实现全面静音运行。

（4）全系列显示键盘，可带电插拔，具有参数多机复制功能。

（5）内置标准 RS485 或 PROFIBUS 现场总线接口，开放的通信协议，方便地进行网络化控制。

该变频器出现运行时就出现过电流故障，可能原因如下。

（1）电网电压偏低。

（2）变频器容量偏小。

（3）瞬间停电后再启动预置不当。

（4）编码器突然断线。

（5）负载过重。

故障处理：经现场检测，本例故障属于负载过重造成的，进一步检查发现，电动机运行工作电流较大，修复电动机故障后，故障排除。

【例17】　霍尔元件损坏导致变频器显示故障代码 E019 的检修

故障现象：某公司中板厂精整区域 3 号剪切机前辊道，是一组由 20 台单机单辊组成的辊道，为保证可靠性和生产连续性，该组辊道的奇数序号的电动机和偶数序号的电动机分别由 2 台艾默生 EV2000-4T0550G 变频器控制，2 台变频器的输出线分别引入 2 个电动机分配箱，再通过安装在电动机分配箱中的相应的电动机断路器，使 10 台奇数序号的电动机和 10 台偶数序号的电动机分 2 组并联运行。2006 年 1 月底，控制偶数序号电动机的变频器出现故障，使精整区域生产节奏变慢,需迅速排查、处理故障,使生产恢复正常。

故障分析:出现故障的变频器操作面板显示的故障代码为 E019,且按下复位键无法消除该故障,变频器停止工作。经查故障代码是 E019 的故障为电流检测电路故障。

EV2000-4T0550G 变频器的电流检测元件为霍尔元件,霍尔元件安装示意图如图 7-30 所示。图中只画出了变频器的逆变电路部分,通过 H1、H2 和 H3 这 3 个霍尔元件检测变频器的三相输出电流,经相关电路转换成线性电压信号,再经过放大比较电路输入到 CPU,CPU 根据该信号大小判断变频器是否过电流,如果输出电流超过保护设定值,则故障封锁保护电路动作,封锁 IGBT 脉冲信号,实现变频器的过流保护功能。

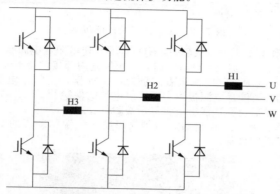

图 7-30 EV2000-4T0550G 变频器霍尔元件安装示意图

一般说来,变频器会由于控制板连线或插件松动、电流检测元件损坏和电流检测放大比较电路异常导致电流检测电路故障,第一种情况需检查控制板连线或插件有无松动,第二种情况需更换或处理电流检测元件,第三种情况为电流检测 IC 芯片或 IC 芯片工作电源异常,可通过更换 IC 芯片或修复变频器辅助电源解决。

故障处理:切断变频器输入电源,打开变频器前盖板,待直流端放电完毕后,检查控制板连线和插件,均无松动和异常现象。进一步检查霍尔元件是否损坏,EV2000-4T0550G 变频器的霍尔元件连线为插头—插座结构,首先拔掉 H3 上的插头,重新送电后,操作面板显示 E019;再次停电,待放电完毕后,拔掉 H2 上的插头,送电后,操作面板仍显示 E019;重新停电,待放电完毕后,拔掉 H1 上的插头,分别插上 H2、H3 上的插头,操作面板上的故障显示消失,显示正常,说明电流检测电路故障排除。

由于采用的 $v/f \approx c$ 控制方式,是一种开环控制方式,电流检测线路主要完成电流检测、电流显示和过流保护功能,而不是真正参与控制,所以,拔掉已损坏的霍尔元件 H1 上的插头,变频器仍能恢复正常工作,只是在原线路不变的情况下,利用 H2 和 H3 两个霍尔元件进行电流检测,变频器显示的电流值比利用三个霍尔元件进行电流检测时显示的电流值小。需要注意的是,在变频器重新投入使用后,须尽快更换缺损的霍尔元件。

通过在现场进行的观察、排查、分析,以及恰当、合理地处理,在极短的时间内,迅速排除了变频器故障,使精整区域生产节奏迅速恢复正常,保证了生产的正常进行。

【例 18】 操作面板无显示的检修

故障现象:富士通 G/P9 系列变频器投入电源后,操作面板无显示。

故障分析:在正常无故障的情况下,变频器投入电源后,键盘面板如图 7-31 所示。正常运行时的面板显示如图 7-32 所示。

图 7-31 无故障情况下
投入电源时面板显示

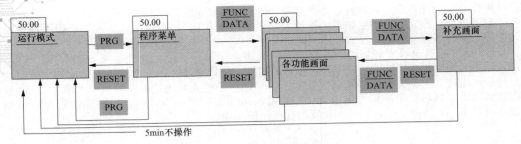

图 7-32   正常运行时的面板显示

G/P9 系列出现操作面板无显示故障时，有可能是充电电阻或电源驱动板的 C19 电容损坏；对于大容量 G/P9 系列的变频器出现此故障时，也可能是内部接触器不吸合造成。

对于 G/P11 小容量变频器除电源板有问题外，IPM 模块上的小电路板也可能出了问题；30G11 以上容量的机器，可能是电源板为主板提供电源的保险管 FUS1 损坏，造成上电无显示的故障。当主板出现问题后也会造成上电无显示故障。

故障处理：如图 7-33 所示，经检查，本例故障属于电源驱动板的 C19 电容损坏造成的，用同型号电容器更换后故障排除。

图 7-33   检测电源驱动板

【例 19】   富士通变频器运行频率不上升的检修

故障现象：当变频器上电后，按运行键，运行指示灯亮（键盘操作时），但输出频率一直显示"0.00"不上升。

故障分析：变频器出现上电后运行频率不上升故障，一般情况下是驱动板出了问题，更换新的驱动板后即可解决问题。但如果空载运行时变频器能上升到设定的频率，而带载时则停留在 1Hz 左右，则是因为负载过重，变频器的"瞬间过电流限制功能"起作用，这时可通过修改参数解决。

故障处理：经几次空载运行和带载运行试验，本例故障是因为变频器负载过重引起的。为准确确定负载率，可进行"负载率测定"。其方法是：由运行模式画面转换为程序菜单画面，选择"6. 负载率"，显示负载率测定画面。然后测定和显示设定时间内的最大电流、平均电流和平均制动功率，如图 7-34 所示。

经过负载率测定，考虑到最大电流、平均电流和平均制动功率等参数只是偏大，对变频器使用寿命基本上没有影响，于是采用以下方法修改功能参数：从运行模式画面转到编程菜单画面，选择"1. 数据设定"。此时显示有功能码和名称的功能码选择画面，再选择所需功能码，如图 7-35 所示。

选择功能时，用 ≫ + ∧ 或 ≫ + ∨ 键可按照功能组作为单位进行转移，便于大范围快速选择所需功能，如图 7-36 所示。

在数据设定画面上，用 ∧ ∨ 能以 LCD 显示数据最小单位增大或减小数据。持续按住 ∧ ∨ 键，数据变更将进位或退位，同时，变更的速度加快。另外，≫ 可任意选择数位，直接设定数据。

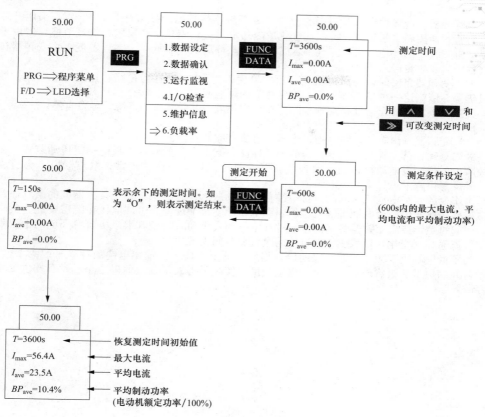

图 7-34　负载率测定方法

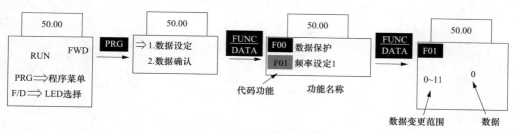

图 7-35　功能数据设定方法

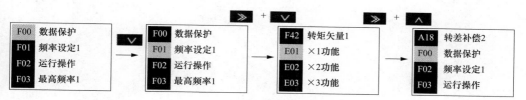

图 7-36　选择功能的方法

本例故障修改了 3 个参数：F09→3、H10→0、H12→0，变频器恢复正常。

【例 20】 JP6C-T9 变频器常跳闸的检修

故障现象：通过 JP6C-T9 高性能数字式变频器控制的水泵电动机常因为变频器跳闸而发生自停。

故障分析：造气炉供水泵使用的 JP6C-T9 系列高性能数字式变频器（45kW）采用开环控制，由变频器控制水泵转速，可保证气化炉冷却水供应，满足生产要求，实现节能。但由于水泵电动机安装现场环境恶劣，空气中含腐蚀气体，特别是气压低时，空气湿度大，变频器在运转过程中常发生自停，严重影响生产。

由于变频器自停时，自保护功能显示故障代码为 FL，内容为短路、接地、过电流、散热器过热等。依据这一现象初步分析，产生故障的可能原因如下。

(1) 变频器内部元器件存在软故障，在恶劣环境中其带载能力下降，导致自停。

(2) 电动机传动负荷过载，使变频器跳闸。

(3) 变频器输出布线环境恶劣过电压，造成变频器自停。

故障处理：首先检查变频器自身的绝缘性能，结果正常。检查水泵电动机传动装置，无机器故障，不会造成电动机过载。检查变频器两只冷却风扇，运转正常，散热器也不会造成过热。经反复检查未见异常，但故障依旧。

由于变频器和电动机之间的连接电缆存在着杂散电容和电感，其受某次谐波的激励而产生衰减振荡，造成传送至电动机输入端的驱动电压产生过冲现象。过冲电压在绕组中产生尖峰电流，引起过热，造成变频器跳闸。这一过冲电压的大小和时间随着水泵房自身环境的干湿程度和空气流通程度变化，使得变频器自停的次数和时间无规律性。

为了彻底解决变频器频繁自停问题，将变频器至电动机的输出电缆由穿铁管改为 PVC 管敷设，并缩短了变频器连接电动机的电缆长度，实际运行表明改造效果理想，没有发生变频器自停故障。

第8章 电力变压器故障诊断与检修

8.1 电力变压器的检查

8.1.1 电力变压器的运行标准

1. 运行允许温度

变压器的运行允许温度是根据变压器所使用绝缘材料的耐热强度而规定的最高温度。普通油浸式电力变压器的绝缘属于 A 级。其运行允许温度为 105℃。多年的变压器运行经验表明，变压器绕组温度连续运行在 95℃时，就可以保证变压器具有适当的合理寿命（约 20 年）。变压器油温若超过 85℃时，油的氧化速度加快，老化得越快。

2. 运行允许温升

变压器的运行允许温度与周围空气最高温度之差为运行允许温升。空气最高气温规定为＋40℃。同时还规定：最高日平均温度为＋30℃，最高年平均温度为＋20℃，最低气温为－30℃。

温度与温升的关系为

允许温度＝允许温升＋40℃（周围空气的最高温度）

3. 额定容量和受温度影响的实际容量

电力变压器的额定容量是指在规定环境温度条件下，户外安装时，在规定的使用年限（一般为 20 年）内所能连续输出的最大视在功率。

4. 变压器的正常过负荷能力

变压器的过负荷能力是指为满足某种运行需要而在某些时间内允许变压器超过其额定容量运行的能力。按过负荷运行的目的不同，变压器的过负荷可分为在正常情况下的过负荷和事故情况下的过负荷。

（1）正常过负荷。正常过负荷是指在不损害变压器绝缘和使用寿命的前提下的过负荷。随着外界因素的变化，如用电量增加或系统电压下降，特别是在高峰负荷时，可能出现过负荷情况，此时变压器的绝缘寿命损失将增加。相反，在低谷负荷时，由于变压器的负荷电流明显小于额定值，绝缘寿命损失减小。两者之间可以互相补偿，变压器仍可获得原设计的正常使用寿命。

变压器负荷达到容量的 130%时，即便运行温度未达到最高温度限值，亦应立即减负荷运行。

（2）事故过负荷。事故过负荷又称短时急救过负荷，是指在发生系统事故时，为了保证用户的供电和不限制发电厂出力，允许变压器在短时间内的过负荷。

事故过负荷是以牺牲变压器寿命为代价的。事故过负荷时，绝缘老化率允许比正常过负荷时高得多，即允许较大的过负荷。若过负荷数值和时间超过允许值，按规定减少变压器的负荷，这样也不会过分牺牲变压器的寿命。

8.1.2 电力变压器的运行检查

1. 变压器投入运行前的检查

电力变压器安装结束，各项交接试验和技术特性测试合格后，便进入启动试运行阶段。这个阶段是指变压器开始带电，可能的最大负荷连续运行 24h 所经历的过程。变压器投入运行前，应进行严格而全面的检查，检查项目如下。

（1）检查所有紧固件、连接件是否有松动，并重新紧固。

（2）检查接线组别是否按要求连接，分接挡的连接片是否固定在要求的挡位。

（3）检查本体（器身）、冷却装置及所有附件应无缺陷，且不渗油。

（4）检查在安装过程中是否还有异物或工具遗留。

(5) 检查外壳、铁芯装配是否永久性接地。

(6) 检查相色标志应正确，油漆应完整。

(7) 事故排油设施应完好，消防设施应齐全。

2. 电力变压器不停电检查

根据中华人民共和国电力行业标准《电力变压器检修导则》（DL/T 573—2010）的规定，电力变压器不停电检查（例行检查）的周期、项目及要求见表 8-1。

表 8-1　　　　　　　　　　　变压器不停电检查周期、项目及要求

序号	检查部位	检查周期	检查项目	要求
1	变压器本体	必要时	温度	(1) 顶层油温度计、绕组温度计的外观完整，表盘密封良好，温度指示正常 (2) 测量油箱表面温度，无异常现象
			油位	(1) 油位计外观完整，密封良好 (2) 对照油温与油位的标准曲线检查油位指示正常
			渗漏油	(1) 法兰、阀门、冷却装置、油箱、油管路等密封连接处，应密封良好，无渗漏痕迹 (2) 油箱、升高座等焊接部位质量良好，无渗漏油现象
			异声和振动	运行中的振动和噪声应无明显变化，无外部连接松动及内部结构松动引起的振动和噪声；无放电声响
			铁芯接地	铁芯、夹件外引接地应良好，接地电流宜在 140mA 以下
2	冷却装置	必要时	运行状况	(1) 风冷却器风扇和油泵的运行情况正常，无异常声音和振动；水冷却器的压差继电器和压力表的指示正常 (2) 油流指示正确，无抖动现象
			渗漏油	冷却装置及阀门、油泵、管路等无渗漏
			散热情况	散热情况良好，无堵塞、气流不畅等情况
3	套管	必要时	瓷套情况	(1) 瓷套表面应无裂纹、破损、脏污及电晕放电等现象 (2) 采用红外测温装置等手段对套管，特别是装硅橡胶增爬裙或涂防污涂料的套管，重点检查有无异常
			渗漏油	(1) 各部密封处应无渗漏 (2) 电容式套管应注意电容屏末端接地套管的密封情况
			过热	(1) 用红外测温装置检测套管内部及顶部接头连接部位温度情况 (2) 接地套管及套管电流互感器接线端子是否过热
			油位	油位指示正常
4	吸湿器	必要时	干燥度	(1) 干燥剂颜色正常 (2) 油盒的油位正常
			呼吸	呼吸正常，并随着油温的变化油盒中有气泡产生。如发现呼吸不正常，应防止压力突然释放
5	无励磁分接开关	必要时	位置	(1) 挡位指示清晰、指示正确 (2) 机械操作装置应无锈蚀
			渗漏油	密封良好，无渗油

序号	检查部位	检查周期	检查项目	要求
6	有载分接开关	必要时	电源	(1) 电压应在规定的偏差范围之内 (2) 指示灯显示正常
			油位	储油柜油位正常
			渗漏油	开关密封部位无渗漏油现象
			操作机构	(1) 操作齿轮机构无渗漏油现象 (2) 分接开关连接、齿轮箱、开关操作箱内部等无异常
			油流控制继电器（气体继电器）	应密封良好，无集聚气体
7	开关在线滤油装置	必要时	运行情况	(1) 在滤油时，检查压力、噪声和振动等无异常情况 (2) 连接部分紧固
			渗漏油	滤油机及管路应无渗漏油现象
8	压力释放阀	必要时	渗漏油	应密封良好，无喷油现象
			防雨罩	安装牢固
			导向装置	固定良好，方向正确，导向喷口方向正确
9	气体继电器	必要时	渗漏油	应密封良好
			气体	无集聚气体
			防雨罩	安装牢固
10	端子箱和控制箱	必要时	密封性	密封良好，无雨水进入、潮气凝露
			接触	接线端子应无松动和锈蚀、接触良好无发热痕迹
11	在线监测装置	必要时	运行状况	(1) 无渗漏油 (2) 工作正常

3. 变压器停电检查

根据中华人民共和国电力行业标准《电力变压器检修导则》（DL/T 573—2010）的规定，电力变压器停电检查的周期、项目及要求见表 8-2。

表 8-2 变压器停电检查的周期、项目及要求

序号	检查部位	检查周期	检查项目	要求
1	冷却装置	1~3 年或必要时	振动	开启冷却装置，检查是否有不正常的振动和异音
			清洁	(1) 检查冷却器管和支架的脏污、锈蚀情况，如散热效果不良，应每年至少进行 1 次冷却器管束的冲洗 (2) 必要时对支架、外壳等进行防腐（漆化）处理
			绝缘电阻	采用 500V 或 1000V 绝缘电阻表测量电气部件的绝缘电阻，其值应不低于 1MΩ
			阀门	检查阀门是否正确开启
			负压检查	逐台关闭冷却器电源一定时间（30min 左右）后，检查冷却器负压区应无渗漏现象。若存在渗漏现象应及时处理，并消除负压现象

续表

序号	检查部位	检查周期	检查项目	要求
2	水冷却器	1～3 年或必要时	运行状况	(1) 压差继电器和压力表的指示是否正常 (2) 冷却水中应无油花 (3) 运行压力应符合制造厂的规定
3	电容型套管	1～3 年或必要时	瓷件	(1) 瓷件应无放电、裂纹、破损、脏污等现象，法兰无锈蚀 (2) 必要时校核套管外绝缘爬距，应满足污秽等级的要求
			密封及油位	套管本体及与箱体连接密封应良好，油位正常
			导电连接部位	(1) 应无松动 (2) 接线端子等连接部位表面应无氧化或过热现象
			末屏接地	末屏应无放电、过热痕迹，接地良好
4	充油套管	1～3 年或必要时	瓷件	(1) 瓷件应无放电、裂纹、破损、脏污等现象，法兰无锈蚀 (2) 必要时校核套管外绝缘爬距，应满足污秽等级的要求
			密封及油位	套管本体及与箱体连接密封应良好，油位正常
			导电连接部位	(1) 应无松动 (2) 接线端子等连接部位表面应无氧化或过热现象
5	无励磁分接开关	1～3 年或必要时	操作机构	(1) 限位及操作正常 (2) 转动灵活，无卡涩现象 (3) 密封良好 (4) 螺栓紧固 (5) 分接位置显示应正确一致
6	有载分接开关	1～3 年或必要时	操作机构	(1) 两个循环操作各部件的全部动作顺序及限位动作，应符合技术要求 (2) 各分接位置显示应正确一致
			绝缘测试	采用 500V 或 1000V 绝缘电阻表测量辅助回路绝缘电阻，其值应大于 1MΩ
7	油流带电的泄漏电流	必要时	中性点（330kV 及以上变压器）	开启所有油泵，稳定后测量中性点泄漏电流，应小于 3.5μA

续表

序号	检查部位	检查周期	检查项目	要求
8	其他	1～3 年或必要时	气体继电器	(1) 密封良好，无渗漏现象 (2) 轻、重瓦斯动作可靠，回路传动正确无误 (3) 观察窗清洁，刻度清晰
			压力释放阀	(1) 无喷油、渗漏油现象 (2) 回路传动正确 (3) 动作指示杆应保持灵活
			压力式温度计、热电阻温度计	(1) 温度计内应无潮湿气凝露，并与顶层油温基本相同 (2) 比较压力式温度计和热电阻温度计的指示，差值应在 5℃之内 (3) 检查温度计接点整定值是否正确，二次回路传动正确
			绕组温度计	(1) 温度计内应无潮湿气凝露 (2) 检查温度计接点整定值是否正确
			油位计	(1) 内部无潮湿气凝露 (2) 浮球和指示的动作是否同步 (3) 应无虚假油位现象
			油流继电器	(1) 内部无潮湿气凝露 (2) 指针位置是否正确，油泵启动后指针应达到绿区，无抖动现象
			二次回路	(1) 采用 500V 或 1000V 绝缘电阻表测量继电器、油温指示器、油位计、压力释放阀二次回路的绝缘电阻应大于 1MΩ (2) 接线盒、控制箱等防雨、防尘是否良好，接线端子有无松动和锈蚀现象

8.2　电力变压器常见故障诊断与处理

8.2.1　电力变压器故障诊断的必要性

电力变压器是电力系统中最重要的电气设备之一，也是导致电力系统事故最多的电气设备之一，其运行状态直接影响到系统的安全性水平。及时发现变压器的潜伏性故障，保证变压器的安全运行，从而提高供电的可靠性，是电力部门关注的一个重要问题。

运行的变压器发生不同程度的故障时，会产生异常现象或信息。故障诊断就是搜集变压器的异常现象或信息，根据这些现象或信息进行分析，从而判断故障的性质、严重程度和部位。电力变压器诊断故障具有以下 3 个作用。

(1) 及时发现局部故障和轻微故障，以便采取措施消除故障，防止变压器损坏而停运，提高电力系统运行可靠性，减少损失。

(2) 发现运行中的问题，为改进运行维护措施和修订运行规程提供依据。

(3) 发现产品质量问题，为改进设计和制造工艺提供依据。

变压器一旦发生事故，造成的直接和间接经济损失是很大的。因此，变压器的故障监测与诊断一直以来是国内外电力系统部门所重视的科研项目。尤其是通过监测油中溶解特征气体含量，监视变压器的运行，判断潜伏性故障已成为保证变压器安全运行的重要手段。

通过对电力变压器的故障诊断，将会避免重复性和不必要的某些定期大修和小修，从而降低了维修费用，避免了浪费，同时也有效地降低了故障发生率。避免传统试验对电气设备由于"过度检修"造成的巨大损失，有效地延长设备的使用寿命，使设备检修达到优化配置，采取状态监测与故障诊断技术后，可以使预防性维修向预知性维修即"状态维修"过渡，从"到期维修"过渡到"该修则修"。同时，也为变电站"无人化"创造了条件。

8.2.2 电力变压器典型故障诊断与处理

1. 电力变压器故障诊断方法

电力变压器故障的诊断方法较多，可归纳为"看""听""测"三个方面。

(1) 看。就是通过观察故障发生时的颜色、湿度、气味等异常现象，由外向内认真检查变压器的每一处。

1) 看渗漏油。变压器运行中渗漏油现象比较普遍，其外面闪闪发光或粘着黑色的液体就可能是漏油。渗漏主要原因是油箱与零部件连接处密封不良、焊件或铸件存在缺陷、运行中额外荷重或受到振动等。此外，内部故障也会使油温升高，油的体积膨胀，发生漏油。

2) 看体表。变压器故障时都伴随着体表的变化。防爆膜龟裂、破损。当呼吸口不能正常呼吸时，会使内部压力升高引起防爆膜破损；当气体继电器、压力继电器、差动继电器等动作时，可推测是内部故障引起的。

吸湿剂变色是吸潮过度、垫圈损坏、进入其油室的水量太多等原因造成的。当吸湿剂从蓝色变为粉红色时，应做再做处理。

(2) 听。变压器正常运行时，由于交流电通过变压器绕组，在铁芯里产生周期性的交变磁通，引起电工钢片的磁致伸缩，铁芯的接缝与叠层之间的磁力作用及绕组的导线之间的电磁力作用引起振动，会发出均匀的"嗡嗡"响声。如果产生不均匀响声或其他响声，都属不正常现象。不同的声响预示着不同的故障现象。

(3) 测。依据声音、颜色及其他现象对变压器事故的判断，只能作为现场的初步判断，因为变压器的内部故障不仅是单方面的直观反映，它涉及诸多因素，有时甚至出现假象。因此必须进行测量并做综合分析，才能准确找出故障原因及判明事故性质，提出较完备合理的处理办法。

2. 变压器本体声音异常的诊断与处理

电力变压器常见本体声音异常情况的诊断与处理措施见表 8-3。

表 8-3 变压器本体声音异常的诊断与处理

序号	异常现象	异常原因	诊断方法或部位	处理
1	连续的高频率尖锐声	过励磁	运行电压	运行电压高于分接位置所在的分接电压
		谐波电流	谐波分析	存在超过标准允许的谐波电流
		直流电流	直流偏磁	中性点电流明显增大，存在直流分量
		系统异常	中性点电流	电网发生单相接地或电磁共振，中性点电流明显增大
2	异常增大且有明显的杂音	铁芯结构件松动	听声音来源	夹件或铁芯的压紧装置松动、硅钢片振动增大，或个别紧固件松动
		连接部位的机械振动	听声音来源	连接部位松动或不匹配
		直流电流	直流偏磁	中性点电流明显增大，存在直流分量
3	"吱吱"或"噼啪"声	接触不良及引起的放电	套管连接部位	套管与母线连接部位及压环部位接触不良
			油箱法兰连接螺栓	油箱上的螺栓松动或金属件接触不良

序号	异常现象	异常原因	诊断方法或部位	处理
4	"嘶嘶"声	套管表面或导体棱角电晕放电	红外测温，紫外测光	套管表面脏污、釉质脱落或有裂纹
				受浓雾等恶劣天气影响
5	"噗咯"的沸腾声	局部过热或充氮灭火装置氮气充入本体	温度和油位	油位、油温或局部油箱壁温度异常升高，表明变压器内部存在局部过热现象
			气体继电器内气体	分析气体成分，区分故障原因
			听声音的来源	倾听声音的来源，或用红外仪检测局部过热的部位，根据变压器的结构，判定具体部位
6	"哇哇"声	过载	负载电流	过载或冲击负载产生的间歇性杂声
			中性点电流	三相不均匀过载，中性点电流异常增大

3. 冷却器声音异常的诊断与处理

变压器冷却器声音异常情况的诊断与处理见表 8-4。

表 8-4　　　　　　　　变压器冷却器声音异常情况的诊断与处理

序号	异常现象	异常原因	诊断方法或部位	处理措施
1	油泵均匀的周期性"咯咯"金属摩擦声	电动机定子与转子间的摩擦或有杂质	(1) 听其声音 (2) 测量振动	更换油泵
		叶片与外壳间的摩擦		
2	油泵的无规则非周期性金属摩擦声	轴承破裂	(1) 听其声音 (2) 测量振动	更换轴承或油泵
3	油路管道内的"轰轰"声	进油处的阀门未开启或开启不足	(1) 听其声音 (2) 测量振动	开启阀门
		存在负压	检查负压	消除负压

4. 绝缘受潮异常情况的诊断与处理

由于进水受潮，出现了油中含水量超出标准值、绝缘电阻下降、泄漏电流增大、变压器本体介质损耗因数增大、油耐压下降等现象，其诊断方法与处理措施见表 8-5。

表 8-5　　　　　　　　变压器绝缘受潮异常情况的诊断与处理

序号	诊断方法或部位	处理
1	含水量测定、油中溶解气体分析	(1) 油中含水量超标 (2) H_2 持续增长较快
2	冷却器检查	(1) 逐台停运冷却器（阀门开启），观察冷却器负压区是否存在渗漏 (2) 在冷却器的进油放气塞处测量油泵运行时的压力是否存在负压
3	气样分析	若气体继电器内有连续不断的气泡，应取样分析，如无故障气体成分，则表明变压器可能在负压区有渗漏现象
4	油中含气量分析	油中含气量有增长趋势，可能存在渗漏现象
5	各连接部位的渗漏检查	有渗漏时应处理
6	吸湿器	检查吸湿器的密封情况，变色硅胶颜色和油杯油量是否正常
7	储油柜	检查储油柜与胶囊之间的接口密封情况，胶囊是否完全撑开，与储油柜之间应无气体

序号	诊断方法或部位	处理
8	胶囊或隔膜	胶囊或隔膜是否有水迹和破损及老化龟裂现象,如有应及时处理或更换
9	整体密封性检查	在保证压力释放阀或防爆膜不动作的情况下。在储油柜的最高油位上施加0.035MPa的压力12h,观察变压器所有接口是否渗漏
10	套管检查	通过正压或负压法检查套管密封情况,如有渗漏现象应及时更换套管顶部连接部位的密封胶垫
11	内部检查	(1)检查油箱底部是否有水迹。若有,应查明原因并予以消除 (2)检查绝缘件表面是否有起泡现象。如有表明绝缘已进水受潮,可进一步取绝缘纸样进行含水量测试,或进行燃烧试验,若燃烧时有轻微"噼啪"声,即表明绝缘受潮,则应进行干燥处理 (3)检查放电痕迹。若绝缘件因进水受潮引起的放电,则放电痕迹有明显水流迹象,且局部受损严重,油中会产生 H_2(氢气)、CH_4(甲烷)和 C_2H_2(乙炔)主要气体。在器身干燥处理前,应对受损的绝缘部件予以更换

5. 过热性异常情况诊断与处理

变压器出现总烃超出规定值,并持续增长,油中溶解气体分析提示过热,温升超标等过热异常情况时,其诊断方法及处理措施见表8-6。

表8-6 变压器过热性异常情况的诊断与处理措施

序号	故障原因	诊断方法或部位		处理
1	铁芯、夹件多点接地	运行中测量铁芯接地电流		运行中若大于300mA时,应加装限流电阻进行限流,将接地电流控制在100mA以下,并适时安排停电处理
		油中溶解气体分析		通常热点温度较高,C_2H_6(乙烷)、C_2H_4(乙烯)增长较快
		兆欧表及万用表测绝缘电阻		(1)若具有绝缘电阻较低(如几十千欧)的非金属短接特征,可在变压器带油状态下采用电容放电方法进行处理,放电电压应控制在6~10kV (2)若具有绝缘电阻接近于零(如万用表测量几千欧内)的金属性直接短接特征,必要时应吊罩(芯)检查处理,并注意区别铁芯对夹件或铁芯对油箱的绝缘降低问题
		接地点定位	万用表定位法	用3~4只万用表,其连接点分别在高低压侧夹件上的左右上下移动,如某两个连接点间的电阻在不断变小,表明测量点在接近接地点
			敲打法	用手锤敲打夹件,观察接地电阻的变化情况,如在敲打过程中有较大的变化,则接地点就在附近
			放电法	用试验变压器在接地极上施加不高于6kV的电压,如有放电声音,查找放电位置
			红外定位法	用直流电焊机在接地回路中注入一定的直流电流,然后用红外热成像仪查找过热点

序号	故障原因	诊断方法或部位	处理
2	铁芯局部短路	油中溶解气体分析	通常热点温度较高，H_2、C_2H_6、C_2H_4 增长较快。严重时会产生 C_2H_2
		过励磁试验（1.1倍）	1.1 倍的过励磁会加剧它的过热，油色谱中特征气体组分会有明显的增长，则表明铁芯内部存在多点接地或短路缺陷现象，应进一步吊罩（芯）或进油箱检查
		低电压励磁试验	严重的局部短路可通过低于额定电压的励磁试验，以确定其危害性或位置
		用绝缘电阻表及万用表检测短接性质及位置	（1）目测铁芯表面有无过热变色、片间短路现象，或用万用表逐级检查，重点检查级间和片间有无短路现象。若有片间短路，可松开夹件，每两只片之间用干燥绝缘纸进行隔离 （2）对于分级短接的铁芯，如存在级间短路，应尽量将其断开。若短路点无法消除，可在短路级间四角均匀短接（如在短路的两级间均匀打入长 60～80mm 的不锈钢螺杆或钉）或串电阻
3	导电回路接触不良	油中溶解气体分析	（1）观察 C_2H_6、C_2H_4 和 CH_4 增长速度，若增长速度较快，则表明接触不良已严重，应及时检修 （2）结合油色谱 CO_2 和 CO 的增量和比值进行区分是在油中还是在固体绝缘内部或附近过热，若近邻绝缘附近过热，则 CO、CO_2 增长较快
		红外测温	检查套管连接部位是否有高温过热现象
		改变分接开关位置	可改变分接开关位置，通过油色谱的跟踪，判断分接开关是否接触不良
		油中糠醛含量测试	可确定是否存在固体绝缘部位局部过热。若测定的值有明显变化，则表明固体绝缘存在局部过热，加速了绝缘老化
		直流电阻测量	若直流电阻值有明显的变化，则表明导电回路存在接触不良或缺陷
		吊罩（芯）或进油箱检查	（1）分接开关连接引线、触头接触面有无过热性变色和烧损情况 （2）引线的连接和焊接部位的接触面有无过热性变色和烧损情况 （3）检查引线是否存在断股和分流现象，防止分流产生过热 （4）套管内接头的连接应无过热性变色和松动情况
4	导线股间短路	油中溶解气体分析	该故障特征是低温过热，油中特征气体增长较快
		过电流试验（1.1倍）	1.1 倍的过电流会加剧它的过热，油色谱会有明显的增长
		解体检查	打开围屏，检查绕组和引线表面绝缘有无变色、过热现象
		分相低电压下的短路试验	在接近额定电流下比较短路损耗，区别故障相

序号	故障原因	诊断方法或部位	处理
5	油道堵塞	油中溶解气体分析	该故障特征是低温过热逐渐向中温至高温过热演变，且油中 CO、CO_2 含量增长较快
		油中糠醛含量测试	可确定是否存在固体绝缘部位局部过热。若测定的值有明显变化，则表明固体绝缘存在局部过热，加速了绝缘老化
		过电流试验（1.1倍）	1.1 倍的过电流会加剧它的过热，油色谱会有明显的增长，可进行油箱或吊罩（芯）检查
		净油器检查	检查净油器的滤网有无破损，硅胶有无进入器身。硅胶进入绕组内会引起油道堵塞，导致过热，如发生应及时清理
		目测	解开围屏，检查绕组和引线表面有无变色、过热现象并进行处理
		油面温度	油面温度过高，而且可能出现变压器两侧油温差较大
6	悬浮电位、接触不良	油中溶解气体分析	该故障特征是伴有少量 H_2、C_2H_2 产生和总烃稳步增长趋势
		目测	逐一检查连接端子接触是否良好，有无变色过热现象，重点检查无励磁分接开关的操作杆 U 形拨叉、磁屏蔽、电屏蔽、钢压钉等有无变色和过热现象
7	结构件或电、磁屏蔽等形成短路环	油中溶解气体分析	该故障具有高温过热特征，总烃增长较快
		绝缘电阻测试	绝缘电阻不稳定，并有较大的偏差，表明铁芯柱内的结构件或电、磁屏蔽等形成了短路环
		励磁试验	在较低的电压下励磁，励磁电流也较大
		目测	(1) 逐一检查结构件或电、磁屏蔽等有无短路、变色过热现象 (2) 逐一检查结构件或电、磁屏蔽等接地是否良好
8	油泵轴承磨损或线圈损坏	油泵运行检查	(1) 声音、振动是否正常 (2) 工作电流是否平衡、正常 (3) 温度有无明显变化 (4) 逐台停运油泵，观察油色谱的变化
		绕组直流电阻测试	三相直流电阻是否平衡
		绕组绝缘电阻测试	采用 500V 或 1000V 绝缘电阻表测量对地绝缘电阻应大于 1MΩ
9	有载分接开关绝缘筒渗漏	油中溶解气体分析	属高温过热，并具有高能量放电特征
		油位变化	有载分接开关储油柜中的油位异常变化，有载分接开关绝缘筒可能存在渗漏现象
		压力试验	在本体储油柜吸湿器上施加 0.035MPa 的压力，观察分接开关储油柜的油位变化情况，如发生变化，则表明已渗漏

6. 放电性异常情况诊断与处理

变压器的油中出现放电性异常，H_2 或 C_2H_2 含量升高，其诊断方法与处理措施见表 8-7。

表 8-7 变压器放电性异常情况诊断方法与处理措施

序号	故障原因	诊断方法或部位	处理
1	油泵内部放电	油中溶解气体分析	（1）属高能量局部放电，这时产生的主要气体是 H_2 和 C_2H_2 （2）若伴有局部过热特征，则是摩擦引起的高温
		油泵运行检查	油泵内部存在局部放电，可能是定子绕组的绝缘不良引起放电
		绕组绝缘电阻测试	采用 500V 或 1000V 绝缘电阻表测量对地绝缘电阻应大于 $1M\Omega$
		解体检查	（1）定子绕组绝缘状态，在铁芯、绕组表面上有无放电痕迹 （2）轴承磨损情况，或转子和定子之间是否有金属异物引起的高温摩擦
2	悬浮杂质放电	油中含气量测试	属低能量局部放电，时有时无，这时产生的气体主要是 H_2 和 CH_4
		油颗粒度测试	油颗粒度较大或较多，并含有金属成分
3	悬浮电位放电	油中溶解气体分析	具有低能量放电特征
		目测	（1）所有等电位的连接是否良好 （2）逐一检查结构件或电、磁屏蔽等有无短路、变色、过热现象
		局部放电量测试	可结合局放定位进行局部放电量测试，以查明放电部位及可能产生的原因
4	油流带电	油中溶解气体分析	油色谱特征气体增长
		油中带电度测试	测量油中带电度，如超出规定值，内部可能存在油流带电、放电现象
		泄漏电流或静电感应电压测量	开启油泵，测量中性点的静电感应电压或泄漏电流，如长时间不稳定或稳定值超出规定值，则表明可能发生了油流带电现象
5	有载分接开关绝缘筒渗漏	油中溶解气体分析	油中溶解气体分析属高能量放电，并有局部过热特征
6	导电回路接触不良及其分流	油中金属微量测试	测试结果若金属铜含量较大，表明电导回路存在放电现象
		油中溶解气体分析	油中溶解气体分析属低能量火花放电，并有局部过热特征，这时伴随少量 C_2H_2 产生
7	不稳定的铁芯多点接地	油中溶解气体分析	属低能量火花放电，并有局部过热特征，这时伴随少量 H_2 和 C_2H_2 产生
		运行中测量铁芯接地电流	接地电流时大时小，可采取加限流电阻办法限制，或适时按上述办法停电处理
8	金属尖端放电	油中溶解气体分析	油色谱中特征气体增长
		油中金属微量测试	（1）若铁含量较高，表明铁芯或结构件放电 （2）若铜含量较高，表明绕组或引线放电
		局部放电量测试	可结合局放定位进行局部放电量测试，以查明放电部位及可能产生的原因
		目测	重点检查铁芯和金属尖角有无放电痕迹

续表

序号	故障原因	诊断方法或部位	处理
9	气泡放电	油中溶解气体分析	具有低能量局部放电,产生的气体主要是 H_2 和 CH_4
		目测和气样分析	检查气体继电器内的气体,取气样分析,如主要是氧和氮,表明是气泡放电
		油中含气量测试	(1) 如油中含气量过大,并有增长的趋势,应重点检查胶囊、油箱、油泵和在线油色谱装置等是否有渗漏 (2) 油中含气量接近饱和值时,环境温度或负荷变化较大后会在油中产生气泡
		残气检查	(1) 检查各放气塞是否有剩余气体放出 (2) 在储油柜上进行抽微真空,检查其气体继电器内是否有气泡通过
10	绕组或引线绝缘击穿	油中溶解气体分析	(1) 具有高能量电弧放电特征,主要气体是 H_2 和 C_2H_2 (2) 涉及固体绝缘材料,会产生 CO 和 CO_2 气体
		绝缘电阻测试	如内部存在对地树枝状的放电,绝缘电阻会有下降的可能,故检测绝缘电阻,可判断放电的程度
		局部放电量测试	可结合局放定位进行局部放电量测试,以查明放电部位及可能产生的原因
		油中金属微量测试	测试结果若存在金属铜含量较大,表明绕组已烧损
		目测	(1) 观测气体继电器内的气体,并取气样进行色谱分析,这时主要气体是 H_2 和 C_2H_2 (2) 结合吊罩(芯)或进油箱内部,重点检查绝缘件表面和分接开关触头间有无放电痕迹,如有应查明原因,并予以更换处理
11	油箱磁屏蔽接地不良	油中溶解气体分析	以 C_2H_2 为主,且通常伴有 C_2H_4、CH_4 等
		目测	磁屏蔽松动或有放电形成的游离炭
		测量绝缘电阻	打开所有磁屏蔽接地点,对磁屏蔽进行绝缘电阻测量

7. 绕组变形异常的检查与处理

变压器的绕组出现变形异常情况,如电抗或阻抗变化明显、频响特性异常、绕组之间或对地电容量变化明显等情况时,其故障原因主要有如下两点:运输中受到冲击;短路电流冲击。变压器绕组变形异常的诊断方法与处理措施见表8-8。

表8-8 变压器绕组变形异常的诊断方法与处理措施

序号	诊断方法或部位	处理
1	低电压阻抗测试	测试结果与历史值、出厂值或铭牌值做比较,如有较大幅度的变化,表明绕组有变形的迹象
2	频响特性试验	测试结果与历史做比较,若有明显的变化,则说明绕组有变形的迹象
3	各绕组介质损耗因数和电容量测试	测试结果与历史做比较,若有明显的变化,则说明绕组有变形的迹象
4	短路损耗测试	如测试结果的杂散损耗比出厂值有明显的增长,表明绕组有变形的迹象
5	油中溶解气体色谱分析	测试结果异常,表明绕组已有烧损现象
6	绕组检查	(1) 外观检查(包括内绕组)。检查垫块是否整齐,有无移位、跌落现象;检查压块是否移位、开裂、损坏现象;检查绝缘纸筒是否有窜动、移位的痕迹,如有表明绕组有松动或变形的现象,必须重新紧固处理并进行有关试验 (2) 用手锤敲打压板检查相应位置的垫块,听其声音判断垫块的紧实度 (3) 检查绝缘油及各部位有无炭粒、炭化的绝缘材料碎片和金属粒子,若有表明变压器已经烧毁,应更换处理 (4) 在适当的位置可以用内窥镜对内部绕组进行检查

8.3 电力变压器常见故障分析与检修

8.3.1 电力变压器故障原因及类型

1. 变压器的故障类型

电力变压器故障种类是多种多样的，按照故障发生的部位，可以大致将变压器故障分为内部故障和外部故障两大类型。内部故障是指变压器油箱内发生的各种故障，外部故障是指变压器油箱外部绝缘套管及其引出线上发生的各种故障，见表 8-9。

表 8-9   电力变压器的故障种类

故障部位	故障类型	
变压器的内部	绕组故障	绝缘击穿、断线、变形等
	铁芯故障	铁芯叠片之间绝缘损坏、接地、铁芯的穿芯螺栓绝缘击穿
	内部装配金具故障	焊接不良、部件脱落等
	分接开关故障	分接开关接触不良或电弧等
	引线接地故障	引线对地闪络、断裂等
	绝缘油引起的故障	绝缘油老化等
变压器的外部	油箱故障	焊接质量不好、密封线圈不好等
	附件故障	绝缘套管、各种继电器的故障等
	其他外部装置故障	冷却装置及控制设备的故障等

变压器内部故障从性质上一般又分为热故障和电故障两大类。

（1）热故障通常为变压器内部局部过热、温度升高。根据其严重程度，热故障常被分为轻度过热（低于 150℃）、低温过热（150～300℃）、中温过热（300～700℃）、高温过热（一般高于 700℃）4 种故障情况。

（2）电故障通常指变压器内部在高电场的作用下，造成绝缘性能下降或劣化的故障。根据放电的能量密度不同，电故障又分为局部放电、火花放电和高能电弧放电 3 种故障类型。

2. 变压器内部故障原因

变压器的故障类型是多种多样的，引起故障的原因也是极为复杂的。概括而言，有制造缺陷，包括设计不合理、材料质量、工艺不佳；运输、装卸和包装不当；现场安装质量缺陷，运行过负荷或者操作不当，甚至误操作；维护管理不善或不充分，包括干燥处理不彻底，以及雷击和动物危害等都是可能引起变压器内部故障甚至事故的原因。240 台变压器内部故障原因统计结果见表 8-10。

表 8-10   240 台电力变压器内部故障原因统计

故障部位	故障现象	故障原因	台数
铁芯和夹件	铁芯局部短路过热（有时兼多点接地）	紧固螺栓使铁芯局部短路	15
		穿芯螺栓绝缘破裂或炭化引起铁芯局部短路	
		焊渣或其他金属异物使铁芯局部短路	
		夹件碰铁芯使铁芯局部短路	
		穿芯螺母座套过长造成铁芯局部短路	
		接地片过长，紧贴铁芯引起局部短路	
		上下铁轭拉杆端头锁定螺母松动，在强磁场下造成过热	

故障部位	故障现象	故障原因	台数
铁芯	多点接地引起铁芯环流而过热	穿芯螺栓绝缘破坏引起多点接地	46
		硅钢片边角翘起碰夹件	
		夹件碰铁芯	
		测温屏蔽线碰轭铁	
		上铁轭太长碰油箱壁或加强筋	
		压板位移碰铁芯	
	铁芯局部过热	安装时定位销（稳钉）未翻转或切割掉	3
		方铁与铁芯之间绝缘破坏而相碰	
		金属异物、大量焊渣或硅胶引起多点接地	
		下夹件间铁芯托板与铁芯之间的槽形绝缘板破裂或位移	
		下部绕组托板太长碰铁芯	
		磁饱和使铁芯过热	
		铁芯接缝不良而过热	
		铁芯冷却油道堵塞	
夹件	短路环流过热	压钉与压板之间绝缘破裂或位移使开口压环闭合而形成短路环	2
引线	引线局部接触不良引起过热	低压引线焊接不良	13
		低压引线与出线套管之间的接头螺母松动	
		分接抽头铜铝过渡接头焊接不良	
		高压套管螺母松动	
		将军帽紧固螺钉不到位，造成接触不良	
	引线接头烧熔发生电弧	接头焊接不良，引线夹板相碰	3
	引线对油箱或夹件放电	引线太长，弯曲部分离油箱或夹件太近	8
		引线应力锥处绝缘进水受潮	
	火花放电	操作过电压作用	6
		引线搭在套管均压球上	
		套管均压球脱落	
		套管穿缆导管电位悬浮	
	引线间或引线对其他电位体电弧放电	两相引线距离太近或相碰	4
		引线接头松动，以致烧断	
		接地不良，雷击过电压作用	
高压匝、层间	匝、层间电弧放电，饼间连线烧断	绝缘严重受潮	35
		绝缘裕度不够（如薄绝缘）	
		接头焊接不良，熔断	
		变压器出口短路事故	
		匝间绝缘裕度不够，或绝缘老化	
低压匝、层间	匝、层间短路放电，低压相间短路放电	雷击过电压的作用	5
		接头焊接不良	
		出口短路冲击	
分接开关	接触不良引起局部过热	分接开关弹簧压力不够或触头之间表面接触不良	86
	飞弧或火花放电	动触头未落位	9
		分接开关操作杆电位未固定	
高压绕组垫块与围屏绝缘结构件	树枝状放电	高场强集中和长垫块有尖角，引起电场畸变	1
	固体绝缘过热	双饼式绕组带附加绝缘的变压器附加绝缘膨胀，油道堵塞	4
		相间围屏破裂、烧伤	
		绕组局部过热	
		引线绝缘劣化	

3. 变压器油质劣化的原因

变压器油是电力系统中重要的液体绝缘介质，主要应用于各种变压器中起绝缘、散热冷却和熄灭电弧的作用。由于运行中受温度、电压、O_2 等的影响，油在运行中是要不断老化的。劣化的变压器油会使损坏设备、威协设备的安全运行，严重者会造成设备事故。

影响变压器油质劣化的主要因素有高温、空气中的 O_2 和潮气水分等。

（1）高温加速变压器油油质劣化速度，当油温在 70℃ 以上时，每升高 10℃ 油的氧化速度增加 1.5～2 倍。

（2）变压器油长期和空气中的 O_2 接触，会产生酸、树脂、沉淀物，使绝缘材料严重劣化。

（3）变压器油中进入水分、潮气、电气绝缘性明显下降，易击穿。

【特别提醒】

变压器油分为 10 号、25 号、45 号，它们的凝固点分别为 -10℃ 以下、-25℃ 以下、-45℃ 以下。一般来说，10 号适用于长江以南，25 号适用于黄河以南，45 号适用于北方寒冷地区。

不同牌号的变压器油通常不能混用，这是因为变压器油的牌号是以凝固点的温度值命名的，不同牌号的变压器油混用后，对油的黏度、闪点、凝固点等都有一定影响，会加速油的老化。

4. 油位过高或过低的原因

变压器正常运转时，油位应保持在油位计的 1/3 左右。假设变压器的油位过低，油位低于变压器上盖，则可能招致瓦斯维护及误动作，在状况严重时，有可能使变压器引线或线圈从油中显露，形成绝缘击穿。若是油位过高，则容易产生溢油。影响变压器油位变化的要素有很多种，如冷却安装运转情况的变化、壳体渗油、负荷的变化以及四周环境的变化等。

5. 变压器油温突然过高的原因

在正常的状况下，变压器上层油温必须要在 85℃ 以下，假如没有在变压器的自身配置温度计，则可用水银温度计在变压器的外壳上丈量温度，正常温度要坚持在 80℃ 以下。变压器油温突增，其主要原因是：内部紧固螺丝接头松动、冷却安装运转不正常、变压器过负荷运转以及内部短路闪络放电等。

6. 变压器内部声音异常的原因

变压器运转正常，产生的电磁交流声的频率会相当稳定；变压器的运转异常，就会偶然产生不规律的声音颤抖。变压器声音产生异常的原因主要如下。

（1）变压器过负荷运转，内部就会有繁重的声音。

（2）变压器本体零件产生松动时，运转时就会产生激烈而不平均的噪声。

（3）变压器的铁芯最外层硅钢片未夹紧，在变压器运转时就会产生振动及噪声。

（4）变压器的内部电压过高时，铁芯接地线会呈现断路或外壳闪络，外壳和铁芯感应出高电压，变压器内部同样会发出噪声。

（5）变压器内部产生接触不良和击穿，会由于放电而发出异响。

（6）变压器中呈现短路和接地时，绕组中呈现较大的短路电流，会发出异常的声音。

（7）变压器产生谐波和衔接了大容量的用电设备时，由于产生的启动电流较大，以后形成异响。

7. 变压器自动跳闸的原因

变压器发生了跳闸现象并不一定是发生故障。跳闸虽然能够保证安全，但是同时也耽误了时间，甚至造成损失等。发生跳闸现象的原因如下。

（1）变压器故障跳闸。可以根据保护的动作掉牌或信号、事件记录器及其他监测装置来显示或打印记录来判断是否故障跳闸。

（2）检查变压器跳闸前的负荷、油位、油温、油色，变压器有无喷油、冒烟，瓷套有否闪络、破裂；气体继电器内有无气体；压力释放阀是否动作或其他明显的故障迹象等。

（3）系统故障。可以根据故障录波的波形，了解系统情况，如保护区内区外有无短路故障及其他故障等来分析。

变压器在运转过程中，呈现自动跳闸时，要停止外部检查，查明剖析跳闸缘由，假如是发作了差动维护动作，就要对维护范围中的电气设备停止全面的检查。若变压器有可能形成火灾，以致有可能形成爆炸，需立即中止变压器相关电源，停止扑救火情准备。

8.3.2 电力变压器的计划检修

1. 变压器计划检修的类别

变压器的计划检修，一般可分为3类。

（1）清扫、预防性试验。

（2）小修。小修工作范围包括拆开个别部件、更换部分零件、清洗换油、系统调整等。

（3）大修。检修时需要将变压器全部拆卸解体，更换、修复那些有缺陷或有隐患的零部件，全面消除各种缺陷，恢复变压器原有的技术性能。

2. 变压器的小修项目

变压器的小修周期至少两年一次。安装在特别污秽地区的变压器，应缩短检修周期。变压器小修项目如下。

（1）清扫套管，检查瓷套有无放电痕迹及破损现象。

（2）检查套管引线的接触螺栓是否松动；接头是否过热。

（3）清扫变压器油箱及储油柜、安全气道、净油器及调压装置等附件。

（4）检查安全气道防爆膜是否完好，清除压力释放阀阀盖内沉积的灰尘等杂物。

（5）检查储油柜油位是否正常，油位计是否完好、明净，并排出集污盆内的油污。补充变压器本体及充油套管的绝缘油，如图8-1所示。

（6）检查呼吸器，更换失效变色的干燥剂。

（7）检查散热器有无渗油现象，冷却风扇是否正常。

（8）检查测量上层油温的温度计。

（9）检查气体继电器有无渗油现象，阀门开闭是否灵活、可靠，控制电缆绝缘是否良好。

（10）检查处理变压器外壳接地线及中性点接地装置。

（12）检查有载分接开关操作控制回路、传动部分及其接点动作情况，并清扫操作箱内部。

（13）从变压器本体、充油套管及净油器内取油样做简化分析，自变压器本体及电容式套管内取油样进行色谱分析。

（14）处理渗、漏油等能就地消除的缺陷。

（15）进行规定项目的电气试验。

3. 变压器的大修项目

变压器的大修周期根据预防性试验及运行情况确定。一般在投入运行后的5年内和以后每隔10年大修一次。变压器的大修项目如下。

（1）吊开钟罩或吊出器身检修，如图8-2所示。

图8-1 补充变压器油

图8-2 变压器吊芯检修

（2）线圈、引线及磁（电）屏蔽装置的检修。

（3）铁芯、铁芯紧固件（穿心螺杆、夹件、拉带、绑带等）、压钉、连接片及接地片的检修。

（4）油箱及附件的检修，包括套管、吸湿器等。

（5）冷却器、油泵、水泵、风扇、阀门及管道等附属设备的检修。

（6）安全保护装置的检修。

（7）油保护装置的检修。

（8）测温装置的校验，瓦斯继电器的校验。

（9）操作控制箱的检修和试验。

（10）无励磁分接开关和有载分接开关的检修。

（11）全部密封胶垫的更换和组件试漏。

（12）必要时对器身绝缘进行干燥处理。

（13）变压器油处理或换油。

（14）清扫油箱并进行喷涂油漆。

8.3.3　变压器铁芯故障的检测与检修

1. 变压器铁芯故障的类型

变压器的主要部件是线圈绕组及铁芯。变压器的铁芯不仅要质量好，而且还必须有可靠的一点接地，这种可靠的一点接地叫铁芯的正常接地。变压器铁芯接地的基本形式有以下几种：通过吊环螺杆接地、通过下节油箱接地、通过接地套管在油箱外部接地。

根据变压器运行规程要求，变压器铁芯正常时需要一点接地且只能一点接地，不允许有两点或多点接地，如果铁芯或其他金属构件有两点或两点以上接地，则接地点间就会形成闭合回路，造成环流，有时可高达几十安。

有关资料统计表明，因铁芯问题造成的故障比例，占变压器各类故障的第三位。变压器的铁芯接地故障会造成铁芯局部过热，严重时，铁芯局部温升增加，轻瓦斯动作，甚至将会造成重瓦斯动作而跳闸的事故。烧熔的局部铁芯片间的短路故障，使铁损变大，严重影响变压器的性能和正常工作，只能更换铁芯硅钢片加以修复。

变压器铁芯出现 2 点及以上的接地时称为多点接地，变压器铁芯的多点接地主要有以下几种类型。

（1）铁芯叠片因某种原因翘起后，触及夹件支板，形成多点接地。

（2）铁芯下夹件垫脚与铁间的绝缘纸板脱落或破损，使垫脚铁轭处叠片相碰，形成多点接地。

（3）油浸变压器油箱盖上的温度计座套过长，与上夹件或铁轭、旁柱边相碰，形成多点接地。

（4）利用潜油泵进行油强迫冷却的大中型变压器，由于潜油泵轴承的磨损，金属粉末进入油箱，积聚在底部，在电磁力作用下，金属粉末形成桥路，使下铁轭与垫脚或油箱底接通，形成多点接地。

（5）铁轭阶梯间的木垫块受潮或表面不干净，附有较多油泥、渣滓使其绝缘降低，构成多点接地。

（6）油箱中落入金属异物，使铁芯叠片与箱体之间连通，形成多点接地。

2. 变压器铁芯多点接地故障的检测

变压器铁芯多点接地故障，通常可从以下两个方面来检测判断。

（1）变压器在运行中的检测方法。

1）气相色谱分析判断法。在色谱分析时，如气体中的甲烷及烯烃组分含量较高，而 CO 和 CO_2 气体含量和已往相比变化不大，或含量正常，则说明铁芯过热，铁芯过热可能是由于多点接地所致。色谱分析中，当出现乙炔气体时，说明铁芯已出现间歇性多点接地。

2）监视接地线中环流。可在变压器铁芯外引接地套管的接地引线上，用钳形表测量引线上是否有电流。变压器铁芯正常接地时，因无电流回路形成。接地线上电流很小，为毫安级（一般小于 0.3A）。当存在多点接地时，铁芯主磁通周围相当于有短路匝存在，匝内流过环流，其值决定于故障点与正常接地点的相对位置，即短路匝中包围磁通的多少。一般可达几十安培。利用测量接地引线中有无电流，很准确地判断出铁芯有无多点接地故障。

（2）变压器停运后的检测方法。

1）测量铁芯绝缘电阻。变压器停运后，可直接用 1000V 绝缘电阻表测量铁芯的绝缘电阻，并通过与原历史数据比较后，判断变压器铁芯是否存在多点接地情况。

2）直流法测定多点接地故障。变压器在吊开钟罩后，先将铁芯与夹件的连接片打开，在铁轭两侧的硅钢片上施加 6V 的直流电压，接着用直流电压表依次测量各级铁芯叠片之间的电压，当电压的指针指在零位时或指针指示反向时，可认定被测处为故障接地点。

3）交流法测定多点接地故障。在变压器低压侧施加 220～380V 交流电压，使铁芯中产生磁通。打开铁芯与夹件的连接片，用交流毫安表的两接线电笔，沿铁轭各级进行逐点测量，当表中有电流值显示时，说明铁芯接地正常；当表中没有显示（没有读数）时，说明被测处铁芯叠片为接地故障点。

3. 铁芯多点接地故障的应急处理

运行中发现变压器铁芯多点接地故障后，为保证设备的安全，均需停电进行吊芯检查和处理。但对于系统暂不允许停电检查的，可采用在外引铁芯接地回路上串接电阻的临时应急措施，以限制铁芯接地回路的环流，防止故障进一步恶化。

在串接电阻前，分别对铁芯接地回路的环流和开路电压进行测量，然后计算应串电阻阻值。注意所串电阻不宜太大，以保护铁芯基本处于地电位；也不宜太小，以能将环流限制在 0.1A 以下。同时还需注意所串电阻的热容量，以防烧坏电阻造成铁芯开路。

变压器停运后，可通过电容放电冲击法排除不稳定的接地点。

4. 铁芯多点接地故障的检修

多点接地无法解决时，必须对变压器安排吊罩检查。变压器吊起罩后，按照以下程序进行查找故障接地点。

（1）先检查变压器外部铁芯、铁扼及各部分夹件，是否有破损或明显接地的痕迹。

（2）检查各夹件纸板是否有变形、移位、破损或脱落。

（3）清除油箱底部的油泥、油污及金属碎渣，并用变压器油进行冲洗。

（4）检查铁芯叠片有无局部生锈或绝缘漆皮、氧化膜层胶脱落，处理好硅钢片片间绝缘层，若硅钢片质量有问题，又无法修复时，必须及时更换。

（5）对于因多点接地造成夹件烧坏或铁芯过热严重而烧毁，必须按有关标准要求进行更换。

若通过外观检查、处理而未查出铁芯接地点时，在具备条件情况下，必须对变压器进行解体检查（见图 8-3），要求每进行一步检查都必须测量一次铁芯对地电阻。变压器解体检修的步骤如下。

图 8-3　变压器解体检修

（1）拆除变压器上部铁轭及铁芯夹件。

（2）拆除变压器上部铁芯片并平整放好。

（3）拆除高低压线圈引线、连线、线圈围屏及绝缘件。

（4）拔出变压器三相高低压线圈并放好。

（5）拆除变压器线圈下部夹件、垫块，检查是否有烧坏或绝缘降低。

（6）检查下部铁芯与变压器箱底间有无异物。

（7）彻底清理底部油泥、杂质、金属碎渣等。

（8）检查处理好铁芯接地故障后，按照顺序装复变压器各部件。

【特别提醒】

变压器解体检修，必须办理工作票，做好施工安全措施。为了减少器身暴露时间，可以在部分排油后拆卸组、部件。经过彻底解体的变压器要进行干燥处理，并严格按照有关试验标准进行试验。

8.3.4　变压器组（部）件的检修

1. 散热器的检修

变压器散热器的检修工艺及质量标准见表 8-11。

表 8-11　　　　　　　　　**变压器散热器的检修工艺及质量标准**

检修工艺	质量标准
（1）采用气焊或电焊，对渗漏点进行补焊处理	（1）焊点准确，焊接牢固，严禁将焊渣掉入散热器内
（2）对带法兰盖板的上、下油室应打开法兰盖板，清除油室内的焊渣、油垢，然后更换胶垫	（2）上、下油室内部洁净，法兰盖板密封良好
（3）清扫散热器表面，油垢严重时可用金属洗净剂（去污剂）清洗，然后用清水冲净晾干，清洗时管接头应可靠密封，防止进水	（3）表面保持洁净
（4）用盖板将接头法兰密封，加油压进行试漏	（4）试漏标准： 片状散热器 0.05～0.1MPa、10h 管状散热器 0.1～0.15MPa、10h
（5）用合格的变压器油对内部进行循环冲洗	（5）内部清洁
（6）重新安装散热器	（6）注意阀门的开闭位置，阀门的安装方向应统一，指示开闭的标志应明显、清晰。注意安装好散热器的拉紧钢带

2. 压油式套管的检修

变压器压油式套管的检修（与本体油连通的附加绝缘套管），见表 8-12。

表 8-12　　　　　　　**压油式套管的检修（与本体油连通的附加绝缘套管）**

检修工艺	质量标准
（1）检查瓷套有无损坏	（1）瓷套应保持清洁，无放电痕迹，无裂纹，裙边无破损
（2）套管解体时，应依次对角松动法兰螺栓	（2）防止松动法兰时受力不均损坏套管
（3）拆卸瓷套前应先轻轻晃动，使法兰与密封胶垫间产生缝隙后再拆下瓷套	（3）防止瓷套碎裂
（4）拆导电杆和法兰螺栓前，应防止导电杆摇晃损坏瓷套，拆下的螺栓应进行清洗，丝扣损坏的应予以更换或修整	（4）螺栓和垫圈的数量要补齐，不可丢失
（5）取出绝缘筒（包括带覆盖层的导电杆），擦除油垢，绝缘筒及在导电杆表面的覆盖层应妥善保管（必要时应干燥）	（5）妥善保管，防止受潮和损坏
（6）检查瓷套内部，并用白布擦拭；在套管外侧根部根据情况喷涂半导体漆	（6）瓷套内部清洁，无油垢，半导体漆喷涂均匀
（7）有条件时，应将拆下的瓷套和绝缘件送入干燥室进行轻度干燥，然后再组装	（7）干燥温度 70～80℃，时间不少于 4h，升温速度不超过 10℃/h，防止瓷套裂纹
（8）更换新胶垫，位置要放正	（8）胶垫压缩均匀，密封良好
（9）将套管垂直放置于套管架上，组装时与拆卸顺序相反	（9）注意绝缘筒与导电杆相互之间的位置，中间应有固定圈防止窜动，导电杆应处于瓷套的中心位置

3. 充油套管的检修

变压器充油套管的检修见表 8-13。

表 8-13   **变压器充油套管的检修**

检修工艺		质量标准
更换套管油	(1) 放出套管中的油 (2) 用热油（温度 60～70℃）循环冲洗后放出 (3) 注入合格的变压器油	(1) 放尽残油 (2) 至少循环三次，将残油及其他杂质冲出 (3) 油的质量应符合 GB 7665—87 的规定
套管解体	(1) 放出内部的油 (2) 拆卸上部接线端子 (3) 拆卸油位计上部压盖螺栓，取下油位计 (4) 拆卸上瓷套与法兰连接螺栓，轻轻晃动后，取下上瓷套 (5) 取出内部绝缘筒 (6) 拆卸下瓷套与导电杆连接螺栓，取下导电杆和下瓷套	(1) 放尽残油 (2) 妥善保管，防止丢失 (3) 拆卸时，防止玻璃油位计破损 (4) 注意不要碰坏瓷套 (5) 垂直放置，不得压坏或变形 (6) 分解导电杆底部法兰螺栓时，防止导电杆晃动，损坏瓷套
检修与清扫	(1) 所有卸下的零部件应妥善保管，组装前应擦拭干净 (2) 绝缘筒应擦拭干净，如绝缘不良，可在 70～80℃ 的温度下干燥 24～48h (3) 检查瓷套内、外表面并清扫干净，检查铁瓷结合处水泥填料有无脱落 (4) 为防止油劣化，在玻璃油位计外表涂刷银粉 (5) 更换各部法兰胶垫	(1) 妥善保管，防止受潮 (2) 绝缘筒应洁净无起层、无漆膜脱落和放电痕迹，绝缘良好 (3) 瓷套内外表面应清洁、无油垢、杂质、瓷质无裂纹，水泥填料无脱落 (4) 银粉涂刷均匀，并沿纵向留一条 30mm 宽的透明带，以监视油位 (5) 胶垫压缩均匀，各部密封良好
套管组装	(1) 组装与解体顺序相反 (2) 组装后注入合格的变压器油 (3) 进行绝缘试验	(1) 导电杆应处于瓷套中心位置，瓷套缝隙均匀，防止局部受力瓷套裂纹 (2) 油质应符合 GB 7665—87 的规定 (3) 按电力设备预防性试验标准进行

4. 无励磁分接开关的检修

无励磁分接开关的检修见表 8-14。

表 8-14   **无励磁分接开关的检修**

检修工艺	质量标准
(1) 检查开关各部件是否齐全完整	(1) 完整无缺损
(2) 松开上方头部定位螺栓，转动操作手柄，检查动触头转动是否灵活，若转动不灵活应进一步检查卡滞的原因；检查绕组实际分接是否与上部指示置一致，否则应进行调整	(2) 机械转动灵活，转轴密封良好，无卡滞，上部指示位置与下部实际接触位置应相一致
(3) 检查动静触头间接触是否良好，触头表面是否清洁，有无氧化变色、镀层脱落和碰伤痕迹，弹簧有无松动，发现氧化膜可用碳化钼和白布带蘸入触柱来回擦拭清除；触柱如有严重烧损时应更换	(3) 触头接触电阻小于 500Ω，触头表面应保持光洁，无氧化变质、碰伤及镀层脱落，触头接触压力用弹簧秤测量应在 0.25～0.5MPa，或用 0.02mm 塞尺检查应无间隙、接触严密

检修工艺	质量标准
（4）检查触头分接线是否紧固，发现松动应拧紧、锁住	（4）开关所有紧固件均应拧紧，无松动
（5）检查分接开关绝缘件有无受潮、剥裂或变形，表面是否清洁，发现表面脏污应用无绒毛的白布擦拭干净，绝缘筒如有严重剥裂变形时应更换；操作杆拆下后，应放入油中或用塑料布包上	（5）绝缘筒应完好、无破损、剥裂、变形，表面清洁无油垢；操作杆绝缘良好，无弯曲变形
（6）检修的分接开关，拆前做好明显标记	（6）拆装前后指示位置必须一致，各相手柄及传动机构不得互换
（7）检查绝缘操作杆U形拨叉接触是否良好，如有接触不良或放电痕迹应加装弹簧片	（7）使其保持良好接触

5. 吸湿器的检修

吸湿器的检修见表 8-15。

表 8-15 **吸 湿 器 的 检 修**

检修工艺	质量标准
（1）将吸湿器从变压器上卸下，倒出内部吸附剂，检查玻璃罩应完好，并进行清扫	（1）玻璃罩清洁完好
（2）把干燥的吸附剂装入吸湿器内，为便于监视吸附剂的工作性能，一般可采用变色硅胶，并在顶盖下面留出 1/6～1/5 高度的空隙	（2）新装吸附剂应经干燥，颗粒不小于 3mm
（3）失效的吸附剂由蓝色变为粉红色，可置入烘箱干燥，干燥温度从 120℃升至 160℃，时间 5h；还原后再用	（3）还原后应呈蓝色
（4）更换胶垫	（4）胶垫质量符合标准规定
（5）下部的油封罩内注入变压器油，并将罩拧紧（新装吸湿器，应将密封垫拆除）	（5）加油至正常油位线，能起到呼吸作用
（6）为防止吸湿器摇晃，可用卡具将其固定在变压器油箱上	（6）运行中吸湿器安装牢固，不受变压器振动影响

（7）吸湿器的容量可根据下表选择

硅胶重（kg）	油重（kg）	H（mm）	H（mm）	ϕ（Dmm）	玻璃筒（mm）	配储油柜直径（mm）
0.2	0.15	216	100	105	$\phi80/100\times100$	$\leqslant\phi250$
0.5	0.2	216	100	145	$\phi120/140\times100$	$\phi310$
1.0	0.2	266	150	145	$\phi120/140\times150$	$\phi440$
1.5	0.2	336	200	145	$\phi120/140\times200$	$\phi610$
3	0.7	336	220	205	$\phi180/200\times220$	$\phi800$
5	0.7	436	300	205	$\phi180/200\times300$	$\phi900$

6. 安全气道的检修

安全气道的检修见表 8-16。

表 8-16　　　　　　　　　　安全气道的检修

检修工艺	质量标准
（1）放油后将安全气道拆下进行清扫，去掉内部的锈蚀和油垢，并更换密封胶垫	（1）检修后进行密封试验，注满合格的变压器油，并倒立静置 4h 不渗漏
（2）内壁装有隔板，其下部装有小型放水阀门	（2）隔板焊接良好，无渗漏现象
（3）上部防爆膜片应安装良好，均匀地拧紧法兰螺栓，防止膜片破损	（3）防爆膜片应采用玻璃片，禁止使用薄金属片，玻璃片厚度可参照下表 管径（mm）：$\phi150$、$\phi200$、$\phi250$；玻璃片厚度（mm）：2.5、3、4
（4）安全气道与储油柜间应有联管或加装吸湿器，以防止由于温度变化引起防爆膜片破裂，对胶囊密封式储油柜，防止由吸湿器向外冒油	（4）联管无堵塞；接头密封良好
（5）安全气道内壁刷绝缘漆	（5）内壁无锈蚀，绝缘漆涂刷均匀有光泽

7. 阀门及塞子的检修

阀门及塞子的检修见表 8-17。

表 8-17　　　　　　　　　　阀门及塞子的检修

检修工艺	质量标准
（1）检查阀门的转轴、挡板等部件是否完整、灵活和严密，更换密封垫圈，必要时更换零件	（1）经 0.05MPa 油压试验，挡板关闭严密、无渗漏，轴杆密封良好，指示开、闭位置的标志清晰、正确
（2）阀门应拆下分解检修，研磨接触面，更换密封填料，缺损的零件应配齐，对有严重缺陷无法处理者应更换	（2）阀门检修后应做 0.15MPa 压力试验不漏油
（3）对变压器本体和附件各部的放油（气）塞、油样阀门等进行全面检查，并更换密封胶垫，检查丝扣是否完好，有损坏而又无法修理者应更换	（3）各密封面无渗漏

8. 变压器的干燥法

变压器干燥的目的是除去变压器绝缘材料中的水分，增加其绝缘电阻，提高其闪络电压。电压在 3kV 以上的变压器都必须进行干燥处理。下面介绍几种常用的干燥方法。

（1）感应加热法。将器身放在原来的油箱中，油箱外缠绕线圈通过电流，利用箱皮的涡流发热来干燥。此时箱壁温度不超过 115～120℃，器身温度应不超过 90～95℃。为了缠绕线圈的方便，选用 35～50mm² 的导线，尽可能使线圈的匝数少些或电流小一些（一般电流选 150A 左右）。油箱壁上可垫石棉条多根，导线绕在石棉条板上。感应加热需要的电力，根据变压器的类型及干燥条件决定。

（2）热风干燥法。将变压器放在干燥室中，通入热风进行干燥。干燥室可依据变压器器身大小用壁板搭合，壁板内满铺石棉板或其他浸渍过防火溶液的帆布或石棉麻布。干燥室应尽可能小，壁板与变压器之间的间距不应大于 200mm。可用电炉、蒸汽蛇形管来加热。

干燥时进口热风温度应逐渐上升，最高温度不应超过 95℃，在热风进口处应装过滤器或装金属栅网以消灭火星、灰尘。热风不应直接吹向器身，从器身下面均匀地吹向各部，使潮气通过箱中通风孔放出。

（3）气相真空干燥法。这种干燥方法是用一种特殊的煤油蒸汽作为载热体，导入真空罐的煤油蒸汽在变压器器身上冷凝并释放出大量热能，从而对被干燥器身进行加热。由于煤油蒸汽热能大（煤油气化热为 $306×10^3$j/kg），故使变压器器身干燥加热更彻底、更均匀，效率很高，并且对绝缘材料的损伤度也很小。但由于结构较复杂，造价较高，通常只限于在 110kV 及以上的大型变压器器身干燥处理中应用。

8.3.5 干式变压器的维护与检修

1. 干式变压器的结构

相对于油式变压器，干式变压器因没有油，也就没有火灾、爆炸、污染等问题，故电气规范、规程等均不要求干式变压器置于单独房间内。特别是新的系列，损耗和噪声降到了新的水平，更为变压器与低压屏置于同一配电室内创造了条件。

干式变压器由铁芯和绕组两大部分组成，此外还有风机和温度控制器等附件，如图 8-4 所示。

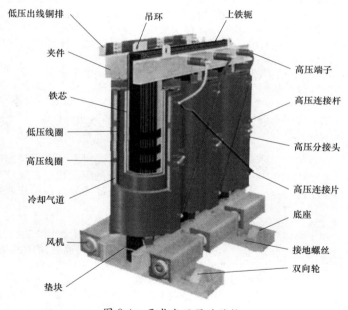

图 8-4 干式变压器的结构

（1）铁芯。铁芯的作用是构成磁路，铁芯用硅钢片叠装而成，并且硅钢片间彼此绝缘，以阻止涡流在片间流通。

（2）绕组。绕组（或线圈）是变压器的电路部分，电力变压器的绕组都做成圆筒形，按照高低绕组相互位置的不同，可分为同芯式绕组和交叠式绕组。

（3）风机。风机的作用是降低绕组的温度。

（4）温度控制器。温度控制器由温控器和测温传感器构成。测温传感器安装于变压器低压铜排的测温点内，温控器根据测温传感器测得的温度，启动或停止风机运行。

2. 干式变压器运行前的检查

（1）检查所有紧固件、连接件及线圈垫块是否松动，若发现松动应重新紧固。

283

(2) 检查运输时拆除的附件是否已安装好，并检查变压器内部是否有异物存在。特别注意高低压线圈之间气道内有无金属物存在。

(3) 检查风机、温控器以及其他辅助设备是否正常。

(4) 拆除接地片（用 1000V 绝缘电阻表试验）检查铁芯对地绝缘是否良好。

(5) 检查变压器及铁芯是否已可靠接地，检查穿芯螺杆对地绝缘是否良好。

(6) 测量高、低压线圈直流电阻，确定各电气连接件接触良好，位置正确。

(7) 检查线圈对地绝缘电阻，检查变压器三相电压调节连片在相同的正确位置。

(8) 检查温控器的测温传感器是否已可靠插入低压侧铜排的测温点内。

(9) 风机和温控器接线正确，并启动检查，显示正常运行。

(10) 检查高、低压进出线电缆和本体控制电缆与线圈距离是否符合要求 10kV 大于 125mm。

3. 干式变压器的运行维护

自变压器投入运行之后即进入运行维护阶段。运行记录是保障设备良好运行必不可少的，内容一般包括三相绕组的温度、环境温度、异常响声、风机状况等。除此以外，还应重点做好以下几方面的定期维护工作。

(1) 日常巡视检查。巡视检查是保障变压器安全运行的基础性工作，绝不可敷衍，作为一级负荷用户，特别是一级特别重要负荷用户尤其如此。变（配）电所内部的变压器，每小时巡视一次，夜间负荷较轻可以每两小时巡视一次；对于无人值守的变电所的变压器，每班次（8h 工作制）不少于 2 次，在认真做好运行记录基础上还应注意观察有无漏雨、进水及变压器室的门窗状况等。遇有下列情况时应对变压器增加巡视检查次数：新装或经过检修、改造的变压器投入运行在 72h 内，停运时间超过半年以上再次投运的变压器，雷雨、浓雾、大风、暴雪等异常天气，高温季节、负荷高峰时段，过负荷运行。值得注意的是，在使用条件中规定的温度值是变压器正常的运行条件。

(2) 做好设备除尘。定期除尘对干式变压器良好运行有着至关重要的作用。运行中的变压器积尘量过多，不仅降低变压器的工作效率，还有可能导致变压器绝缘降低，甚至造成绝缘击穿。因此，每年至少应进行 1~2 次全面清理。首先用吸尘器或干布清洁变压器构件、绝缘子、分接引线等表面灰尘，再用手提吹风机或干燥压缩空气（氮气亦可）把内部风道的积尘吹出，同时人工启动变压器自身冷却风机，这样既能检验强迫风冷设备，也能清理风道内尘土，保持变压器良好的散热环境。

(3) 检查温控设备的运行状态。电力变压器的绕组温度超过其绝缘耐受温度，是导致变压器不能正常工作的主要原因之一。因此，不仅要做好变压器的温度记录，注意观察变压器的温升变化，而且要每个季度检查一次温控设备，防止温控设备故障导致误动作或异常指示影响设备安全运行，目前简便可行的工具首选红外测温仪。

(4) 做好去潮除湿，保持环境干燥。环境潮湿受自然气候制约，特别是到了夏天的雷雨季节，环境潮湿既不利于变压器本体散热，又容易破坏绕组绝缘能力，用 2500V 绝缘电阻表就可以简单判断绝缘强度高低。在潮湿、多雨季节来临后，除了加强巡视预防漏雨、进水发生外，采取一定技术措施是必要的，安装进排风系统，定期检查、定时开启循环风，定期打开变电室的门窗进行通风，以保持变压器周围适当的湿度和温度。

(5) 定期检修，确保接点紧固连接可靠。随着负载调整、季节变化，负载损耗使得变压器温升变化剧烈，各部位连接点不可避免地发生应力变化、紧固件及连接点出现松动等现象。它们一旦松动后不能及时紧固，就有可能产生振动、发热，巡检不到位有可能造成过热现象，这将严重影响运行安全。因此每年在春、冬季节安排两次停电检修是非常有必要的。检查项目主要如下。

1）二次侧线路连接是否紧固。

2）一次绕组分接头连接是否紧固。

3）铁芯轭铁的夹紧螺栓是否紧固，有否退火现象。

4）软连接螺栓、接地端子是否紧固。

5）绝缘子有无龟裂、放电痕迹。

4. 干式变压器常见故障检修

干式变压器常见故障的检修见表 8-18。

表 8-18 干式变压器常见故障的检修方法

故障	异常现象	检修方法
温控器工作异常	无任何显示	检查温控器电源
		更换同型号保险管
	故障灯亮,温度显示"1"或"-1"	检查传感器是否与温控器连接正确、牢固
		更换传感器
	各相温度低于设定温度,风机仍运行	温度低于设定温度,冷却风机定期启动一段时间后停止,属正常工作(温控器定期对冷却风机进行测试)
	三相温度显示相差较多	将传感器插入测温孔固定好
		均衡三相负荷
冷却风机工作异常	冷却风机不启动	检查冷却风机电源
	冷却风机有异音	检查冷却风机内是否有异物
		检查冷却风机是否受外力破坏变形、或损坏
变压器运行异常	变压器温度过高(>100℃)	检查温控器、冷却风机运行是否正常
		变压器是否长期过负荷运行
	输出电压过高或过低	将高压侧调压位置做相应调整

参 考 文 献

[1] 杨清德，李邦庆. 电气故障检修 230 例 [M]. 北京：化学工业出版社，2016.
[2] 杨清德. 电工师傅的秘密——变频器应用与维护 [M]. 北京：电子工业出版社，2015.
[3] 杨清德，邱绍峰. 电气故障检修技能直通车 [M]. 北京：电子工业出版社，2013.
[4] 杨清德. 电工常见故障维修 [M]. 北京：电子工业出版社，2011.
[5] 杨清德. 电工检修 208 例 [M]. 北京：电子工业出版社，2009.